环境科学与工程本科专业核心课程教材

# WATER ENVIRONMENT
## Engineering

# 水环境工程学

温东辉　◎编著

U0246253

北京大学出版社
PEKING UNIVERSITY PRESS

**图书在版编目(CIP)数据**

水环境工程学 / 温东辉编著. -- 北京 ：北京大学出版社，

2025. 2. --（环境科学与工程本科专业核心课程教材）.

ISBN 978-7-301-35873-3

Ⅰ. X52

中国国家版本馆 CIP 数据核字第 2025KZ4748 号

| | |
|---|---|
| 书　　　　名 | 水环境工程学 |
| | SHUIHUANJING GONGCHENGXUE |
| 著作责任者 | 温东辉　编著 |
| 责 任 编 辑 | 王树通 |
| 标 准 书 号 | ISBN 978-7-301-35873-3 |
| 出 版 发 行 | 北京大学出版社 |
| 地　　　　址 | 北京市海淀区成府路 205 号　100871 |
| 网　　　　址 | http://www.pup.cn |
| 网　　　　址 | http://www.pup.cn　　新浪微博:@北京大学出版社 |
| 电 子 邮 箱 | 编辑部 lk2@pup.cn　　总编室 zpup@pup.cn |
| 电　　　　话 | 邮购部 010-62752015　发行部 010-62750672　编辑部 010-62764976 |
| 印 刷 者 | 北京市科星印刷有限责任公司 |
| 经 销 者 | 新华书店 |
| | 787 毫米×1092 毫米　16 开本　26.5 印张　490 千字 |
| | 2025 年 2 月第 1 版　2025 年 2 月第 1 次印刷 |
| 定　　　　价 | 78.00 元 |

**内 容 简 介**

　　水环境工程学,是环境工程学的一个重要分支,其主要内容是水质净化和水污染治理工程的科学原理与技术方法。在科技日新月异的当下,传统的市政水处理和污水处理工程基础设施依然发挥着保护水环境和公众健康的重要作用,甚至是不可替代的作用。以水为媒介,现代人类社会系统与自然生态系统紧密关联,在"同一健康"理念指导下,本书系统梳理了水环境及其工程体系的相关知识背景,重点编撰了集中式水处理和污水处理工程的原理与方法,并延伸至流域范围,介绍了水环境保护与污染修复工程体系。

　　本书可作为普通高等院校环境科学、环境工程、环境管理、环境健康等专业学生的教材,也可作为化学工程、微生物工程等领域科研人员的参考书籍。

# 前　言

　　水处理工程,或分解为"给水处理工程"和"排水处理工程"两部分,是高等院校环境类专业的一门主要课程。在当前科技迅猛发展的形势下,一方面专业研究越来越细分和深入,另一方面跨学科交叉融合也成为常态。本书顺应形势的要求,一方面以传统课程的基础知识为核心内容,并为水的物理化学处理方法和生物化学处理方法扩充与梳理了源于物理、材料科学、化学、微生物学等的相关理论;另一方面结合实际工程中多元的技术转化和工艺进步,将传统市政涉水工程拓展到流域范围,使读者跳出水在人类社会中的"前端净化—末端治理"单一思维模式,转向水在流域尺度上的"工程治点＋生态控面"系统性思维模式。通过学习水环境工程学,无论理、工、管理等学科方向的差别,学生均可掌握水污染控制理论、技术与工程应用进展与现状,深刻而具体地理解如何降低人类活动对生态环境的负面影响;若与自身专业研究相结合,可打破传统学科壁垒,为建设美丽中国和实现生态文明而开启相关的新理论探索、新技术研发以及风险防控研究。

　　本书为北京大学院系专业核心课程教材,并得到北京大学教材建设项目资助。全书由温东辉主编,参加编写的有温东辉(第 1 章、第 2 章、第 5 章)、熊富忠(第 4 章)、苏志国(第 3 章、第 6 章),危婕和李雨浓编制了各章的思考题和习题,陈伟东在第 2 章编写中提供了帮助。北京大学出版社的王树通为本书出版给予了大力帮助,在此一并感谢。

　　受编者水平所限,书中难免有缺点和错误,热诚欢迎读者批评指正。

编者

2025 年 1 月

# 目　录

# 绪　论

　　地球上的物质受到光照、风力、水力等的作用,有着复杂的扩散、输移、相变等物理运动;物质之间还有着更加复杂的氧化、还原、中和、络合等化学反应。生命源于海洋,当生物物种越来越丰富后,物质除了在地球上进行物理与化学循环之外,还增加了生物体与外界环境之间的循环,即物质的地球生物化学循环(geo-biological-chemical circulation)。在一个稳定的自然生态系统中,根据生物对物质转化的不同功能,它们被分为生产者、消费者和分解者,三者紧密联系和相互依存。如此,大自然在漫长岁月里的物质循环和能量流动使地球既保持生态平衡又充满生机活力。

　　人类在地球上出现后,对上述自然过程开始产生影响。随着人口增加、文明兴起,人类各种生活和生产活动对自然过程的干扰逐渐加强,出现了聚居区的环境污染、农耕区和牧区的土地退化等问题,水环境也不可避免地出现水体污染、生态退化等问题。近代工业革命以后,城镇化进程加速,人口流动频繁,社会经济快速发展,人类对自然界的干扰进一步加剧,受损环境甚至已经对人类自身产生危害,出现了瘟疫的大流行、震惊世界的公害事件、流域生态系统恶化等严重问题。在这一系列问题中,水可能是传播瘟疫、携带毒物的媒介,当前必须通过科学认识和工程实施,控制水污染,修复水生态,从而保障人类的可持续发展。

## 1.1　水环境问题的产生

　　任何生命活动都离不开水。中国古代先哲老子对水有这样的赞美:上善若水,水善利万物而不争;处众人之所恶,故几于道。水在生物圈中的自然循环,保障了水量的生生不息和水质的不断净化,如此方能"上善若水",滋润万物。

　　人类择水而居,城镇随之兴盛,水环境问题也随之而来。由于人类的用水和弃水行为,在水的自然循环之外增加了水的社会循环,这一社会循环将大量污染物带入水环境;此外,人类其他活动还使水环境接纳了垃圾、废料、酸雨等污染。现代世界许多地区,曾经取用不竭的淡水资源逐渐枯竭,曾经清洁美丽的江河湖海受到污染。水污染呈现出以城市为核心、在流域范围扩展的态势,已成为全球重大环境问题(图 1-1)。

水环境问题同其他环境问题一样,本质上是人类发展的问题。人类应当对人为导致的潜在或已有的水环境问题进行预防、管理、治理和修复,这样一方面能维护和恢复水原有的品性,另一方面则保障用水安全和人体健康。例如,在水环境问题集中频发的城市,将供水和排水分别进行集中管理,通过市政工程的设计、建设与运行,降低水的社会循环对其自然循环的影响,这是水环境工程学的核心与重要任务。

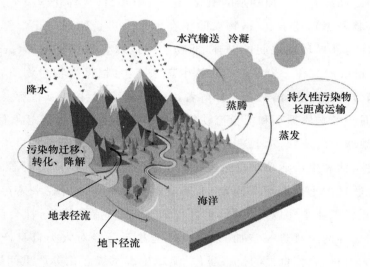

**图 1-1  水圈环境问题**
水流经人类居住地后,携带着污染物在水圈内"带病循环"。

# 1.2  水环境工程的出现

环境工程,是在人类保护和改善生存环境、治理环境污染过程中形成的一类工程技术,其中包括水环境工程技术。水环境工程随着城镇的形成而出现,也随着文明发展和科技进步而发展,目的是为人类提供安全可用之水,并降低人类用水和弃水对生态环境的影响,保护人类健康和社会经济发展。

根据国内外考古发现,早期人类文明遗址中就有大量水井、输水渠、雨水收集池、洗浴场、排水管渠等设施。虽然兴建的这些设施是水利工程、公共卫生、水力运输,其至军事防御的一部分,但它们已经具有了水环境工程的目的和部分技术雏形。

在中国,早在公元前 2300 年,古人就创造了凿井取水技术,促进了村落和集市的形成,为了保护水源,还建立了持刀守卫水井的制度。在战国及秦朝时期,一些国都和宫殿建有陶制的地下排水管道,将污水和污物排入河渠;至唐朝,都城长安在"开元盛世"时期人口已超过 100 万人,建有当时世界上非常发达的供水体系和排水系统(图 1-2);至元朝,郭守敬为元大都(位于现北京市区)设计了非常科学的城市水系,它兼具供水、排水、漕运多种功能(图 1-3);至明朝,江南地区已出现家庭净水设施,采用明矾净化蓄水。

中国古代的供水体系、排水体系及水处理设施虽然远不及现代环境工程系统的规范和普及程度,但对促进生产力和发展城市经济具有不可或缺的重要作用。

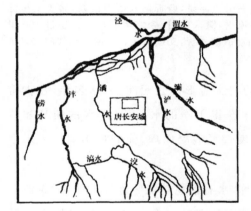 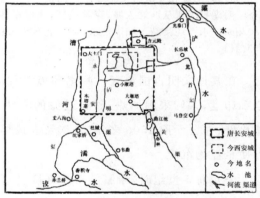

**图 1-2　唐长安城周围的河流、渠道及壕池排水系统(引自温亚斌,2005)**

① 自然条件:唐长安城地处关中平原的中部,地势西南高,东北低;北依渭水,南靠秦岭。发源于秦岭的众多河流自南向北流经关中平原,构成了长安城的自然水系,为长安城提供了富足的用水环境。在这些河流中,主要有泾、渭、浐、灞、沣、滈、涝、潏等 8 条河流,构成了"八水绕长安"的胜景。

② 供水工程:长安在隋朝就开凿了龙首渠、清明渠和永安渠,唐代又开凿了具有船运功能的漕渠和黄渠。这 5 条主干渠道从城东、城西分别把 8 条河流中的水引入城中,每条干渠还分若干支渠,分别通往皇城、园林、街道等处,渠道纵横交错,呈网状分布。"八水五渠"构成了长安城最基本的水系;城内的池沼湖泊也是长安城供水系统的组成部分;此外,为取水方便,长安城内里坊、宫苑、寺庙中还挖掘了许多水井,也成为城市供水和消防的主要来源。

③ 排水工程:长安城内的宫城、皇城都没有城壕,但街道两旁设置了排水渠。虽然如此,由于城内没有一条河流通过,也没有设置一条主干渠,导致城内排水渠的水不能及时排出城。长安城有三重城墙,只在城外设有一圈可以泄洪和排水的壕沟,总长约 37 km,对于 84.1 km² 的长安城,泄洪和排水河道密度仅为 0.44 km/km²。从现代城市规划的角度看,这样的密度严重偏低,泄洪和排水能力非常有限。

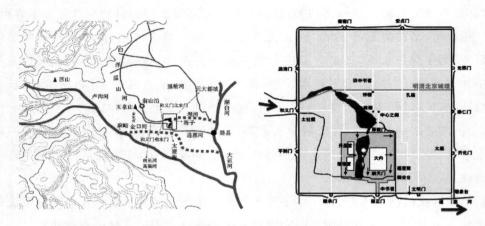

**图 1-3    元大都周围的河流和城市水系（引自惠子，2021；焦志忠，2008）**

元代科学家郭守敬为元大都设计的水系：从昌平引白浮泉，西折汇入西山诸泉，储于七里泺（今昆明湖）；引水从西北入城，穿越城区，从城东南流出，泄入白河（今北运河），全长超过 160 里（80 km）。水系还接纳了城市污水，是一个不断纳新吐故的系统，支撑了元、明、清等朝代的北京城市发展。

在其他文明古国也有一些水环境工程的技术雏形。公元前 2000 多年，在古希腊和印度，人们采用加热、砂石过滤的方法来获得干净的水，而且净水的嗅味和口感更好；在公元前 1500 多年，古埃及人最早发现了混凝原理，他们将铝剂投入水中可使悬浮物沉淀。

公元前 5 世纪时，希腊的希波克拉底宣称"水有治愈功能"，他还发明了"希波克拉底滤袋（Hippocratic Sleeve）"，用来滤去水中的颗粒物。公元前 6 世纪时，古罗马开始修建下水道；在公元前 300—前 200 年，罗马人还修建了世界上第一批输水渠（aqueduct），而且大部分输水渠建于地下，以防战争破坏和受到污染，这一设计得益于当时希腊数学家与物理学家阿基米德的发明——螺旋扬水机，能够将地下水渠的水提升至高位，之后水依靠重力还能够长距离输送。

# 1.3    水环境工程的发展

进入近代以后，工业文明使人类对环境的影响更加广泛和深刻。水环境工程逐渐脱离水利工程、水力运输以及军事工程，一方面与公共卫生工程结合更加紧密，专注于城市的建筑给排水、市政给排水等工程；另一方面与工业污染控制工程衔接，专注于工业生产废水的处理和处置等工程，逐渐成为独立于其他工程技术的一类专门工程技术。水环境工程的技术类别包括水处理、净水的分配输送与储存、污水和废水的收集与输送、污水和废水处理、处理水的回用或最终处置等。

## 1.3.1　下水道工程的诞生与发展

欧洲工业革命之后，人口更加集中于城市，18 世纪发明于伦敦的抽水马桶很快在议会的《公共卫生法令》规定下在英国普及，并在 19 世纪推广到欧洲多国，家庭污物和污水经由抽水马桶而排入附近的沟渠和河流，千家万户变得卫生和清洁，但是城市水系（如泰晤士河）受到空前污染，霍乱等水源传播的疾病在城里反复暴发。

在 19 世纪，德国汉堡于 1834 年建设了完整的市政下水道工程，并设计了通风除臭、引海水清洗下水道的维护措施；巴黎开始改变把污水和污物直接排入塞纳河的做法，兴建了庞大的地下下水道工程，将城市污水和污物收集起来，再排到远离城市的郊区，极大改善了城市公共卫生状况。时至今日，宏大的巴黎下水道工程仍是城市排水系统的典范。欧洲城市修建下水道工程的做法很快被更多国家借鉴，在 1856—1915 年，全美所有城市都建设了下水道工程。世界各地的城市和村镇根据当地人口和条件，陆续修建现代化的下水道工程，下水道普及率也成为城市化的一个重要指标。

进入 20 世纪，随着水环境工程技术的进步，世界各地城市对下水道收集的污水进行处理后再排放或回用，在城市社会经济文化发展的同时，全面提高了城市水环境质量，恢复和保护了城市水生态系统。

### 专栏 1-1　巴黎下水道工程系统

"下水道，就是城市的良心，一切都在那儿集中，对质。"

——雨果，《悲惨世界》第五部，1862 年

在 19 世纪中期以前，巴黎非但不是浪漫之都，而且由于缺乏公共卫生设施，又经历了法国大革命的街头巷战，城市环境脏乱，建筑残破不堪。当时城市用水来自塞纳河，使用后的弃水随意乱排，特别是排泄污物和生活垃圾也倾倒于街道，最终又汇入塞纳河，造成河水污染，使霍乱等瘟疫在巴黎数度暴发。

1852—1870 年，时任塞纳-马恩省省长的奥斯曼男爵受拿破仑三世的委任，负责巴黎城市大改建。这场空前的大改建拆除了许多旧城墙和建筑，建设了广场、公园、住宅区、医院、火车站、图书馆、学校、环城道路和林荫大道，建造了新的供水系

统及污水处理系统,使巴黎脱胎换骨、焕然一新。今天的巴黎基本上就是1870年以后的面貌,其中60％的建筑是奥斯曼时期留下的;然而,许多中世纪名胜古迹在大改建中灰飞烟灭,也令奥斯曼在生前和死后饱受争议。

在巴黎大改建的一系列规划和工程中,最没有异议的是非常现代化的城市下水道系统,使巴黎受益至今。奥斯曼的理念是:改变城内脏水乱排和最终汇入塞纳河的无序现状,充分利用巴黎地下纵横交错的废弃石矿道,兴建大规模的地下排水系统,将城内脏水排出市区,以保障饮用水水源———塞纳河的清洁。

巴黎下水道工程的具体设计和施工由欧仁·贝尔格朗负责。至1878年,建成下水道总长达到600 km,均建于地面以下50 m,同时收集和输送污水和雨水;排水网虽纵横交错,但严格按照地面道路的布局建设[图1-4(a)];由于巴黎有东南高、西北低的地势特点,最后污水被排到郊外阿谢尔野地。为了保证下水道畅通,贝尔格朗还发明了清除下水道垃圾、沉沙、淤泥的机械设施,建立了一套下水道养护方法,有些方法沿用至今。

巴黎下水道内部空间很大,不仅仅是城市排水暗渠,而且是城市管道综合走廊[图1-4(b)]。走廊下部流动的是污水,而弧形顶部和两旁墙上则规范有序地安装排列着自来水管道、采暖管线、煤气管道以及供电线缆、通信线缆等,并用不同的颜色和专用标志区别开来,以方便辨别和维护。这样的市政工程虽然初期投资相当巨大,但是在后期的使用过程中却可以节省大量的人力和物力。当任何一条管线发生泄漏、电缆发生短路或者出现其他故障,工人都可以直接进入地下进行维修,而不需要挖开地面和切断交通。

(a)                                        (b)

**图1-4　巴黎下水道**
(a)地下布局;(b)地下城市管道综合走廊

早期巴黎下水道所收集的污水输送至郊区排放，这无疑是一种"污染转嫁"的行为。第一次世界大战之后，巴黎市政府开始了新一轮污水管网改造和扩建工程，并将污水输送至处理厂进行集中处理，处理水一部分作为生态补水排到郊外或者流入塞纳河，另一部分则通过非饮用水管道循环使用，主要用于清洗城市街道。第二次世界大战之后，巴黎市政府又进一步扩建并完善下水道系统，使每家每户的厕所都直接与其相连，生活污水全部被收集、输送至污水处理厂。目前巴黎下水道系统管网总长度超过 2400 km，每天排出 $1.2 \times 10^6$ $m^3$ 的城市污水，每年清除 $1.5 \times 10^4$ $m^3$ 沉积物。表 1-1 列出了巴黎下水道系统的统计数据。

**表 1-1　巴黎下水道系统的统计数据**

| 项目 | 数据 | 说明 |
|---|---|---|
| 服务面积 | 8500 $hm^2$ | — |
| 服务人口 | 360 万人 | — |
| 管网全长 | 2420 km | 其中主干管 40 km，干管 140 km，支管 1430 km，溢流管道 35 km，蓄水渠道 105 km，附属工事 670 km |
| 提升泵站 | 6 座 | 当水位过低无法自流时，通过泵将水提升至高位 |
| 倒虹吸管 | 9 条 | 承担污水穿越塞纳河的任务 |
| 沉砂池 | 97 座 | 把管道内泥沙沉积下来，再进行清除 |
| 溢流井 | 45 口 | 把多余雨水溢流入塞纳河 |
| 检查井 | 31 000 余口 | — |
| 雨水口 | 18 500 个 | — |
| 地下蓄水池 | 6000 余个 | — |
| 维护人员 | 1300 人 | 由巴黎下水道管理局承担 |

对于下水道系统的维护，除了常用的机械措施（如清污闸门、闸门船、泥沙沉淀塘、溢洪道等），巴黎市政府还积极采用一些新技术进行下水道的清淤和养护，例如：设立水位监测传感器、安全阀等预警系统；使用高压冲洗车（图 1-5）、专业砂石处理车等；使用 GIS 定期观察地下水管道状况，追踪是否达到需要清除的程度，每年固定对各段管道做两次检验，并建立数据库。

巴黎如此庞大完备的合流制城市下水道系统，自其运行之时起，就使市区卫生环境全面改善，街面再未遭受雨水之患，反映了下水道系统规划理念的超前和工程设计的科学，同时也折射出系统管理的高效和工程质量的优秀。

图 1-5　巴黎下水道检验和清淤的高压冲洗车

## 1.3.2　水处理厂的诞生与发展

欧洲工业革命使城市水系周围工厂密布、交通繁忙,河流、大气、土地等环境也被空前改变了,公众健康因此受到严重威胁。为了保护水源和保障公众健康,水处理的城市水务技术快速发展起来。

进入 18 世纪,以羊毛、海绵和木炭填充的滤水装备被应用于城市水处理,1804年苏格兰建造了世界上第一座市政水处理厂,处理技术是以细砂石缓慢过滤水源水,滤后净水用马车在全城输送,大约 3 年后出现了世界上第一套城市供水管道。19 世纪 30 年代,化学氧化技术被应用于水处理,方法是向受到微生物和其他污物污染的水源水投加氯剂(NaClO,俗称漂白粉),这种方法在 1854 年英国伦敦暴发霍乱疫情时,被约翰·斯诺(John Snow)医生推荐,成功用于消杀水中的病菌,从此这种消毒方法被欧洲各国水处理厂纳入常规工艺,并在全球推广,极其有效地控制了多种水源性疾病的传播。此后,欧洲和北美各国多采用"过滤—消毒"工艺对水进行处理,供给城市居民。

19 世纪 90 年代,美国开始兴建大型水厂,将水的过滤速度提高,但砂石滤料容易堵塞,于是再采用高压水冲方式清洗滤料,该新技术获得成功,水厂在大幅度增加处理规模的同时,还保证了水质稳定。这一新技术被称为快滤,以区别于此前的慢滤技术。其后,美国另一项在滤池前增加传统混凝和沉淀技术的实践也获得成功,水经过混凝和沉淀处理后可去除大量颗粒物,再进入快滤池进行"深度净化",

如此水质更好,且快滤池的工作周期更长。最后,为了降低霍乱、伤寒等水源性疾病的传播风险,水厂均对清澈无味的净水进行氯消毒。从此,"混凝—沉淀—快滤—消毒"成为水处理的经典工艺,被广泛应用于世界各地的水处理厂。

**专栏 1-2　伦敦对霍乱疫情的控制**

霍乱,是人类历史上最可怕的瘟疫之一,它传播快、发病急、吐泻烈、病情剧,死亡率高达 90%。霍乱起源于印度恒河流域,那里气候适宜、人口密集,印度的母亲河——恒河被印度教视为圣水,鼓励人们在恒河沐浴、疗伤和治病,因而恒河成为霍乱等传染病的媒介。早期当地人类活动受到南亚次大陆的阻隔,霍乱局限在印度流行;随着全球商业、宗教和军事等活动不断突破地理上的屏障,霍乱从 19 世纪开始在全世界流行,表 1-2 总结了历史上霍乱的七次世界大流行的情况。

表 1-2　水源性疾病暴发:历史上霍乱的七次世界大流行

| 暴发年份 | 造成的危害 | 控制措施 |
|---|---|---|
| 1817—1823 | 死人无数 | 束手无策 |
| 1826/1829—1837 | 死人无数 | 病人隔离、自生自灭 |
| 1846/1852—1862 | 死人难以计数 | 英国伦敦约翰·斯诺医生发现霍乱传播与水质有关,建议关闭水井,以氯对供水进行消毒,疫情有所控制 |
| 1863/1864—1875 | 死亡超过百万人。其中英国伦敦死亡 5597 人,法国巴黎仅 1865 年即死亡 10 万人;俄国彼得堡地区 1866 年即死亡 9 万人;德国北部地区 1866 年即死亡 11.5 万人 | 英国继续实施水源消毒,疫情得到有效控制 |
| 1881—1885 | 主要在印度、中东及非洲猛烈流行,在欧洲得到一定程度的控制:法国死亡约 5000 人;德国汉堡死亡约 9000 人 | 英国因严格自来水管理和饮水消毒,此次霍乱未流行;欧洲其他国家也开展了水源消毒,疫情得到有效控制 |
| 1892—1919 | 疫情主要在印度、中国、日本、朝鲜、埃及、波斯及阿拉伯各国 | 西欧、北欧及北美因实施水处理而未遭受霍乱。第一次世界大战中德军采取严格防疫措施,并普遍接种了霍乱疫苗 |
| 1961 | 疫情主要在东南亚、远东、非洲地区 | 霍乱弧菌发生变异,原有疫苗失效 |

当霍乱传入欧洲时,一些学者猜测这是一种靠空气传播的恶疾,即病人是因吸入不洁空气而染病的,但是通过隔离病人并没有控制住霍乱的全城大传播。1854

年当霍乱再度袭击英国时,伦敦的约翰·斯诺医生调查了医院死亡病例,绘制出霍乱死亡街区分布图,他发现 Cambridge 街和 Broad 街的交叉街区的数据异常,10 天之内死亡人数高达 500 多人,比其他街区的死亡率高得多,这里的人们都是从 Broad 街的水井取水,因而判断水源可能带有"霍乱之毒"(图 1-6 所示的海报即根据该判断而创作),他建议市政府暂时关闭那座水井,并对井水投加氯消毒剂;此外,斯诺医生还对不同供水区的死亡率进行比较,发现对河水进行砂滤处理的水厂供水区死亡率仅为没有进行砂滤处理的水厂供水区的 1/5,看上去清澈无味的水很可能并不安全,他建议供水公司对取自泰晤士河的水源水先进行砂滤处理,再进行氯消毒。由于市政府采取了斯诺医生推荐的措施,在这次霍乱大流行中,伦敦的死亡率有所降低;而在之后的新一轮霍乱大流行中,伦敦由于严格的水源管理,死亡率远远低于欧洲其他疫情城市。

**图 1-6　英国海报:霍乱期间死神就附在水井的摇把上**

直到 1883 年,德国微生物学家科赫在显微镜下观察霍乱病人的排泄物,才发现了霍乱的元凶——霍乱弧菌(图 1-7),这才是藏在水中的"霍乱之毒"。现在人们已经很清楚,霍乱是由霍乱弧菌引起的烈性肠道传染病,主要经水、食物、苍蝇及日常生活接触传播。

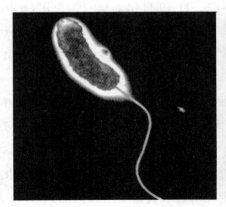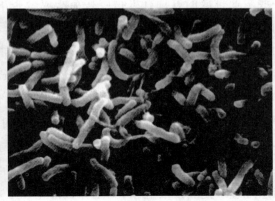

图 1-7  霍乱弧菌的电镜照片

目前全球通过接种疫苗和完善公共卫生设施,基本上控制了霍乱的出现和传播。但是变异的病菌、脏乱的卫生环境仍然使霍乱在非洲、拉丁美洲和亚洲等地区多次死灰复燃,近年来每年死亡人数为几十至几百人。

### 1.3.3  污水处理厂的诞生与发展

人类有将自身排泄物弃至远处、使其远离日常生活圈的本能,目的在于保障生活环境的洁净与健康。但中国古人在长期农业生产中,很早就认识到粪肥对恢复农田地力的作用,从战国时期就有了将人粪尿、杂草、草木灰等用作肥料的记载,此后厩肥、河泥、栽培绿肥等废弃物均被利用起来,经过堆肥处理成为庄稼之宝,这无疑是处理和处置各类污物的最佳方式。

然而,世界上很多国家的人畜粪便长期被弃置,这种做法会使公共卫生环境变差,甚至导致流行病的暴发。欧洲于 19 世纪普及抽水马桶,兴建下水道工程,于是千家万户的污物可以通过下水道输送到远处排放,但这种做法只是保护了城市环境,却损害了远郊的生态环境。19 世纪 60 年代,欧洲出现了溢流式污水渗井;19 世纪 90 年代英国市政建筑师 Cameron 和 Cummins 对该渗井进行改进,1895 年 Cameron 为英格兰 Exeter 市设计并建造化粪池,以 septic tank 命名并申请了专利。此后化粪池历经改造,沿用至今,在人畜粪便处理中发挥了重要作用。化粪池能对人的排泄物进行固液分离,使其后发展起来的市政污水处理工程专注于对污水中溶解性污染物的去除。

工业革命之后,人类生活和生产用水量激增,使用当时常用的物理(如沉淀)和化学(如投加石灰)方法对弃水进行处理,水中大量溶解性污染物不能被有效去除,一些工业排放的有毒有害物质甚至酿成公害事件。自 19 世纪 80 年代,英国、法国和美国的工程师们开始将微生物技术运用到污水处理工程中;1893 年英国 Corbett和 Salford 在威尔士创建了喷嘴布水装置的生物滤池,成功应用于生活污水处理,并迅速在欧洲和北美的国家推广。进入 20 世纪,1914 年英国阿登(Edward Ardern)和洛克特(William Lockett)在曼彻斯特创建活性污泥法,该法能够对污水中的悬浮颗粒和溶解性有机物稳定高效地去除,并且对大多数工业废水也有较好的处理效果,因此在第二次世界大战之后迅速在全球推广。以活性污泥法为核心技术单元,一大批更加经济、高效、具有脱氮除磷等功能的新技术和新工艺纷纷涌现,现代化污水处理厂蓬勃发展起来,为全球城市化和工业化的进程提供了基础保障。

## 专栏 1-3　伦敦二级污水处理厂的兴建

在工业革命的发源地,伦敦的发展都与泰晤士河息息相关。泰晤士河全长402 km,以位于伦敦塔桥上游的 Teddington 围堰为分界,以上 259 km 为淡水河段,以下为受潮汐影响的感潮河段。泰晤士河为伦敦居民生活和工业发展提供了丰沛的水源。从 19 世纪开始,虽然英国的下水道系统极大改善了市民的家庭生活环境,然而冲水马桶却使全国的河流水质严重下降;雪上加霜的是,泰晤士河两岸工厂密布,昼夜排放各种废水。严重的污染导致 1856 年河内银鱼灭绝;1878 年"爱丽丝公主"号游船事件的落水者被污染所伤,死亡 640 人;1950 年泰晤士河的伦敦段鱼虾绝迹。可以说,伦敦的工业革命史就是一部泰晤士河的污染史。

在泰晤士河污染治理和生态恢复的过程中,现代化污水处理厂的兴建和运营发挥了举足轻重的作用。

历史上泰晤士河一共进行了两次大治理。第一次大治理在 1850—1900 年,以兴建截污管道和排洪工程为主。主要工程有:① 在泰晤士河两岸修建了与河平行的截污管道(161 km):北岸通过截污管道将污水引至 Beckton 排污口,南岸将污水引至 Crossness 排污口,并在各排污口处建设了能滞留污水 6 小时的污水库,待落潮时将污水随海水一起排入海中,图 1-8 显示了工程分布情况;② 在泰晤士河两岸修建了 Beckton、Crossness、Riverside 和 Mogden 等污水处理厂,采用当时通用的化学沉淀法(投加石灰和铁盐)去除水中污染物;③ 由于伦敦城区下水道系统为合流制体系,受污水处理厂的处理能力限制,两岸修建了泵站和雨水排水管道,将暴雨期的过量雨污混合水直接排入河中。

泰晤士河的第一次大治理耗资巨大,但并没有使河流水质得到改善。以水中溶

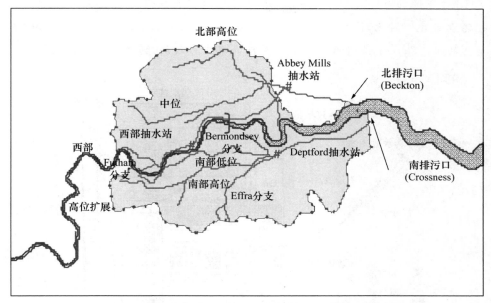

**图 1-8　泰晤士河第一次大治理的工程分布**

泰晤士河伦敦段两岸,以黑点圈出的范围是截污管道工程的集水区。

解氧(DO)为例,从 20 世纪开始,泰晤士河的伦敦段 DO 开始快速下降,至 19 世纪 50 年代 DO 降为零! 对污染源调查发现:在实施截污工程之后,由于治理技术效率低,Beckton、Crossness、Mogden、West Kent 和 Acton 等排污口成为污染泰晤士河的重要点源,其中 Beckton 排污口占总污水流量的 50%;伦敦一直沿用着维多利亚时期的合流制下水道系统,在暴雨期混入雨水的管道污水发生溢流,虽然溢流量只占总污水量的 1.5%,但短期内可产生高冲击负荷,甚至因耗氧过快而发生突发性死鱼事件;此外,工业废水、开始广泛使用的合成洗涤剂、发电站排放的热水等也对水污染有贡献。

泰晤士河的第二次大治理在 1950—1980 年,此前,英国皇家污水处理委员会提出泰晤士河环境质量目标,并推荐以 $BOD_5$ 来评价水质的污染程度。第二次大治理的主要工程就是以活性污泥法改造原有的污水处理厂。当时欧洲最大的 Beckton 污水处理厂在第二次世界大战后几经改造,其中最大的一次改造于 1967 年进行,改用活性污泥法,处理规模为 $1.14 \times 10^6$ $m^3/d$,最高可接纳 $2.73 \times 10^6$ $m^3/d$ 的污水(图 1-9);Crossness 和 Riverside 污水处理厂也于 20 世纪 60 年代进行了技术改造,处理能力分别为 $4.5 \times 10^5$ $m^3/d$ 和 $9.4 \times 10^4$ $m^3/d$,后者主要处理工业废水。这次大治理使污水处理厂的总处理能力大幅提高,1980 年流入泰晤士河的总污染负荷比 1955 年下降约 90%；与此同时，泰晤士河水质开始转好，DO 提升后河中鱼类数量也稳步回升。因此，依靠微生物处理技术，现代化污水处理厂才真正成为"去除污染物的工厂"，而不是将沿岸污水汇总后再集中排放的"污染物中转站"。

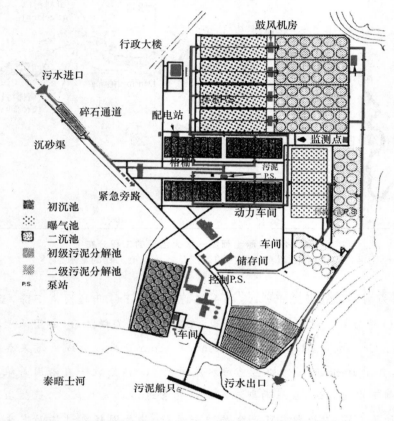

**图 1-9　改用活性污泥法的 Beckton 污水处理厂的平面布局**

　　经过 100 多年的污染治理和生态修复，英国泰晤士河基本得到复原。这一过程体现了"先污染、后治理"的污染控制思想。泰晤士河污染治理与生态恢复的成功经验，也成为世界各国河流综合治理的一个范本。

## 1.3.4　污水再生利用的技术发展

　　随着市政供水系统、排水系统以及相应基础设施的完善，城市人口快速增长，用水量和排水量均随之增加。进入 20 世纪 80 年代以后，全球越来越多的城市出现水荒。根据我国住房和城乡建设部 2014 年公布的数据，按照联合国人类住区规划署的评价标准,全国 657 个城市中有 300 多个城市是"严重缺水"和"缺水"城市,而缺水的主要原因是水质型缺水,即水源水受到污染,导致有水而无法取用。此外,全球气候变化也加剧了水资源紧张的形势。

为了应对这一形势,一方面需要开辟新的水源,另一方面生活和经济活动需要全面节约用水。在开源方面,大规模蓄水、引水等水利工程耗资巨大,而转变"即用即弃"的用水观念,将污水视为一种资源进行再生回用的方式,得到了全球越来越多国家的认同。污水经过有效处理后,不仅不再污染水环境,而且还能成为一种水量稳定、水质有保障的非常规水源,再度回到人类社会循环使用。

污水的再生利用,使水环境工程的排水与供水两大任务衔接在一起。以活性污泥法为核心的污水生物处理系统,其出水一般能够达到直接排放的标准,当要求其出水达到回用标准时,则需要将其视为水源水再进行深度处理。由于这种"特殊的水源水"不同于常规水源,近 10 多年来在传统的"混凝—沉淀—快滤—消毒"水处理工艺之外,又涌现出膜分离、电化学、高级化学氧化等新技术,使水环境工程的技术体系更加丰富,工艺组合也更加灵活。

污水深度处理的发展,也使许多国家在水环境保护目标与技术路线上发生重大变化,水污染治理目标由传统的污水处理后达标排放,转变为污水处理后回用及生态补水。

## 专栏 1-4　东京的污水回用体系

日本东京都地区在污水再生与回用方面拥有丰富的经验。日本年均降水量 1730 mm,约为世界平均值的 1.8 倍,是我国多年平均值的 2.6 倍。但是受其地形、地貌、气象条件影响,日本洪涝灾害严重,而可利用的淡水资源非常少。日本人口密度大,人均年降雨量仅为 5300 $m^3$,少于我国(5907 $m^3$),仅为世界人均值的 1/5,一些大城市的缺水问题更加严重。以东京为例,第二次世界大战后日本经济复苏并开始高速增长,东京市用水量激增,为此政府投资兴建水坝、水库,开采地下水,建设供水基础设施,但供水形势依然十分紧张,而且由于地下水超采,还引起海水倒灌和地面沉陷;与此同时,排水量增大后,政府又投资兴建下水道系统和污水处理厂,以防止水污染和保护水环境。

20 世纪 80 年代,除了大力推广节水方法和措施,日本政府决定改变思路,寻找地表水和地下水以外的新水源,污水、雨水、海水成为可供开发的非常规水源。东京的污水回用在实践中形成两套方案:① 以城市污水处理厂为"水源地",污水处理系统再增加深度处理部分;建设再生水分类管道系统,输送水质达标的污水处理厂出水,以优惠于自来水的价格供给工业和市政杂用,包括工业冷却水、车辆清洗、道路清扫、绿化浇灌、城市景观、河流补给(生态用水)、抗灾应急等。② 以楼宇和小区为单位,建设独立的中水道,收集楼宇或小区的杂排水,就地进行处理,达到一定标准后回用于本楼或小区的冲厕、绿化、景观等。东京规定面积在 $3\times10^4$ $m^2$ 或计划用水量 100 t/d 以上的新建项目,都必须建设中水设施。政府通过减免税金、提供低息融资和补助金等经济手段给予支持。

日本的污水深度处理技术走在世界前列。图 1-10 为东京新宿地区某大楼中水处理工艺流程,主体技术为先进的分置式膜生物反应器,其建于地下的中水处理系统的膜单元实物见图中照片。

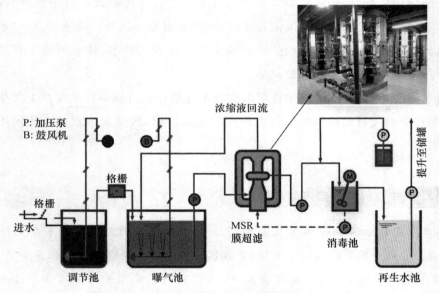

**图 1-10  东京新宿地区某大楼中水处理工艺流程**

东京以城市群为核心规划区域,对各类水源统一规划、分质管理,一方面形成城市远距离输水和就近利用的分质供水体系,另一方面形成污水再生集中处理与分散处理的区域网络。这样,城市污水被纳入水资源管理的范畴,使水的社会循环与自然循环相协调,有助于水资源的可持续利用。

## 1.4　水环境工程学的主要内容

　　污染问题伴随人类生活和生产而发生，但直至危害到公众健康，才推动了一门新学科——环境工程学的形成和发展。环境工程学，是研究保护和合理利用自然资源，控制和防治环境污染与生态破坏，进而改善环境质量，使人类得以健康和舒适地生存与发展的一门学科。

　　水环境工程学，是环境工程学的一个分支学科，并且在探究和解决水污染问题的过程中不断发展。其主要任务是研究水质净化与水污染治理的科学原理、技术方法、工程施工与维护运行方法，从而保护水环境和公众健康，使水可持续地为人类生活和生产服务。水环境工程学一方面具有独立于其他工程学的知识体系，另一方面不断融入自然科学、工程科学的新发现、新材料和新技术，使这一传统工程学焕发出新的生命力。

**主要参考资料**

　　[1] Ardern E，Lockett W T．Experiments on the oxidation of sewage without the aid of filters［J］．Journal of the Society of Chemical Industry，1914，33（10）：523-539.

　　[2] Jenkins D，Wanner J．Activated Sludge—100 Years and Counting［M］．London：IWA Publishing，2014.

　　[3] 惠子，王劲韬.元大都水系规划经验及智慧的研究［J］.城市建筑，2021，18(24)：17-19.

　　[4] 蒋展鹏，杨宏伟.环境工程学［M］.3版.北京：高等教育出版社，2013.

　　[5] 焦志忠.循环水务的理论与实践［M］.北京：中国水利水电出版社，2008.

　　[6] 奇云.享誉世界的巴黎下水道［J］.城市与减灾，2010，6，36-38.

　　[7] 王旭东，孟庆龙著.世界瘟疫史［M］.北京：中国社会科学出版社，2005.

　　[8] 温亚斌.隋唐长安城"八水五渠"的水系研究［D］.西安建筑科技大学，2005.

　　[9] 肖水源，刘爱忠.瘟疫的历史［M］.长沙：湖南科学技术出版社，2004.

　　[10] 张昱，刘超，杨敏.日本城市污水再生利用方面的经验分析［J］.环境工程学报，2011，5(6)：1221-1226.

[11] 朱超. 简述唐长安城供水与排水系统[J]. 科技天地，2009，33：52-53.

## 思考题与习题

1-1  当前全球面临的重要水环境问题有哪些？

1-2  与发达国家相比，当前中国面临的水环境问题有什么不同？

1-3  净化水的主要方法有哪些类别？各有什么特点？

1-4  污染治理随着科技水平的发展而发展，试从污水处理技术的发展说明。

1-5  活性污泥法为什么会成为污水处理的核心技术单元，它的优势是什么？

1-6  常用的污水深度处理技术有哪些？尝试比较它们的能源和资源利用效率，思考如何实现更加经济高效的污水处理？

1-7  当前科技发展（如大数据与人工智能、纳米材料等）对水环境工程学有怎样的借鉴意义？

# 第 2 章
# 水污染与水体自净

水是地球上物质扩散与传输的重要载体,是很多生物生存与繁衍的重要生境,也是人类生活和生产活动中最基本的物质条件之一。水中各种物质借助水的流动而迁移和转化,随着水中反应而积累或消耗,使得水环境质量呈现时空上的动态变化。本章介绍与水环境工程学相关的水环境学知识,包括水循环、水污染和水体自净等,这是水污染控制的基础知识。

## 2.1 水圈及水循环

### 2.1.1 水圈

水圈(hydrosphere),是从地球表面以上至大气对流层顶部、以下至深层地下水底部,由液态、气态和固态的水形成的一个几乎连续但不规则的圈层。

水圈中大部分的水以液态形式储存于海洋,海洋面积约占地球面积的 71%;河流、湖泊、水库、地下水、沼泽及土壤中的水是液态水中的淡水部分。固态形式的水主要存在于极地的广大冰原、冰川、积雪和冻土中;而水汽主要存在于大气中。水经常通过热量交换而发生相的转化。

地球上水的总量很大,约为 $1.4 \times 10^9 \ \mathrm{km^3}$,覆盖着近 3/4 的地球表面,但是分布很不均衡,表 2-1 列出了地球上水的分布。人类生命活动所必需的淡水资源非常有限,在占总量不到 3% 的淡水中,又有 3/4 封存在冰川和冰帽之中。与人类生活和生产活动关系密切且相对容易被开发利用的淡水储量约为 $4 \times 10^{15} \ \mathrm{m^3}$,仅占地球总水量的 0.3%。

表 2-1　地球上水的分布

| 水的种类 | 水储量 | | 咸水 | | 淡水 | |
|---|---|---|---|---|---|---|
| | $10^{12}$ $m^3$ | 占比/(%) | $10^{12}$ $m^3$ | 占比/(%) | $10^{12}$ $m^3$ | 占比/(%) |
| 海洋水 | 1 338 000 | 96.538 | 1 338 000 | 99.041 | — | — |
| 冰川与永久积雪 | 24 064.1 | 1.7362 | — | — | 24 064.1 | 68.6973 |
| 地下水 | 23 400 | 1.6883 | 12870 | 0.9527 | 10 530 | 30.0606 |
| 永冻层中冰 | 300 | 0.0216 | — | — | 300 | 0.8564 |
| 湖泊水 | 176.4 | 0.0127 | 85.4 | 0.0063 | 91 | 0.2598 |
| 土壤水 | 16.5 | 0.0012 | — | — | 16.5 | 0.0471 |
| 大气水 | 12.9 | 0.0009 | — | — | 12.9 | 0.0368 |
| 沼泽水 | 11.47 | 0.0008 | — | — | 11.47 | 0.0327 |
| 河流水 | 2.12 | 0.0002 | — | — | 2.12 | 0.0032 |
| 生物水 | 1.12 | 0.0001 | — | — | 1.12 | 0.0032 |
| 总计 | 1 385 984.61 | 100 | 1 350 955.4 | 100 | 35 029.21 | 100 |

注:联合国 1977 年资料。

　　水圈是地球圈层中最活跃的圈层之一,它将大气圈、岩石圈、土壤圈和生物圈紧密地联系起来,各圈层在地球系统中相互联系和相互制约。当前水利工程、农业灌溉、工业和城市发展、养殖、航运等人类活动已经对水圈产生影响。

## 2.1.2　水体、水环境与水生态系统

　　水体(waterbody),是以陆地为边界的天然水域所处的空间环境,包括河流、湖泊、湿地、河口、海岸带等被水覆盖的自然综合体,不仅包括水,还包括水中溶解物质、悬浮物、沉积物、水生物等。

　　水环境(water environment),是自然界里水的形成、分布和转化所处空间的环境,也包括相关的自然因素和社会因素。水环境主要由地表水环境和地下水环境两部分组成,其中地表水环境包括河流、湖泊、水库、海洋、池塘、沼泽、冰川等;地下水环境包括泉水、浅层地下水、深层地下水等。水环境是构成环境的基本要素之一,也是人类社会赖以生存和发展的重要场所。

　　水生态系统(aquatic ecosystem),是边界明确、由非生境和生境构成的一个整体,系统组成相互依存,其能量流动和物质流动达到亚稳态平衡。完整的水生态系统是一个复杂的,具有时、空、量、序变化的动态系统和开放系统,它可以为人类提供饮用水源、农业灌溉、工业用水、渔业和水产、交通航运、洪水调节、生态建设、旅游观光、补给地下水源、接纳排水等多方面功能。水生态系统的这些功能是相互联系的,有时是促进关系,而有时是矛盾关系。例如,最大的海洋生态系统,虽然海水

不能直接饮用,但通过海水淡化技术可以为海上轮船、海岛以及严重缺水的沿海城市提供饮用水,但同时极高盐度的废弃浓水被排入海洋;海洋对污染物有着巨大的稀释、扩散及降解等净化能力,因而可作为沿海污水处理厂出水的排放场地;海洋也是极佳的旅游观光对象,但当一处海滨作为游泳、娱乐和度假之地时,可能其他开发和利用活动都不能进行。因此,当我们需要利用水生态系统某些功能时,应提前开展环境影响评价,使人类活动对水环境可能产生的干扰、污染和破坏等问题被控制在允许水平,这样也能够使人类所需得到持续的满足。

## 2.1.3　水的自然循环

　　地球上的水经常处于循环运动中。如图 2-1 所示,从地球表面开始,水在太阳能的作用下,通过海洋、湖泊、河流等水面的蒸发作用以及土壤表面、植物茎叶等的蒸腾作用,形成水汽,上升到空中凝结为云,在大气环流——风的推动下迁移至远处。气态水遇冷气流而凝结,以雨、雪、雹等形式降落下来。这些降水有相当一部分回归海洋,而陆地上的降水受重力作用,形成两种径流:一种为地表径流,降水沿地表流动,不断向低凹处汇聚,最终汇入江河湖泊;另一种为地下径流,降水直接进入土壤,不断下渗,最终汇入地下水层。两种径流水相互补给,最后都注入海洋。与此同时,各类水体、土壤和植被的表面继续进行蒸发和蒸腾过程,重复着上述水的运动。这种循环往复、生生不息的过程称为水的自然循环。

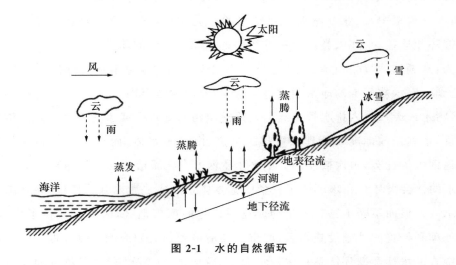

**图 2-1　水的自然循环**

　　降水、蒸发和径流是水的自然循环中的三个最重要环节,三者决定着全球的水量平衡,也决定着一个地区的水资源总量。一般可将降水量视为自然循环水量,据推算,地球上的年降水量大约为 $5.77\times10^5$ km³,那么自然循环水量仅占地球上总水量(约 $1.4\times10^9$ km³)的 0.04%。这些自然循环水量中仅有 21% 降落于陆地,每年约 $1.2\times10^5$ km³;降水到达地面后,约 56% 的水量被植物蒸腾、土壤和地面水体蒸发所消耗,34% 形成地表径流,10% 下渗补给地下水。全球各国家和地区的气候和地理等自然条件不同,降水量和蒸发量也不同,因此全球各地区水资源分布极不均匀。

为了保护水资源和实现水的可持续利用,当前大多数国家以多年平均地表径流量作为年水资源量。我国属于缺水国家,年水资源量除了多年平均地表径流量外,还包括浅层地下水中可以取用又不与地面径流量重复的部分。

## 2.1.4  水的社会循环

人类用水和弃水的活动对水的自然循环产生干扰,随着农业、工业和城市的发展,这种干扰越来越强烈,主要表现:一是**自然径流量下降**,有些地区水库蓄水及引水量过大,导致河流因径流补水过少而出现断流现象,还有些地区因过度开采地下水而引起地面下沉和海水倒灌;二是**水环境质量变差**,日积月累的废水排放不断导致黑臭水体、富营养化湖泊的出现,而突发性污染事件也时有发生,水污染严重危害了水生态系统和人体健康。

为了保障用水安全和降低环境影响,通过水环境工程的规划、设计、建设和运行,可在人口集中、产业发达地区建立水的社会循环,这是一个起点和终点与水的自然循环相连接,水在人类社会中进行局地流动和循环的体系。水的社会循环过程大致为:从湖泊、水库、河流、地下水等水体汲取源水,输送至水处理厂进行净化处理,达到一定水质标准的净水通过供水管道/管网输送至用户端;生活和生产用水之后,将污水或废水弃入排水管道/管网,输送至污水处理厂或工业废水处理站进行集中处理,达到排放标准的处理水可排入河流、海洋等水体,而达到回用标准的处理水可返回人类社会,再次被使用。图 2-2 显示了水在城市社会中的循环。

水的社会循环是在水环境工程学的基本体系形成之后才开始出现,并且随着工程技术的发展而不断丰富和细化的。在现代化的都市地区,大规模建设了供水、排水及处理和处置的基础设施之后,城市水环境得到很大程度的恢复和保护。然而这种集中式的水社会循环体系基建投资大、运营成本高,需要有一定数量的人口和产业规模才能支撑其建设、运行和维护。在中小城镇和广大农村地区,可以根据当地气候、地质、水文、经济、产业结构等条件,因地制宜地建设分散式的水社会循环体系。如此,多元化的水社会循环体系,将使人类涉水活动与水的自然循环过程更加和谐相适。

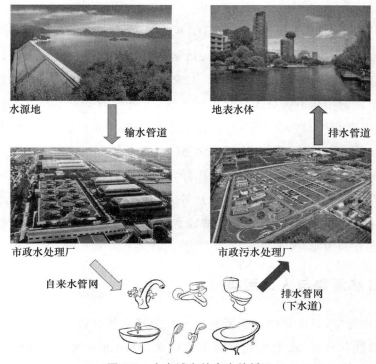

**图 2-2　水在城市社会中的循环**

图左侧:一套基本的城镇供水系统,其构成为:

① 水源地。水源可以是河流、湖泊、水库等地表水,也可以是地下水,其水量应四季稳定丰沛,水质应满足集中式生活饮用水水源的要求,具体参见我国《地表水环境质量标准》和《地下水质量标准》。

② 水源水输送管道。

③ 水处理厂(water treatment plant)。将水源水处理达到饮用水标准,具体参见我国《生活饮用水卫生标准》。净化系统一般包括格栅、混凝、沉淀、过滤、消毒等单元。

④ 自来水输配管网。

图下部:建筑给水系统,包括楼宇、厂房等建筑内部的供水管道、用水器具、排水管道等,与建筑主体结构相配套。

图右侧:一套基本的城镇排水系统,其构成为:

① 排水管网(下水道)。根据排水系统是否还收集和输送雨水,可以分为合流制排水系统(combined sewer system)和分流制排水系统(separate sewer system)。

② 污水处理厂(wastewater treatment plant)。将污水处理达到排放标准,具体可参见我国《城镇污水处理厂污染物排放标准》。处理系统一般包括格栅、沉砂、初沉淀、生物处理、二次沉淀、消毒等单元。

③ 处理水排放管道。

④ 排水受纳水体。受纳水体可以是河流、海洋等水体,通过水体流动和交换将排水尽快稀释,并在输送下游或远洋的过程中,通过水环境中的吸附、化学分解和生物降解等自净作用消除残留污染。

## 2.2  水污染来源

自然界里流动的水并不是纯粹的 $H_2O$,水与大气、土壤、岩石表面及水生生物接触后都会混入和溶入杂质,使其物理、化学和生物学性质与纯水不同。水作为一种不可替代的资源,广泛用于人类生活、工农业、渔业、航运、娱乐运动、景观生态等各种活动,不同的用途不仅对水量有不同要求,更重要的是对水质有不同要求。水在循环过程中受自然和人为的影响,水量和水质不断变化,当其品质变差而不能达到某一用途的水质要求时,就发生了水污染。

根据《中华人民共和国水污染防治法》的附则,水污染是指水体因某种物质的介入,而导致其化学、物理、生物或者放射性等方面特性的改变,从而影响水的有效利用,危害人体健康或者破坏生态环境,造成水质恶化的现象。水中污染物的来源既有自然源,也有人为源。

### 2.2.1  自然污染与人为污染

水的自然污染,是由自然过程所造成的。很多自然过程,如土壤表层的水土流失、岩石的水蚀和水解、水生生物释放某些物质、降雨淋洗大气和冲刷地面后汇入水体等,都对当地水质产生不利影响。由于水具有一定的自净能力,地球上的生物也不断适应着周围环境,因此,尽管不同地区水体的水质不尽相同,但基本上可满足当地的用水需求。然而,一些特殊的地质条件使某些地区富集某种化学元素,如果该地区水体中这种元素含量超过一定阈值(如集中式生活饮用水的水源水标准等),就视为发生了自然污染。例如:我国内蒙古、山西等省(自治区)一些地区的地下水含有较高浓度的砷,以此为水源所供给的自来水中砷浓度超过饮用水卫生标准,长期饮用砷超标的水,可导致神经衰弱综合征、多发性神经炎、皮肤黏膜病变等,还可引发皮肤、肺等的癌变。对于这种地方性水污染,需要通过水环境工程的技术手段,降低或去除水源中的超标物质,实现安全供水。此外,泥石流、火山喷发等自然灾害也会造成水体污染。

水的人为污染,是由人类活动造成的。通常所说的水污染主要是指人为污染,包括向水体排放生活污水、工业废水、农田排水和矿山排水等,在水中进行渔业养殖、娱乐、航运、石油开采等活动,将垃圾和废弃物倾倒在水中或堆积于岸边,将废气排放到大气,再经降雨淋洗和地面径流而汇入水体。水的人为污染源可再分为生活源和产业源。

## 2.2.2　生活源与产业源

水污染的人为来源可以分为生活源与产业源,产业源又可以再分为工业源和农业源。

（1）生活污水

生活污水,是人们在日常生活中产生和排放的废弃水,主要是在居住建筑和公共建筑内进行洗涤、沐浴、清扫、冲厕等用水活动后排出的废水,含有大量的有机物、无机物以及微生物。生活污水的水量和水质相对稳定,具有浑浊、色深、恶臭的特点。

生活污水中的有机物主要有纤维素、淀粉、糖类、脂肪、蛋白质和尿素等,还有洗涤剂、个人护理品及药物等人工合成物,大部分污水有机物极不稳定,容易被微生物分解,腐败后产生恶臭。污水中的无机物主要含有 Na、K、Ca、Mg 等的氯化物、硫酸盐、重碳酸盐等,有氨氮、无机磷等营养盐;此外还有 Zn、Cu、Cr、Pb 等多种微量金属。污水微生物中常有病原细菌、病毒,还含有寄生虫卵,特别是医院污水可能含有伤寒杆菌、痢疾杆菌、结核杆菌以及多种耐药菌等,它们以污水中的污染物为营养而生存和繁殖,这是生活污水成为流行病媒介的根本原因。生活污水的具体组成与变化取决于建筑物内人们的生活状况和用水习惯,污染物浓度与用水量有关。一般来说,每人每日的生活用水和排泄物量相差不大,可认为每人每日排放悬浮固体（SS）平均为 $30\sim50$ g,有机污染物（以 $BOD_5$ 计）平均为 $20\sim35$ g。

需要说明的是:冲厕水通常先排入居住地附近的地下化粪池（或类似的厌氧沉淀池）,经过化粪池的沉淀和厌氧分解后,上层污水流入下水道,与其他排水一起被输送至污水处理厂;下层熟化污泥被定期清掏,外运填埋或用作肥料。现代化城市和美丽乡村的一个重要标志,就是生活污水最大限度地得到规范有效的处理和处置,从而保障公众健康和保护自然生态环境。

（2）工业废水

工业废水,是在各种工业生产过程中产生和排放的废水,含有随水流失的生产原料以及生产过程中产生的中间产物、副产物、最终产物等。不同行业的废水水量和水质千差万别,取决于工业类型、所用原料、生产工艺以及用水水质和管理水平,大多数工业废水与生命代谢活动所排出的污水性质不同。例如:冷却水是比较清洁的废水,在降温处理后可以再利用;食品加工与酿造废水含有丰富的有机物和营养物质,基本上没有生物毒性;采矿、冶金、电镀等行业的废水,含有高浓度的酸、碱和盐,以及 Cu、Ni、Cr、Zn、Sn、Cd 等重金属,是典型的有毒有害工业废水;造纸、制药、印染、炼油、焦化等行业的废水,分别含有大量的木质素、药物及中间体、染料及中间体、油类、多环和杂环芳烃等有机物,这些有机物很难被微生物利用和降解,因此这类废水被称为难降解有机工业废水。

对于高浓度、有毒有害或难降解的工业废水,不能直接排入环境,甚至也不能直接排入下水道,需要在车间或工厂内进行适当处理,达到"纳管标准"后排入下水道系统,与其他污水和废水一起进入污水处理厂再进行处理。无良企业对有害工业废水不进行有效治理,将废水排至无监控的环境(如沙漠、地下水等环境),或将平时蓄积的废水趁雨期泄洪时偷排,都可能造成严重的环境公害事件,这是非常恶劣的违法行为。

（3）农业废水

农业废水,是在农作物种植、大棚栽培、牲畜饲养等过程中产生和排放的废水,主要有农田径流、农产品加工废水、饲养场污水等。现代化农业生产大量使用化肥、农药、污灌技术,使农田径流和栽培排水中含有未被植物吸收的化肥、农药,有时还夹带植物杆、茎、叶等废弃物,成为污染水体的重要来源。猪、牛、鸡等畜禽养殖和屠宰废水通常含有高浓度的总固体和有机物,且污染强度通常比人类生活污水更高;畜禽废水含有大量致病菌,需要谨慎处理和处置。

## 2.2.3　点源与非点源

点源污染（point source pollution）,是指有固定排放地点的污染源,污染物通过排放点排入受纳水体所造成的污染。点源污染在空间上有明确的排放点,排放时间或连续或间歇,水量和水质相对稳定,污染物构成和污染负荷与生活和生产方式有关。

点源污染通常是人为污染,污染源常见于建成区。首先,通过管道系统收集分布于城市不同位置的生活污水和工业废水(有时还有降水径流)。其后,一种情况是将污水输送至排放点,直接或简单处理后排放到水环境中,这是污水处理厂没有建立或完善以前的点源污染场景;另一种情况是将污水输送至现代化的污水处理厂,处理出水再通过排放总管排入自然水体,虽然出水可达到排放标准,但仍然对受纳水环境造成污染。点源污染是水的社会循环影响其自然循环的重要污染源,应对这一影响进行动态评估,不断在源头降低生态影响和健康风险。

非点源污染(non-point source pollution),是指没有固定排放地点的污染源,污染物从非特定的地点,在降水淋溶和径流冲刷作用下,通过径流过程而汇入受纳水体所造成的污染。非点源污染在时间和空间上都有极大的不确定性和不连续性,污染物性质和污染负荷与气候条件、地形地貌、土壤结构、植被覆盖等自然因素密切相关,同时也受生活和生产方式、土地利用方式等人为因素影响,具有区域性、季节性、潜伏性、模糊性、冲击性等特点。

大多数自然污染属于非点源污染,而人为污染更加剧了非点源污染发生的频率和强度。例如:在没有排水管网的广大农村地区,降水形成的地表径流冲刷并裹挟土壤颗粒、农业废弃物、地面垃圾等,形成高污染径流水,沿地势汇入邻近水体;在城市地区,降水淋溶大气污染物,地表径流冲刷各类硬化地面及建筑物表面,同时裹挟地面废渣、垃圾等,暴雨还可能造成合流制排水系统的污水溢流(combined sewer overflow,CSO),径流污水与溢流污水混合在一起,沿地势汇入城市水体,可在短时间内对水生生物造成极大危害。非点源污染目前也成为影响水环境质量的重要污染源,需要在全流域范围内,组合多学科技术,在源头、中途和末端各个阶段进行截留和控制。

在水污染防治工作中,包括我国在内的许多国家已经对生活污水、工业废水等点源污染进行了较好的控制和治理;但是对水土流失、农田径流、城市雨污径流等非点源污染的防治仍然十分困难。

## 2.3　水污染类型

水污染可根据水中杂质的不同而分为物理性污染、化学性污染和生物性污染三类。很多情况下,水污染常常是两类或三类的复合污染。

### 2.3.1　物理性污染

1. 悬浮物质污染

悬浮物质是指水中的不溶性物质,包括矿物颗粒、植物枝叶、食物碎屑、塑料碎片及其他各类固体物质。污染物来源既有点源,也有非点源。发生悬浮物质污染时,水体混浊不洁,可能对水生植物的光合作用产生阻碍;由于悬浮物质能吸附溶解性化学物质,还能黏附细菌、真菌等微生物,可能对水生动物的健康产生危害。

2. 热污染

来自热电厂、核电站及其他各种工业过程的大量冷却水,如果不进行散热降温处理就直接排入水体,可能引起水温升高。热污染会加快水中各种化学反应和生化反应的进程,导致溶解氧浓度(以下简称溶解氧)迅速下降和一些有毒有害物质迅速增加,威胁水生生物的生存。

3. 放射性污染

水体中的核素分为两类:稳定核素和不稳定核素。不稳定核素能通过放射性衰变而成为另一种元素,在衰变过程中核内自发地释放 α 粒子、β 粒子、γ 光子以及其他射线,由此产生放射性污染。由于放射性矿藏的开采、核试验和核电站的建立、核废料的处理以及放射性同位素在医学、工业、科研等领域中的应用,放射性污染日益受到关注。特别是在因地震、海啸等自然原因或人为操作失误而引起的核电站事故中,$^{90}$Sr、$^{137}$Cs、$^{131}$I 等放射性物质的泄漏会造成大范围的严重污染,可能对生态环境和人体健康产生长期的危害。

## 2.3.2　化学性污染

1. 常见无机污染

水体中常见的无机污染物质有无机盐、酸、碱等。

自然水体含有丰富的无机矿物质,对维系生态平衡和人体健康有重要作用;但是生活和生产废水中常含有高浓度无机盐,它们排入水体后将提高水的硬度,增加水的渗透压,降低水中溶解氧,对淡水生物产生不良影响。

水体酸污染主要来自工业废水、矿山排水以及酸雨地区的降水,产生酸性废水的生产过程有冶金、金属加工、化纤、电镀等。水体碱污染主要来自工业废水,产生碱性废水的生产过程有制碱、碱法造纸、炼油、制革等。当水体 pH 偏离中性较大时(pH<6 或 pH>9),将腐蚀船舶和水下建筑物,抑制或杀灭水中细菌和其他微生物,妨碍水体自净作用,影响渔业,破坏生态平衡。

2. 毒性无机污染

水体中若发现有毒的无机污染物质,通常是来自工业废水的排放,主要污染物有重金属[如汞、镉、铅、铬(Ⅵ)、钡、钒等]、类金属[如砷(Ⅲ)]以及氰化物、氟化物等。这些污染物毒性大,重金属还属于自然界无法消除、通过食物链却能积累和富集的污染物,可导致动物和人出现急性或慢性中毒。

在 20 世纪,世界上曾出现多起因毒性无机污染而导致的公害事件,如日本水俣市氮肥厂将含有汞的工业废水排入近海，通过食物链的生物富集和放大作用，最终导致当地居民发生汞中毒，神经系统受到不可逆的损伤，汞中毒症即被称为水俣病；日本富山县铅锌矿业将含有镉的选矿废水排入神通川，使下游用河水灌溉的稻田受到污染，导致当地居民发生镉中毒，由于病人全身骨骼疏松，易骨折而产生剧痛，镉中毒症即被称为痛痛病。

### 3. 耗氧有机污染

水体中常见的有机污染物质有碳水化合物、蛋白质、脂肪、醇、酚等，来自生活污水、牲畜污水、一些工业废水以及地表径流。这些有机物可被微生物降解，降解过程会消耗水中溶解氧，因此这类污染被称为耗氧有机污染。

如果这类有机污染物被大量排入水体，其好氧降解过程会使纳污水体的溶解氧迅速下降，直至消耗殆尽；之后有机物的降解以厌氧过程为主，会产生大量硫化氢、氨、硫醇等物质，而使水质变黑发臭。受到耗氧有机污染时，水生动植物将受到严重危害，黑臭水体中往往鱼虾绝迹、水草不生，细菌大量繁殖，并滋生蚊蝇，使当地卫生环境变得极为恶劣。

### 4. 毒性有机污染

除了常见的耗氧有机污染物外，水中有时还有很多具有不同毒性的有机污染物，主要有各类有机农药、爆炸品、药物和个人护理品（pharmaceuticals and personal care products，PPCPs）等，来自农田排水、一些工业废水以及生活污水，它们对动物和人体的毒副作用包括致突变、致癌、致畸的"三致作用"以及内分泌干扰效应、耐药性等。

毒性有机污染物大多分子量较大，化学结构比较复杂，如多环芳烃（polycyclic aromatic hydrocarbons，PAHs）、多氯联苯（polychorinated biphenyls，PCBs）等；有的化学性质非常稳定，且难以被微生物降解，因而能长期在环境中存在并长距离传输，被称为持久性有机污染物（persistent organic pollutants，POPs）；有的属于自然界原本没有而通过人工合成的物质，被称为异生物质（xenobiotics），如第一个人工合成的杀虫剂 DDT 及其后大量合成的各类农药。很多有机合成农药不仅是 POPs，还是内分泌干扰物（endocrine disrupting chemicals，EDCs），对生态环境和人体健康危害较大。

### 5. 植物营养污染

在受到人类活动影响的湖泊、水库、河口、海湾等缓流的水体，常含有较高浓度的氮、磷等植物营养物质，刺激蓝藻、硅藻以及水草的大量繁殖，这种现象即为植物营养污染所导致的水体富营养化（eutrophication）。植物营养污染主要来自非点源的农田径流、点源的污水处理厂排水等。

在富营养化水体中,有些藻类在生长期释放藻毒素,抑制其他生物生存,危害人体健康,影响供水安全;藻类死亡后,藻细胞又释放出大量碳、氮、磷等物质,被细菌等微生物利用和分解,这一过程消耗大量溶解氧,严重时可导致鱼类因缺氧而大批死亡。还有些富营养化水体中,水草丛生,沼泽化进程加快,水生态系统严重退化。

6. 油类污染

水中油类污染物质有动植物油脂和石油类两种。动植物油脂污染主要来自生活污水、食品加工废水等。水中石油类污染非常普遍,石油在开采、运输、炼制、储存和使用的各个环节会发生石油泄漏,向水体排放的含油废水有油轮压舱水、油田废压裂液、炼油废水等,都对生态环境产生较大危害;而油田被轰炸、海上油井泄漏、油轮相撞事故等造成的油污染属于严重的生态灾难,经济与生命损失难以估量。

### 2.3.3　生物性污染

生活污水(特别是医院污水)以及某些工业废水(如酿造、食品加工等产生的废水)中常常含有大量微生物,其中包括病原微生物。这些污水和废水污染水体后,很可能造成水环境的生物性污染。

常见的水污染病菌来自人畜粪便,如肠产毒性大肠杆菌、肠出血性大肠杆菌及伤寒杆菌、霍乱弧菌、痢疾杆菌等。在一些受污染的水环境中可发现人类病毒,如肝炎病毒、腺病毒、脊髓灰质炎病毒等。某些寄生虫病,如阿米巴痢疾、血吸虫病、钩端螺旋体病等可通过水进行传播。

## 2.4　水体自净作用

天然水体中存在多种物质运动和生命活动,如水的流动、水中溶解物质被颗粒物吸附、水中溶解氧被微生物消耗等,这些自然过程对水质和生态产生影响,其中使水质得到提升或恢复、使水生态系统更加平衡稳定的过程,发挥着水体的自净作用,可使自然污染和人为污染逐渐消除。

在工业革命之前,人类活动产生的污染物总量较低、组成较为简单,在当时没有完善的供水和排水系统的情况下,人类从河、湖、井中取水使用,再将污水和废水直接排入环境。受到污染的水体完全依靠水体的自净作用,就能恢复水质和维持水生态系统平衡。因此,水体自净作用在漫长时期里保护了地球上的生命活动,保障了人类用水安全。

## 2.4.1　水环境中的物质转化

由于水的载体作用和溶解作用,大量物质以非溶解态和/或溶解态的形式在水圈中循环。水圈中碳、氮、磷、硫等基本元素的地球生物化学循环,决定着水环境质量和水生态功能,也影响着全球气候变化和生态格局。具体而言,水中无机碳是维系水体酸碱平衡的重要体系,有机碳含量影响着从异养细菌开始的食物链结构;水中各形态氮决定了氮转化微生物群落结构,而氮和磷的浓度更决定了水体的营养水平;不同水环境中硫的存在形态不同,可使含硫化合物呈现从营养物质到毒性物质的巨大差异。

污染物进入水环境后,颗粒态污染物被进一步破碎和溶解,溶解态污染物则被大量水稀释而使其浓度降低;污染物在水流作用下发生迁移、扩散和挥发,轻的颗粒物上浮到水面,而重的颗粒物沉淀到水底进入沉积层;各种颗粒物还会黏附或脱附、吸附或解吸污染物,这些过程是污染物在水环境中的物理行为。水中污染物可在光照条件下发生光解,污染物之间还可发生中和、沉淀、络合、氧化还原等化学反应,这些过程是污染物在水环境中的化学行为。由于水中有大量微生物以及水生植物和动物,污染物可作为营养源和能源被细菌利用和降解;水生植物不仅能吸收氮、磷等营养物,还可富集铜、铅、镉等重金属;原生动物和后生动物可以吞噬颗粒物和细菌,而底栖动物对控制沉积物污染有重要作用,这些生命活动驱动着水环境中污染物的生物转化。在实际水体中,上述物理、化学和生物的过程常常交织在一起进行。

基本元素的水圈循环以及污染物在水环境中的迁移、转化和分布规律,是水环境工程去除污染物和降低排水风险的重要理论基础。

## 2.4.2　水环境容量

由于水体的自净作用,水环境是可以接纳一定量的污染而不影响其正常使用功能的。某一水体在规定的环境目标下所能容纳污染物质的最大负荷量,被称为水环境容量,它与水体特征、污染物性质、水质目标等因素密切相关。

1. 水体特征

水体特征决定了水环境的基础条件和完整性,包括:① 反映物理过程的水文参数,对于河流有河宽、河深、流量、流速等参数;对于湖泊有湖面积、水深、换水周期等参数;对于海洋则有潮汐、海浪、洋流等参数。② 反映化学品质的水质参数,如水体 pH、温度、溶解氧、盐度、悬浮固体含量、硬度、营养盐水平、其他污染物的背景值等。③ 反映生物构成的生物数据,如水生植物、藻类、鱼类、底栖生物、微生物等群落的组成、多样性、指示物种等。④ 反映人为干扰的工程因素,如闸、堤、坝等工程设施,河道与河床整治工程,废水向水体的排放位置和方式,周边土地利用情况及沿岸植被条件,等等。

2. 污染物性质

污染物性质决定了它们的水环境容量,包括溶解度、固液分配系数、持久性、毒性、生物富集性、生物降解性等理化参数。一般来说,通过水体自净作用可以被去除,且转化产物对生态环境危害不大的污染物,具有较高的水环境容量;反之难以被去除、在环境中可稳定持久存在的污染物,其水环境容量较低;而生物富集性较强,且毒性较高的污染物,其水环境容量极低,甚至没有,即此类污染物不允许排入水环境。

3. 水质目标

水质目标取决于水环境的生态功能定位,不同的用途和功能要求,允许存在于水体的污染物的环境总量也不同。在生态红线保护区,水环境受到严格保护,对污染物零容忍;在可以开发和利用的地区,人类涉水活动受到水环境容量的约束。对于水环境工程,市政自来水厂需要从水质满足水源地条件的水体取水;市政污水处理厂需要将处理后的废水排入尚有环境容量的水体。

假设某种污染物排入地表水体,该水体的水环境容量估算如下:

$$W = V(S - B) + C \tag{2-1}$$

式中,$W$—某地表水体的水环境容量;$V$—该地表水体的体积;$S$—地表水中某污染物的环境标准(即水质目标);$B$—地表水中该污染物的环境背景值;$C$—地表水的自净能力。

如果该污染物的实际排放量超过了水环境容量,就必须通过工程技术削减其排放量。

## 2.4.3  污染物在水体中的迁移

废水排入自然水体后,会随着水流方向迅速移动,大量水对废水混合稀释,同时废水中污染物也向水体扩散,这是水体自净作用的重要物理过程。虽然污染物的总量没有减少,但其浓度迅速下降,从而降低了污染物对水生态环境的影响,缓解了一些毒性物质对水生生物的抑制和危害。

污染物在水体中的迁移过程非常复杂,与排放点附近水体的水动力条件密切相关。其中通过排放总管、以点源方式将处理后的废水排入水流平稳、河道顺直的河流的情况相对简单,下面予以详细介绍。

1. 推流与扩散

废水在河流推动下在水体中同步前进,在某断面上水流输送的污染物的量为

$$Q_1 = v\rho \tag{2-2}$$

式中,$Q_1$—某断面处污染物推流量,mg/(m$^2$ · s);$v$—河流流速,m/s;$\rho$—污染物浓度,mg/m$^3$。

因此,河流流速越大,在单位时间内通过单位面积断面输送的污染物的量就越大。

污染物进入水体后,也使该物质在水体中的分布产生浓度差异,污染物会由高浓度处向低浓度处迁移。这一物质的运动形式称为扩散。浓度差异越大,单位时间内通过单位面积扩散的污染物的量就越多。

$$Q_2 = -K \frac{\mathrm{d}\rho}{\mathrm{d}x} \tag{2-3}$$

式中,$Q_2$—污染物扩散量,mg/(m$^2$ · s);$\frac{\mathrm{d}\rho}{\mathrm{d}x}$—单位距离的浓度变化,mg/(m$^3$ · m),其中 $\rho$ 为污染物质量浓度,$x$ 为流经的河道距离,随着扩散距离增大,污染物浓度逐渐减小,故 $\frac{\mathrm{d}\rho}{\mathrm{d}x}$ 为负值;$K$—扩散系数,m$^2$/s,$K$ 值与河流的弯曲程度、河床底部的粗糙程度以及流速、水深有关。

在实际水体中,推流和扩散是两种同时存在而又相互影响的污染物迁移方式,由此形成水体中污染物的浓度从排放点到下游逐渐降低的现象。

2. 混合稀释

废水在推流和扩散过程中,会与其周围河水渗混,污染物的浓度被稀释降低。这是一个沿程逐渐进行,而不是在废水排放点处瞬时与全部河水混合的过程。废水流量与河流量的比值越大,就越需要流过较长距离的河道,才能在整个河流断面上达到均匀的完全混合;河流的水深、流速、断面形状以及是否转弯、跌水、急流等水文条件,均会影响废水与河水的混合过程;此外,废水排放点的设计也对混合稀释有影响,在实际工程中,排放总管可向河流中心延伸,并设计为水下多点出口排放,使废水分散排入河流湍急处,缩短完全混合所需要的时间和空间。

从废水排放点到完全混合的河道断面距离内,只有部分河水参与对废水的稀

释。参与混合稀释的河水流量与河水总流量之比称为混合系数：

$$a = \frac{Q_1}{Q} \qquad (2\text{-}4)$$

式中，$a$—河流混合系数；$Q_1$—参与混合稀释的河水流量，$\text{m}^3/\text{s}$；$Q$—河水总流量，$\text{m}^3/\text{s}$。

对于水流平稳、河道顺直的河流，混合系数可以用距离进行计算：

$$a = \frac{L_1}{L} \qquad (2\text{-}5)$$

式中，$L_1$—废水排放点至计算断面的距离，$\text{m}$；$L$—废水排放点至完全混合断面的距离，$\text{m}$。

在达到完全混合前，混合系数 $a<1$；在完全混合的河道断面及其下游，$a=1$。在实际工程中，达到废水与河水完全混合是很不容易的，可按经验选取 $a$ 值：对于流速为 $0.2\sim0.3\ \text{m/s}$ 的河流，取 $a=0.7\sim0.8$；当流速较低时，取 $a=0.3\sim0.6$；当流速较高时，取 $a=0.9$。当工程设计废水排放点为水下分散式多点出口，并将废水送到河流湍急处时，则可考虑取 $a=1$。

废水被河水稀释的程度，以稀释比表示：

$$n = \frac{Q_1}{q} = \frac{aQ}{q} \qquad (2\text{-}6)$$

式中，$n$—稀释比；$q$—废水流量，$\text{m}^3/\text{s}$。

在计算断面处，污染物的浓度为

$$\rho = \frac{\rho_1 q + \rho_2 aQ}{q + aQ} \qquad (2\text{-}7)$$

式中，$\rho$—计算断面处的污染物浓度，$\text{mg/L}$；$\rho_1$—废水中污染物浓度，$\text{mg/L}$；$\rho_2$—原河水中污染物浓度，$\text{mg/L}$。

如果河水中原本没有此污染物，且河水流量远大于废水流量，则式（2-7）可简化为：$\rho = \rho_1/n$。

## 2.4.4　污染物在水体中的降解

废水排入自然水体后，污染物除了物理迁移和扩散，还会通过水中化学反应或生化反应而被降解，有的污染物和降解产物还可以作为营养物质而被水生生物利用，这是水体自净作用的重要转化过程，是清除水污染的重要途径。污染物在水体中的生化转化过程非常复杂，其中最常见的是耗氧有机污染物在微生物的作用下进行氧化分解,最终被完全矿化为无机物质的过程。

1. 水体溶解氧的消耗与恢复

自然水体都溶解有一定量的氧,即溶解氧,其浓度值与水温和气压相关,常温常压下水中饱和溶解氧在 $7\sim11\,mg/L$ 的范围内。在自然的水生态系统中,细菌、水生动物进行好氧呼吸,水生植物夜间消耗氧,同时藻类和水生植物白天通过光合作用释放氧,以及大气中氧气向水体扩散溶解(即大气复氧),这些过程综合在一起,使水中溶解氧保持动态平衡。

当废水排入水体,水中溶解氧的原有平衡将受到严重干扰。一方面,还原性污染物(如硫化物、亚硫酸盐等)将直接发生氧化反应,消耗溶解氧。另一方面,在污染物的刺激下,细菌的合成代谢和好氧呼吸过程加强,将消耗更多的溶解氧;藻类旺盛生长后又大量死亡,细胞内物质的分解也将消耗大量溶解氧。甚至沉积于水底淤泥中的污染物还可上浮,重新参与水中的化学或生化反应,继续消耗溶解氧。在上述污染物额外消耗溶解氧的同时,光合作用与大气复氧的过程仍然在继续,向水中补充溶解氧。在水中全部耗氧过程和复氧过程的联合作用下,排放点下游的溶解氧变化过程是非常复杂的。

通过对废水排放过程的观测,以下游各处离排放点的距离或水流到该处的时间为横坐标,以溶解氧浓度为纵坐标,可以得到一条“氧垂曲线”。如图 2-3 所示,$t=0$ 处为废水排放点,河流接纳了大量有机污染物,污染物的氧化将消耗很多溶解氧,河流耗氧速率迅速提高,超过了复氧速率,致使溶解氧浓度不断下降;随着水中有机污染物的逐渐氧化分解,河流耗氧速率逐渐降低,在排放点下游某点处($t=t_c$)耗氧速率降至与复氧速率相等,此时水中溶解氧浓度达到最低值,氧垂曲线上的这一点称为氧垂点;过了氧垂点,耗氧速率继续下降,复氧速率大于耗氧速率,河流溶解氧含量开始回升。如果该河流不再受到新的污染,溶解氧含量将逐渐恢复到废水排

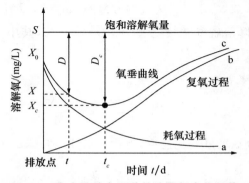

图 2-3　废水排放点下游的溶解氧变化规律

放前的水平,同时河流的耗氧过程和复氧过程也恢复至自然状态下的速率值。氧垂曲线的"垂落—回升"的形状受有机污染物总量、河流水文条件等的影响,但不同情况下的总趋势是相似的。

2. 氧垂曲线公式

为了建立河流溶解氧变化的数学模型,需将复杂的实际情况进行简化,并做如下假定:① 河水溶解氧的下降仅由微生物代谢和降解有机物造成;② 水中死亡藻类等的分解、微生物硝化作用、底泥上浮等的影响忽略不计;③ 在排放点,废水与河水瞬间完成完全混合;④ 河流断面变化不大,水流平稳、河道顺直。接纳废水后,河流的溶解氧变化速率为

$$\frac{\mathrm{d}X}{\mathrm{d}t} = \frac{\mathrm{d}X_2}{\mathrm{d}t} - \frac{\mathrm{d}X_1}{\mathrm{d}t} \qquad (2\text{-}8)$$

式中,$X$—$t$ 日的溶解氧浓度,mg/L,$X = X_0 + X_2 - X_1$;$X_0$—河流原有的溶解氧浓度,mg/L;$X_1$—$t$ 日的溶解氧消耗量,mg/L;$X_2$—$t$ 日的溶解氧恢复量,mg/L;$\frac{\mathrm{d}X}{\mathrm{d}t}$—溶解氧变化速率,mg/(L·d);$\frac{\mathrm{d}X_1}{\mathrm{d}t}$—耗氧速率,mg/(L·d);其对溶解氧变化的贡献为负值;$\frac{\mathrm{d}X_2}{\mathrm{d}t}$—复氧速率,mg/(L·d);其对溶解氧变化的贡献为正值。

根据观测情况和数据分析,河流耗氧速率与有机污染物降解过程相一致:

$$\frac{\mathrm{d}X_1}{\mathrm{d}t} = k_1' L \qquad (2\text{-}9)$$

式中,$k_1'$—耗氧速率常数,1/d;$L$—有机污染物浓度,mg/L。

同时,河流复氧速率与水中亏氧量成正比:

$$\frac{\mathrm{d}X_2}{\mathrm{d}t} = k_2' D \qquad (2\text{-}10)$$

式中,$k_2'$—复氧速率常数,1/d;$D$—$t$ 日的亏氧量,mg/L,亏氧量是指在某一水温时饱和溶解氧浓度与实际溶解氧浓度之差,即 $D = S - X$,其中 $S$ 为一定温度下的饱和溶解氧量,mg/L。

亏氧量的变化速率为

$$\frac{\mathrm{d}D}{\mathrm{d}t} = \frac{\mathrm{d}(S - X)}{\mathrm{d}t} = -\frac{\mathrm{d}X}{\mathrm{d}t} \qquad (2\text{-}11)$$

因此式(2-8)可表达为亏氧量变化速率,且由式(2-9)和式(2-10)得到

$$\frac{\mathrm{d}D}{\mathrm{d}t} = k_1' L - k_2' D \qquad (2\text{-}12)$$

对此式进行积分,得到河流亏氧量的变化规律,即氧垂曲线公式(Streeter-Phelps 方

程）：

$$D = \frac{k_1' L_0}{k_2' - k_1'} (\mathrm{e}^{-k_1' t} - \mathrm{e}^{-k_2' t}) + D_0 \times \mathrm{e}^{-k_2' t} \tag{2-13}$$

或

$$D = \frac{k_1 L_0}{k_2 - k_1} (10^{-k_1 t} - 10^{-k_2 t}) + D_0 \times 10^{-k_2 t} \tag{2-14}$$

式中 $D_0$——废水排放点的亏氧量，mg/L；$L_0$——废水排放点的有机污染物浓度，mg/L；$k_1'$ 和 $k_2'$——耗氧速率常数和复氧速率常数（以 e 为底的对数），1/d；$k_1$ 和 $k_2$——耗氧速率常数和复氧速率常数（以 10 为底的对数），1/d；$k_1 = 0.434 k_1'$，$k_2 = 0.434 k_2'$。

利用氧垂曲线公式，可以求出排放点下游任一处的亏氧量。令 $\dfrac{\mathrm{d}D}{\mathrm{d}t} = 0$，求得氧垂点的临界亏氧量为

$$D_c = \frac{k_1}{k_2} L_0 \times 10^{-k_1 t_c} \tag{2-15}$$

式中，$D_c$——氧垂点的临界亏氧量，mg/L；$t_c$——从排放点至氧垂点所需的时间，d。

$$t_c = \frac{1}{k_2 - k_1} \lg \frac{k_2}{k_1} \left[ 1 - \frac{D_0 (k_2 - k_1)}{k_1 L_0} \right] \tag{2-16}$$

如果河流所受到的有机污染总量低于其自净能力，那么氧垂曲线上的最低溶解氧浓度将大于零，河水始终保持有氧状态；反之，氧垂曲线上靠近氧垂点的部分曲线将"消失"，河流将出现一段无氧区。在无氧河段，水中有机污染物进行厌氧分解，河水变黑发臭，水环境质量严重恶化。

氧垂曲线公式（即 Streeter-Phelps 方程）是对受到有机污染的河流进行水质变化分析的常用工具，具有重要的工程意义。通过预测污染可能造成的河水溶解氧变化，可了解该河流的生化自净过程及其环境容量，进而一方面确定可排入河流的有机污染物总量，估算污水处理厂需要去除的有机污染物量；另一方面评估水质变得最差的河段（即氧垂点附近）的水环境功能与生态效应，制定水生态防护或补救措施。

3. 水体自净系数

式（2-13）～式（2-16）中的两个重要速率常数均与水温密切相关，它们与水温的关系均可表示为

$$k_{(T)} = k_{(20)} \theta^{T-20} \tag{2-17}$$

式中，$k_{(T)}$、$k_{(20)}$——温度为 $T$ ℃和 20 ℃时的 $k_1$ 或 $k_2$ 值，1/d；$\theta$——温度系数，在多数情况下，对于 $k_1$，可取 $\theta = 1.047$，对于 $k_2$，可取 $\theta = 1.024$ 或 1.016。

$k_1$ 还与废水排入河流的污染物性质相关，但上述推导仅考虑了可被微生物好

氧降解的那部分有机污染物。$k_2$ 还与河流水文状况、生态构成等因素相关,一般在水温 20 ℃条件下,流速小于 0.5 m/s 的河流,$k_2 \leqslant 0.2\ \mathrm{d}^{-1}$;流速较高的河流,$k_2 = 0.3 \sim 0.5\ \mathrm{d}^{-1}$;对于急流和瀑布,$k_2 \geqslant 0.5\ \mathrm{d}^{-1}$。

如果令 $f = \dfrac{k_2}{k_1}$,$f$ 称为水体的自净比率或水体自净系数,它也是温度的函数,随温度的升高而降低,其变化约为 2%/℃。

**【例题 2-1】**　某市政污水处理厂的最终出水排入附近河流。河流环境最不利的情况发生在夏季气温高而河水流量小的时候。已知:废水的最大流量为 20 000 m³/d,有机污染物(以"五日生化需氧量"指标进行监测,即监测微生物在 5 天时间里消耗的溶解氧量,以此值间接代表有机物含量,写为 $\mathrm{BOD}_5$)$L_w = 20$ mg/L,溶解氧 $\mathrm{DO}_w = 1.0$ mg/L,水温 25 ℃;废水排入口上游的河流最小流量为 0.8 m³/s,有机污染物(同上 $\mathrm{BOD}_5$)$L_r = 4.0$ mg/L,溶解氧 $\mathrm{DO} = 6.0$ mg/L,水温 22 ℃。假定废水和河水在排放点能瞬时完全混合,当水温 20 ℃条件下,耗氧速率常数 $k_1 = 0.10\ \mathrm{d}^{-1}$,复氧速率常数 $k_2 = 0.17\ \mathrm{d}^{-1}$。试求河流临界亏氧量及其发生的时间。

**解**

(1) 废水与河水瞬时混合,计算在排放点的水量与水质情况。

废水流量:$q = 20\,000\ \mathrm{m}^3/\mathrm{d} \approx 0.23\ \mathrm{m}^3/\mathrm{s}$

参与混合的河水流量:$Q_1 = 0.80\ \mathrm{m}^3/\mathrm{s}$

混合后总流量:$Q = q + Q_1 = 1.03\ \mathrm{m}^3/\mathrm{s}$

废水 $\mathrm{BOD}_5$:$L_w = 20$ mg/L

河水 $\mathrm{BOD}_5$:$L_r = 4.0$ mg/L

混合后 $\mathrm{BOD}_5$:

$$L_{\mathrm{mix}} = \frac{L_w q + L_r Q_1}{q + Q_1} = \frac{20 \times 0.23 + 4.0 \times 0.8}{1.03}\ \mathrm{mg/L} \approx 7.6\ \mathrm{mg/L}$$

据式(2-9),排放点的有机物浓度 $L_0$:

$$L_0 = \frac{L_{\mathrm{mix}}}{1 - 10^{-k_1 t}} = \frac{7.6}{1 - 10^{-0.10 \times 5}}\ \mathrm{mg/L} \approx 11.1\ \mathrm{mg/L}$$

混合后水中溶解氧:

$$\mathrm{DO}_{\mathrm{mix}} = \frac{1.0 \times 0.23 + 6.0 \times 0.8}{1.03}\ \mathrm{mg/L} \approx 4.9\ \mathrm{mg/L}$$

混合后水温:

$$T_{\mathrm{mix}} = \frac{25 \times 0.23 + 22 \times 0.8}{1.03}\ ℃ \approx 22.7\ ℃$$

（2）对速率常数进行温度校正。

$$k_{1(22.7)} = k_{1(20)} \times 1.047^{(22.7-20)} = 0.10 \times 1.047^{(22.7-20)} \text{ d}^{-1} \approx 0.11 \text{d}^{-1}$$

$$k_{2(22.7)} = k_{2(20)} \times 1.024^{(22.7-20)} = 0.17 \times 1.024^{(22.7-20)} \text{ d}^{-1} \approx 0.18 \text{d}^{-1}$$

（3）计算初始亏氧量。

由水质分析手册或相关书籍查找不同温度下清洁水的饱和溶解氧浓度，进行插值计算，得到 22.7 ℃时饱和溶解氧浓度为 8.6 mg/L。

故废水排放点的初始亏氧量 $D_0 = (8.6-6.0) \text{mg/L} = 2.6 \text{ mg/L}$

（4）确定临界亏氧量及其发生时间。

根据式（2-16）：

$$t_c = \frac{1}{k_2 - k_1} \lg \frac{k_2}{k_1} \left[ 1 - \frac{D_0(k_2 - k_1)}{k_1 L_0} \right]$$

$$= \frac{1}{0.18 - 0.11} \lg \frac{0.18}{0.11} \left[ 1 - \frac{2.6(0.18 - 0.11)}{0.11 \times 11.1} \right] \text{d} \approx 2.05 \text{ d}$$

根据式（2-15）：

$$D_c = \frac{k_1}{k_2} L_0 \times 10^{-k_1 t_c}$$

$$= \frac{0.11}{0.18} \times 11.1 \times 10^{-0.11 \times 2.05} \text{ mg/L} \approx 4.0 \text{ mg/L}$$

因废水的排放，河流向下游流经 2 天后，水中溶解氧达到临界亏氧量 4.0 mg/L，虽然发生一定程度污染，但由于水体生化自净作用，河流中溶解氧浓度保持在 4.6 mg/L 以上。

## 2.4.5　水体中生物物种和数量的变化

水环境受到污染后，在通过自净作用而得到恢复的全过程中，包括有机污染物、溶解氧在内的多项水质会发生一系列变化；与此同时，水生生物群落也响应着水质变化而在物种组成和数量上发生变化，非常重要的是，水生生物群落的功能也可能发生变化，并由此影响到水体生态效应与功能。水环境质量与水生态功能相互影响，互为因果。

在各类水生生物群落中，微生物群落对水环境质量的影响最为直接和显著。在自然水体及水底沉积物中，生存着大量微生物，微生物群落中的物种及其数量对水环境质量起着至关重要的作用。例如：大量好氧细菌的减少和死亡，会削弱水体对有机污染物的净化作用;而硝化细菌和反硝化细菌的增殖,会提高水体对氮污染物的转化和去除作用。促使某一水域中微生物群落的物种组成和数量发生变化的原因,既有随机性的物种增殖、死亡、迁移、扩散等过程以及向该水域倾倒含有细菌的废水和废物等偶然事件,也有确定性的物种性状、物种之间竞争、捕食、互利共生等作用以及 pH、温度、光照、营养物质等环境条件影响。越来越多的研究表明,在上述随机性过程和确定性过程的共同影响下,水环境中的微生物群落总是处于动态变化中,并在外部条件相对稳定时达到动态平衡。

当含有有机污染物的废水排入河流后,下游部分河段中的微生物群落在一定时间内脱离原有的平衡状态。异养微生物因获得丰富碳源而大量增加,它们一方面通过活跃的代谢活动实现了水体的生化自净,另一方面作为生态系统中的低等生物而触发食物链下游的各等级生物群落的变化;之后随着污染物被利用和分解殆尽,异养微生物减少和死亡,其他水生生物亦随之变化,河流生态系统逐渐恢复至自然状态。观察图 2-4,可以判断在废水排放点前后的河段中,对污染敏感、受到污染物抑制和毒害作用的微生物数量可能发生与氧垂曲线相同趋势的变化,而耐受污染、可以利用和降解有机污染物的微生物(主要为异养细菌)数量则发生相反趋势的变化。图 2-4 中的河段可按污染与恢复情况划分为五个区,各区具体特点如下:

(1) Ⅰ区,清洁区。接纳废水之前的上游河段,水质如一般河流;若一直没有受到污染,河流溶解氧可接近饱和含量;水生生物物种丰富,有当地稀有鱼类和水生植物,是水质优良的指示物种;此区河流还可作为科学研究的背景区。

(2) Ⅱ区,纳污区。接纳废水后的近距离河段,水体变得浑浊,废水中大颗粒物下沉,表层沉积物受扰动而上浮;溶解氧浓度快速下降,整体水质变差;大量鱼类逃离,有时甚至出现死鱼,可见鲶鱼、鳝鱼、泥鳅等耐受淤泥环境的品种;底泥中出现颤虫等蠕虫;水流缓处蓝绿藻大量繁殖。

(3) Ⅲ区,强分解区。由于污染物氧化和有机物好氧降解,溶解氧浓度降至氧垂曲线的底部,甚至进入无氧状态;在缺氧和厌氧河段,微生物对有机物的代谢进入厌氧降解,水体腐败变黑发臭,可能形成浮渣,有甲烷、硫化氢等气体逸出;耐污细菌大量繁殖,厌氧菌取代好氧菌,藻类死亡,鱼虾罕见,水面滋生蚊蝇。

(4) Ⅳ区,恢复区。由于污染物被不断分解,河流耗氧速率降低至复氧速率之下,溶解氧浓度因而开始上升,整体水质开始好转。水生态系统也开始恢复,微生物群落中细菌数量下降,出现钟虫、轮虫、线虫等原生动物和后生动物;底泥中的底栖生物物种增加,出现颤虫以及昆虫幼虫等;水流缓处出现硅藻等藻类;鱼类品种增加,出现青鱼、草鱼、鲢鱼等。

（5）Ⅴ区,清洁区。河流水质基本得到恢复,水生态系统也与一般天然河流相仿,水生生物多样性增加,可发现观赏性鱼类和大型水生植物。至此,河流对可生物降解有机污染物的自净过程基本完成。

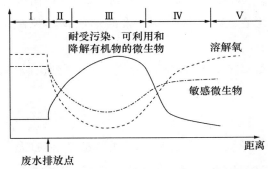

图 2-4　废水排放点上、下游河段的微生物数量变化

将污水处理厂处理水排放水环境时,污染物总排放量应低于受纳水体的环境容量,在流经上述五个区段后,河流水质和水生态系统可基本得到恢复。但是,在缺乏水环境工程设施的地区,污水直接排放需要非常谨慎,若污水中没有难降解、有毒的物质,可以根据氧垂曲线公式预判排污对河流水质的影响,确保下游河段的溶解氧保持在基准浓度以上。

此外,由于污水和废水常常含有大量细菌,而较多致病菌可通过水传播,因此还要关注排污引起的河流中细菌物种和数量的变化。若将生活污水或性质与生活污水相近的工业废水直接排入河流,在 12～24 h 内流过的下游河段将是最大的细菌污染地带,以后该河段的细菌数量逐渐减少;如果没有新的污染,3～4 天后该河段的细菌数量一般不超过最大数量的 10%。然而,上述情况不适用于一些致病菌,如伤寒杆菌,其对自然环境的抵抗力较强,可在水中存活 2～3 周且保持感染力;有些病菌和病毒即使数量降至极低水平,也还可能长期存活,一旦有机会即可传播和感染人群。对于具有高健康风险的病菌和病毒,在大流行期间更要严格污水管理,密切监控可能受到污染的水体。

**主要参考资料**

[1] 高俊发. 水环境工程学[M]. 北京:化学工业出版社,2003.

[2] 河海大学《水利大辞典》编辑修订委员会.水利大辞典[M].上海:上海辞书

出社,2015.

[3] 蒋展鹏,杨宏伟. 环境工程学[M]. 3版. 北京:高等教育出版社,2013.

[4] 金阳,姜月华,李云. 地下水砷污染研究进展[J]. 地下水,2015(1):67—69.

[5] 李素英. 环境生物修复技术与案例[M]. 北京:中国电力出版社,2015.

[6] 曾昭华,张志良. 地下水中砷元素的形成及其控制因素[J]. 上海地质,2003(3):11—15.

[7] 张丙印. 城市水环境工程[M]. 北京:清华大学出版社,2005.

## 思考题与习题

2-1 名词解释:水环境、点源污染、非点源污染、水体自净、水环境容量。

2-2 简要描述水的自然循环过程。

2-3 举例说明物理性污染、化学性污染和生物性污染三者之间的主要区别。

2-4 什么是氧垂曲线?根据氧垂曲线可以说明什么问题?

2-5 某工厂排出废水的流量 $q=0.18\ m^3/s$,其中所含 $Na^+$ 浓度为 $\rho_1=2000\ mg/L$,该废水现排入河流。已知排入口上游处河流流量 $Q=20\ m^3/s$,流速 $v=0.4\ m/s$,$Na^+$ 浓度 $\rho_0=10\ mg/L$,求河流下游完全混合处的 $Na^+$ 浓度。

2-6 某一污水处理厂的出水排入河流,排入口以前的河流流量 $Q=1.5\ m^3/s$,$BOD_5=4.0\ mg/L$,$\rho_{Cl^-}=5.0\ mg/L$,$\rho_{NO_3^-}=3.0\ mg/L$,污水厂出水的流量 $q=8600\ m^3/d$,$BOD_5=20\ mg/L$,$\rho_{Cl^-}=80\ mg/L$,$\rho_{NO_3^-}=10\ mg/L$。在排入口下游不远处出水与河水完全混合,求该处的河水水质。

2-7 某城市污水处理厂出水的流量为 $q=20\ 000\ m^3/s$,$BOD_5=30\ mg/L$,$DO=2.5\ mg/L$,水温为 20 ℃,$k_1=0.17\ d^{-1}$,将此出水排入河流,已知排放口的河水流量为 $Q=0.6\ m^3/s$,$BOD_5=5.0\ mg/L$,$DO=7.5\ mg/L$,水温为 23 ℃,混合后的水流速度为 $v=0.4\ m/s$,$k_2$ 取值 $0.25\ d^{-1}$。求混合后的溶解氧浓度最低值及其发生位置距离排放口的距离。

2-8 某生活污水经沉淀处理后的出水排入附近河流,各项参数如下表所示,试求:① 2天后河流中的溶解氧量;② 临界亏氧量及其发生的时间。

| 参数 | 污水厂出水 | 河水 |
|---|---|---|
| 流量/$(m^3 \cdot s^{-1})$ | 0.2 | 5 |
| 水温/℃ | 15 | 20 |
| DO/$(mg \cdot L^{-1})$ | 1 | 6 |
| $BOD_{5(20)}$/$(mg \cdot L^{-1})$ | 100 | 3 |
| $k_{1(20)}$/$d^{-1}$ | 0.2 | — |
| $k_{2(20)}$/$d^{-1}$ | — | 0.3 |

# 第 3 章

# 水质标准与处理工程体系

水环境工程,是人类效仿自然水体的自净作用过程而建设的处理工程体系。在城镇地区,水源水净化工程的运行,主要为人类提供优质、安全、健康的用水,而污水和废水治理工程的运行,主要向水环境返还削减污染、降低危害后的排水。此外,许多工程技术方法还运用于广大流域的非点源污染治理与水体生态修复。本章重点介绍水环境工程学的设计与运行时需要考虑的水质指标以及遵从的水质标准,概述水处理和污水处理工程体系的组成与基本方法。

## 3.1 水质指标

### 3.1.1 水质及水质指标

自然界中无论是地下水、江河水、湖泊及水库水、海水等天然水体,还是各种污水和废水,都含有一定数量的杂质。水质(water quality),是指水和其中所含的杂质共同表现出来的物理学、化学和生物学的综合性质。按杂质在水中的存在状态可分为三类:悬浮物质、溶解物质和胶体物质(表 3-1)。

表 3-1 水中杂质分类

| 杂质 | 溶解物质 | | 胶体物质 | | 悬浮物质 | | |
|---|---|---|---|---|---|---|---|
| 颗粒尺寸 | $10^{-5}$　$10^{-4}$　$10^{-3}$　$10^{-2}$　$10^{-1}$　1　10　100$(\mu m)$ <br> $10^{-8}$　$10^{-7}$　$10^{-6}$　$10^{-5}$　$10^{-4}$　$10^{-3}$　$10^{-2}$　$10^{-1}(mm)$ | | | | | | |
| 分辨工具 | 电子显微镜 | | 超显微镜 | | 显微镜 | | 肉眼 |
| 水的外观 | 透明 | | 浑浊 | | 浑浊 | | 浑浊 |

悬浮物质是由大于分子尺寸的颗粒组成的,靠浮力和黏滞力悬浮于水中,自然水体中包括泥沙、大颗粒黏土、矿物废渣等无机易沉悬浮物和草木、浮游生物体等

有机易浮悬浮物。溶解物质由分子或离子组成,被水的分子结构所支撑,能够稳定均匀分散在水中,很多自然水体外观清澈透明,但常常存在 $Ca^{2+}$、$Mg^{2+}$、$Na^+$、$K^+$ 等阳离子和 $Cl^-$、$CO_3^{2-}$、$SO_4^{2-}$ 等阴离子,以及 $O_2$、$CO_2$ 等溶解气体。胶体物质的尺寸介于悬浮物质与溶解物质之间,可以在水中长期静置而不会下沉,如自然水体中含有的细颗粒黏土、细菌、病毒、腐殖质、蛋白质等,可使水呈现一定的色、臭、味。对于生活污水和工业废水,其中的杂质数量多且成分复杂,使水出现异常的颜色和嗅味。

　　水中杂质的颗粒尺寸仅显示了水的一项特质,将各种水质指标综合在一起,可以全面反映水中除去水分子外所含杂质的种类、成分和数量。水质指标(water quality index)是描述水质状况的一系列标准,是判断和综合评价水体质量并对其进行界定分类的重要参数,也是考核水和污水处理的效率并对产出的水进行评价的重要参数。

## 3.1.2　水质指标类型

　　水质指标种类繁多,有些是单项指标,可以直接用水中某一种物理参数(如水温、黏度等)或物质的含量(即浓度,如溶解氧、某重金属等)来表示;有些则是综合指标,根据某一类物质的共同特性来间接反映多种物质影响下所形成的水质状况,比如利用有机物质容易被氧化的特性,以耗氧量表示水中有机物污染状况;还有一些指标是与测定方法直接联系的,受到操作方法和仪器条件的影响,如浑浊度、色度等。

　　根据水质指标的性质,可大致归纳为物理性、化学性和生物性三大类,如表 3-2 所示。

表 3-2　水质指标类型

| 分类 | | 水质指标 |
|---|---|---|
| 物理性<br>水质指标 | 感官物理性状指标 | 温度、色度、嗅和味、浑浊度和透明度等 |
| | 杂质物理性质指标 | 总固体、悬浮固体、溶解固体、可沉固体、电导率等 |
| | 放射性指标 | 总 α 放射性、总 β 放射性 |
| 化学性<br>水质指标 | 一般化学性水质指标 | pH、碱度、硬度、各种阳离子和阴离子、总含盐量、一般有机物质(TOC)等 |
| | 氧平衡指标 | 溶解氧(DO)、化学需氧量(COD)、生化需氧量(BOD)和总需氧量(TOD)等 |
| | 有毒化学性水质指标 | 各种重金属、氰化物、多环芳烃、各种农药等 |
| | 植物营养物质指标 | 总氮(TN)、总磷(TP) |
| | 油类指标 | 动植物油、石油类等 |
| 生物性<br>水质指标 | 细菌总数、总大肠菌群数、藻类、各种病原菌、病毒等 | |

### 3.1.3　环境工程常用的水质指标

一些测定方法灵敏稳定、经济实用的水质指标在水环境工程中被经常使用，有的成为水厂和污水处理厂建设和运行中的例行监测项目。

1. 浊度

天然水中含有各种颗粒大小不等的不溶解物质，如泥沙、纤维、有机物和微生物等而产生浑浊现象。此时光线不能直线穿透水样，一部分光线被吸收或被散射。浊度(turbidity)就是指水中的不溶解物质对光线透过时所产生的阻碍程度，可快速反映天然水、用水的水质优劣。

早期采用杰克逊烛光浊度计来测定浊度，定义为：当蒸馏水中含有 1 mg/L $SiO_2$，其浊度为 1 度(jackson turbidity unit，JTU)。该浊度反映了浑浊物质对光线通过时的总阻碍程度，由于这种仪器测定比较粗略，现在已经较少使用。近年来依照光线的散射原理制成的散射浊度计(亦称光电浊度计)得到了广泛应用，这种仪器测得的浊度称为散射浊度单位(nephelometric turbidity unit，NTU)，福尔马肼聚合物(formazin polymer)悬浮液是最常用的浊度标准液。

2. 色度

自然界中的水受杂质的影响而具有一定的颜色，又分为真色和表色。真色是由水中所含溶解物质或胶体物质所致，即除去水中悬浮物质后所呈现的颜色；表色是由溶解物质、胶体物质和悬浮物质共同引起的颜色。色度(color)表征了水的颜色深浅程度，是评价感官质量的一个重要指标，通常有异常颜色的水是受到污染的一种标志。

对于天然水及用水，一般以铂钴标准比色法测定色度。1 L 水中含有相当于 1 mg 铂时所产生的颜色，规定为 1 度(true color unit，TCU)；测定真色时，应以静置澄清或离心法除去浑浊物质，而不能用滤纸过滤，因为滤纸可能会除去一些真色。

对于城市污水、工业废水及其排水，一般不进行真色测定，而常用文字描述其表色，如浅黄色、深红色、黑色等。必要时可辅以稀释倍数法，即在比色管中将水样以无色清洁水稀释成不同倍数，并与液面高度相同的清洁水做比较，取刚好看不见颜色的比色管，其稀释倍数即为水样色度。

3. 固体

固体(solid)是指在一定温度(常用 103~105 ℃)下，将一定体积的水样蒸发至干时所残余的固体物质总量，也称为蒸发残渣。在此温度下烘干的残渣保留无机化合物的结晶水和部分吸着水,重碳酸盐转变为碳酸盐,但有机化合物挥发逸失很少,因此也称为总固体(total solid,TS),单位是 mg/L。固体浓度,是了解水质、掌控处理技术(如沉淀、过滤、膜分离)效率的一个重要指标。

水中固体按溶解性分为溶解固体(dissolved solid)和悬浮固体(suspended solid,SS);按过滤性分为总可滤残渣和总不可滤残渣,过滤方法可用石棉古氏坩埚、0.45 $\mu$m 滤膜;按挥发性分为挥发性固体(volatile solid)和固定性固体(fixed solid),挥发性固体(600 ℃灼烧减重)约略代表水中有机物含量,而固定性固体(600 ℃灼烧残渣)约略代表水中无机物含量。

此外,可沉固体(settleable solid)是评价废水和污水沉淀处理可行性的一项实用指标,指 1 L 水样在一个锥形玻璃筒中静置 1 h 后所沉下的悬浮物质数量,如图 3-1 所示,单位为 ml/L。

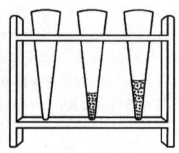

**图 3-1　可沉固体锥形筒**

4. 比电导

水中溶解的盐类都是以离子状态存在的,均具有一定的导电能力。水的导电能力可用比电导(specific conductance)来量度,亦称电导率,即 25 ℃时长 1 m、横截面积为 1 $m^2$ 的水的电导值,单位为毫西门子/米(mS/m)或微西门子/厘米($\mu$S/cm),这里 1 mS/m = 10 $\mu$S/cm。

但工程中常用电导率的倒数——电阻率量度水的纯净程度。水的电阻率是指相距 1 cm、横截面积各为 1 $cm^2$ 的两片平行板电极,将它们插入被测水中的电阻值。电阻率越高,表示水中的溶解盐类含量越少,单位是欧姆·厘米(Ω·cm)。这一指标通过电导仪测定,常用于分析纯水、超纯水的质量。例如:实验室超纯水机制备出的纯水电阻率为 18.2 MΩ·cm,电导率为 0.055 $\mu$S/cm。

5. 总含盐量

水的总含盐量(salinity),也称总矿化度,是指水中所含各种溶解性矿物盐类的总量,即总含盐量等于水中全部阳、阴离子含量的总和。

$$总含盐量 = \sum 阳离子含量 + \sum 阴离子含量 \qquad (3\text{-}1)$$

天然水中主要的阳离子有 $Ca^{2+}$、$Na^+$、$K^+$、$Mg^{2+}$、$Fe^{3+}$、$Sr^{2+}$ 等,主要的阴离子有 $HCO_3^-$、$CO_3^{2-}$、$SO_4^{2-}$、$Cl^-$、$F^-$、$NO_3^-$、$HSiO_3^-$、$HPO_4^{2-}$、$H_2PO_4^-$、$H_2BO_3^-$ 等。总含盐量与溶解固体之间存在如下关系:

$$总含盐量 = 溶解固体 + \frac{1}{2}HCO_3^- \qquad (3\text{-}2)$$

根据对固体指标的描述,溶解固体在测定时要将水样在 105 ℃蒸干,这时水中的 $HCO_3^-$ 将转变为 $CO_3^{2-}$,同时有 $CO_2$ 和 $H_2O$ 的逸失,这部分逸失量约为水中原有 $HCO_3^-$ 含量的一半,所以总含盐量要加上这部分。如此,总含盐量可以通过测定溶解固体和 $HCO_3^-$ 浓度而计算得到。

除了总含盐量,对于天然水,若还需要进一步了解溶解盐的组成,目前可采用离子色谱仪(ion chromatograph, IC)、原子吸收仪(atomic absorption spectrophotometer, AAS)、等离子体光谱仪(inductively coupled plasma-emission spectroscopy, ICP)等仪器测定其中的盐分。污水成分较为复杂,一般不测定其溶解盐的成分。

理论上溶液保持电中性,即每升水中阳、阴离子的电荷总数应该相等,如式(3-3)所示:$m$、$a$ 分别代表各阳、阴离子的电荷数;$c(M^{m+})$、$c(A^{a+})$ 分别代表各阳、阴离子的摩尔浓度。

$$\sum mc(M^{m+}) = \sum ac(A^{a-}) \qquad (3\text{-}3)$$

$$\delta = \frac{\sum mc(M^{m+}) - \sum ac(A^{a-})}{\frac{1}{2}\left[\sum mc(M^{m+}) + \sum ac(A^{a-})\right]} \times 100\%, \quad \delta \leqslant \pm 5\% \qquad (3\text{-}4)$$

根据仪器分析的各离子结果,以式(3-1)计算总含盐量,并与式(3-2)的测定结果对比,分析误差($\delta$)不应超过 $\pm 5\%$。若 $\delta$ 超过 $5\%$,说明可能有某一项和几项水质指标测定有误,或者有漏测项目,应予检查补正。

6. 碱度

水的碱度(alkalinity)是指水接受质子的能力,是水中所有能与强酸发生中和作用的物质所接受的 $H^+$ 的物质的量之总和。水中致碱物质包括各种强碱、弱碱、强碱弱酸盐以及有机碱等。天然水中致碱物质有:$CO_3^{2-}$、$HCO_3^-$、$OH^-$、$HSiO_3^-$、$H_2BO_3^-$、$HPO_4^{2-}$、$H_2PO_4^-$、$HS^-$、$NH_3$ 等,其中重碳酸盐($HCO_3^-$)、碳酸盐($CO_3^{2-}$)和氢氧化物($OH^-$)是最主要的致碱物质。

碱度单位为 mmol/L、mg/L(以 $CaCO_3$ 计)和度(以 CaO 计),不同单位之间的换算关系为：

$$碱度\ 1\ mmol/L = e \times 50\ mg/L\ （以\ CaCO_3\ 计,即每\ 50\ mg/L\ CaCO_3$$
$$可产生\ 1\ mmol/L\ 碱度）,e\ 为离子价数$$

$$碱度\ 1\ 度 = 10\ mg/L\ （以\ CaO\ 计）$$

$$碱度\ 1\ mmol/L = e \times （28\ 度/10） = e \times 2.8\ 度\ （以\ CaO\ 计,$$
$$即每\ 28\ mg/L\ CaO\ 可产生\ 1\ mmol/L\ 碱度）$$

$$碱度\ 1\ 度 = (e \times 50)/(e \times 2.8) = 17.9\ mg/L\ （以\ CaCO_3\ 计）$$

水的碱度、酸度（指水释放质子的能力）和 pH 都是反映水的酸碱性质的指标。pH 以水中氢离子浓度指数的大小反映水的酸碱性强度；而碱度、酸度则分别反映的是水中致碱、致酸物质的数量。

碱度常以中和滴定法来测定,即用标准浓度的 HCl 溶液滴定水样,以酚酞（滴定终点 pH 8.3）或甲基橙（滴定终点 pH 4.4）作为指示剂,计算滴定耗用的酸液量,即可得到水样的酚酞碱度（$P$）、甲基橙碱度（总碱度 $T$）。但是在滴定时,水样中先加酚酞指示剂,用酸液滴定到变色（即 $P$）后,再加甲基橙指示剂,继续滴定到变色,此时再用去的 $H^+$ 的物质的量不是总碱度 $T$,而另称为 $M$。总碱度 $T = P + M$。

一般情况下,天然水中的碱度主要是由 $CO_3^{2-}$、$HCO_3^-$、$OH^-$ 三种致碱阴离子产生的,因 $OH^-$ 与 $HCO_3^-$ 在水中能化合而成为 $CO_3^{2-}$,故可认为这两个阴离子不同时存在于水中；除此之外,其他盐类引起的碱度常可忽略不计。因此,水中致碱物质的组成大致有五种情况,根据中和滴定的结果,三种碱度计算如表 3-3 所示。在实际应用中,这种计算方法既简单方便,也足够精确。

表 3-3　三种碱度计算表

| 滴定结果（$M$） | $OH^-$ | $CO_3^{2-}$ | $HCO_3^-$ |
| --- | --- | --- | --- |
| ① $P=0$ | 0 | 0 | $T$ |
| ② $P<1/2T$ | 0 | $2P$ | $T-2P$ |
| ③ $P=1/2T$ | 0 | $T$ | 0 |
| ④ $P>1/2T$ | $2P-T$ | $2(T-P)$ | 0 |
| ⑤ $P=T$ | $T$ | 0 | 0 |

【例题 3-1】　现有一份 100 mL 的水样,使用 0.10000 mol/L 的 HCl 溶液测定其碱度,以酚酞为指示剂,消耗了 HCl 溶液 0.30 mL,再另取该水样 100 mL,以甲基橙为指示剂,用相同浓度的 HCl 滴定消耗 7.60 mL。请求出该水样的总碱度、氢氧化物碱度、碳酸盐碱度、重碳酸盐碱度（结果以 mmol/L 和以 CaCO_3 mg/L 计）和各致碱阴离子的含量（结果以 mg/L 计）。

**解**

$$甲基橙碱度 = 总碱度\ T = \frac{7.60 \times 0.1000 \times 1000}{100} = 7.60\ (mmol/L)$$

$$酚酞碱度\ P = \frac{0.30 \times 0.1000 \times 1000}{100} = 0.30\ (mmol/L)$$

根据表 3-3 可得在 $P < 1/2T$ 时：

氢氧化物碱度（$OH^-$ 碱度）$= 0$

碳酸盐碱度（$CO_3^{2-}$ 碱度）$= 2P = 2 \times 0.30\ mmol/L = 0.60\ mmol/L = 0.60 \times 50\ mg/L = 30\ ml/L$（以 $CaCO_3$ 计）

重碳酸盐碱度（$HCO_3^{2-}$ 碱度）$= T - 2P = (7.60 - 2 \times 0.30)\ mmol/L = 7.00\ mmol/L = 7.00 \times 50\ mg/L = 350\ mg/L$（以 $CaCO_3$ 计）

总碱度 = 氢氧化物碱度 + 碳酸盐碱度 + 重碳酸盐碱度 = $(0 + 30 + 350)\ mg/L = 380\ mg/L$（以 $CaCO_3$ 计）

各个致碱阴离子的含量（以 mg/L 计）：

$$OH^- = 0$$

$$CO_3^{2-} = 0.60\ mmol/L \times 30\ mg/mmol = 18\ mg/L$$

$$HCO_3^- = 7.00\ mmol/L \times 61\ mg/mmol = 427\ mg/L$$

**7. 硬度**

水的硬度（hardness）是由水中某些二价金属离子产生的，它们能与肥皂作用生成沉淀，与水中某些阴离子化合生成水垢，这些致硬离子主要有 $Ca^{2+}$、$Mg^{2+}$、$Fe^{2+}$、$Mn^{2+}$、$Sr^{2+}$ 等。受常规分析方法的限制，硬度一般不包括三价的金属离子，如 $Al^{3+}$、$Fe^{3+}$。

一般地，钙硬度和镁硬度之和为总硬度。与之化合的阴离子有引起暂时硬度的 $HCO_3^-$、$CO_3^{2-}$ 和引起永久硬度的 $SO_4^{2-}$、$Cl^-$ 及 $NO_3^-$、$SiO_3^{2-}$ 等，前者可被称为碳酸盐硬度，经煮沸可除去；后者则被称为非碳酸盐硬度，不受加热的影响，两者之和也为总硬度。负硬度（pseudo hardness）由钠、钾的碳酸盐和重碳酸盐构成，不致硬，不仅不是硬度，而且它们还能抵消一部分硬度。

硬度单位为 mmol/L、mg/L（以 $CaCO_3$ 计）和度（以 CaO 计），不同单位之间的换算关系为：

硬度 1 mmol/L = 100 mg/L（以 $CaCO_3$ 计）

硬度 1 度 = 10 mg/L（以 CaO 计）

硬度 1 mmol/L = 5.6 度（以 CaO 计）

硬度 1 度＝100/5.6 mg/L＝17.9 mg/L(以 CaCO$_3$ 计)

总硬度的测定方法通常采用 EDTA(乙二胺四乙酸或其钠盐)络合滴定法,根据已测得的水样总硬度($H$)和碳酸系碱度($S$),可以用表 3-4 所列方法分别计算不同的硬度。

表 3-4　三种硬度计算表

| 络合滴定结果 | 碳酸盐暂时硬度 | 非碳酸盐永久硬度 | 负硬度 |
|---|---|---|---|
| ① $S<H$ | $S$ | $H-S$ | 0 |
| ② $S=H$ | $H$ | 0 | 0 |
| ③ $S>H$ | $H$ | 0 | $S-H$ |

【例题 3-2】　有一水样,取 100 ml 用 0.1000 mol/L HCl 溶液测定其碱度,加入酚酞指示剂后,水样无色。再加甲基橙指示剂,消耗盐酸溶液量 5.20 ml,另取此水样 100 ml 用 0.0250 mol/L 的 EDTA 溶液测其硬度,用去 14.60 ml。试求此水样的总硬度、碳酸盐硬度和非碳酸盐硬度(结果以 mmol/L、度和 CaCO$_3$ 的 mg/L 计)。

**解**　由题得,酚酞碱度 $P=0$ mmol/L

总碱度 $T=\dfrac{(0+5.20)\times0.1000\times1000}{100}=5.20$ (mmol/L)

$[OH^-]=0$ mmol/L,$[CO_3^{2-}]=P=0$ mmol/L,$[HCO_3^-]=T=5.20$ mmol/L

总硬度 $=\dfrac{14.60\times0.0250\times1000}{100}=3.65$ (mmol/L)$=3.65\times5.6$ 度 $=20.44$ 度 $=3.65\times100$ mg/L$=365$ mg/L

因为,$P=0$,$[OH^-]=0$,$2[CO_3^{2-}]=0$,$[HCO_3^-]=T=5.20$ mmol/L

所以,$S=2[CO_3^{2-}]+[HCO_3^-]=5.20$ mmol/L

因为,$\dfrac{1}{2}S=2.6$ mmol/L$<$总硬度 3.65 mmol/L

所以,碳酸盐硬度 $=\dfrac{1}{2}S=2.6$ mmol/L$=2.6\times5.6$ 度 $=14.56$ 度 $=2.6\times100$ mg/L$=260$ mg/L

非碳酸盐硬度 $=$ 总硬度 $-\dfrac{1}{2}S=(3.65-2.6)$mmol/L$=1.05$ mmol/L$=1.05\times5.6$ 度 $=5.88$ 度 $=1.05\times100$ mg/L$=105$ mg/L

8. 化学需氧量和耗氧量

受各种生命活动和人类生产活动的影响,水中的有机物质种类繁多、组成复杂,其中多数有机物质的含量很低。若要对水中的有机物质全部、逐一测定,不仅工作量巨大,而且无论定性或者定量测定都有难度,同时费用昂贵。在环境工程实践中,除了对必要的、指定的有机化合物作单项直接测定外,一般采用整体性的、间接的方法,即根据大多数有机物所具有的特性,测定一些综合性指标来反映水中有机物质的含量。目前最常用和具有重要意义的有机物综合性指标有三种:化学需氧量(chemical oxygen demand, COD)、耗氧量(oxygen consumed, OC)和生物化学需氧量(biochemical oxygen demond, BOD)。

水中绝大多数有机物质可与外加的强化学氧化剂(如 $K_2Cr_2O_7$、$KMnO_4$)反应,所消耗的氧化剂的量可间接、相对地反映水中有机物浓度。根据所加强氧化剂的种类,分别称为重铬酸钾耗氧量(即化学需氧量,COD)和高锰酸钾耗氧量(即耗氧量,OC),早期研究还曾将这两项指标分别写为 $COD_{Cr}$ 和 $COD_{Mn}$,以每升水中氧的毫克数表示,单位均为 mg/L。在测定化学需氧量的过程中,氧化剂的种类和浓度、反应溶液的酸度、试剂加入的顺序、反应时间和温度等条件对测定结果均有影响,因此必须严格按规定步骤操作。

传统 COD 测定方法是将水样与重铬酸钾在强酸、催化条件下加热回流 2 h,使其中的有机物被充分氧化;以硫酸亚铁铵标准溶液滴定残余的重铬酸钾(试亚铁灵为指示剂),计算得到该指标数值。目前已发展出加热器与比色仪等 COD 便捷测定方法。通常对生活污水和工业废水中有机物的描述宜采用 COD 指标。严格说来,COD 包含水样中所有能与重铬酸钾发生反应的还原性物质,除了有机物,还包括无机还原性物质,如亚硝酸盐、硫化物、亚铁盐等,但由于大多数废水中无机还原性物质的含量远低于有机物的含量,因此一般情况下 COD 可以代表废水中有机污染物的总量。另外,COD 不能准确反映一些化学上难分解的有机物质(如苯、甲苯、吡啶等杂环类及多环芳烃化合物等);对于这些难分解有机物的测定,需要考虑其他方法,如气相或液相色谱仪法等。

OC 测定方法是将水样与高锰酸钾在酸性($Cl^- < 300$ mg/L)或碱性($Cl^- > 300$ mg/L)条件下水浴反应 0.5 h,使其中大部分有机物被氧化,残余的高锰酸钾以过量草酸钠标准溶液还原,再以高锰酸钾进行滴定。OC 也同样不能代表水样中的全部有机物含量,一般不含氮有机物易被高锰酸钾氧化,而含氮有机物较难分解。国际标准化组织(ISO)建议高锰酸钾法仅限于测定地表水、饮用水和生活污水,而不适用于工业废水。

9. 生物化学需氧量

水中微生物利用有机物和溶解氧进行代谢活动,这个过程使可降解有机物被降解和无机化,溶解氧被消耗,而消耗的氧量就是生物化学需氧量(BOD)(简称为生化需氧量），以每升水中氧的毫克数表示，单位为 mg/L。BOD 可间接、相对地反映水中部分有机物浓度。

有机物的生物氧化包括异化降解和同化合成两部分（图 3-2）。微生物通过异化作用（即呼吸作用,消耗氧气的量为 $O_a$）把一部分有机物逐级氧化分解,最终产生 $CO_2$、$NH_3$、$H_2O$ 等简单的无机物,并释放能量,供微生物活动所需。微生物还通过同化作用把另一部分有机物转化为自身所需的营养物质,最终合成新的细胞物质；而细胞物质也会被氧化分解（称作内源呼吸,消耗氧气量为 $O_b$）,最终产生小分子无机物、能量以及有机残渣。BOD 即为微生物好氧降解所消耗的总氧量（$O_a + O_b$）,受到温度、pH 等环境条件的显著影响,也与水环境中的微生物群落组成有密切联系。

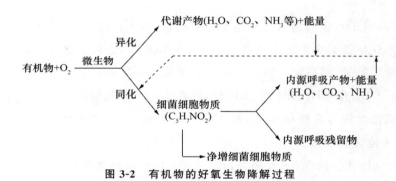

图 3-2  有机物的好氧生物降解过程

通常有机物的微生物氧化是一个缓慢过程,大多数有机物经过 20 天的微生物作用,能完成 95%～99% 的进程,而在前 5 天大约完成 70% 的进程。为了使 BOD 数值具有可比性,国际上通常以 5 天、(20±1) ℃作为测定 BOD 的标准条件,称为五日生化需氧量,以 $BOD_{5(20℃)}$ 表示,或只写 $BOD_5$ 或 BOD。从微生物代谢活动看,在 20 ℃条件下,有机物被微生物氧化分解 5～7 天之后,水中才会出现明显的微生物硝化作用,因此将 BOD 的测定规定在第 5 天完成,可以避免硝化细菌消耗氧气的干扰。

在图 3-3 所示的微生物代谢有机物的过程中,需氧量变化可分为两个阶段：第一阶段是有机碳氧化阶段,主要是不含氮有机物的氧化,也包括含氮有机物的氨化,以及氨化后生成的不含氮有机物的继续氧化,最终产生 $CO_2$、$NH_3$、$H_2O$ 的过程。这一阶段所消耗的氧量称为碳化生化需氧量（carbonaceous BOD）,也称为第一阶段生化需氧量或完全生化需氧量,以 $L_a$ 或 $BOD_u$ 表示。第二阶段是水中的氨（溶解 $NH_3$ 及 $NH_4^+$ 盐）在亚硝化细菌和硝化细菌的作用下,转化为亚硝酸盐（$NO_2^-$）和硝酸盐（$NO_3^-$）,即所谓的硝化过程,这一过程所消耗的氧量则称为硝化生化需氧量

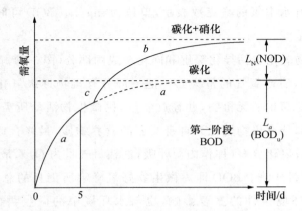

**图 3-3　微生物好氧代谢水中有机物的需氧量变化**

(nitrogenous BOD),也称为第二阶段生化需氧量,以 $L_N$ 或 NOD 表示。通常所说的生化需氧量只是指碳化生化需氧量($L_a$),因为 BOD 的定义是指有机物被氧化分解至无机物的需氧量,而在第一阶段的微生物氧化过程中,有机物中的 C 和 N 均已转化为无机的 $CO_2$ 和 $NH_3$,即均已无机化,因此不再关注氨的继续转化。而第二阶段的微生物氧化过程与有机物无关,对于一般的有机废水,硝化作用在 5～7 天甚至 10 天以后才能显著展开。

对于 $L_a$(BOD_u)的变化,观测与研究表明,有机物被微生物降解具有一级化学反应动力学特性,可以式(3-5)描述:

$$\frac{d(L_a - L)}{dt} = k_1'L \quad 即 \quad \frac{dL}{dt} = -k_1'L \tag{3-5}$$

其中,$L_a$—有机物初始浓度,即 $BOD_u$,mg/L;$L$—任何时日所剩余的有机物浓度,mg/L;$k_1'$—耗氧速度常数,$d^{-1}$。

积分得到

$$\ln \frac{L_t}{L_a} = -k_1't \tag{3-6}$$

其中,$L_t$—$t$ 时日剩余的有机物浓度,mg/L。

若换成以 10 为底的对数,令 $k_1 = 0.434k_1'$,则

$$\lg \frac{L_t}{L_a} = -k_1t \quad 或 \quad L_t = L_a \cdot 10^{-k_1t} \tag{3-7}$$

令 $x_t$ 为 $t$ 时日内所降解的有机物浓度,即 $x_t = L_a - L_t$,$x_t$ 相当于任何时日的生化需氧量 $BOD_t$。故得到

$$BOD_t = L_a(1 - 10^{-k_1t}) \tag{3-8}$$

$$\mathrm{BOD}_t = L_a(1 - e^{-k_1' t}) \tag{3-9}$$

式（3-8）和式（3-9）为第一阶段生化需氧量的反应动力学公式。式中 $k_1$（或 $k_1'$）被称为耗氧速率常数，是天然水体自净和废水生化处理过程中的重要参数。$k_1$（或 $k_1'$）的数值随水质不同而有相当大的差异，一般变化在 $0.04 \sim 0.30\,\mathrm{d}^{-1}$ 的范围内，其准确的数值可通过试验确定。对于生化处理出水、轻度污染河水（20 ℃），为 $0.05 \sim 0.10\,\mathrm{d}^{-1}$；对于生活污水（20 ℃），为 $0.15 \sim 0.28\,\mathrm{d}^{-1}$，可取值 $0.17\,\mathrm{d}^{-1}$。

$k_1$ 与温度 $T$ 的关系可以用式（3-10）表示，据此可以计算某一给定水样在任何温度、任何时日下的 BOD 值。

$$k_{1(2)} = k_{1(1)} \theta^{T_2 - T_1} \tag{3-10}$$

式中，$\theta$——温度系数，在 $10 \sim 30$ ℃时取 $1.047$。因此在水污染控制工程中，一般写成：

$$k_{1(T)} = k_{1(20)} (1.047)^{(T-20)} \tag{3-11}$$

式中，$k_{1(20)}$——20 ℃时的耗氧速率常数，$\mathrm{d}^{-1}$；$k_{1(T)}$——$T$ ℃时的耗氧速率常数，$\mathrm{d}^{-1}$。

不同污水水质有不同的 $L_a$ 值。对于一个给定的水样，$L_a$ 也随温度增加而增大：

$$L_{a(T)} = L_{a(20)} (0.02T + 0.6) \tag{3-12}$$

式中，$L_{a(20)}$——20 ℃时的第一阶段生化需氧量，$\mathrm{mg/L}$；$L_{a(T)}$——$T$ ℃时的第一阶段生化需氧量，$\mathrm{mg/L}$。

根据式（3-8）、式（3-11）和式（3-12），可以算出某一给定水样在任何温度、任何时日下的生化需氧量。

**【例题 3-3】** 已知某一废水在 20 ℃的 $\mathrm{BOD}_5$ 为 $200\,\mathrm{mg/L}$，假定此时的耗氧速度常数 $k_1 = 0.17\,\mathrm{d}^{-1}$，求该废水 20 ℃时的第一阶段生化需氧量和 15 ℃时的 $\mathrm{BOD}_5$。

**解**

（1）求 20 ℃的第一阶段生化需氧量：

$$L_{a(20)} = \frac{L_t}{1 - 10^{-k_1 t}} = \frac{200}{1 - 10^{-0.17 \times 5}} = 232.90\,(\mathrm{mg/L})$$

（2）15 ℃时的耗氧速度常数：

$$k_2 = k_1 \times 1.047^{T-20} = 0.17 \times 1.047^{15-20} = 0.14\,\mathrm{d}^{-1}$$

（3）15 ℃时的第一阶段生化需氧量：

$$L_{a(15)} = L_{a(20)} (0.02T + 0.6) = 232.90 \times (0.02 \times 15 + 0.6) = 209.61\,(\mathrm{mg/L})$$

（4）15 ℃时的 $\mathrm{BOD}_5$：

$$\mathrm{BOD}_{5(15)} = L_{a(15)} (1 - 10^{-k_2 t}) = 209.61 \times (1 - 10^{-0.14 \times 5}) = 167.79\,(\mathrm{mg/L})$$

BOD 的基本测定方法是接种培养法,尽可能利用水样中的土著微生物,控制培养温度(20±1)℃,测定水样开始培养时和 5 天之后的溶解氧,其差值即为此水样的 BOD$_5$。当水样 BOD 过高时,需要制备稀释水,将水样稀释后再进行培养,BOD$_5$的计算方法如下:

$$BOD_5(mg/L) = [(C_1 - C_2) - (B_1 - B_2)f_1]/f_2 \qquad (3\text{-}13)$$

其中,$C_1$—稀释水样在培养前的 DO(mg/L);$C_2$—稀释水样在培养后的 DO(mg/L);$B_1$—稀释水在培养前的 DO(mg/L);$B_2$—稀释水在培养后的 DO(mg/L);$f_1$—稀释水在培养液中所占比例;$f_2$—水样在培养液中所占比例。

需要注意的是:测定工业废水(其中微生物量少或无)的 BOD 时,需要接种适量微生物,而当工业废水中存在难以被普通微生物以正常速度降解的有机物,或工业废水中存在有毒有机物时,应以驯化后具有一定降解能力的微生物接种水样,再进行上述培养。目前,BOD 的测定还有压力传感器法、减压式库仑法、微生物电极法和相关估算法等。

OC、COD 和 BOD 都是间接、相对地表示水中有机物浓度的重要水质指标。一般情况下,同一废水的这三项指标的关系是:COD>BOD$_5$>OC。若一种废水 BOD$_5$与 COD 比值(B/C)大于 0.3,则该废水适宜采用微生物方法进行处理,B/C 值越大,可生化处理性越强;若 B/C 值小于 0.3,则该废水应考虑用物理和化学的方法进行处理。

### 10. 总有机碳和总需氧量

总有机碳(total organic carbon,TOC),是以有机碳的含量表示水中有机物含量的综合性指标,结果以每升水中 C 的毫克数计,单位为 mg/L。TOC 测定方法是燃烧氧化—非分散红外吸收法,测定方法是:将等量水样分别注入 900~950 ℃高温炉和 150 ℃低温炉内的石英管,在高温炉内的催化条件下,全部含碳化合物燃烧裂解为 $CO_2$,用红外线气体分析仪测定 $CO_2$,得到总碳含量(total carbon,TC);在低温炉内,有机物不能分解,只有碳酸盐和碳酸氢盐分解产生 $CO_2$,同样用红外线气体分析仪测定 $CO_2$,得到无机碳含量(inorganic carbon,IC),则两者的差值(TC−IC)即为 TOC 值。TOC 检测流程简单、重现性好、灵敏度高、可以连续自动监测,在国内外被广泛采用。

总需氧量(total oxygen demand,TOD),是以还原性物质(主要是有机物)燃烧生成稳定的氧化物所需要的氧量,来表示水中有机物含量的综合性指标,结果以每升水中 $O_2$ 的毫克数计,单位为 mg/L。测定方法是:将水样与含一定量氧气的惰性气体($N_2$)一起送入装有铂催化剂的 900 ℃高温燃烧管中,水样中的还原性物质被瞬间燃烧氧化,再测定惰性气体中氧气的浓度,根据氧的减少量求得水样的 TOD 值。TOD 能反映出几乎全部有机物经燃烧后变成 $CO_2$、$H_2O$、$NO$、$P_2O_5$ 和 $SO_2$ 时所需要的氧量,比 BOD 和 COD 更接近理论需氧量的值。TOD 检测简便快速,可以连续自动监测。

TOC 和 TOD 都几乎反映了水中的有机物总量,理论上,TOD = 2.67 TOC。但是,个别非常耐久的有机化合物不易被燃烧氧化,故测定值均稍低于理论值。

### 专栏 3-1　TOC、TOD 与 COD、$BOD_5$ 的关系

• TOC 和 TOD 测定均采用燃烧法,能将有机物几乎全部氧化,比用 COD 和 $BOD_5$ 测定时有机物氧化得更为彻底,因此,TOC 和 TOD 更接近水中有机物的真实总量。

• COD 与 $BOD_5$ 的测定受较多因素的影响,而 TOC 和 TOD 的测定干扰较少,用非常少量的水样(通常仅 20 μL),在很短的时间(数分钟)即可完成测定。

• 对大多数同种废水来讲,TOC、TOD 和 COD、$BOD_5$ 之间都存在一定的相关关系,如果通过实验取得它们之间的具体比值,就可以利用简便、易测的 TOC 和 TOD 数据去推算 COD、$BOD_5$ 的数值,这为废水处理工程的科研设计、运行管理和水质监测等提供了一种便捷方式。

11. 氨氮和总氮

水中氮元素是水生生物的重要营养物质,但其浓度过高可能导致水体的富营养化,成为主要污染物。水中的氮分为无机氮和有机氮,其中无机氮包括氨氮（$NH_3$—N）、亚硝态氮（$NO_2^-$—N）和硝态氮（$NO_3^-$—N）,氨氮可通过硝化作用转化为亚硝态氮和硝态氮;水中有机氮主要以尿素和蛋白质形式存在,可以通过氨化作用转化为氨氮。

水中氨氮包括溶解态 $NH_3$—N 和铵盐 $NH_4^+$—N,是水体主要耗氧污染物之一。人类或家畜排泄物中含有大量氨氮,致使城镇生活污水与农村污水中含有高浓度氨氮,直接排入河流或湖泊,可导致水体富营养化,游离氨还对鱼类等水生生物有毒害作用,因此长期以来污水处理的一个重要削减目标是氨氮。常用的氨氮测定方法为经典的纳氏试剂分光光度法和水杨酸分光光度法,两个比色法的灵敏度均较高,但前者测定过程中需要使用剧毒的二氯化汞（$HgCl_2$）和碘化汞（$HgI_2$）试剂;滴定法和电极法也常用来测定氨;当氨氮含量高时,也可采用蒸馏—中和滴定法。氨氮的测定结果以每升水中 N 的毫克数计,单位为 mg/L。

总氮(total nitrogen, TN),是水中可溶性氮含量及悬浮颗粒中氮含量的总和,也是水中无机氮和有机氮的总和。不同水中的总氮构成是不同的,地表水、地下水等自然水体中的氮以硝态氮为主,氨氮和有机氮较少;生活污水中有机氮、氨氮含量高,而硝态氮较低;但污水经过处理后,排水中的总氮主要为硝态氮;工业废水中的总氮构成与产业类型、生产工艺、废水处理效率等有关,不能一概而论。由于总氮比氨氮更能全面表征水体的营养水平,因而逐渐成为污水处理的重要考核指标。总氮的测定方法是以过硫酸钾为氧化剂,将水中有机氮和无机氮全部转化为硝态氮后,以紫外分光光度法或离子色谱法对硝酸根离子进行测量,TN 测定结果以每升水中 N 的毫克数计,单位为 mg/L。

如果已经分别测定了水样中的氨氮、亚硝态氮[常用 N-(1-萘基)-乙二胺分光光度法]和硝态氮(常用紫外分光光度法),那么三者之和即为总的无机氮含量。由于水中有机氮组成复杂,一一测定不仅繁复且通常没有必要,通过凯氏氮(Kjeldahl nitrogen)测定法,可以得到氨氮和部分有机氮化合物的含量,具体包括蛋白质、氨基酸、肽、核酸、尿素及合成的氮为 -3 价形态的有机氮化合物,但是不包括叠氮化合物、硝基化合物等。对于天然水体和生活污水,分别测定凯氏氮、亚硝态氮和硝态氮,三者之和大致为总氮含量。

### 12. 总磷

水中磷元素也是水生生物的重要营养物质,但过量磷的输入也是导致湖泊富营养化、海湾出现赤潮的重要原因。水体中磷可以正磷酸盐、缩合磷酸盐、焦磷酸盐、偏磷酸盐和有机基团结合的磷酸盐等形式存在,其主要来源于生活污水、化肥、有机磷农药及洗涤剂所用的磷酸盐增洁剂等。一般情况下,在天然水和污水中,磷主要以各种磷酸盐和有机磷化合物(如磷脂等)的形式存在,磷也存在于腐殖质、水生生物中。

总磷(total phosphorus, TP),是水中可溶性磷含量及悬浮颗粒中磷含量的总和。TP 能反映水体的营养水平,也是污水处理的重要考核指标。测定方法是以过硫酸钾为氧化消解试剂,将水样中各种形态的磷转化成正磷酸盐,再以分光光度法或离子色谱法对正磷酸根离子进行测量,TP 测定结果以每升水中 P 的毫克数计,单位为 mg/L。对于离子色谱法,在适合的仪器操作条件下,可以连续对水样中共存的阴离子(如 $PO_4^{3-}$、$Cl^-$、$NO_2^-$、$NO_3^-$、$SO_4^{2-}$ 等)进行分离和定量分析。

### 13. 细菌总数和总大肠菌群数

天然水体、生活污水及工业废水中含有大量微生物,还可能存在病原微生物,对人体健康产生威胁。对水样进行卫生学评价时,若要检测每一种微生物既不现实、也没有必要,通常将细菌总数(total bacteria)和总大肠菌群数(total coliforms)作为两项重要的生物学指标,以反映水样是否有较高的健康风险。

细菌总数是指在一定条件下(如好氧或厌氧状态、营养条件、pH、培养温度和时间等),从给定样品中所生长出来的细菌菌落总数。按国家标准方法规定,即在 36 ℃培养 48 h,样品在营养琼脂上所生长的需氧菌和兼性厌氧菌菌落总数,以菌落形成单位 (colony-forming unit,CFU)来表示,单位是 CFU/mL。

对于水中细菌,需要格外关注与人畜排泄物紧密关联的肠道菌群。总大肠菌群,是指需氧和兼性厌氧的肠杆菌科细菌,为革兰阴性无芽孢杆菌;它们在 37 ℃生长时能使乳糖发酵,在 24 h 内能产酸、产气,还能产生 β-半乳糖苷酶(β-D-galactosi-dase),分解选择性培养基中的邻硝基苯-β-D-吡喃半乳糖苷,生成黄色的邻硝基苯酚。根据总大肠菌群的上述生理生化特性,检测方法主要有多管发酵法、滤膜法和酶底物法等。

根据总大肠菌群是否被检出以及总大肠菌群数的多少,可以判断水体被粪便污染的程度,并间接表明是否有致病菌存在的可能性,以及对人体健康危害的大小,因此,总大肠菌群是评价饮用水水质安全的重要指标。

## 3.1.4　其他水质指标

随着环境监测技术的发展,以及人民群众对生活品质的要求不断提高,水厂和污水处理厂在日常运营中关注了更多的水质指标。

### 1. 重金属

重金属,是指密度大于 4.5 g/cm$^3$ 的金属元素。在水环境保护、治理工程建设与运行工作中,主要关注的是汞、镉、铅、铬、铜、锌等对生物具有明显毒性的重金属,由于采矿、冶炼、废水排放、固废处置、污水灌溉等人类活动,上述重金属及其化合物能进入自然环境及生物体,造成环境污染和健康损害。

天然水体中一般重金属产生毒性的范围为 1~10 mg/L,毒性较强的金属如汞、镉的范围为 0.001~0.01 mg/L。重金属污染物的最主要特性是不能生物降解,而只能发生各种形态之间的化学转化以及分散和富集的物理过程,在水体中主要有沉淀、吸附和氧化还原等作用。令人担忧的是,许多重金属可以通过食物链而累积,并逐级放大,人食用了受到污染的动物和植物,可在器官组织中积累,产生极为严重的健康危害。例如:日本水俣病事件,工业排水中的无机汞在海水中被微生物转化成甲基汞,被鱼、虾和贝类摄入累积,通过食物链的放大作用,使食用了污染海产品的当地渔民中毒,严重者其神经系统受到不可恢复的损伤,出现四肢运动障碍、平衡机能丧失等症状。因此,对水中重金属污染的监测是一项非常重要的工作。

目前,对水中重金属最常用的检测方法有原子吸收分光光度法(AAS)、电感耦合等离子体—质谱法(ICP-MS)、电感耦合等离子体—发射光谱法(ICP-AES)、化学比色法和电化学分析方法。

2. 优先控制污染物

自工业革命之后,全球的经济发展和科技进步促使越来越多的化学品被加工与合成、被消耗与使用,与此同时水环境中也不断出现新污染物,有些污染物具有持续性、生物积累性、有毒且难以降解,有的甚至已经造成了震惊世界的公害事件。一些国家和组织,如美国、欧盟、德国和日本等先后颁布了"优先污染物(priority pollutants)"名单(俗称黑名单),要求对这些污染物优先开展监测和治理,以消除或减少它们的排放。我国于1989年确定了"水中优先控制污染物黑名单",名单中列入14类68种有毒污染物,其中有机毒性污染物有58种,无机毒性污染物有10种(包含9种重金属及其化合物),如表3-5所示。

表 3-5　我国水环境优先控制污染物(引自周文敏等,1990)

| | 类别 | 污染物质 |
|---|---|---|
| 1 | 挥发性卤代烃类 | 二氯甲烷、三氯甲烷、四氯化碳、1,2-二氯乙烷、1,1,1-三氯乙烷、1,1,2-三氯乙烷、1,1,2,2-四氯乙烷、三氯乙烯、四氯乙烯、三溴甲烷 |
| 2 | 苯系物 | 苯、甲苯、乙苯、邻二甲苯、间二甲苯、对二甲苯 |
| 3 | 氯代苯类 | 氯苯、邻二氯苯、对二氧苯、六氯苯 |
| 4 | 多氯联苯类 | 多氯联苯 |
| 5 | 酚类 | 苯酚、间甲酚、2,4-二氯酚、2,4,6-三氯酚、五氯酚、对硝基酚 |
| 6 | 硝基苯类 | 硝基苯、对硝基甲苯、2,4-二硝基甲苯、三硝基甲苯、对硝基氯苯、2,4-苯—硝基氯苯 |
| 7 | 苯胺类 | 苯胺、二硝基苯胺、对硝基苯胺、2,6-二氯硝基苯胺 |
| 8 | 多环芳烃类 | 萘、荧蒽、苯并(a)芘、苯并(b)荧蒽、苯并(k)荧蒽、茚并(1,2,3-cd)芘、苯并(g,h,i)芘 |
| 9 | 酞酸酯类 | 酞酸二甲酯、酞酸二丁酯、酞酸二辛酯 |
| 10 | 农药类 | 六六六、DDT、敌敌畏、乐果、对硫磷、甲基对硫磷、除草醚、敌百虫 |
| 11 | 丙烯腈类 | 丙烯腈 |
| 12 | 亚硝胺类 | $N$-亚硝基二乙胺、$N$-亚硝基二正丙胺 |
| 13 | 氰化物类 | 氰化物 |
| 14 | 重金属及其化合物 | 砷及其化合物、铍及其化合物、镉及其化合物、铬及其化合物、铜及其化合物、铅及其化合物、汞及其化合物、镍及其化合物、铊及其化合物 |

随着人类认知水平的提高,为了保护自然环境和自身健康,黑名单中的污染物

受到越来越严格的监管,有些已在全球范围内禁止生产和使用,我国已禁止生产、经营和使用六氯环己烷、DDT、对硫磷、甲基对硫磷等农药以及多氯联苯、丙烯腈、六氯苯、氰化物等物质。然而,由于历史原因,一些水环境中仍然残留这些有毒污染物,需要严格监控。

3. 内分泌干扰物

内分泌干扰物(endocrine disrupting chemicals,EDCs),也被称为环境激素,是一类对生物体内激素的合成、释放、传输、结合、排泄、作用或清除产生干扰作用的外源性物质。EDCs 被动物和人体摄入后,并不直接作为有毒物质给器官带来异常影响,但其所具有的激素活性能干扰和破坏野生动物和人体的内分泌功能,即使浓度极低,也可能导致自身平衡、生殖、发育和行为上的异常,诱发恶性肿瘤、生育畸形、免疫力低下等人类重大疾病。例如:壬基酚浓度大于 $10 \mu g/L$ 时,就可对生物造成急性毒性。

现已发现的 EDCs 有 100 多种,包括天然激素、人工合成激素及其代谢物、内分泌活性或抗内分泌活性的人工合成化合物等。EDCs 的基本分类和代表性化合物如表 3-6 所示。大多数 EDCs 与人类生产、使用和排放等活动相关,因而工业废水和生活污水中的 EDCs 浓度相对较高。由于常规的污水和废水处理工艺无法完全去除 EDCs,目前越来越多的水环境中可以检测出种类繁多的 EDCs,一般在 $\mu g/L$ 或 $ng/L$ 的数量级,需要用气相色谱—质谱联用仪、高效液相色谱—质谱联用仪等高分辨率的现代分析仪器,或者抗原抗体、酶反应等生物学方法进行检测。

由于 EDCs 的日常监测受到仪器条件和检测成本限制,许多国家的水质标准没有从内分泌干扰效应的角度对 EDCs 加以控制,更多的是从物质毒性考虑而设置指标和限值。总体上,随着公众环境意识和科学素质的提高,越来越多的国家在饮用水水质标准中加强了对 EDCs 的管控。我国于 2022 年发布与实施的《生活饮用水卫生标准》(GB 5749—2022)与 2006 年版相比,将检出率较高且具有内分泌干扰效应的消毒副产物(如三氯甲烷、一氯二溴甲烷、二氯一溴甲烷等)从非常规指标调整到常规指标;在扩展指标中保留了同时为 EDCs 的一些农药类(如马拉硫磷、乐果等)和化工原料类(如苯、二甲苯、苯乙烯等)物质;在参考指标中收录了原非常规指标中六氯环己烷、对硫磷、林丹等农药类以及乙苯等化工原料类 EDCs,同时还保留了 2 种邻苯二甲酸酯类、多氯联苯和双酚 A 等典型 EDCs 指标。

表 3-6    EDCs 的基本分类和代表性化合物（引自关小红等，2012）

| 分类 | | 代表性 EDCs |
|---|---|---|
| 药物 | 抗生素 | 三甲氧苄二氨嘧啶，红霉素 |
| | 止痛药和消炎药 | 可待因，布洛芬，醋氨酚，阿司匹林，双氯芬酸，非诺洛芬 |
| | 抗精神病药 | 地西洋 |
| | 脂质调节剂 | 苯扎贝特，氯贝酸，非诺贝酸 |
| | β-受体阻滞药 | 美托洛尔，普萘洛尔，噻吗洛尔，倍他索尔，甲磺胺心定，阿替洛尔 |
| | 拟交感神经药 | 特布他林，沙丁胺醇 |
| | X 射线造影剂 | 碘普胺，碘帕醇，二乙酰氨基三碘苯甲酸盐 |
| | 性激素类 | 17β-雌二醇，17α-乙炔基雌二醇，雌酮，雌三醇，己烯雌酚，睾酮 |
| 农药类 | 除草剂 | 阿特拉津，氟乐灵，氰草津，利谷隆，乙草胺，甲草胺，杀草强，莠去津，嗪草酮，除草醚，二甲戊乐灵，七氯氮苯，氨基丙腐灵 |
| | 杀虫剂 | DDT 及其代谢产物，林丹，菊酯类（氰戊菊酯，苯醚菊酯和氯菊酯），有机磷，氨基甲酸酯类杀虫剂，对硫磷，马拉硫磷，涕灭威，西维因，毒死蜱，乐果，敌百虫，敌敌畏，克百威，双虫脒，甲萘威，七氯，环氧七氯，灭多威，灭蚁灵，反式九氯，氧化氯丹 |
| | 杀菌剂 | 乙烯菌核利，腐霉利，代森类杀菌剂，多菌灵，十三吗啉，乙撑硫脲，氯苯嘧啶醇，腈苯唑，异菌脲，代森锰锌，代森锰，代森联，腐霉利，嘧霉胺，福美双，三唑酮，三唑醇，代森锌，福美锌 |
| 个人护理品 | 香味剂 | 硝基香味剂，多环香味剂，大环香味剂 |
| | 防晒剂 | 苯甲酮，甲基苄亚基樟脑 |
| 化工原料 | 防腐剂 | 五氯酚，三丁萘锡，三苯基锡 |
| | 阻燃剂 | 多溴代二苯醚，三(2-氯乙基)磷酸盐，四溴双酚 A |
| | 表面活性剂 | 烷基酚乙氧基化物，烷基酚，烷基酚羧酸盐，五氟辛烷磺酸盐 |
| | 汽油添加剂 | 烷基醚，甲基叔丁基醚 |
| | 增塑剂 | DEHP[邻苯二甲酸 2(2-乙基)己酯]，DBP(邻苯二甲酸二丁酯)，PAE(邻苯二甲酸酯)，双酚 A，壬基酚 |
| 其他 | 消毒副产物 | 呋喃类(furans)，二噁英类(dioxins)，八氯苯乙烯，苯并(a)芘，对硝基甲苯，苯乙烯二(或三)聚体 |
| | 藻毒素和贝类毒素 | 贝类毒素，类毒素-A，微囊藻毒素，节球藻毒素 |
| | 其他物质 | 多氯联苯，甲基汞，铅及其络合物，镉 |

# 3.2    水质标准

自然界和生命世界在漫长的演化过程中，相互作用与影响，形成了多元化的生态系统，健康平衡的生态环境也为人类生存和繁衍提供了最基本的保障。由于人类活动使一些环境受到干扰、污染和破坏，国家和地区权力机构有责任制定环境标准，包含环境质量标准、污染物排放标准、环境方法标准等，以保障人体健康、保护生物资源和环境。

水在人类生活、工农业生产中有广泛的用途,不同用途不仅对水量有要求,更重要的是对水质有要求。国家、省市地区或行业部门综合考虑自然环境、技术条件、经济水平等因素,对各种用水和排水在物理、化学、生物学性质方面应达到的要求制定相应的标准,构成了一系列的水质标准(water quality standards),它们是判断水质是否适用的尺度,是水质规划的目标和水质管理的技术基础。国家级的水质标准具有指令性和法律效力,有关部门、企事业单位必须严格遵守;由用水部门、设计院、科研机构制定的部门水质标准,一般作为工程建设或工艺生产操作的要求,在具体工作中参考和执行。

在制定水质标准时,应参考当前科学研究与观测结果,如污染物对人体、生物以及物质财富的危害影响,污染物剂量-效应关系等;还应吸纳新的技术与方法,如更快捷稳定的在线监测设备、更灵敏直观的生物检测方法等,使标准中各种水质指标不仅具有法律效力,而且其限值、允许范围、计算式以及检测方法等更加科学可行。

重要的国家级水质标准有地表水环境质量标准、地下水质量标准、饮用水卫生标准、废水综合排放标准、市政污水处理厂排放标准等,它们与我们的生活和生产活动密切相关。对于水环境工程而言,城镇水厂和污水处理厂在工程设计、建设、调试和运营中,分别需要以饮用水卫生标准和市政污水处理厂排放标准为重要指南。随着人类认识水平的提高,新的水质标准被不断提出和起草,已有标准也在不断修订,水环境工程需要密切关注水质标准的变化。

## 3.2.1　水环境质量标准

保护自然水环境和维护水生态系统平衡,是水环境工程的终极目标。通过制定地表水、地下水及海水等水环境质量标准,可对不同水域依照其功能区划进行管理,保障取水、用水、亲水的安全,并控制排放废水的环境影响。

2002 年由国家环境保护总局和国家质量监督检验检疫总局发布的《地表水环境质量标准》(GB 3838—2002),代替了此前的《地面水环境质量标准》(GB 3838—88)和《地表水环境质量标准》(GHZB 1—1999)。该标准依据地表水水域环境功能和保护目标,将我国地表水划分为如下五类:

Ⅰ类:源头水、国家自然保护区;

Ⅱ类:集中式生活饮用水地表水源地一级保护区、珍稀水生生物栖息地、鱼虾类产卵场、仔稚幼鱼的索饵场等;

Ⅲ类：集中式生活饮用水地表水源地二级保护区、鱼虾类越冬场、洄游通道、水产养殖区等渔业水域及游泳区；

Ⅳ类：一般工业用水区及人体非直接接触的娱乐用水区；

Ⅴ类：农业用水区及一般景观要求水域。

不同功能的地表水域执行不同的标准值。若同一水域兼有多类功能的，则执行最高功能类别对应的标准值。《地表水环境质量标准》（GB 3838—2002）共计有 109 项水质指标，其中地表水环境质量标准基本项目 24 项，适用于全国江河、湖泊、运河、渠道、水库等具有使用功能的地表水水域；另外 85 项为集中式生活饮用水地表水源地补充项目（5 项）和集中式生活饮用水地表水源地特定项目（80 项），均适用于集中式生活饮用水地表水源地一级保护区和二级保护区。特定项目由县级以上人民政府环境保护行政主管部门根据本地区地表水水质特点和环境管理的需要进行选择，集中式生活饮用水地表水源地的补充项目（5 项）和选择确定的特定项目（≤80 项）作为基本项目的补充指标。

对于地下水，2017 年由国家质量监督检验检疫总局与国家标准化管理委员会发布了新的《地下水质量标准》（GB/T 14848—2017），规定了我国地下水质量分类、指标及限值，该标准适用于地下水质量调查、监测、评价与管理。

对于海水，早在 1997 年由国家环境保护局批准发布了《海水水质标准》（GB 3097—1997），规定了我国管辖的海域各类使用功能的水质要求。

此外，为保证农产品的质量，当以地表水、地下水作为农田灌溉水源时，需执行《农田灌溉水质标准》（GB 5084—2021），若城镇污水（工业废水和医疗污水除外）以及未综合利用的畜禽养殖废水、农产品加工废水和农村生活污水进入农田灌溉渠道，其下游最近的灌溉取水点的水质也按该标准进行监督管理。为防止和控制渔业水域水质污染，保证水产品的质量，在鱼虾类的产卵场、索饵场、越冬场、洄游通道和水产增养殖区等海、淡水的渔业水域，需执行《渔业水质标准》（GB 11607—1989）。

## 3.2.2　供水水质标准

为人类生活提供稳定安全的饮用水，为工业生产提供符合特定要求的用水，是水环境工程的重要任务之一。通过制定不同用途的供水水质标准，可在技术经济可行的基础上确保供水安全。

在各类供水中，为城镇居民集中供给的自来水最为重要，直接关系到居民日常生活和身体健康。近年来,很多水源地受到不同程度的污染,大力兴建城镇水处理厂,为居民提供水量稳定、水质达标的饮用水,是现代文明的重要标志之一。饮用水的水质标准既是生活用水的卫生标准,也是城镇水处理厂的运营目标。饮用水水质标准的制定原则有:① 流行病学上安全可靠,饮用水中不得含有病原微生物和寄生虫卵,以防止水源传染病的传播;② 化学组成上健康无害,饮用水中化学物质及其浓度有利于人体健康,不得含有危害人体健康的化学物质及放射性物质;③ 物理感官上无色无味,性状良好;④ 使用方便无弊,不会在配水管道中形成水垢,不会在使用时产生沉淀和锈斑。

依据上述原则,我国早在 1955 年由卫生部发布实施了《自来水水质暂行标准》,该标准随着技术进步而多次修改与完善,至 1985 年形成《生活饮用水卫生标准》(GB 5749—85),明确了 35 项水质标准。进入 21 世纪后,为了满足人民群众对生活品质更高的要求,也为了应对国内水源地的受污染状况,我国卫生部和建设部分别发布了《生活饮用水水质卫生规范》(2001)和《城市供水水质标准》(2005),均大幅度增加了饮用水水质指标的数量,限值也更加严格。

在此基础上,2006 年由卫生部与国家标准化管理委员会联合发布了《生活饮用水卫生标准》(GB 5749—2006),这是对 GB 5749 的第一次修订,共计有 106 项水质指标,分为常规指标(42 项,含 4 项消毒剂常规指标)和非常规指标(64 项,多为重金属、消毒副产物、有毒有机物等指标)两类,并附有资料性的参考指标(28 项)。该标准参考了国际上相关饮用水标准,如世界卫生组织《饮用水水质准则》(2005 年第三版)、欧盟《饮用水水质指令》(98/83/EC)、美国《国家饮用水水质标准》(2004)、俄罗斯《国家饮用水卫生标准》(2002)及日本《饮用水水质基准》(2004),使水质指标的选择和限值更加科学。

随着我国科技水平的迅速发展以及人民生活水平的日益提高,在《生活饮用水卫生标准》(GB 5749—2006)执行 10 多年后,我国进行了第二次修订,于 2022 年由国家市场监督管理总局与国家标准化管理委员会联合发布了《生活饮用水卫生标准》(GB 5749—2022),水质指标调整为 97 项,包括常规指标(43 项)和扩展指标(54 项)两类,增加了资料性的参考指标(56 项)。新修订标准的调整是根据近 10 多年来科研成果与工程实践经验:一方面,对新确认的高风险物质增加指标(如乙草胺和高氯酸)或提高限值(如氯乙烯、三氯乙烯等);另一方面,删除不必要的指标(如耐热大肠菌群),并对多年来禁止生产使用、环境风险不高的物质降低标准等级,具体做法有从原标准的常规/非常规指标调整至新标准的参考指标(如三氯乙醛、六六六、对硫磷、林丹、甲醛、乙苯等),还有从常规指标调整到扩展指标(如硒、四氯化碳、挥发酚、阴离子合成洗涤剂)。值得关注的是,新修订标准对消毒副产物更加严格管控,将检出率较高的三氯甲烷、一氯二溴甲烷、二氯一溴甲烷、三溴甲烷、二氯乙酸、三氯乙酸从非常规指标调整到常规指标;同时,考虑到水中氨(以 N 计)对消毒剂的投加量有较大影响,将其从非常规指标调整到常规指标;另外,将出厂水中游离氯余量的上限值从 4 mg/L 调整为 2 mg/L,这些变化对于水处理厂消毒单元的设计与运行有较大影响。

总之,为了应对不断变化中的环境国情,及时和科学地修订生活饮用水卫生标准,有利于在供水的全过程中系统而精准地管理水质。

饮用水还有一类特殊场景——一些场馆和园区有直饮水需求,即由管道供给的水可直接饮用。我国建设部曾制定和修订了《饮用净水水质标准》(CJ 94—2005,代替 CJ 94—1999),适用于以符合生活饮用水水质标准的自来水或水源水为原水,经深度净化后供直接饮用。

除了饮用,其他用途的供水有生活杂用水及各种工业用水标准(其中工业用水因行业、用途和产品规格的不同而对水质要求千差万别),一般由对口部门或行业协会提出、组织制定并推荐使用,如《工业锅炉用水》(GB/T 1576—2018)由全国锅炉压力容器标准化技术委员提出并归口。受淡水资源紧张的形势影响,非饮用类供水的水源可选择非常规水源(如雨水、海水、污水等),当前世界上很多缺水城市都开展了雨水收集、海水淡化、污水再生回用等工作,我国在再生水标准和处理工程技术两方面均取得了较多经验和业绩,代表性的水质标准有《城市污水再生利用　城市杂用水水质》(GB/T 18920—2020)、《城市污水再生利用　景观环境用水水质》(GB/T 18921—2019)、《城市污水再生利用　工业用水水质》(GB/T 19923—2005)、《城市污水再生利用　农田灌溉用水水质》(GB 20922—2007)等。

### 3.2.3　排水水质标准

为有效保护水环境质量,维护生态平衡和人类健康,应从生活和生产的源头控制污染物的排放,制定排水的水质标准。排水水质标准是判定废水排放行为是否合法的重要依据;将生活污水和工业废水妥善处理,达到排放标准,也是水环境工程的重要任务之一。根据适用范围,此类标准分为国家排放标准、地方排放标准和行业标准。

1996 年由国家环境保护总局发布了《污水综合排放标准》(GB 8978—1996),按照污水排放去向,分年限规定了 69 种水污染物最高允许排放浓度及部分行业最高允许排水量。

在该标准的技术内容中,首先根据地表水体(包括淡水和海水)的功能区划,对受纳污水的水质进行分级管理,具体有如下四种情况:

(1) 地表淡水(GB 3838—2002)中Ⅰ类水域、Ⅱ类水域和Ⅲ类水域中划定的保护区,海水(GB 3097—1997)中一类海域,禁止新建排污口;现有排污口应按水体功能要求,实行污染物总量控制,以保证受纳水体水质符合规定用途的水质标准;

(2) 排入地表淡水(GB 3838—2002)中Ⅲ类水域(划定的保护区和游泳区除外)和排入海水(GB 3097—1997)中二类海域的污水,执行一级标准;

(3) 排入地表淡水(GB 3838—2002)中Ⅳ类水域、Ⅴ类水域和排入海水(GB 3097—1997)中三类海域的污水,执行二级标准;

(4) 不排入自然水体的污水,可排入设置二级污水处理厂的城镇排水系统的污水,执行三级标准(即纳管标准)。

其次,标准将排水中的污染物按其性质及控制方式分为如下两类:第一类污染物为对生态环境和人类健康有长远损害的 13 种有毒重金属、致癌有机物和放射性物质,要求不分行业、排放方式及受纳水体功能类别,一律在车间或车间处理设施排放口采样,其最高允许排放浓度必须达标;第二类污染物为对生态环境和人类健康影响较小的 56 种污染物,要求在排污单位排放口采样,其最高允许排放浓度必须达标。此外,标准还限定了矿山工业、焦化企业、石油炼制工业、制糖工业、皮革工业等行业的最高允许排水量。

《污水综合排放标准》(GB 8978—1996)适用于现有单位水污染物的排放管理,以及建设项目的环境影响评价、建设项目环境保护设施设计、竣工验收及其投产后的排放管理。目前生活污水和工业废水均不得任意排放,必须经过城镇污水处理厂和工业废水处理系统的适当处理,按照国家综合排放标准与国家行业排放标准不交叉执行的原则,造纸工业、船舶、肉类加工、钢铁工业、磷肥工业等 12 个行业以及城镇污水处理厂,仅执行其行业排水标准。

城镇污水处理厂是市政基础设施的一部分,一方面它是接纳生活污水和工业废水的"汇合点",部分工业废水需达到纳管标准方可汇入下水道、进入污水处理厂;另一方面它又是向自然水体排放处理水的"源点",其排水水质显著影响着受纳水环境质量。

为促进城镇污水处理厂的建设和管理,加强城镇污水处理厂污染物的排放控制和污水资源化利用,2002 年由国家环境保护总局与国家质量监督检验检疫总局联合发布了《城镇污水处理厂污染物排放标准》(GB 18918—2002),规定了城镇污水处理厂出水、废气和污泥中污染物的控制项目和标准值。

在该标准的技术内容中,首先,根据污染物的来源及性质,将控制项目分为基本控制项目和选择控制项目。基本控制项目包括影响水环境质量、一般污水处理工艺可以去除的 12 项常规污染物以及 7 项第一类污染物,这 19 项必须执行;选择控制项目包括对环境有较长期影响或毒性较大的 43 项污染物,由地方环境保护行政主管部门根据污水处理厂接纳的工业污染物类别和水环境质量要求,选择实际执行的控制项目。

其次,根据城镇污水处理厂排入地表水域环境功能和保护目标,以及污水处理厂的处理工艺,将基本控制项目的常规污染物标准值分为一级标准、二级标准、三级标准。一级标准再分为 A 标准和 B 标准;但一类重金属污染物和选择控制项目不分级。具体有如下四种情况:

(1)一级标准的 A 标准是城镇污水处理厂出水作为回用水的基本要求,当城镇污水处理厂出水引入稀释能力较小的河湖作为城镇景观用水和一般回用水等用途时,执行一级标准的 A 标准;近年来,若将城镇污水处理厂出水排入国家和省确定的重点流域及湖泊、水库等封闭或半封闭水域,也执行一级标准的 A 标准。

(2)城镇污水处理厂出水排入地表淡水(GB 3838—2002)中Ⅲ类功能水域(划定的饮用水水源保护区和游泳区除外)、海水(GB 3097—1997)中二类功能水域时,执行一级标准的 B 标准。

(3)城镇污水处理厂出水排入地表淡水(GB 3838—2002)中Ⅳ、Ⅴ类功能水域或海水(GB 3097—1997)中三、四类功能海域,执行二级标准。

(4)非重点控制流域和非水源保护区的建制镇的污水处理厂,根据当地经济条件和水污染控制要求,采用一级强化处理工艺时,执行三级标准。但必须预留二级处理设施的位置,分期达到二级标准。

该标准鼓励将最终排水作为水资源,应用于农业、工业、市政、地表水补给、地下水回灌等方面,但需达到相应的用水水质要求,不会对人体健康和生态环境造成不利影响。

# 3.3　水和污水处理工程体系

对照水质标准,原水可通过水处理工程的净化或污水处理工程的治理,达到使用或排放的标准;对于受到污染的水环境,可通过水生态修复工程而促进水质改善和生态恢复。由此水环境工程体系主要包括三个系统：① 城镇水处理工程系统。对水源水进行集中处理和分配，为建成区的居民生活和工业生产提供稳定、安全、健康的用水。② 城镇污水处理工程系统。对建成区的生活污水和工业废水进行收集和集中处理，促进废水再生利用，保护区域水环境。③ 流域水环境修复工程系统。在流域范围内对水污染进行防治，对退化水生态系统进行修复，维护生态平衡，促进流域可持续发展。

在自然界，水体自净过程包括稀释、扩散、挥发、沉淀等物理过程，氧化、还原、吸附、凝聚、中和等化学或物化过程，以及微生物降解、植物吸收等生物和生化过程。水环境工程系统仿法上述自然过程，不是仅凭一种技术方法把水中各类污染物都去除干净，而是根据所需处理对象、任务要求及场地条件，设计与选择适合的作用机制，将相应技术合理组合，并优化运行参数，形成水和污水净化处理的工艺流程和技术方案，有时还需要辅以多元化的生态修复和污染预防措施。在建设投资与运营成本的约束下，优秀的工程系统可以将物理、化学、生物等各个过程有机结合起来，使整体处理效率远超自然净化效率，高效经济地完成水质净化任务。

## 3.3.1　水处理的基本方法

饮用水处理工程的水源大多来自清洁的地表水和地下水，工程目的是通过必要的处理工艺，提高水源水的品质，使之达到饮用水水质标准。当水源为地表水时，水处理工艺通常包括混凝、沉淀、过滤、消毒等技术单元，通过物理、物化、化学方法去除水中杂质，图 3-4 为常规饮用水处理工艺流程。地表水经过格栅截除藻类等水生生物及落叶枯枝等漂浮物后，依次进入混凝、沉淀和过滤单元，有效除去水中悬浮颗粒、微生物细胞、胶体物质等，再进行消毒，出水经城镇供水管网供给用户使用。

**图 3-4　常规饮用水处理工艺流程**

当水厂水源为地下水时，一般只需进行过滤和消毒处理即可满足饮用水的水质要求；但有的地区地下水中含有超过卫生标准的铁、锰等物质，还需进行专门的除铁、除锰等处理。

近年来水环境污染形势日趋复杂，一些水源地受到人为活动的干扰或水圈中污染物长距离传输扩散的影响，导致水质下降，甚至检测到尚未列入水质标准的新污染物,存在潜在的健康风险。这样,常规水处理工艺可能无法满足稳定达标的要求,需要对已有处理系统进行改造,或在原有基础上增加预处理或深度处理,例如:在混凝之前增加化学或生物氧化处理,将过滤池内部分滤料更换为吸附材料,对过滤出水进行膜分离处理等,以强化处理系统对浓度更高、数量更多的污染物的去除,确保最终出水达到生活饮用水卫生标准。

除生活饮用水外,为工业企业提供生产用水时,应视用户对水质的特殊要求,选择适当的水源(有时以饮用水为水源),再进行专门的行业水处理,如软化、除盐等。

## 3.3.2 污水处理的基本方法

污水处理工程的进水主要为城镇生活污水,有时也包含工业废水,工程目的是通过经济适用的处理工艺,去除污水中的主要污染物,使出水水质达到排放标准。城镇污水处理工艺通常包括沉砂、初次沉淀、好氧生物处理、二次沉淀等技术单元,图 3-5 为常规生活污水处理工艺流程。污水经过格栅和沉砂后去除粗大颗粒物,再经过初次沉淀进一步去除悬浮物质,然后进入核心的生化处理单元,在曝气池中以好氧微生物为主的活性污泥对水中溶解性有机物、营养物及其他多种污染物进行利用和降解,泥水混合液在二次沉淀单元实现分离,澄清出水可直接排放,也可再进行深度处理而回用于冲厕、绿化、消防等。

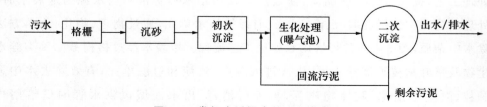

**图 3-5 常规生活污水处理工艺流程**

历史上净水技术的发明推进了污水处理程度和工艺流程延伸。在以活性污泥法为代表的生物处理技术被发明之前,污水只能以物理、物化和化学方法(如沉淀法、化学氧化法等)进行处理,去除水中悬浮物质和胶体颗粒,这样的污水处理被称为一级处理(primary treatment);在生物膜法和活性污泥法诞生和应用之后,微生物处理技术能去除水中大量呈溶解和胶体状态的有机污染物,且经济效益高,污水生物处理被称为二级处理(secondary treatment);为了保护接纳废水的水体或实现污水再生回用,我们对二级出水水质有更高要求,如要求去除废水中的氮、磷、难降解有机物以及盐类等污染物,就需要在二级处理之后再进行三级处理(tertiary treatment)。在一套完整的污水处理工艺流程中,二级生物处理往往对污染物去除的贡献最高,为使其发挥最佳功效,其前的一级处理需要有效去除或分解进水中影响微生物活性的污染物,其后的三级处理需要有效去除二级出水中残留的难利用和难降解污染物,因此一级处理也被视为生物处理的"预处理(pre-treatment)",而三级处理则被视为"后处理(post-treatment)"或"深度处理(advanced treatment)"。

在污水处理的实际工程中,并非总将处理水平设置在最高程度。这一方面要根据水环境质量标准或再生水水质标准的要求,将污水处理到符合排放或回用要求的程度;另一方面要考虑现有处理厂所能达到的处理程度,污水处理厂在设计时均预留了发展空间和余力,可在未来若干年内和非常时期应对更高的处理要求;再一方面可考虑利用受纳水体的自净能力,例如:有些老污水处理厂无法改造以应对更高的排放标准,可考虑将原岸边排放总管改为设置于水流湍急处的多点排放口,有利于所排放的废水被快速推动和稀释。在具体工程设计时,需要以上述三方面情况中最不利者为准。

污水处理工程在设计时可以将水环境容量考虑进去,即利用水体的净化功能,继续对残留在排水中的污染物进行稀释、转化、降解等作用,适度合理的借力做法能够节约工程系统的经济投入。然而,水体自净作用不能被滥用,在一些生态系统脆弱、水环境容量较低的水域,排放废水应当十分谨慎。20 世纪 80 年代后,我国环境保护目标一度没有跟上经济的快速发展,各地出现环境污染问题,很多地表水体、河口甚至地下水都受到不同程度的污染,大多与过度利用水体自净功能、排放污染负荷超过水环境容量有关。目前,我国严格进行水环境功能分区(GB/T 50594—2010),人工处理系统排放废水被限制在排污控制区,且排水水质要达到规定的标准(GB 8978—1996 或 GB 18918—2002),为此全国大多数排放口安装了在线监测仪器,对主要水质指标进行动态监控。

对于水质复杂、含有有毒有害物质的工业废水,其处理工程的技术方案需根据污染物性质、排放标准、去除技术效能来确定,有时还需要开展实验室小试、现场中试等工作来论证方案的可行性。对于有机工业废水,从经济性考虑,应首选微生物处理作为核心技术,构成"预处理—生物处理—深度处理"的基本工艺流程,其中预处理可选沉砂、化学沉淀、气浮、萃取、臭氧氧化、水解酸化等技术方法;生物处理可选改良型活性污泥法、膜生物反应器、曝气生物滤池等技术方法;深度处理可选混凝沉淀、高级氧化、吸附、膜分离等技术方法。

### 3.3.3　解决废水问题的基本原则

现代污水和废水处理技术已经发展得较为完善,几乎可以胜任去除水中各种杂质的任务,但是对于现代环境工程师而言,解决废水问题并不仅是被动地进行"末端治理",在生态文明理念的倡导下,解决废水问题应考虑以下基本原则:

(1) 协助企业推进清洁生产,从源头削减废物和废水的排放量

现代工业企业不断朝着绿色化的方向发展,特点是资源利用率不断提高,产品能耗不断降低,"三废"产生量不断减少。在遇到工业废水治理的项目时,环境工程师应当深入到企业生产一线,了解各生产车间或生产线的生产工艺、用水和排水情况,协助企业挖掘节能降耗、节水减排的潜力,如此不仅为企业节约生产成本,而且减轻了废水处理系统的负担。

(2) 鼓励工业园区生态化建设,实现无废少废,资源循环利用

现代工业布局逐渐远离居民住宅区和商业活动区,日益集中于经济开发区、工业园区等特定区域,应从生态学角度对工业园区进行整体规划,效仿自然生态系统的食物网结构与能量流动模式,构建园区内企业间的互利共生网络,实现资源循环利用和能量逐级利用,如此水可以"净水—废水—再生水"的方式在园区内被反复利用,而水中尚有价值的废物被回收利用,不仅产生经济价值,而且极大地降低了园区废水处理系统的负荷。

(3) 选择技术经济可行性高的技术和工艺系统,妥善处理污水和废水

与自然生态系统相同的是,城市和工业也终会产生废气、废水和废物,需要有分解者通过代谢作用推动物质循环起来,污水处理厂就相当于城市污水和工业废水的分解者。所有的污水处理技术都既有优势也有不足,有其适用条件和应用范围,为了妥善处理污水和废水,在建设城市污水处理厂和工业废水处理厂时,应对多种备选技术开展处理效率、经济投入、运行稳定性、社会效益、场地要求等多方面的分析和评估,必要时还需要对新技术和新工艺组合进行试验研究,力求最终组成的工艺系统能经济、高效、可靠地治理污水和废水。

(4) 从全生命周期角度评价废水处理系统,降低处理能耗,减少二次污染

常规污水和废水处理是高能耗、低产出的工程系统,虽然污水被净化了,但却在处理过程中产生大量垃圾和污泥,释放大量挥发性气体以及温室气体。目前无论是城市污水处理厂还是工业废水处理厂,均要求对处理过程中产生的固体废物、剩余污泥和恶臭等气体进行处理和处置。未来随着我们生活水平和环境保护目标的提

高,应从全生命周期角度评价废水处理系统的生态足迹,选择对环境影响最小的技术方案,在处理全过程中降低碳排放。

## 3.3.4　水环境修复工程系统

在不同规模的城市、县、镇地区以及经济开发区、工业园区等区域,水环境工程为集中的生活和生产活动提供了集中式供水和排水系统方案,兴建了大型的水处理厂、污水和废水处理厂,有效解决了这些地区的点源污染问题,解决了建成区的经济社会发展与水环境保护之间的矛盾。然而,对于广大的农村、郊外地区,由于缺乏集中式管网与处理设施,污染物以随机无序的方式进入水环境,对于这种非点源污染问题,需要在流域范围内开展水环境保护与修复工作。

流域水环境修复工程是一项庞大而复杂的系统工程。首先,应根据流域社会经济发展规划而设定工程目标;其次,在全流域开展污染源调查,视各类污染源(重点关注非点源)的污染强度、治理难度等具体情况制订工程方案;再次,联合水环境工程、固体废物处理与处置工程、农业与林业生态工程、水生态修复工程等多方面力量,因地制宜地实施工程建设;最后,需要建立各工程系统长期运行的维护与管理方法,通过长期的努力使受污染和退化的水生态环境逐步恢复,直至恢复健康状况。

一些水处理、污水处理的技术方法仍能够应用于水环境修复工程,并可根据实际需要进行技术调整和优化。例如:一些流域从旱季进入雨季后,前几场暴雨所形成的地面径流对地表水体形成高污染冲击,可利用低凹地修建一些池塘,收集污染最大的初期雨水,经过混凝、沉淀等处理后再排放到自然水体。河口地区通常汇集了流域中含有大量非点源污染物的径流,可利用河口的地形条件修建前置库系统,该系统是径流汇入江河湖泊之前的“废水处理场”,工艺流程中既可以有沉砂池、生物滤池等处理单元,也可以有生物塘、人工湿地等生态系统,目的是削减径流中的碳、氮、磷等污染物,保护下游水生态环境的健康良好。

总之,水环境工程系统是以集中或分散的方式将水体自净过程高度强化的人工系统,当前已成为美丽中国建设的重要基础设施和生态文明标志。

### 主要参考资料

[1] 关小红,张静,梁丽萍,等.典型内分泌干扰物的检测技术[J].哈尔滨工业大学学报,2012,44(12):32-40.

[2] 胡睿娟.水质污染指示菌:总大肠菌群[J].山西科技,2015,30(05):

148-150.

[3] 蒋展鹏，杨宏伟. 环境工程学[M].3 版. 北京:高等教育出版社，2013.

[4] 李镇西. 水质指标与标准[J]. 黑龙江水利,1985(03):9.

[5] 水质—细菌总数的测定—平皿计数法（HJ 1000-2018）.

[6] 水质—总大肠菌群、粪大肠菌群和大肠埃希氏菌的测定—酶底物法（HJ 1001-2018）.

[7] 周文敏,傅德黔,孙宗光. 水中优先控制污染物黑名单[J]. 中国环境监测, 1990,(04):1-3.

## 思考题与习题

3-1　名词解释:水质、水质指标、碱度、总含盐量、COD、BOD、TOC、TOD 和内分泌干扰物。

3-2　水质指标的类型有哪些？主要包含什么内容？

3-3　环境工程常用的水质指标包含哪些？它们的测定方法是什么？测定结果如何表示？

3-4　悬浮固体与可沉固体、浑浊度的区别是什么？

3-5　取 250 mL 某水样于空重为 48.2634 g 的古氏坩埚中,经过过滤、105 ℃烘干、冷却之后称重为 48.3206 g,再将其放入 600 ℃炉内灼烧,冷却后称重为 48.2832 g。求此水样中悬浮固体和挥发性固体的量。

3-6　取某一水样 100 mL,加入酚酞指示剂,用 0.1000 mol/L 的 HCl 溶液滴定至终点,消耗 HCl 溶液 1.50 mL。另再取此水样 100 mL,以甲基橙溶液作指示剂,用此 HCl 溶液滴定至终点用了 6.70 mL。计算此水样的总碱度和各种致碱阴离子的含量（结果以 mmol/L 计）。

3-7　取某水样 100 mL 用 0.1000 mol/L 的 HCl 溶液测定其碱度。以酚酞作为指示剂,消耗了 HCl 溶液 0.2 mL,接着以甲基橙作指示剂,消耗了 HCl 溶液 3.40 mL,求该水样的总碱度和各种致碱阴离子的含量（结果以 mmol/L 计）。

3-8　取一水样测定其初始 pH 为 9.6,取水样 100 mL 用浓度为 0.2000 mol/L 的 $H_2SO_4$ 滴定至 pH 为 8.4 时消耗 $H_2SO_4$ 6.8 mL,若要使其 pH 达到 4.5 则还需要加 $H_2SO_4$ 10.8 mL,求此水样中存在的各种致碱阴离子的浓度（结果以 mmol/L 和 $CaCO_3$ 的 mg/L 计）。

3-9　目前最常用的三种有机物综合性指标化学需氧量、生化需氧量和耗氧量三者之间的区别是什么？它们之间有什么关系？

3-10　请描述有机物好氧生物降解的两个阶段,并解释什么是第一阶段生化需氧量($L_a$)? 什么是完全生化需氧量($BOD_u$)? 为什么通常说的生化需氧量只包括碳化生物需氧量?

3-11　某污水厂排出的含工业废水和生活废水的混合废水的 $BOD_{5(20℃)}$ 为 350 mg/L,求它的第一阶段生化需氧量? ($k_1 = 0.23\,d^{-1}$)

3-12　有一生活废水的 $BOD_{5(20℃)}$ 为 250 mg/L,假定 $k_{1(20)} = 0.17\,d^{-1}$,求此废水的第一阶段生化需氧量和 $BOD_{15(20℃)}$。若将其放在 30℃下培养,5 天的 BOD 应该是多少(mg/L)?

3-13　对一受污染的河水,测定其生化需氧量(20℃)如下表所示:

| 时间/d | 2 | 4 | 6 | 8 | 10 |
|---|---|---|---|---|---|
| BOD/(mg/L) | 11 | 18 | 22 | 24 | 26 |

采用图解法确定这一河水的 $k_1$ 和 $L_a$,并求它的 $BOD_5$ 值。

3-14　简要描述常规污水处理工艺流程。

# 第 4 章

# 水的物理化学处理方法

　　水处理的主要目的是利用物理的、化学的和生物的各类方法和技术,去除水中的杂质。这些杂质既有因自然因素进入水体的,也有因人为污染排入水体的。按照颗粒大小,水中的杂质可以分为:粗大颗粒物质,悬浮物质和胶体物质,以及溶解物质三大类。此外,水中还存在一些可能对人类健康具有严重威胁的致病细菌、病毒等有害微生物。针对这几类杂质的处理方法有所不同,应根据实际水质选取效果最好、经济可行的处理技术。本章将分别介绍针对水中粗大颗粒物质、悬浮物质和胶体物质、溶解物质以及有害微生物的物理化学处理方法。

## 4.1　水中粗大颗粒物质的去除

　　水中粗大颗粒物质的粒径一般在 0.1 mm 以上,常见的包括砂粒、砾石、树枝、菜叶、塑料、布块等。一般采用筛滤截留、重力沉淀和离心分离等物理处理法,对水中的粗大颗粒进行去除。

### 4.1.1　筛滤

　　在各类水处理厂、污水处理厂的主要构筑物之前,一般要设置格栅和筛网作为第一个单元,其主要功能是通过筛滤作用去除水中的粗大物质,以保护后续运行的机械设备(特别是泵),并防止管道堵塞。

#### (一) 格栅

　　格栅由一组平行的金属栅条制成,栅条间形成缝隙,可在水流过时截留粗大物质。截留效率取决于格栅的缝隙宽度。图 4-1 是简单的人工清捞格栅示意,表 4-1 中列出了一些主要设计参数。格栅截留污物的数量主要与进水水质和格栅缝隙宽度有关。对于生活污水,一般截留污物含水率 75%～85%,容重约为 950 kg/m³,有机成分占 80%～85%。截留污物的处置方法有填埋、堆肥、焚烧或与其他有机污泥混合后消化。

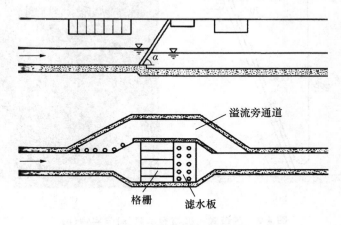

**图 4-1　简单的人工清捞格栅示意**

**表 4-1　人工清捞格栅主要设计参数**

| 参数名称 | 参考数值 |
| --- | --- |
| 缝隙宽度 | 进水泵站前:>50 mm |
| | 沉砂池或沉淀池前:15～30 mm |
| 倾斜角度 | 50°～60° |
| 水流速度 | 0.6～1.0 m/s |
| 水头损失 | <10～15 cm,超过须及时清捞 |
| 渠底高度 | 格栅后渠底比格栅前低 10～15 cm |
| 注意事项 | 如果只设计安装一套格栅设备,应设置溢流旁通道 |

对于大型处理厂,应采用机械清除格栅,以提高设备工作效率。图 4-2 是履带式机械格栅的示意图与实物图(实物摄于北京高碑店污水处理厂)。它由机架、动力装置、齿耙和电控箱组成,一般斜置于污水通道中,栅条与机架固定在一起,栅条用于拦截水中污物;以传动链条固定数组除污齿耙,齿耙伸入栅条缝隙中,连续不断地将栅条拦截下来的固体提升至顶端;在链条运动时,固体物掉落到栅条后的收集筐中。

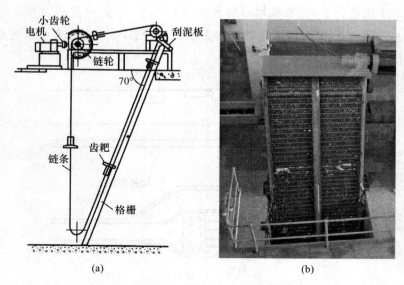

(a)　　　　　　　　　　　　(b)

**图 4-2　履带式机械格栅示意(a)与实物(b)**

对于给水处理厂,可在岸边式取水口的进水处设置可垂直起吊的格栅,当截留物过多时,可方便地将其吊起清洗后再放回原位。图 4-3 为位于云南大理洱海的一处取水口的格栅。

**图 4-3　云南大理洱海一处取水口的格栅**

## (二) 筛网

为了去除水中尺寸较小的杂物,如纤维、纸浆、藻类等,可以选用由金属滤网制成的筛网。筛网的孔径需要根据待处理的水的性质来确定:① 工业废水的预处理一般采用孔径小于 10 mm 的筛网;② 以地表水为水源的大型水处理厂的进水预处理,通常选用孔径为 4~10 mm 的筛网;③ 处理后出水的最终处理或回用处理,则应选用孔径小于 0.1 mm 的细筛网。

根据运行模式，筛网装置可分为转鼓式、旋转式、转盘式和振动筛等。图 4-4 为昆明市第四污水处理厂的转鼓式筛网。

**图 4-4 昆明市第四污水处理厂的转鼓式筛网**

### (三) 微滤机

微滤机是一种截留水中细小悬浮物的精过滤装置，其内部含有旋转式的滤网结构，水沿轴进入微滤机内，再以径向辐射状通过滤网流出，从而使水中杂质被截留。微滤机的优势是过滤效率高、结构紧凑、运行操作方便，因此适用范围很广。可用于自来水厂原水过滤去除藻类、水蚤等浮游生物，也可用于工业用水的过滤处理、工业废水中有用物质的回收、污水的最终处理等。微滤机的处理能力与滤网孔径及悬浮物的性质和浓度有关。

近年来，随着水处理技术快速进步，微滤装置趋向于采用膜材料（如高分子聚合物、烧结陶瓷等）进行过滤。滤膜具有均匀的多孔结构，孔隙率为 $70\%\sim80\%$，其过滤精度高、速度快。可用于制药、食品工业的除菌过滤，电子工业用高纯水制备，以及各类水厂的深度处理等。图 4-5 为高分子聚合物材质的微滤膜装置。

**图 4-5 高分子聚合物材质的微滤膜装置**

## 4.1.2　沉砂

　　沉砂池是各类水处理设施中必不可少的重要单元,其作用是去除水中混有的砂粒、砾石和煤渣等无机颗粒杂质,同时也去除果核、骨屑等少量较大、较重的有机杂质。若缺少沉砂池,水中的这些杂质将影响后续处理单元的正常运行。例如:过多砂石颗粒会加速对泵机、沉淀池污泥刮板和污泥处置设备等的磨损;砂石在管道沉积易导致管网堵塞;砂石进入生化池沉积,将缩减生化池的有效容积,干扰生化反应过程。此外,砂石的去除还可保证沉淀池中的污泥具有良好的流动性,从而减轻沉淀池的负荷。因此,沉砂池一般设置在泵站和沉淀池之前。沉砂也需要进行后续处理处置,主要处置方式有填埋、土地卫生堆弃、焚烧等。

### (一) 沉砂池的理论基础

　　沉砂池的工作原理是利用颗粒杂质的重力沉淀作用。沉砂池内,颗粒物在沉淀过程中,其尺寸、形状、比重不随时间而改变,此过程称为自由沉淀,其沉淀原理如图 4-6 所示。在矩形容器内,大小和形状均匀的颗粒经过静水自由沉淀到某一深度时,该深度以上的水变澄清,则相应的澄清流量为

$$Q = \frac{h}{t}A = uA \tag{4-1}$$

式中,$Q$—澄清流量,$m^3/s$;$h$—颗粒在 $t$ 时间内所沉淀的距离,m;$A$—与沉淀方向垂直的矩形容器截面积,$m^2$;$u$—颗粒沉淀速度,m/s。

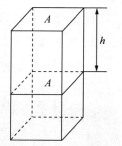

**图 4-6　静水自由沉淀示意**

　　根据表面光滑的均匀球形颗粒在液体中自由沉淀的速度公式(Stokes 公式),可知:

$$u = \frac{g}{18u}(\rho_s - \rho)d^2 \tag{4-2}$$

式中，$d$—颗粒直径，m；$\rho_s$—颗粒密度，kg/m$^3$；$\rho$—液体密度，kg/m$^3$；$\mu$—水的动力黏度，Pa·s；$g$—重力加速度，m/s$^2$。

当颗粒密度与液体密度之差 $\rho_s - \rho > 0$ 时，颗粒下沉，且密度差越大，下沉速度越大；相反地，当 $\rho_s - \rho < 0$ 时，颗粒上浮。

Stokes 公式适用的是理想情况下的均匀球形颗粒，而在水处理工程实践中，由于水中的颗粒杂质种类繁多、大小不一，很难直接使用该公式进行设计计算。因此，水处理工程师通常依据实际水样的沉淀试验或经验资料，设计沉砂池的具体参数。例如，对于城市污水处理厂，一般预设沉砂池去除的颗粒杂质的密度为 2650 kg/m$^3$，粒径为 0.2 mm。

### （二）常见沉砂池的类型

沉砂池设计的目标是，通过合理的水力计算和构型设计，在去除尽可能多的无机砂粒的同时，将砂粒表面附着的有机组分分离出来，进而方便沉淀砂粒的最终处置。常见的沉砂池类型包括：平流式沉砂池、曝气式沉砂池、旋流式沉砂池和竖流式沉砂池。

#### 1. 平流式沉砂池

平流式沉砂池是构造比较简单的一种矩形沉砂池，当水在沉砂池中的运行时间等于或大于设计的砂粒沉淀时间，就可以实现对砂粒的截留，其具有对无机颗粒的沉砂效果好、工作稳定、易于排除沉砂等优点。然而，平流式沉砂池对无机颗粒上附着的有机组分的分离能力较差，对排出的沉砂需要进行后续的清洗操作。图 4-7 为平流式沉砂池的截面示意。

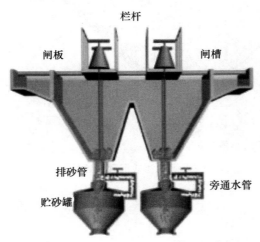

**图 4-7　平流式沉砂池的截面示意**

在设计平流式沉砂池的具体参数时,主要需要考虑以下几个方面:① 流量。若污水重力自流进入污水厂,按最大设计流量 $Q_{max}$ 设计;若污水由泵提升进入,按泵房最大组合流量设计。② 流速。$v_{max}=0.3$ m/s,$v_{min}=0.15$ m/s,尽量使无机颗粒下沉,而有机颗粒不下沉。③ 停留时间。$t \geqslant 30$ s,一般为 $30 \sim 60$ s。④ 有效水深。$0.25 \sim 1.0$ m,一般不超过 $1.20$ m(超高 $\geqslant 0.3$ m)。⑤ 池子个数。应不少于 2 个,可根据情况采取"一用一备"模式。⑥ 沉砂量标准。贮砂斗的容积按 2 d 沉砂量计算;贮砂斗倾角为 $55° \sim 60°$,下接排砂管,沉砂可用闸阀或射流泵、螺旋泵排除(机械排砂时,池底形状按设备要求考虑)。

**2. 曝气式沉砂池**

曝气式沉砂池(图 4-8)的最大特点是在去除无机颗粒的同时,通过曝气操作以及侧向进水使水在池内形成旋流,从而促进砂粒之间的相互摩擦,实现清洗去除颗粒表面附着的有机污染组分的目标。表 4-2 列出了曝气式沉砂池的主要设计参数。

曝气式沉砂池不仅有效削减了沉砂中的有机成分,避免了其腐败发臭的问题,同时对污水进行预曝气,可增加水中溶解氧的含量,有利于后续的好氧生物处理过程。但如果后续生化处理单元的前段工艺为厌氧或缺氧运行,沉砂池的预先曝气将对其产生负面影响。为解决这一问题,近年来也出现了利用机械力来产生水力旋流的沉砂池。

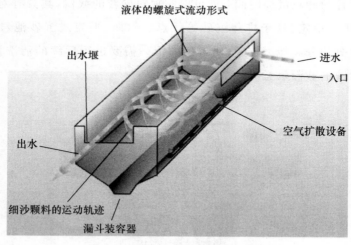

**图 4-8    曝气池式沉砂池运行示意**

表 4-2　曝气式沉砂池主要设计参数

| 参数名称 | 参考数值 |
|---|---|
| 水平流速 | 0.06~0.12 m/s |
| 旋流速度 | 0.25~0.30 m/s |
| $Q_{max}$ 时的停留时间 | $t=2\sim5$ min；若实现预曝气，$t=15\sim20$ min |
| 有效水深 | 2~3 m |
| 构型 | 长宽比 $L/B=5$，宽深比 $B/H=1\sim1.5$ |
| 曝气量 | 0.1~0.2 m³/m³ 污水，或 0.5~1 m³/h·m³ 池容 |
| 曝气穿孔管孔径 | 2.5~6.0 mm |

从除砂效率来看，曝气式沉砂池和平流式沉砂池对于不同粒径的砂粒截留效率有明显差别。一般而言，对于粒径 $d<0.6$ mm 的细小砂粒，曝气式沉砂池的截留效果更具优势；而对于粒径 $d>0.6$ mm 的粗砂粒，平流式沉砂池的截留效果显著高于曝气式沉砂池。因此，在设计中遇到沉砂池选型时，实际水质情况应该成为重要的设计依据。

3. 旋流式沉砂池

旋流式沉砂池的特点是利用机械力控制水流的流态与流速，加速砂粒的沉淀并促进有机污染物从砂粒表面剥离，这克服了曝气式沉砂池的预曝气给后续厌氧或缺氧生化处理单元带来不利影响的缺点。旋流式沉砂池的工作原理是，污水由流入口切线方向流入沉砂区，利用电动机及传动装置带动转盘和斜坡式叶片，由于所受离心力的不同，把砂粒甩向池壁，掉入砂斗，有机物被送回污水中。最佳沉砂效果可通过调整转速来实现。对于沉砂，采用压缩空气（或水泵提升）经砂提升管、排砂管清洗后排除，同时清洗水回流至沉砂区。

旋流式沉砂池具有占地面积小、除砂效率高、操作环境好、设备运行可靠的优点，自 20 世纪 90 年代以来在我国新建的污水处理厂中得到了越来越广泛的应用。目前，旋流式沉砂池主要分为源自欧洲的钟氏（Jones-Attwood Jeta）沉砂池和由美国 Smith & Loveless 公司生产并推广的比氏（Pista）沉砂池两种类型，它们在构型、运行模式上具有明显的差别。图 4-9 是旋流式沉砂池（钟式）示意。

4. 竖流式沉砂池

竖流式沉砂池的水流流向是由池底的中心管流入后，自下而上流动，水中的砂粒则依靠重力沉淀到池底，由此可见颗粒物沉淀速度与水流方向正好相反，一般水流速度控制在 0.02~0.1 m/s。由于竖流式沉砂池的除砂效果较差、运行管理不便，在国内外的城市污水处理厂中较少应用。

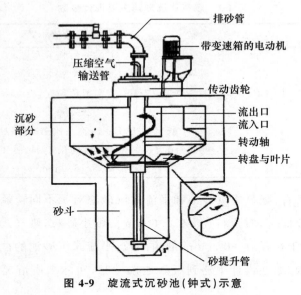

图 4-9　旋流式沉砂池(钟式)示意

### 4.1.3　离心

#### (一)离心分离的理论基础

在围绕某一中心轴做高速旋转运动的非均相体系中,密度不同的物质在离心力的作用下,会以不同的速率沉淀,从而使不同物质相互分离,这一过程可称为离心分离。根据待分离物质的状态,离心分离可以分为固—液分离、液—液分离、固—气分离、气—气分离等。

在水处理领域,对于含有悬浮颗粒或者乳化油颗粒的水,由于悬浮颗粒或油粒等与水的比重不同,同样可以利用离心分离过程使颗粒或油粒从水中去除,进而使水质得到净化。

离心分离过程中,水中的悬浮颗粒所受的离心力$(F_c)$为

$$F_c = (m - m_0)\frac{v^2}{r} \tag{4-3}$$

式中,$m$,$m_0$—分别为颗粒和水的质量,kg;$v$—颗粒的圆周线速度,$v = 2\pi rn/60$,m/s;$r$—旋转半径,m;$n$—转速,r/min。

同一颗粒所受到的重力$(G)$为

$$G = (m - m_0)g \tag{4-4}$$

定义分离因素$(a)$为颗粒所受到的离心力与重力的比值:

$$a = \frac{F_c}{G} \approx \frac{rn^2}{900} \tag{4-5}$$

由此可知,在离心分离过程中,颗粒所受的离心力远超其所受的重力,因此可使颗粒得到高效的分离。一般可以用分离因素表征离心分离的性能,分离因素越大,则离心分离效果越好。

### (二) 常见的离心分离设备

根据离心分离原理,要想实现物质的分离,最关键的是要产生足够的离心力。目前广泛使用的离心分离设备,可以按照离心力产生方式的不同,分为两类:① 器旋分离设备。利用容器本身的高速旋转来带动容器内的悬浮液(或乳浊液)旋转,从而产生离心力,使颗粒从水中分离。这类分离设备即为常用的离心机。② 水旋分离设备。容器本身并不旋转,悬浮液(或乳浊液)在压力作用下沿切线方向进入容器内,形成较高速度的水力旋流,从而产生离心力。这类分离设备一般称为水力旋流器。

1. 离心机

离心机是在生产和科研的各个领域中广泛使用的分离设备,种类繁多。① 按分离因素($a$)的大小可分为:低速离心机($a < 1500$)、中速离心机($a = 1500 \sim 3000$)和高速离心机($a > 3000$)。② 按分离容器的形状可分为:转筒式离心机、管式离心机、盘式离心机和板式离心机等。在水处理工程中,中低速离心机多用于污泥或化学沉渣的脱水,而高速离心机(转速达 $5000 \sim 15\,000$ r/min)则适用于废水中乳化油的分离等。图 4-10 是用于污泥脱水的离心机。

**图 4-10　污泥脱水的离心机**

### 2. 水力旋流器

水力旋流器如图 4-11 所示。在一定压力作用下,悬浮液或乳浊液沿切线方向进入旋流器,高速水流沿器壁向下形成旋转流(称为一次涡流);较大的颗粒在离心力的作用下向器壁移动,同时在重力的作用下沿器壁向下运动,在旋流器底部形成较浓稠的液体经底流管排出;较小的颗粒向下旋转到一定程度后又随水流向上旋转(称为二次涡流)运动至顶部由溢流管排出;此外,由于高速旋转水流对空气产生干扰,在旋流器中心还会形成负压空气柱。

水力旋流器自 1891 年发展至今,由于具有体积小、质量轻、分离效率高、易于维护等优点,不仅在水处理工程应用较多,更是广泛用于煤炭分选、石油废水的油水分离等工业生产过程中。但水力旋流器也存在一些缺点,例如:设备易受磨损、电能消耗较大等。

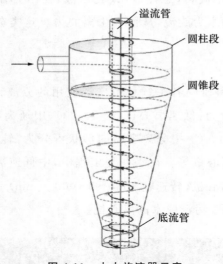

**图 4-11　水力旋流器示意**

# 4.2　水中悬浮物质和胶体物质的去除

根据杂质粒径的不同,水和废水一般可以分为三类:杂质粒径为 0.1~1 nm 的称为真溶液,杂质粒径为 1~100 nm 的称为胶体溶液,杂质粒径超过 100 nm 的称为悬浮液。水处理工程中,针对悬浮液和胶体溶液,通常采用沉淀、混凝、澄清、过滤、气浮等方法去除其中的悬浮物质和胶体物质。

## 4.2.1　沉淀

### （一）沉淀的理论基础

沉淀是利用重力作用，使具有不同密度的水中悬浮颗粒物与水本身进行分离的过程。根据水中悬浮颗粒的密度、浓度和凝聚能力等特性，沉淀可以分为四种基本类型：

① 自由沉淀：颗粒在沉淀过程中呈离散状态，其形状、尺寸、质量等均不改变，下沉速度保持不变。当水中悬浮颗粒浓度不高且不具有絮凝性时，一般发生此类沉淀。

② 絮凝沉淀：颗粒在沉淀过程中相互凝聚，粒径和质量不断增大，沉淀速度加快。当水中悬浮颗粒物浓度不高，但有絮凝性时，可发生此类沉淀。

③ 拥挤沉淀（成层沉淀）：当悬浮颗粒浓度较高时，各颗粒之间距离较近，每个颗粒在下沉过程中都会受到周围其他颗粒作用力的干扰，颗粒互相牵扯形成网状的"絮毯"而整体下沉。颗粒层与澄清水层之间形成明显的界面，界面下沉的速度就是沉淀速度。

④ 压缩沉淀：当悬浮颗粒物浓度很高时，颗粒之间相互接触，在上层颗粒的重力作用下，下层颗粒间的水被挤出，颗粒群受到压缩。沉淀池底部的污泥斗和污泥浓缩池内常发生此类沉淀。

1. 自由沉淀原理

静水中的悬浮颗粒受重力（$F_g$）与水对其的浮力（$F_b$），这两个力方向相反，两者的合力即为沉淀推动力（$F_n$）：

$$F_n = F_g - F_b = (\rho_s - \rho)gV_s \qquad (4\text{-}6)$$

式中 $\rho_s$，$\rho$——分别为颗粒和水的密度，$kg/m^3$；$g$——重力加速度；$V_s$——颗粒体积，$m^3$。

当悬浮颗粒发生自由沉淀时，会立即受到水的阻力（$F_d$）：

$$F_d = C_D \rho A_s \frac{u^2}{2} \qquad (4\text{-}7)$$

式中，$C_D$——阻力系数；$A_s$——颗粒在运动方向上的投影面积，$m^2$；$u$——颗粒沉淀速度，$m/s$。

当推动力与阻力达到平衡时，颗粒将以等速下沉。对于直径为 $d$ 的球形颗粒，其等速沉淀速度为

$$u = \sqrt{\frac{4}{3} \frac{(\rho_s - \rho)}{C_D \rho} gd} \qquad (4\text{-}8)$$

阻力系数 $C_D$ 不是常数,其随着表征流场中颗粒沉淀的流体力学特征值——雷诺数 $Re$ 的改变而变化。

$$Re = \frac{\phi \rho u d}{\mu} \qquad (4\text{-}9)$$

式中,$\mu$—水的动力黏度;$\phi$—形状系数,对于完好的球形,$\phi = 1.0$。

根据实验数据,球形颗粒阻力系数与雷诺数的关系如图 4-12 所示。

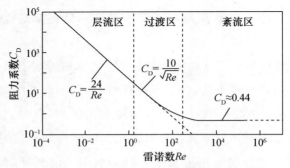

**图 4-12   球形颗粒阻力系数与雷诺数的关系**

根据式(4-8)和式(4-9),以及球形颗粒阻力系数与雷诺数的关系,可以分别得到不同流态区球形颗粒的沉淀速度公式,如表 4-3 所示。

**表 4-3   球形颗粒的沉淀速度公式**

| 流态区 | $Re$ 范围 | $C_D$ 公式 | 沉淀速度公式 |
|---|---|---|---|
| 层流区 | $Re \leq 2$ | $\dfrac{24}{Re}$ | $u = \dfrac{g}{18\mu}(\rho_s - \rho)d^2$<br>(Stokes 公式) |
| 过渡流区 | $2 < Re \leq 500$ | $\dfrac{10}{\sqrt{Re}}$ 或<br>$\dfrac{24}{Re} + \dfrac{3}{\sqrt{Re}} + 0.34$ | $u = \left[ \left(\dfrac{4}{225}\right) \dfrac{(\rho_s - \rho)^2 g^2}{\mu\rho} \right]^{1/3} d$<br>(Allen 公式) |
| 紊流区 | $500 < Re \leq 10^5$ | $\sim 0.44$ | $u = \left[ \dfrac{3g(\rho_s - \rho)d}{\rho} \right]^{1/2}$<br>(Newton 公式) |

在实际的水处理过程中,水中的悬浮颗粒大小不一,形状多种多样,密度也有差异,因此很难直接采用上述理论公式计算沉淀速度和沉淀效率。在实际应用时,一般都通过沉淀试验来判定水样的沉淀性能,进而得出沉淀设备的合理设计参数。

沉淀试验在沉淀管中进行,如图 4-13 所示。沉淀管的有效水深为 $H$,水中初始的悬浮颗粒浓度为 $\rho_0$。试验开始后,在时间 $t_1$ 时,从水深 $H$ 处取一水样,测定其颗粒浓度为 $\rho_1$,则沉淀速度大于 $u_1$($u_1 = H/t_1$)的所有颗粒均已通过取样点,而残余的颗粒必然具有小于 $u_1$ 的沉淀速度。将沉淀速度小于 $u_1$ 的颗粒与全部颗粒的质量比记为 $x_1$,则 $x_1 = \rho_1/\rho_0$。同样地,在时间为 $t_2$,$t_3$,…时重复取样,则沉淀速度小于 $u_2$,$u_3$,…的颗粒的质量比为 $x_2$,$x_3$,…也可以求出。整理这些数据,可绘出颗粒沉淀速度累积频率分配曲线,如图 4-14 所示。

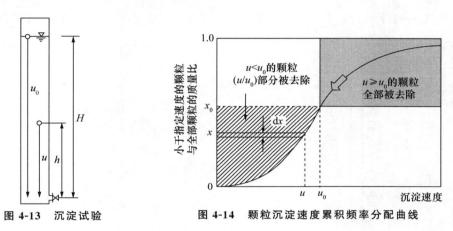

图 4-13　沉淀试验　　　　　图 4-14　颗粒沉淀速度累积频率分配曲线

对于指定的沉淀时间 $t_0$,可求得颗粒沉淀速度 $u_0 = H/t_0$。沉淀速度 $u \geqslant u_0$ 的颗粒在 $t_0$ 时间内均被去除;而沉淀速度 $u < u_0$ 的颗粒则只有一部分能被去除,其去除的比例为 $h/H$,$h$ 代表在 $t_0$ 时刚好沉到水深 $H$ 处的某种颗粒的沉淀距离,可知:

$$\frac{h}{H} = \frac{ut_0}{u_0 t_0} = \frac{u}{u_0} \tag{4-10}$$

设 $x_0$ 代表 $u < u_0$ 的颗粒所占的比例,则沉淀速度 $u \geqslant u_0$ 的颗粒所占的比例可用($1 - x_0$)表示,沉淀速度 $u < u_0$ 的各种粒径的颗粒在 $t_0$ 时间内按 $u/u_0$ 的比例被去除。因此,总去除率为

$$E = (1 - x_0) + \frac{1}{u_0} \int_0^{x_0} u \, \mathrm{d}x \tag{4-11}$$

式中的第二项即为图 4-14 中的阴影部分面积,可用图解法求出。

2. 絮凝沉淀的原理

当水中含有具有絮凝性的悬浮物时,其在沉淀过程中会因为相互碰撞而形成尺寸更大的颗粒,随着深度增加,沉淀速度也越大。同时水深越大,较大的颗粒在下沉时赶上较小的颗粒并发生碰撞的概率也越大。因此,悬浮物去除率不仅取决于沉淀速度,而且与水深有关。此外,悬浮物浓度越高,相应的碰撞概率也越大,发生絮凝的可能性也越大。

　　目前尚没有适当的数学关系式来描述絮凝沉淀,只能通过沉淀试验预测沉淀效果。以一个典型的沉淀试验为例:在有效水深 $H$ 为 1.8 m 的沉淀柱内,在不同深度设置 5 个取样口,如图 4-15(a)所示。静置沉淀,每隔一定时间从取样口取样,测定悬浮物的浓度,计算悬浮物的表观去除率。将这些表观去除率所对应的深度与时间数据,绘制在同一张图中,通过内插法可得到等去除率曲线,如图 4-15(b)所示。这些曲线代表相等的去除率,同时也表示对应于某一去除率时颗粒沉淀路线位置最高的轨迹。

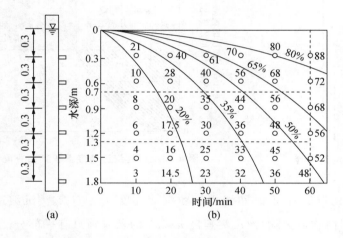

**图 4-15　絮凝沉淀的等去除率曲线**

　　对于某一指定时间 $t_0$ 的悬浮物总去除率 $E$,可利用等去除率曲线进行计算。例如:可根据图 4-15(b)求出沉淀时间为 60 min 的悬浮物总去除率。由图上数据可知,60 min 时底部取样口的悬浮物去除率为 48%,即有 48% 的颗粒沉淀速度大于或等于 $\frac{H}{t_0}=\frac{1800}{60\times60}=0.5$ mm/s,这些颗粒将被完全去除,而沉淀速度小于该值的颗粒只按 $\frac{u}{u_0}$ 的比例被部分去除。在去除率为 48%~50% 的颗粒将具有一个平均沉淀速度,其值等于平均高度除以时间,平均高度为去除率 48% 与 50% 曲线之间中点的高度。由图可知中点高度为 1.7 m,则平均沉淀速度为 $\frac{h_1}{t_0}=\frac{1700}{60\times60}=0.47$ mm/s。同样地,在去除率为 50%~65% 的颗粒的平均沉淀速度为 $\frac{h_2}{t_0}=\frac{1300}{60\times60}=0.36$ mm/s,

在去除率为 $65\%\sim80\%$ 的颗粒平均沉淀速度为 $\dfrac{h_3}{t_0}=\dfrac{700}{60\times60}=0.19\ \mathrm{mm/s}$。以后的增量之间颗粒沉淀速度很小,可忽略不计。因此,总去除率为

$$E=E_0+\frac{u_1}{u_0}(P_1)+\frac{u_2}{u_0}(P_2)+\cdots+\frac{u_n}{u_0}(P_n) \tag{4-12}$$

式中,$E$—沉淀高度为 $H$、沉淀时间为 $t_0$ 时的总去除率;$P_1$,$P_2$,$\cdots$,$P_n$—沉淀百分数之间的数值差。

又因为 $\dfrac{u_1}{u_0}=\dfrac{h_1}{H}$,$\dfrac{u_2}{u_0}=\dfrac{h_2}{H}$,$\cdots$,$\dfrac{u_n}{u_0}=\dfrac{h_n}{H}$,则式(4-12)可以写为

$$E=E_0+\frac{h_1}{H}(P_1)+\frac{h_2}{H}(P_2)+\cdots+\frac{h_n}{H}(P_n) \tag{4-13}$$

由此,可以求出沉淀 60 min 的悬浮物总去除率为

$$E=48+\frac{1.7}{1.8}\times(50-48)+\frac{1.3}{1.8}\times(65-50)+\frac{0.7}{1.8}\times(80-65)=66.5\%$$

同理,可计算出不同沉淀历时的悬浮物总去除率,由此可画出如图 4-16 所示的沉淀时间与沉淀效率关系曲线,从而为设计沉淀设备的参数提供依据。

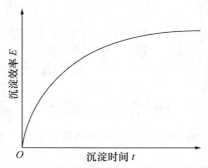

**图 4-16　沉淀时间与沉淀效率关系曲线**

3. 拥挤沉淀与压缩沉淀的原理

当水中悬浮物质的浓度很高时,颗粒间隙相应减小,在沉淀过程中会产生颗粒彼此干扰的拥挤沉淀现象。拥挤沉淀过程中,沉速较快的颗粒下沉所置换的液体的上涌也会对周围颗粒的下沉产生影响。因此,颗粒的实际沉淀速度应是自由沉淀时的沉淀速度减去液体的上涌速度。

经过一段时间后,上层逐渐变清而下层的颗粒浓度增高,使上涌速度加大,最终使全部颗粒以接近相同的沉淀速度下沉,出现了一个清水和浑水的界面,此界面称为浑液面,即图 4-17 中的 A 和 B 之间的界面。沉淀过程也就成了浑液面的等速下

沉过程,故又称为成层沉淀。

在沉淀初期,沿沉淀深度从上至下依次存在澄清区、均匀沉淀区、浓缩区和压缩区;随着沉淀时间延长,浑液面不断下移,压缩区变厚;到某个时刻,均匀沉淀区和浓缩区消失,只剩下澄清区和压缩区。图 4-17 展示了界面高度随沉淀时间的变化,其中从 a 到 b 是等速沉淀阶段,从 c 到 d 是等速压缩阶段,从 b 到 c 为沉速逐渐减小的过渡阶段。

当浑液面以等速沉淀至一定高度后,沉淀速度逐渐减慢,从等速沉淀转入降速沉淀的一点称为临界点。临界点前为拥挤沉淀,临界点后进入压缩沉淀,即污泥浓缩过程。该过程中,先沉到底部的颗粒不断受到上方污泥的压力,从而使孔隙间的水分逐渐被挤出,使污泥浓度升高。

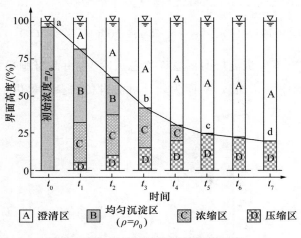

图 4-17　拥挤沉淀和压缩沉淀示意

一般来说,当悬浮颗粒占液体体积的 1% 左右时就会发生拥挤沉淀过程。在水处理中,高浊度水的沉淀、混凝沉淀、生物处理(如曝气池)后活性污泥的沉淀等都有可能出现拥挤沉淀。压缩沉淀常见于各种污泥浓缩池,以及沉淀池积泥区内的污泥浓缩过程。

4．理想沉淀池

在水处理工程中,通过颗粒沉淀来分离去除悬浮物质的设备称为沉淀池。为了更清晰地说明沉淀池的工作原理,先假定:① 悬浮颗粒在沉淀过程中等速下沉,沉淀速度为 $u$;② 水流水平流动,沉淀池各过水断面上,各点流速相等,颗粒的水平分速为水流速度 $v$;③ 在进口区域,悬浮颗粒均匀分布在整个过水断面上;④ 悬浮颗粒落到池底,即认为被去除。满足以上假定条件的沉淀池,即可被称为理想沉淀池。

图 4-18 是有效长度、宽度、深度分别为 $L$、$B$ 和 $H$ 的理想沉淀池示意图。颗粒进入沉淀区后，一方面具有竖直下沉的速度 $u_0$，另一方面具有随水流流动而产生的水平分速度 $v$，因此其运动轨迹是一条向下倾斜的直线。沉淀速度 $\geqslant u_0$ 的颗粒可全部被除去；沉淀速度 $< u_0$ 的颗粒只能部分被除去，视该颗粒进入沉淀池时的位置距池底深度而定。例如：沉速 $u = u_1$ 的颗粒，若它进池时的位置为 A，相应的运动轨迹为 AD，则不能沉于池底，将随水流出。但若它进池时的位置为 C，运动轨迹为 CB，则将沉淀于池底而被除去。设 C 点距池底的高度为 $h$，那么 $u = u_1$ 的颗粒被除去的比例为 $\dfrac{h}{H}$ 或 $\dfrac{u_1}{u_0}$。这里的 $u_0$ 又被称为截留速度，为沉淀试验所得的最小颗粒沉淀速度。

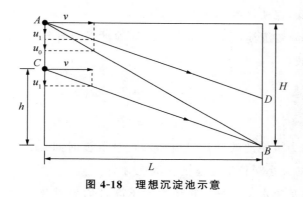

**图 4-18　理想沉淀池示意**

设沉淀池容积为 $V(\mathrm{m}^3)$，池表面积为 $A(\mathrm{m}^2)$，进水流量为 $Q(\mathrm{m}^3/\mathrm{s})$，因为 $u_0 t_0 = H$，$V = HA = Qt_0$，则

$$u_0 = \frac{H}{t_0} = \frac{Qt_0}{At_0} = \frac{Q}{A} \tag{4-14}$$

令

$$q_0 = \frac{Q}{A} \tag{4-15}$$

式中，$q_0$——表面负荷或过流率，它表示单位沉淀池表面积在单位时间内所能处理的水量，即沉淀池的沉淀能力，单位为 $\mathrm{m}^3/(\mathrm{m}^2 \cdot \mathrm{s})$ 或 $\mathrm{m}^3/(\mathrm{m}^2 \cdot \mathrm{h})$。它是沉淀池设计中的一个重要参数。

由此可见，沉淀池的截留速度 $u_0$ 在数值上等于其过流率。沉淀效率取决于颗粒沉淀速度或过流率，而与池深和停留时间无关。通过静置沉淀试验，根据要求达到的沉淀效率，求出应去除的最小颗粒的沉淀速度 $u_0$ 后，也就得到了沉淀池的过流率($q_0$)。

实际运行的沉淀池与上述分析的理想沉淀池具有很大的差别,主要体现在以下几个方面:① 由于池进口和出口构造的局限,使水流在整个横截面上分布不均匀;② 池内容易出现水流死角;③ 池内的水流很难达到层流的状态,紊流的出现(实际沉淀池中水流的雷诺数 $Re$ 一般大于 500)会使颗粒的沉淀过程受到干扰;④ 由于水温或者悬浮颗粒浓度的变化,进入沉淀池的水可能形成股流,使池内容积无法得到充分利用。例如:当进水温度低或者悬浮颗粒浓度高,使进水密度比池内水体密度大,则形成潜流,相反则形成浮流。

一般用容积利用系数作为评价沉淀池设计及实际运行状态好坏的指标,其为水在池内的实际停留时间与理论停留时间的比值。上述的各个因素都会使沉淀池的容积利用系数降低,也使过流率比理论值低。

因此,在应用静置沉淀试验数据进行沉淀池的设计计算时,应加以一定程度的调整。调整的系数如下:

$$q = \left( \frac{1}{1.25} - \frac{1}{1.75} \right) u_0 \tag{4-16}$$

$$t = (1.5 \sim 2.0) t_0 \tag{4-17}$$

式中,$q$,$t$——分别为沉淀池的设计过流率和设计沉淀时间;$u_0$,$t_0$——分别为沉淀试验所得的应去除的最小颗粒沉淀速度和沉淀时间。

【例题 4-1】 某废水中的悬浮物质浓度不高且均为离散颗粒,在一个有效水深为 1.8 m 的沉淀柱内进行沉淀实验,结果如下表所示:

| 时间 $t$/min | 0 | 60 | 80 | 100 | 130 | 200 | 240 | 420 |
|---|---|---|---|---|---|---|---|---|
| 取样浓度 $\rho$/(mg/L) | 300 | 189 | 180 | 168 | 156 | 111 | 78 | 27 |

求此废水在负荷为 25 m³/(m²·d) 的沉淀设备内悬浮物质的理论总沉淀去除率。

**解** 首先计算各沉淀时间下,水中残余颗粒所占比例与相应的沉淀速度,结果如下表所示:

| 时间 $t$/min | 60 | 80 | 100 | 130 | 200 | 240 | 420 |
|---|---|---|---|---|---|---|---|
| 残余颗粒比例 $x$/(%) | 63 | 60 | 56 | 52 | 37 | 26 | 9 |
| 沉淀速度 $(u = H/t)$/(m/min) | 0.03 | 0.0225 | 0.018 | 0.013 | 0.0090 | 0.0075 | 0.0043 |

可以画出残余颗粒比例和沉淀速度之间的关系曲线：

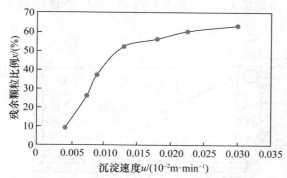

题中给定的颗粒沉淀速度：$u_0 = 25 \text{ m}^3/(\text{m}^2 \cdot \text{d}) = 0.0174 \text{ m/min}$

由上图可以查得，小于指定沉淀速度 $u_0$ 的颗粒与全部颗粒的比值 $x_0 = 54\%$。

公式（4-11）中的积分部分 $\int_0^{x_0} u\mathrm{d}x$ 可以由上图计算得出，相当于 $u_i \cdot \Delta x$ 之和，结果如下表所示：

| $\Delta x/(\%)$ | 6 | 6 | 10 | 10 | 10 | 6 | 6 |
|---|---|---|---|---|---|---|---|
| $u_i$ | 0.015 | 0.0122 | 0.01 | 0.0085 | 0.0070 | 0.0048 | 0.0016 |
| $u_i \cdot \Delta x(\%)$ | 0.09 | 0.07 | 0.10 | 0.09 | 0.07 | 0.03 | 0.01 |

$$\sum(u_i \cdot \Delta x) = 0.46\% = 0.0046$$

悬浮物质理论的总沉淀去除率：

$$E = (1 - x_0) + \frac{1}{u_0}\int_0^{x_0} u\mathrm{d}x = (1 - x_0) + \frac{1}{u_0}\sum(u_i \cdot \Delta x)$$

$$= (1 - 0.54) + \frac{0.0046}{0.0174} = 0.46 + 0.26 = 0.72 = 72\%$$

### （二）普通沉淀池

普通沉淀池按池内水流方向的不同，可分为平流式、竖流式和辐流式三种，池内均含有进水、沉淀、缓冲、污泥与出水五个区。

#### 1. 平流式沉淀池

平流式沉淀池是最早出现和最常用的形式，尤其在较大流量的水处理厂中应用较多。图 4-19 是典型平流式沉淀池的示意图。水通过进水管流入沉淀池内，经挡板消能稳流后均匀地分布在池子的整个宽度上。水在池内缓缓向前流动，水中的悬浮物逐渐下沉到池底。沉淀池的末端设有溢流堰，沉淀后的清水经此溢出，通过水槽排到池外。如果沉淀池的面积很大,可设置中间集水槽,以孔口或者溢流堰的形式收集池内中段表面的清水。若水中有浮渣,堰口前还应设置挡板和浮渣收集设备。

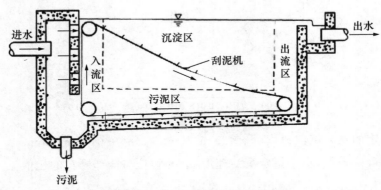

图 4-19　典型平流式沉淀池示意

沉淀池底部的沉积污泥应及时排走。为方便排泥,沉淀池底部一般设置 0.01～0.02 的坡度;污泥在刮泥机的推动下,进入沉淀池前端的污泥斗中,通过排泥管道排出。如果沉淀池的体积不大,底部可以设置多个污泥斗,斗壁的倾斜角设为 45°～50°,如图 4-20 所示。这样污泥可以通过每个污泥斗单独设置的排泥管排出,省去了机械刮泥设备的成本。在污泥斗中排泥,可以使用污泥泵,也可以利用静水压力排泥。静水压力排泥所需的水头应根据污泥的特性来确定,例如:对于有机污泥,一般采用 1.5～2.0 m,排泥管的直径采用 200 mm,以防堵塞。

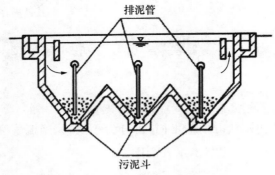

图 4-20　小体积平流式沉淀池示意

平流式沉淀池的设计主要包括沉淀区、污泥区的尺寸计算以及沉淀池个数的确定,还包括进出水口的设计和排泥除渣设备的选型等。一般地,沉淀池分为初次沉淀池(简称初沉池)和二次沉淀池(简称二沉池)。

对于沉淀区的设计,当缺乏沉淀特性资料时,可根据同类被处理水沉淀池的运行资料选用经验数据;当有被处理水的沉淀特性资料时,可按表面负荷(过流率)($q$)或颗粒最小沉淀速度($u$)和沉淀时间($t$)来计算。

沉淀区的有效表面积($A$)为

$$A = \frac{Q}{q} \quad \text{或} \quad A = \frac{Q}{u} \tag{4-18}$$

式中,$Q$—设计流量,$m^3/h$。

沉淀区的有效水深($H$)为

$$H = \frac{Qt}{A} = qt = ut \tag{4-19}$$

沉淀池的长宽比($L/B$)以 $3\sim5$ 为宜,一般不小于 4。若池宽 $B$ 过大,可将池子分隔为数格($n$),每格宽度($b$)为

$$b = \frac{B}{n} \tag{4-20}$$

按过流率设计后,还应按水平流速($v$)校核。最大设计流量时的水平流速($v_{max}$):初沉池为 7 mm/s,二沉池为 5 mm/s。因此,池长($L$)为

$$L = v_{max}t \times 3.6 \tag{4-21}$$

池子的长深比($L/H$)一般采用 $8\sim12$。为了防止水流将沉泥冲起,在有效水深下面和污泥区之间还需有一定高度的缓冲区。无机械刮泥时,缓冲层高度为 0.5 m;有机械刮泥时,缓冲层的上缘应高出刮泥顶板 0.3 m。在有效水深以上还应有 0.3 m 的保护高度(常称为超高)。因此,沉淀池的总深度($D$)为

$$D = H + h_1 + h_2 + h_3 + h_4 \tag{4-22}$$

式中,$H$—沉淀区的有效深度,m;$h_1$—保护高度,一般取 0.3 m;$h_2$—缓冲层高度,m;$h_3$—沉淀池低坡高,坡度一般为 $0.01\sim0.02$,m;$h_4$—污泥部分高度(包括污泥斗),m。

沉淀池的个数应不小于 2,并联设置,以便在发生故障或检修时切换使用。

污泥区的总容积($V$)应根据每日沉淀的污泥量及贮泥周期确定,即

$$V = \frac{Q(\rho_1 - \rho_2) \times 24}{\gamma(1 - p)} \times T \tag{4-23}$$

或

$$V = \frac{SNT}{1000} \tag{4-24}$$

式中,$Q$—设计流量,$m^3/h$;$\rho_1$,$\rho_2$—进水和出水的悬浮固体浓度,$kg/m^3$;$\gamma$—污泥

的密度,kg/m³,当污泥主要为有机物且含水率在95%以上时,其值可按1000kg/m³计;$p$—污泥含水率,%;$T$—排泥周期,d,一般按1~2d考虑;$N$—设计人口数;$S$—每人每日污泥量,一般采用0.3~0.8L/(人·d)。

污泥斗的尺寸可以根据污泥量来计算。对于四棱台型污泥斗,其体积为

$$V_1 = \frac{1}{3}h_4(A_1 + A_2 + \sqrt{A_1A_2}) \tag{4-25}$$

式中,$h_4$—污泥斗高度;$A_1$,$A_2$—分别代表污泥斗上、下底的面积。

## 2. 竖流式沉淀池

竖流式沉淀池中的水流方向与悬浮颗粒的沉淀方向相反,当颗粒发生自由沉淀时,其沉淀效率比平流式沉淀池低。当颗粒具有絮凝性时,则上升的小颗粒和下沉的大颗粒有更大的概率相互碰撞而絮凝,使粒径增大、沉淀速度加快;此外,沉淀速度等于水流上升速度的颗粒将会在池中形成一层悬浮层,从而对上升的小颗粒起到拦截和过滤作用,相应的沉淀效率高于平流式沉淀池。

竖流式沉淀池的平面形状一般设计为圆形或方形,但大多数情况下都为圆形。图 4-21 是竖流式沉淀池的示意图。水由中心管的下口进入池中,通过反射板的拦阻向四周分布于整个水平断面上,缓缓向上流动。重力下沉速度超过上升流速的颗粒就沉淀到污泥斗中,澄清后的水由池子四周的堰口溢出池外。沉淀池的上部为圆筒状的沉淀区,下部为截头圆锥状的污泥区,两层之间为 0.3 m 左右的缓冲层。污泥斗的倾角为 45°~60°,可利用静水压力将污泥排出,相应的水头需要 1.5~2.0 m,排泥管直径为 200 mm。

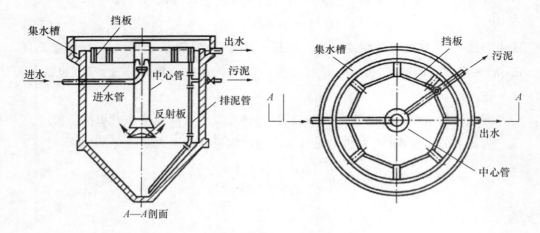

**图 4-21　竖流式沉淀池**

为保证水流能均匀稳定地竖直流动,沉淀池直径与沉淀区深度(中心管下口和

堰口的间距)的比值不应超过 3。沉淀池的直径一般不超过 8 m,多介于 4～7 m。竖流式沉淀池中心管内的流速对悬浮物的去除有很大影响。在无反射板时,中心管流速应不超过 30 mm/s,有反射板时,可提高到 100 mm/s。

沉淀区的上升流速($v$)不应大于设计的颗粒截流速度($u$),后者可通过静置沉淀试验确定 $u_0$ 后求得。若无试验资料时,对于生活污水,$v$ 一般可采用 0.3～0.5 mm/s,沉淀时间为 1.5～2.0 h。

竖流式沉淀池的单池容量较小,当处理水量较大时,需设置多个池子,故一般适用于小型水处理厂。

### 3. 辐流式沉淀池

辐流式沉淀池是直径很大、深度很浅的圆形水池,其直径一般在 20 m 以上,最大可达 100 m,池中心深度为 2.5～5 m,周边深度为 1.5～3.0 m,适用于大型水厂。图 4-22 为中央进水的辐流式沉淀池示意图。水由中心管管壁上的孔口流入,在穿孔挡板的作用下,均匀地沿池子半径向四周辐射流动。过水断面不断增大,流速逐渐变小,颗粒的沉淀轨迹呈向下弯的曲线,如图 4-23 所示。澄清后的水从设在池壁顶端的锯齿形堰口溢出,通过出水槽流出池外。若有浮渣产生,则应在出水槽堰口前设置挡板和浮渣收集与排出设备。

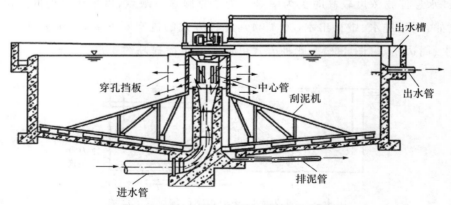

图 4-22　中央进水的辐流式沉淀池示意

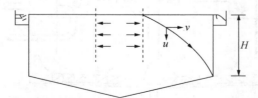

图 4-23　辐流式沉淀池中的颗粒下沉轨迹

辐流式沉淀池大多采用机械刮泥,将全池的污泥收集到中心的污泥斗,再通过污泥泵或者静水压力排出。常见的刮泥机是一种桁架结构,桁架上有刮泥刀,在动力驱动下绕中心旋转,每小时转 2~4 周。若池直径不超过 20 m,一般采用单臂中心传动刮泥机;反之则采用周边传动刮泥机。池底的坡度一般设为 0.05~0.10,中心泥斗的坡度为 0.12~0.16。

辐流式沉淀池的有效水深一般不超过 4 m,池直径与有效水深之比不小于 6,一般为 6~10。

池面积按过流率设计:

$$A = \frac{Q}{q} = \frac{Q}{u}$$

池深按停留时间设计:

$$H = ut$$

如无静置沉淀试验资料,可按设计规范选定。对生活污水及性质相似的工业废水,过流率可取 1.5~3.0 m³/(m²·h);初沉池停留时间一般取 1.0~2.0 h,二沉池取 1.5~2.5 h。

中央进水的辐流式沉淀池,进口处流速很大,形成的紊流会影响沉淀效果,特别是当进水悬浮物浓度较高时更为明显。为了克服这一缺点,可采用其他的进出水方式,例如:周边进水、中央出水(图 4-24),此种方式的进水断面大,进水易均匀;或周边进水、周边出水(图 4-25),此种方式可使表面负荷提高约 1 倍。

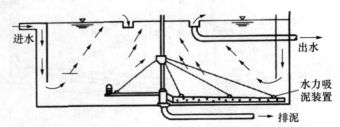

**图 4-24　周边进水、中央出水的辐流式沉淀池**

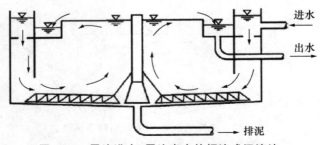

**图 4-25　周边进水、周边出水的辐流式沉淀池**

4. 沉淀池类型选择

选择沉淀池类型的时候,应根据以下几个方面进行综合考虑:① 水量的大小;② 水中悬浮颗粒物的组成、物理性质及其沉淀特性;③ 处理厂的总体布置与地形与地质条件。表 4-4 总结了上述三类普通沉淀池的优缺点和适用条件,可供参考。

**表 4-4　不同类型普通沉淀池的比较**

| 池型 | 优点 | 缺点 | 适用条件 |
|------|------|------|----------|
| 平流式 | (a) 沉淀效果好;(b) 对冲击负荷和温度变化的适应能力强;(c) 施工简易,造价较低 | (a) 配水不易均匀;(b) 采用多斗排泥时,每个泥斗需单独设置排泥管,工程量大,管理复杂;(c) 采用链带式刮泥排泥时,机件浸于水中,易腐蚀 | (a) 适用于地下水位高及地质较差地区;(b) 适用于大、中、小型水处理厂 |
| 竖流式 | (a) 排泥方便,管理简单;(b) 单池占地面积较小 | (a) 池子深度大,施工困难;(b) 造价高;(c) 对冲击负荷和温度变化的适应能力弱;(d) 池径不宜过大,否则布水不均匀 | 适用于小型污水处理厂,给水厂多不用 |
| 辐流式 | (a) 多为机械排泥,运行较好,管理较为简单;(b) 排泥设备已趋稳定 | (a) 水流不易均匀,沉淀效果较差;(b) 机械排泥设备复杂,对施工质量要求高 | (a) 适用于地下水位较高的地区;(b) 适用于大、中型污水处理厂 |

**【例题 4-2】**　已知一生活污水的流量为 $600 \text{ m}^3/\text{h}$,悬浮固体浓度为 $300 \text{ mg/L}$,静置沉淀的实验结果如图 4-15 所示,如果要求悬浮固体的去除率为 $65\%$,求平流式沉淀池的主要尺寸。

**解**　根据图 4-15 可知,去除率在 $65\%$ 的时候沉淀时间大约为 $60 \text{ min}$,对应于这一沉淀效果的颗粒截流速度 $u_0 = 1.8 \text{ m/h} = q_0$。

设计过流率:

$$q = \frac{1}{1.5} \times q_0 = \frac{1.8}{1.5} \text{m}^3/(\text{m}^2 \cdot \text{h}) = 1.2 \text{m}^3/(\text{m}^2 \cdot \text{h})$$

沉淀池面积:

$$A = \frac{Q}{q} = \frac{600}{1.2} \text{m}^2 = 500 \text{ m}^2$$

采用 5 座池子,每座池子面积为 $100 \text{ m}^2$,每个池子的宽度根据刮泥机的规格取 $4.5 \text{ m}$,则池子的长度为

$$L = (100 \div 4.5) \text{m} = 22 \text{ m}$$

池深采用试验柱的有效水深 $1.8 \text{ m}$,则池子的有效容积为

$$W = 500 \text{ m}^2 \times 1.8 \text{ m} = 900 \text{ m}^3$$

设计停留时间:

$$t = (900 \div 600)\text{h} = 1.5\,\text{h}$$

进水区、出水区的长度可以分别取 $0.5\,\text{m}$，$0.3\,\text{m}$，因此池子的总长度为

$$L = (22 + 0.5 + 0.3)\text{m} = 22.8\,\text{m}$$

取排泥周期 $T = 1\,\text{d}$，则污泥体积为

$$V = \frac{Q(\rho_1 - \rho_2) \times 24}{\gamma(1-p)} \times T$$

$$= \left(\frac{600 \div 5 \times (300 - 300 \times 0.35) \times 24}{1000 \times 1000} \times \frac{1}{1-95\%}\right)\text{m} = 11.232\,\text{m}$$

方锥形污泥斗的体积：

$$V_1 = \frac{1}{3}h_4(A_1 + A_2 + \sqrt{A_1 A_1})$$

其中，$h_4$—污泥斗的高度；$A_1$，$A_2$—分别代表污泥斗上、下底的面积。

在本题设计中，

$$V_1 = \frac{1}{3} \times 2.05\,\text{m}(4.5^2 + 0.4^2 + \sqrt{4.5^2 + 0.4^2})\text{m}^2 = 17\,\text{m}^3$$

池底坡度取 $0.02$，$h_3 = (22.8 - 4.5)\text{m} \times 0.02 = 0.366\,\text{m}$，池子保护高和缓冲层高均取 $0.3\,\text{m}$，则池子的总深为

$$H = (0.3 + 1.8 + 0.3 + 0.366 + 2.05)\text{m} = 4.816\,\text{m}$$

### （三）斜板（斜管）沉淀池

为了克服普通沉淀池沉淀效率不高、体积大、占地面积大的缺点，可以从沉淀原理出发，通过改善沉淀池的结构，提高沉淀效率。

根据对理想沉淀池的分析，沉淀效率由颗粒沉淀速度和表面负荷决定，与池深无关。由公式 $u_0 = Q/A$ 可知，如果水量（$Q$）不变，则增大沉淀池面积（$A$），就可减小 $u_0$，从而使沉淀效率提高；又根据 $t = H/u_0$，若保持 $u_0$ 不变，则减小有效水深 $H$，沉淀时间 $t$ 就可按比例缩短，从而使沉淀池体积减小。

假设将一个有效深度为 $H$、体积为 $V$ 的理想沉淀池分成 $n$ 层浅池，则每层的水深为 $H/n$，当进入每个浅池的流量为 $q = Q/n$ 时，浅池的沉淀速度为 $u_0' = \dfrac{q}{A} = \dfrac{Q}{nA} = \dfrac{u_0}{n}$，沉淀速度变成原来的 $1/n$，则沉淀效率大大提高；若保持原有沉淀速度 $u_0$ 不变，则每个浅池处理的流量为 $q' = u_0 A = Q$，则 $n$ 个浅池的总处理量就提高至原处理量的 $n$ 倍。

由以上分析可知,沉淀池越浅,沉淀时间就越短,处理效率就越高,这被称为浅池沉淀原理。

**1. 斜板(斜管)沉淀池的构造**

在实际工程应用中,为了方便排泥,可将用于实现分层的水平隔层改为与水平面成一定夹角(一般为 60°)的斜面,从而有利于污泥顺利滑下,这就形成斜板沉淀池。若各斜板之间还进行分格,形成蜂窝状或波纹型管状结构,则成为斜管沉淀池。在斜板(斜管)沉淀池内,水流半径减小,根据雷诺数公式 $Re = 4vR/\mu$ 可知,相应的雷诺数也将明显下降(一般可降为 30~300 m),从而使水流处于稳定的层流状态,进而提高沉淀池的容积利用系数,显著改善颗粒的沉淀状况。

根据水流和泥流的相对方向,斜板(斜管)沉淀池可分为异向流、同向流和侧向流三种类型。目前,在污水处理中应用较多的为升流式异向流斜板(斜管)沉淀池,即水流向上、泥流向下,夹角为 60°,如图 4-26 所示。斜板(斜管)的长度一般为 1.0~1.2 m,斜板(斜管)上部水深为 0.7~1.0 m,底部配水区和缓冲层的高度应大于 1.0 m。为了防止污泥堵塞和斜板变形,板间垂直距离以 80~120 mm 为宜,斜管直径一般采用 35~50 mm。当应用于给水处理时,斜板间距不应小于 50 mm,斜管直径则采用 25~35 mm。为防止水流短路,应在池壁与斜板的间隙处设置阻流板。可采用多斗重力排泥方式,污泥斗与池底构造类似于平流式沉淀池。

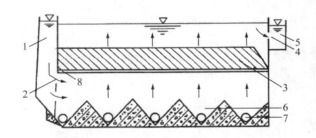

**图 4-26　升流式异向流斜板沉淀池示意**
1. 配水槽;2. 穿孔墙;3. 斜板或斜管;4. 淹没孔口;5. 集水槽;
6. 集泥斗;7. 穿孔排泥管;8. 阻流板

**2. 斜板(斜管)沉淀池的设计计算**

以异向流斜板沉淀池为例,设其斜板长度为 $l$,倾斜角为 $\theta$,水中颗粒沿水流方向的上升流速为 $v$,受重力作用往下沉淀的速度为 $u$,颗粒沿两者矢量之和的方向移动,碰到斜板就可认为已被除去,颗粒的沉淀轨迹如图 4-27 所示。当颗粒由 a 移动到 b 被去除,可理解为颗粒以速度 $v$ 上升 $l + l_1$ 的距离,同时以 $u_0$ 的速度下沉 $l_2$ 的距离,这两个过程所需的时间相同。因此,有以下关系:

$$\frac{l_2}{u_0} = \frac{l_1 + l}{v} \tag{4-26}$$

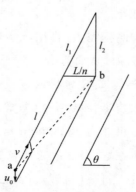

**图 4-27　异向流斜板间的颗粒沉淀轨迹**

设沉淀池内共有 $n+1$ 块斜板,则每块斜板的水平间距为 $L/n$,$L$ 为起端斜板到终端斜板的水平距离,板厚可忽略不计。根据图示的几何关系,则有

$$l_1 = \frac{L}{n} \times \sec\theta; \quad l_2 = \frac{L}{n} \times \tan\theta$$

斜板中的过水流量为与水流垂直的过水断面面积($w$)乘以流速($v$):

$$Q = vw = vBL\sin\theta$$

可得

$$v = \frac{Q}{BL\sin\theta}$$

式中,$B$—沉淀池宽度。

将 $l_1$、$l_2$、$v$ 代入式(4-26),可得

$$u_0 = \frac{vl_2}{l_1 + l} = \frac{\dfrac{Q}{BL\sin\theta} \times \dfrac{L}{n}\tan\theta}{\dfrac{L}{n}\sec\theta + l} = \frac{Q}{nlB\cos\theta + LB}$$

即

$$Q = u_0(nlB\cos\theta + LB) \tag{4-27}$$

式(4-27)中,$nlB\cos\theta$ 是全部斜板的水平断面投影面积,可记为 $A_{斜}$;$LB$ 是沉淀池的水表面积,可记为 $A_{原}$。则

$$Q = u_0(A_{斜} + A_{原}) \tag{4-28}$$

与未加斜板时沉淀池的出流量 $Q' = u_0 A_{原}$ 相比,斜板沉淀池在相同的沉淀效率下,处理能力大大提高了。

考虑到在实际沉淀池中,由于进出口构造、水温、沉积物等影响,以及斜板本身也具有一定厚度,因此斜板的有效容积不可能全部得到利用,故在设计斜板沉淀池

时,应乘以斜板效率($\eta$),此值可取 $0.6\sim0.8$,从而有

$$Q = \eta u_0 (A_{斜} + A_{原}) \tag{4-29}$$

同理,对于同向流和侧向流斜板沉淀池,分别有

$$Q = \eta u_0 (A_{斜} - A_{原}) \tag{4-30}$$

$$Q = \eta u_0 A_{斜} \tag{4-31}$$

斜板(斜管)沉淀池的处理能力相比一般沉淀池有大幅度提高,但由于池子体积缩小,使单位面积上的泥量增加,如排泥不畅,将产生泛泥现象,导致出水水质恶化;由于水流在池中停留时间短,来水水质、水量发生变化时,来不及调整运行,耐冲击负荷的能力差;由于斜板间距或斜管管径较小,若施工质量欠佳,造成变形,更容易在板间或管内积泥,需用高压水周期冲刷。此外,在日光照射下,斜板或斜管的上部会滋生大量藻类,影响正常运行。因此,城市污水处理厂中(尤其是二沉池)一般较少采用斜板(斜管)沉淀池,而在给水处理厂和一些工业废水如选矿废水、含油污水隔油池中应用较为广泛。

## 4.2.2　混凝

对于水中粒径超过 $100\,\mu m$ 的较大悬浮物,可以通过自然沉淀或上浮等方式去除;而粒径在 $1\,nm\sim100\,\mu m$ 之间的胶体污染物和悬浮颗粒,在水中可以长期保持分散悬浮状态并形成稳定的分散体系,则不容易通过沉淀或上浮去除。要去除这类胶体杂质,必须首先投加特定化学药剂来破坏胶体和悬浮微粒在水中形成的稳定分散体系,即所谓"脱稳",使其聚集为具有明显沉淀性能的絮凝体,然后才能利用沉淀法予以分离。这一过程被称为混凝(coagulation),具体又可分为凝聚(coagulation)和絮凝(flocculation)两个过程:凝聚是指使胶体脱稳并聚集为微絮粒的过程;而絮凝则指微絮粒通过吸附、卷带和桥连而形成肉眼可见的絮凝体的过程。

### (一) 混凝的理论基础

1. 胶体的稳定性和胶体结构

水中的同种胶体微粒(以下简称"胶粒")一般带有相同电性的电荷,在静电斥力的作用下,不易相互聚集,呈现出一定的稳定性。例如:自然水体中的黏土胶粒以及废水中的蛋白质、淀粉、细菌、病毒等胶粒都带有负电荷,它们在水中往往保持稳定的分散状态。胶体的稳定性主要体现在以下两个方面:① 动力学稳定性,胶粒作无规则的布朗运动,从而对抗重力作用的影响;② 聚集稳定性,大部分胶粒带有负电荷,在与其他胶粒碰撞前,胶粒之间存在的静电排斥作用使其不易相互聚集。

胶粒的结构如图 4-28 所示。胶粒的中心是由数十个至数千个不溶于水的分散相憎水分子组成,也称为胶核。胶核表面选择性地吸附了一层带同号电荷的离子,这些离子既可能来源于胶核表层分子的直接电离,也可能是从水溶液中选择吸附的离子,称为电位离子,其决定了胶粒整体的电性和电荷大小。在电位离子的静电引力下,从周围溶液中吸附大量电性相反的离子,形成反离子层。电位离子层与反离子层共同形成了"双电层"结构,前者为内层,后者为外层。紧靠双电层内层的反离子被电位离子牢固地吸引着,会随着胶核运动而运动,从而形成胶粒的固定层(或吸附层)。位于固定层以外、距离更远的反离子,受到电位离子的吸引力较弱,不会随着胶核一起运动,并有向水溶液中进行扩散的趋势,称为扩散层。固定层与扩散层之间的交界面称为滑动面。滑动面以内的部分称为胶粒,它是带电的微粒;胶粒与扩散层一起构成了胶团,它整体表现为电中性。

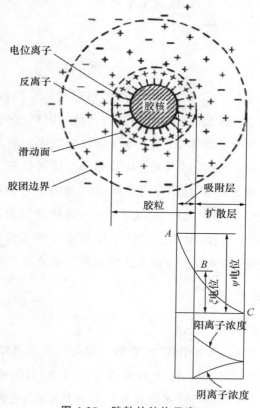

图 4-28    胶粒的结构示意

扩散层中的反离子在胶粒运动的过程中,会脱离胶团向溶液中扩散,从而使胶粒与扩散层之间产生一个电位差,称为胶体的电动电位,即 ζ 电位。胶核表面的电位离子与溶液之间的电位差,称为总电位,即 $\psi$ 电位。在 $\psi$ 电位一定时,扩散层厚度越大,$\zeta$ 电位就越高;扩散层厚度越小,$\zeta$ 电位就越低。$\zeta$ 电位的绝对值范围通常为 $10\sim200$ mV,在实践中可用专门的 $\zeta$ 电位测定仪或纳米粒度仪进行测定。表 4-5 中列出了常见胶粒或胶体溶液的 $\zeta$ 电位。$\zeta$ 电位的大小也会随着溶液中的溶质成分变化而变化。

表 4-5  常见胶粒或胶体溶液的 $\zeta$ 电位

| 电性 | 胶体种类 | $\zeta$ 电位 |
|---|---|---|
| 负电 | 黏土胶体 | $-15\sim-40$ mV |
| | 细菌 | $-30\sim-70$ mV |
| | 藻类 | $-10\sim-15$ mV |
| | 天然水 | $-10\sim-30$ mV |
| | 生活污水 | $-15\sim-45$ mV |
| 正电 | 氢氧化铁胶体 | 56 mV 左右 |
| | 氢氧化铝胶体 | $10\sim30$ mV |

胶粒在水溶液中的聚集行为主要由以下几个方面的因素决定:① 相同电性的胶粒之间存在静电斥力,$\zeta$ 电位越高,胶粒间的静电斥力就越大;② 胶粒在水中做无规则的布朗运动;③ 胶粒之间还存在分子间作用力——范德华力(van der Waals force),该引力的大小与胶粒间距离的平方成反比,当间距较大时可忽略不计。由以上可知,$\zeta$ 电位越大,胶粒间的静电斥力就越大;同时,胶粒的间距越小,静电斥力也越大。当布朗运动的动能不足以将两胶粒推近至范德华力发挥主导作用的距离时,胶粒就不会发生聚集,从而保持稳定的分散状态。此外,水化作用也是胶粒不易聚集的原因:胶核表面的极性基团吸引极性的水分子形成一层水化膜,也会阻止胶粒发生相互接触。

2. 混凝机理

混凝过程受很多因素影响,如水中杂质的成分和浓度、温度、pH 以及混凝剂的性质和混凝条件等,因此混凝机理也比较复杂。目前,主要存在以下几种理论可以解释混凝机理。

(1)压缩双电层作用

如前所述,胶粒之间除了存在 $\zeta$ 电位导致的静电斥力外,还存在范德华力。当胶粒的间距较大时,静电斥力超过了范德华力,两种作用力的合力表现为斥力,胶粒相互排斥,难以碰撞聚集;当胶粒的间距较小时,范德华力超过静电斥力,合力则为引力,胶粒相互吸引,易于聚集脱稳。

对此,20 世纪 40 年代苏联学者德查金(Darjaguin)和朗道(Landau)与荷兰学者维韦(Verwey)和奥弗比克(Overbeek)分别提出了关于带电胶体粒子稳定性的理论,后来以他们名字将其命名为 DLVO 理论。根据该理论,胶粒间的相互作用总势能与距离的关系如图 4-29 所示。胶粒之间同时存在斥力势能($V_r$)和引力势能($V_a$),两个胶粒之间的相互作用总势能($V_T$)则为斥力势能与引力势能之和。当胶粒间的斥力势能在数值上大于引力势能且足够阻止布朗运动使粒子碰撞黏结时,则胶体处于相对稳定的状态;当胶粒间的引力势能在数值上大于斥力势能,粒子将相互靠近而黏结聚集。对于给定的胶粒,当距离一定时,引力势能保持不变,但斥力势能会随着溶液条件的变化而变化。因此,只要调整溶液条件,降低胶粒之间的斥力势能,则可以实现使胶粒通过碰撞而聚集。

　　向胶体溶液中投加电解质——混凝剂后,溶液中与胶粒反离子带相同电性电荷的离子浓度上升,这些离子可以挤入扩散层甚至吸附层,使胶粒的电荷数减少,ζ 电位降低,并且使扩散层的厚度缩小。这种作用称为压缩双电层作用。当大量的离子挤入,导致扩散层完全消失,则 ζ 电位变为 0,该状态称为等电状态。在等电状态下,胶粒之间的斥力势能消失,此时胶粒最容易发生聚集黏结。

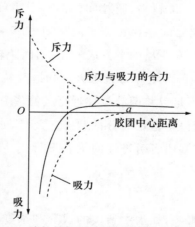

**图 4-29　胶粒间相互作用总势能与距离的关系**

　　对于天然水或者污水中带负电荷的胶粒,投加的混凝剂应是带正电荷的离子,如 $Ca^{2+}$、$Al^{3+}$、$Fe^{3+}$ 等,这样才能发挥压缩双电层的作用。不同电解质离子压缩双电层的能力是不同的。根据舒尔策-哈代(Schulze-Hardy)法则,离子压缩双电层的能力随离子价数的升高而增大,大致与反离子价数的 6 次方成正比。一般而言,使负电荷胶体达到相当的脱稳效果,所需的一价离子、二价离子和三价离子的浓度之比为(1500~2500):(20~50):1。

（2）吸附电中和作用

在胶体溶液中投加混凝剂后，混凝剂在水中溶解会增加溶液中的离子浓度，同时也会水解形成胶粒。这些离子或胶粒与原本存在的杂质胶粒带有相反电性的电荷，静电引力使它们产生较强的吸附作用，进而使胶粒所带的电荷被部分或全部中和。由此，杂质胶粒之间的静电斥力减小，更容易相互靠近而发生凝聚。图 4-30 为吸附电中和作用示意图，左图表示高分子物质的带电部位与胶粒表面带异性电荷的中和作用，右图表示较大的带负电胶粒表面吸附了较小的带正电胶粒，从而产生的中和作用。

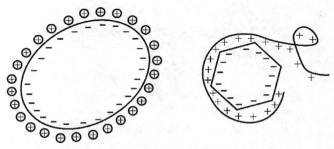

**图 4-30 吸附电中和作用示意**

（3）吸附架桥作用

如果投加的混凝剂是高分子聚合物，在其链状的结构上存在较多的吸附位点，可以通过静电引力、范德华力、氢键、配位键等作用，与多个胶粒发生吸附，起到胶粒与胶粒之间的吸附桥连作用，进而形成颗粒较大的絮凝体，如图 4-31 所示。当废水中的胶粒较少时，高分子聚合物的一端吸附一个胶粒，而另一端吸附不到胶粒，很可能会继续与已吸附的胶粒相连，发生高分子链的缠绕，则无法发挥吸附架桥作用。此外，当高分子聚合物投加浓度过高时，胶粒会被若干高分子链包裹缠绕，无

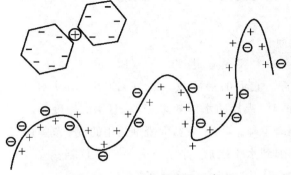

**图 4-31 吸附架桥作用示意**

法与其他胶粒聚集黏结,形成再稳现象,使絮凝效果降低。

（4）网捕卷扫作用

如果投加的混凝剂是硫酸铝、氯化铁等高价金属盐类,通过金属离子的水解与聚合作用,一方面会形成以水中胶粒为晶核的沉淀物,另一方面在沉淀物析出过程中会网捕、卷扫周围的胶粒,进而共同沉淀下来,如图 4-32 所示。

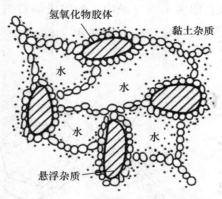

**图 4-32    网捕卷扫作用示意**

在实际水处理系统的混凝过程中,上述各种作用一般不是单独存在的,而是综合在一起实现混凝效果,只是在某些特定条件下以某种作用为主。

### （二）混凝剂和助凝剂

#### 1. 混凝剂

混凝过程的实现离不开向水中投加的混凝剂,在水处理实践中,对混凝剂的要求一般是:凝聚效果好,无毒性,成本低廉,使用方便。混凝剂的种类繁多,主要可归纳为以下两大类:一是无机混凝剂,包括铝盐、铁盐等传统无机混凝剂,以及含铝、铁的无机高分子混凝剂;二是有机混凝剂,包括人工合成高分子混凝剂和天然高分子混凝剂。

#### （1）铝盐混凝剂

传统铝盐混凝剂主要是硫酸铝$[Al_2(SO_4)_3 \cdot 18H_2O]$、明矾$[K_2SO_4 \cdot Al_2(SO_4)_3 \cdot 24H_2O]$等。它们的混凝效果较好,使用也很方便,对处理后的水质无不良影响;但在水温低时,铝盐的水解效果变差,且铝的密度低,导致形成的絮凝体较轻且松散,混凝效果显著下降。此外,铝盐混凝剂适用的 pH 范围较窄,通常为 5.5～9.0。

铝盐混凝剂投加到水中之后,首先会离解出三价铝离子 $Al^{3+}$,$Al^{3+}$ 易于和极性强的水分子发生水合作用生成水合络离子$[Al(H_2O)_6]^{3+}$。当 pH$\leqslant$4 时,水溶液中的 $Al^{3+}$ 以$[Al(H_2O)_6]^{3+}$ 为主要形态;当 pH 升高时,$[Al(H_2O)_6]^{3+}$ 会发生逐级水

解反应,生成各种羟基合铝离子,主要的反应式如下所示:

$$[Al(H_2O)_6]^{3+} \rightleftharpoons [Al(OH)(H_2O)_5]^{2+} + H^+ + H_2O \tag{4-32}$$

$$[Al(OH)(H_2O)_5]^{2+} \rightleftharpoons [Al(OH)_2(H_2O)_4]^+ + H^+ + H_2O \tag{4-33}$$

$$[Al(OH)_2(H_2O)_4]^+ \rightleftharpoons [Al(OH)_3(H_2O)_3] \downarrow + H^+ + H_2O \tag{4-34}$$

铝盐水解产物中的羟基—OH 具有桥连作用,单核络合物可以通过羟基桥连逐步缩聚成多核络合物,缩聚反应如下所示:

$$[Al(H_2O)_6]^{3+} + [Al(OH)(H_2O)_5]^{2+} \rightleftharpoons [Al_2(OH)(H_2O)_{10}]^{5+} + H_2O \tag{4-35}$$

$$2[Al(OH)(H_2O)_5]^{2+} \rightleftharpoons [Al_2(OH)_2(H_2O)_8]^{4+} + 2H_2O \tag{4-36}$$

水解反应和缩聚反应交替发生,最终可以生成聚合度极大的中性氢氧化铝,当其浓度超过相应的溶解度时,则析出氢氧化铝沉淀。由此,在铝盐的水溶液中,铝以不同形态存在:① 单体形态,称为 $Al_a$,包括 $[Al(H_2O)_6]^{3+}$、$AlOH^{2+}$、$Al(OH)_2^+$、$Al(OH)_4^-$ 等;② 聚合形态,称为 $Al_b$,包括 $[Al_3(OH)_4]^{5+}$、$[Al_6(OH)_{14}]^{4+}$、$[Al_7(OH)_{17}]^{4+}$、$[Al_8(OH)_{20}]^{4+}$、$[Al_{13}O_4(OH)_{24}]^{7+}$ 等;③ 胶体形态,称为 $Al_c$,主要是 $Al(OH)_3$。在这些形态中,高价的聚合正离子,如 $[Al_{13}O_4(OH)_{24}]^{7+}$(称为 $Al_{13}$),在中和杂质胶粒的负电荷以及压缩双电层的能力具有明显优势,在混凝过程中发挥了更重要的作用。因此,提高铝盐混凝剂中 $Al_b$(特别是 $Al_{13}$)的含量,将有效提升其混凝效果。

（2）铁盐混凝剂

传统铁盐混凝剂主要包括三氯化铁($FeCl_3 \cdot 6H_2O$)、硫酸亚铁($FeSO_4 \cdot 7H_2O$)和硫酸铁$[Fe_2(SO_4)_3]$等。铁盐混凝剂加入水中,在不同的 pH 条件下也会水解生成各种羟基络合离子,三价铁离子($Fe^{3+}$)在水溶液中的存在形态及变化规律与 $Al^{3+}$ 类似。铁盐混凝剂形成的絮凝体较为紧密,易沉淀,在处理浊度高、水温低的原水时,混凝效果更好。但是,$FeCl_3$ 容易吸水潮解,腐蚀性强,不易保管;残留在水中的 $Fe^{2+}$ 则会使处理后的水带色,$Fe^{2+}$ 与水中的某些有色物质作用后,会生成颜色更深的物质。

综合而言,传统铝盐和铁盐混凝剂产生混凝效果的机制主要分为以下三种:① 高电荷低聚合度的多核多羟基络合物通过压缩双电层产生脱稳凝聚作用;② 高聚合度的羟基络合物主要起吸附架桥作用;③ 高聚合度的氢氧化物溶胶则以吸附、网捕、卷扫作用为主。

（3）无机高分子混凝剂

近年来,以聚合氯化铝(PAC)和聚合硫酸铁(PFS)为代表的无机高分子混凝剂发展迅速,使用量已经超过了传统的铝盐、铁盐混凝剂。传统混凝剂在投加之后很难通过调节铝离子、铁离子的水解聚合物形态来提升混凝效果,而 PAC、PFS 这类无机高分子混凝剂则在人工控制的条件下预先制备成最优形态的聚合物,因此混凝效果也显著优于传统混凝剂。

PAC 又称为碱式氯化铝或羟基氯化铝,化学通式为 $[Al_2(OH)_nCl_{6-n}]_m$,其中 $n \leqslant 5, m \leqslant 10$,一般以铝灰或含铝矿物为原料,采用酸溶法或碱溶法制备而成。PFS 又称为碱式硫酸铁,化学通式为 $[Fe_2(OH)_n(SO_4)_{(3-n)/2}]_m$,其中 $n < 2, m > 10$;一般用酸洗废液(含硫酸亚铁及硫酸)作为原料,在催化剂作用下,将二价铁氧化为三价铁,再调节碱度聚合生成。它们的优点是:水质适用范围广,适用的 pH 范围大,对低温水也具有较高的效果;絮凝体生成快,密度大,沉淀性能好;投加量小,对设备的腐蚀性低。

(4)人工合成高分子混凝剂

目前,在水处理实践中获得大范围实用的有机混凝剂主要是人工合成高分子混凝剂。按照其所带基团是否可以离解以及离解后离子的电性,可以分为阴离子型、阳离子型和非离子型,如表 4-6 所示。

表 4-6    人工合成高分子混凝剂的类型

| 类型 | 结构特征 | 常见混凝剂 |
|---|---|---|
| 阴离子型 | 含有—COOM(M 为 $H^+$ 或金属离子)或—$SO_3H$ 的聚合物 | 部分水解聚丙烯酰胺(HPAM)、聚苯乙烯磺酸钠(PSS)等 |
| 阳离子型 | 含有—$NH_3^+$、—$NH_2^+$ 或—$N^+R_4$ 的聚合物 | 聚二甲基氨甲基聚丙烯酰胺(APAM)、聚乙烯吡啶盐等 |
| 非离子型 | 所带基团未发生离解反应的聚合物 | 聚丙烯酰胺(PAM)、甲叉基聚丙烯酰胺(MPAM)、聚氧化乙烯等 |

聚丙烯酰胺(PAM)是目前使用较多的人工合成高分子混凝剂,其化学通式为

$$\left[\!-CH_2-\underset{\underset{CONH_2}{|}}{CH}-\!\right]_n$$

PAM 是线状水溶性高分子,聚合度可高达 $2 \times 10^4 \sim 9 \times 10^4$,分子量范围在 $300 \times 10^4 \sim 1800 \times 10^4$。产品外观为白色粉末,易吸湿,易溶于水,常作为助凝剂发挥吸附架桥作用,提高混凝效果。

PAM 的单体——丙烯酰胺具有一定的生物毒性,因此在使用过程中需要严格限制其残留量。根据我国颁布的《生活饮用水卫生标准》(GB 5749—2022),生活饮用水中丙烯酰胺浓度的限值为 0.0005 mg/L。

(5)天然高分子混凝剂

天然高分子混凝剂来源于自然界中的动物、植物以及微生物所产生的大分子,

主要包括淀粉类、壳聚糖类、纤维素类、海藻酸钠等。天然高分子的分子链上分布着大量的游离羟基、氨基等活性基团，具有中和电荷、吸附架桥的能力，因而展现一定的絮凝能力。与人工合成高分子混凝剂相比，天然高分子混凝剂虽然电荷密度低、分子量小、易发生降解，但是其具有来源广、制备成本低、毒性低、二次污染小的优点，符合绿色可持续发展的理念，近来受到越来越多的关注。

特别地，从微生物细胞及其分泌物中提取、纯化而获得的具有絮凝功能的高分子有机物被称为微生物絮凝剂（microbial flocculant，MBF），主要有糖蛋白、多糖、蛋白质、纤维素及核酸等，分子量多在 $10^5$ 以上。MBF 的絮凝能力适用范围广，安全无毒，可生物降解，具有不错的应用潜力。但是，目前其生产工艺还比较复杂，成本较高，产品的稳定性较差，尚未得到大规模的实际应用。未来通过现代分子生物学、合成生物学和基因工程技术，优选高效产絮凝物质的功能基因，再转移到发酵菌中，从而构建工程菌株，将有望促进 MBF 的实用化进程。

2. 助凝剂

如果单独使用某种混凝剂达不到良好的效果，则可以通过投加具有辅助功能的药剂来提升混凝效果，这些辅助药剂称为助凝剂。助凝剂本身可以起到絮凝作用，也可以不产生絮凝作用，但是与混凝剂一起使用时，可以有效促进混凝过程。按照助凝剂的功能，可以分为酸碱调节类、絮凝结构改良类和氧化剂类，具体如表 4-7 所示。在实际混凝工艺中，需要根据水质特征以及混凝中遇到的问题，选用合适的助凝剂。

表 4-7　常见助凝剂的类型

| 类型 | 主要功能 | 常见助凝剂 |
| --- | --- | --- |
| 酸碱调节类 | 调整水的 pH | $H_2SO_4$、$CO_2$、$Ca(OH)_2$、NaOH、$Na_2CO_3$ |
| 絮凝结构改良类 | 增大絮体粒径和密度，提高沉淀性能 | 高分子有机物、水玻璃、活化硅酸、粉煤灰、黏土 |
| 氧化剂类 | 去除有机物干扰，氧化 $Fe^{2+}$ | $Cl_2$、$Ca(ClO)_2$、NaClO、$O_3$ |

### （三）混凝设备

根据混凝工艺的流程，混凝设备可以分为：溶解设备、投加设备、混合设备和反应设备。

1. 溶解设备

混凝剂投加到待处理的水中，可以采用干投法和湿投法。实践中一般采用湿投法，即先将固体混凝剂溶解，配制成一定浓度的溶液后再投加到待处理的水中。

混凝剂先在溶解池中进行溶解。溶解池中一般设有搅拌装置，以加速溶解过程。搅拌的方法主要有水力搅拌、压缩空气搅拌和机械搅拌,可根据混凝剂的使用量选用合适的搅拌方式。

混凝剂溶解完全后,浓药液需要送入溶液池,加清水稀释到一定的浓度备用。无机盐类混凝剂的浓度一般稀释到 $10\%\sim20\%$,有机高分子混凝剂的浓度一般稀释到 $0.5\%\sim1.0\%$。溶液池一般设置两个,交替使用。

无机盐类混凝剂具有一定的腐蚀性,特别是 $FeCl_3$ 的腐蚀性很强,因此溶解池、溶液池、搅拌设备、水泵以及输送管道等都要考虑防腐措施或使用防腐材料。

2. 投加设备

混凝剂溶液投加时,必须通过计量、定量设备来控制和调节投加量。常用的计量设备有转子流量计、电磁流量计、计量泵等。药剂投加入水的方式,可以采用泵前重力投加(图 4-33)、水射器投加(图 4-34)以及计量泵直接投加等。泵前重力投加的原理是利用重力将药剂投加在水泵吸水管内或吸水喇叭口处,再利用水泵叶轮混合。水射器投加的原理是利用高压水通过喷嘴和喉管时的负压抽吸作用,将药液吸入压力水管中。

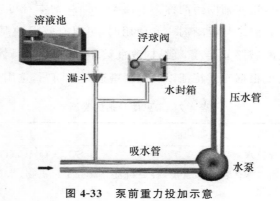

图 4-33　泵前重力投加示意

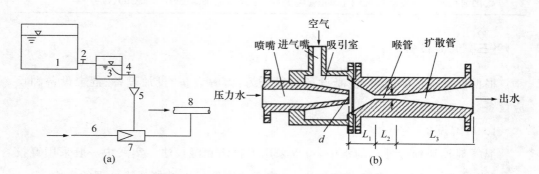

图 4-34　水射器投加示意(a)与水射器原理(b)
1. 溶液池;2. 阀门;3. 投药箱;4. 阀门;5. 漏斗;6. 高压水管;7. 水射器;8. 原水管道

3. 混合设备

混合的目的是使混凝剂快速均匀地扩散到水中,并与水中的杂质微粒接触,进而形成絮凝体。常用的混合方式有水泵混合、隔板混合和机械混合。

（1）水泵混合

将药液投加在水泵的吸水口或管道上,利用水泵叶轮高速转动而实现剧烈混合。水泵混合的效果好,节省动力,不需另建混合设备。但如果水泵距离水处理构筑物很远,则可能在管道中过早地形成絮凝体并被打碎,不利于后续的混凝效果。另外,使用 $FeCl_3$ 等腐蚀性较强的混凝剂时,需要考虑其对水泵叶轮及管道的腐蚀作用。

（2）隔板混合

在长条形的混合池内设置数个隔板（图 4-35）,水流通过隔板的孔道时,会产生急剧的收缩和扩散,同时水流行进的方向曲折,形成涡流,进而使药液与原水充分混合。隔板间的距离一般为池宽的 2 倍,水池中的水流速度大于 0.6 m/s,水流通过隔板孔道时的流速大于 1.0 m/s,混合时间为 10～30 s。

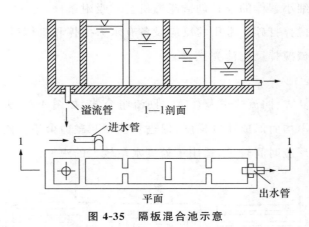

图 4-35　隔板混合池示意

（3）机械混合

在专门设置的混合池内,使用电动机驱动搅拌器（桨板或螺旋桨）对药液和原水进行强烈搅拌,从而达到充分混合的目的。桨板式混合池是常见的机械混合设备,如图 4-36 所示,有效池深一般为 2～5 m,桨板的线速度为 1.5～3.0 m/s,搅拌时间为 10～30 s。机械混合的优点是搅拌强度可以灵活调节,适用的水质范围更广,混合效果好;但也增加了机械设备的安装、维护和运行能耗成本。

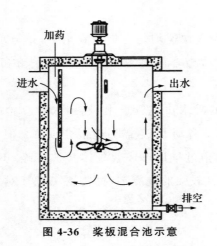

图 4-36    桨板混合池示意

4．反应设备

反应设备的功能是使细小的絮凝体逐渐成长为较大的颗粒，以便后续通过沉淀去除。反应设备中所要求的搅拌强度低于混合设备，但所需的搅拌时间更长。这是因为一方面要为细小絮体的成长创造碰撞机会和吸附条件，另一方面要防止已经形成的大絮凝体被搅拌打碎。常用的反应设备有水力搅拌和机械搅拌两大类，分别以隔板反应池和机械搅拌反应池为代表。

（1）隔板反应池

主要分为往复式、回流式以及往复—回流组合式，如图 4-37 所示。其利用水流断面上流速分布不均而形成速度梯度，促进颗粒相互碰撞聚集。隔板反应池构造简单、管理方便，但反应时间较长，适用于处理水量较大的水厂。

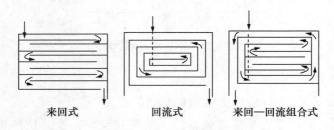

来回式            回流式            来回—回流组合式

图 4-37    隔板反应池构型示意

（2）机械搅拌反应池

利用电动机驱动桨板或叶轮进行机械搅拌，按搅拌轴的安装方向可以分为水平轴式和垂直轴式，图 4-38 展示了垂直轴式的机械搅拌反应池。其优点是搅拌强度可调节，反应效果好，不同规模的水厂均可采用。

机械搅拌反应池的主要设计参数为：反应时间 10～15 min；池内一般设置 3～4 台搅拌机，搅拌强度从头至尾逐级降低；每台搅拌机的桨板总面积为水流截面积的 10%～20%，不宜超过 25%；桨板长度不大于叶轮直径的 75%，宽度为 10～30 cm。各级搅拌机的搅拌速度按叶轮半径中心点的线速度计算确定，在第一级设为 0.5～0.6 m/s，之后逐级减小，最后一级应为 0.1～0.2 m/s，不超过 0.3 m/s。

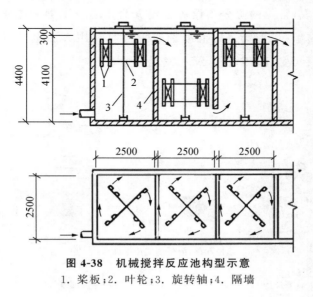

**图 4-38　机械搅拌反应池构型示意**
1. 桨板；2. 叶轮；3. 旋转轴；4. 隔墙

### （四）强化混凝技术

长期以来，水处理领域研究人员对混凝技术的改进主要体现在新型高效混凝剂的开发上，并以此为基础，针对不同的水质特征，通过优化混凝剂的使用量和工艺参数，发展出强化混凝技术。

1. 新型混凝剂开发

目前，新型混凝剂主要有新材料混凝剂、复配混凝剂、改性混凝剂、磁混凝剂等类型。新材料混凝剂是指采用除传统铝盐、铁盐等之外的其他材料而制备的混凝剂，例如：钛基混凝剂、锌基混凝剂等由于在应对某些特殊水质时具有优异混凝性能且对环境友好，近来受到广泛关注。复配混凝剂是指将两种或两种以上的混凝剂进行组合搭配，充分发挥不同混凝剂的协同作用，提高复配混凝剂的静电中和与吸附架桥能力，从而提升混凝效率。改性混凝剂是指在原有混凝剂上嫁接、螯合某种可以提高混凝效能或污染物定向去除能力的基团，常见的有针对淀粉、纤维素、膨润土等天然高分子材料而进行改性的混凝剂。

　　磁混凝剂是向混凝剂中引入磁性颗粒(一般为 $Fe_3O_4$),使其与聚合铝、聚合铁、聚丙烯酰胺、壳聚糖等相结合而制备出的复合型材料,如图 4-39 所示。常规的混凝剂在实现固液分离时主要依靠重力沉淀作用,而磁混凝剂形成的磁性絮体密度大、结构紧实,在外加磁场的作用下可以实现比常规混凝剂更迅速的聚集沉淀过程,有效缩短了停留时间,使混凝效率大大提升。在实际应用中,外加磁场一般通过设置磁分离设备而实现,常见的磁分离设备主要分为永磁分离器和电磁分离器,按构型可分为格栅型、鼓型、带型等。磁混凝剂在可回收利用方面也具有很大优势,一般可实现多次回收和再生循环,符合绿色发展理念。

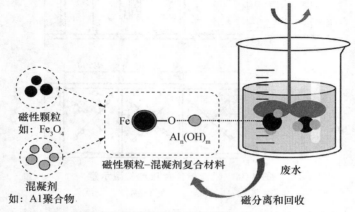

磁性颗粒
如: $Fe_3O_4$

混凝剂
如: Al聚合物

$Fe - O - Al_n(OH)_m$
磁性颗粒-混凝剂复合材料

废水

磁分离和回收

**图 4-39　磁混凝剂合成及应用示意**(引自 Hu, ed al., 2024)

### 2. 强化混凝工艺

　　随着现代工业的高度发展,水以及废水中的污染物成分愈加复杂,传统的处理工艺很难满足更高的水处理标准。为此,针对某些特殊的水质,研究人员开发建立了以混凝工艺为基础的各类组合工艺,在耦合处理的过程中,强化污染物去除能力。

　　预处理工艺耦合混凝是最常见的一种强化混凝工艺,一般通过预氧化技术在混凝前破坏一些难降解污染物的分子结构,不仅提高混凝效率,也使处理后的废水可生化性升高,为后续的生化处理创造条件。常见的预氧化技术有 Fenton 氧化法、臭氧氧化、二氧化氯氧化、铁—碳(Fe—C)微电解等,预氧化—混凝强化工艺在处理低温低浊微污染原水、富藻类地表水源以及印染、制药、煤化工等难降解工业废水等具有很好的效果。

　　混凝也被广泛地与其他工艺联用,在发挥各工艺优势的基础上产生进一步的协同作用。例如:混凝与微滤、超滤等膜处理工艺联用,除可以改善膜过滤出水水质外,还可以通过形成大尺寸的絮体、降低有机物浓度(特别是疏水性物质)等途径,有效缓解膜污染问题;混凝与活性炭吸附等工艺联用,也能在去除不同分子量有机物以及重金属离子等污染物时,发挥良好的协同处理效果。

## 4.2.3　澄清

### (一) 澄清池理论基础

如前所述,混凝工艺一般包括混凝剂与原水的混合、絮凝反应以及絮凝体从水中分离三个阶段。一般这三个阶段分别在单独设置的混合池、反应池和沉淀池中进行,而澄清池则是集成了上述三个处理单元功能的一体化设备。

澄清池的原理是利用沉淀产生的泥渣所具有的接触絮凝作用,捕捉截留进水中的悬浮杂质颗粒。混凝剂投入待处理水中充分混合后,杂质颗粒与混凝剂作用形成微小的絮凝体,一旦在运动中与尺寸更大的悬浮泥渣接触碰撞,就会吸附在泥渣表面,进而被迅速分离去除。因此,保证澄清处理效果的关键是在澄清池中营造一个保持悬浮、浓度稳定、分布均匀的泥渣层。

泥渣层在澄清池中主要发挥以下几个方面的作用:

① 接触介质作用:泥渣层中的絮凝体颗粒是一种吸附剂,能够吸附水中的悬浮物和反应生成的沉淀物,使其与水分离,从而实现“接触混凝”的过程。

② 架桥过滤作用:泥渣层中含有较多的絮凝体,其在形成过程中构成许多网眼,使泥渣层具有过滤网的结构,能够阻留微小悬浮物和沉聚物的通过,从而产生了架桥过滤作用。

③ 碰撞凝聚作用:泥渣层的絮凝体颗粒尺寸较大,彼此之间的间距较小,水流在通过时受到阻力而改变方向,形成无规则的紊动,使颗粒间的碰撞概率大幅增加,易于凝聚成较大的颗粒而加速沉淀。

澄清池中的悬浮泥渣层通常是在启动运行时,在待处理水中投加较多的混凝剂,经过一段时间运行后,逐步积累形成的。如果原水的悬浮物浓度很低,可以通过人工投加黏土,以加速泥渣层的形成。泥渣层浓度一般比较高($3 \sim 10 \ \text{g/L}$),可以通过适当排泥来控制泥渣浓度。

### (二) 澄清池的类型与工作原理

澄清池按照泥渣与水接触方式的不同,可以分为两大类:泥渣悬浮过滤型和泥渣循环分离型。泥渣悬浮过滤型是依靠上升的水流使泥渣悬浮,形成稳定的泥渣层,当待处理水自下而上通过泥渣层时,其中的絮凝体被泥渣吸附截留;属于该类型的有悬浮澄清池和脉冲澄清池。泥渣循环分离型是使泥渣在垂直方向不断循环，在往复运动中捕捉待处理水中的絮凝体，并在分离区加以分离；属于该类型的有机械加速澄清池和水力循环澄清池。

1. 悬浮澄清池

悬浮澄清池主要由澄清室、进出水系统、泥渣浓缩室和排泥系统等组成，如图4-40所示。

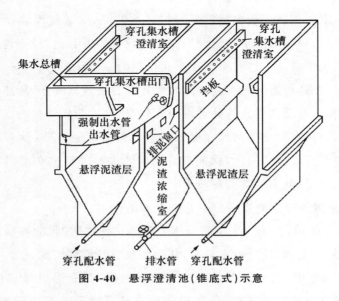

图 4-40　悬浮澄清池（锥底式）示意

原水中加入混凝剂后，先经过气水分离器排除水中的空气，以避免扰动悬浮泥渣层；再由穿孔配水管进入悬浮澄清池底部，自下而上通过悬浮泥渣层，通过接触絮凝作用，使进水中的悬浮杂质颗粒被吸附去除，上层的清水从穿孔集水槽汇集排出。悬浮泥渣层在截留了水中的杂质颗粒后，泥渣浓度不断增加，泥渣层逐渐膨胀，当其超过一定高度时就从排泥窗口进入泥渣浓缩室，经下沉浓缩压实后，定期排出。

2. 脉冲澄清池

脉冲澄清池主要由两部分组成：上部为进水室和脉冲发生器；下部为澄清池池体，包括配水区、澄清区、集水系统和排泥系统等，如图4-41所示。

加入混凝剂的原水从进水管道输入，真空泵对进水室抽吸，从而使原水进入进水室，完成充水过程；当水位达到进水室最高水位时，真空泵的进气阀自动开启，使进水室与大气相通，这时进水室内水位迅速下降，向澄清池放水，完成放水过程；当水位下降到进水室最低水位时，真空泵的进气阀又自动关闭，真空泵再次启动，造成进水室内真空，又开始充水；如此反复进行，形成脉冲进水。脉冲进水的充水时间一般为 25～30 s,放水时间一般为 6～10 s,总时间即为脉冲周期。

　　脉冲进水可以使悬浮泥渣层发生周期性的下沉压缩和悬浮膨胀,水流穿过泥渣层时,絮凝体颗粒和悬浮层泥渣充分接触而被去除,使水得到澄清。悬浮泥渣层在放水期间可能会被水流冲散,但在充水期间会自身调节,断面上的浓度趋于均匀分布,加强了颗粒的接触碰撞,从而改善絮凝条件,提高净水效果。

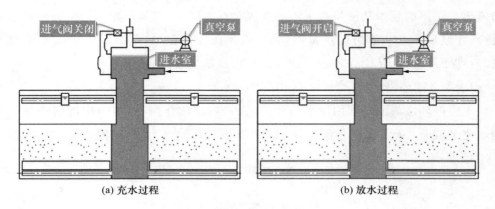

(a) 充水过程　　　　　　　　　　　(b) 放水过程

**图 4-41　脉冲澄清池示意**

### 3. 机械加速澄清池

　　机械加速澄清池是利用机械搅拌作用来完成药剂混合、泥渣循环和接触絮凝过程的一体化设备。如图 4-42 所示,机械加速澄清池主要由一次混合反应区、二次混合反应区、导流筒、分离室和泥渣浓缩区五个部分组成;此外,还有进出水系统、加药系统、排泥系统以及机械搅拌提升系统,大的机械加速澄清池还有刮泥装置。

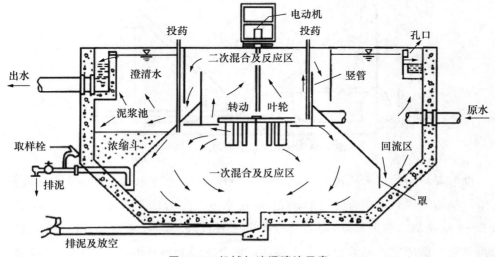

**图 4-42　机械加速澄清池示意**

投加混凝剂后的原水由进水管导入三角形的配水槽,然后由槽底的配水孔进入一次混合反应区。池中心设置的电动机驱动叶轮,将水、混凝剂以及泥渣充分搅拌混合;叶轮将混合液提升至二次混合反应区,在此进一步进行混凝反应,以便形成更大的絮凝颗粒,然后从四周进入导流室而流向分离室。进入分离室时,水流断面积突然扩大,流速骤降,泥渣下沉,清水以 1.0～1.4 mm/s 的上升速度向上经集水槽流出。沉下的泥渣从回流缝进入一次混合反应区,再与从三角槽进来的原水相互混合;泥浆回流量一般为进水量的 3～5 倍。在分离室里,部分泥渣进入泥渣浓缩室,定期予以排除,从而保持池内的悬浮层泥渣浓度稳定。

4. 水力循环澄清池

水力循环澄清池是利用原水的动能,在水射器的作用下,将池中的泥渣吸入和原水充分混合,从而实现接触絮凝,达到澄清效果。水力循环澄清池的结构如图 4-43 所示。

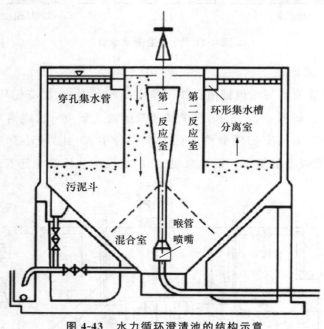

**图 4-43   水力循环澄清池的结构示意**

投加混凝剂的原水从池底中心的喷嘴喷出,进入上方的混合室、喉管和第一反应室。喷嘴和混合室组成一个射流器,高速水流在喉管的喇叭口周围形成真空,吸入 2～4 倍于原水的泥渣量,泥渣与原水迅速混合,进入渐扩管形的第一反应室,再溢流至第二反应室。喉管可以上下移动以调节喷嘴和喉管的间距,使其为喷嘴直径的 1～2 倍,并以此控制回流的泥渣量。水流从第二反应室进入分离室,由于断面积的突然扩大,流速降低,泥渣沉淀下来,其中一部分泥渣进入泥渣浓缩斗定期予以排出,而大部分泥渣被吸入喉管进行回流,清水则上升从环形集水槽流出。

如表 4-8 中的总结所示,上述 4 种澄清池均具有不同的优缺点,适用条件也不相同,在实际应用中需要科学选型。

**表 4-8 常见澄清池的优缺点及适用条件**

| 类型 | 优点 | 缺点 | 适用条件 |
|---|---|---|---|
| 悬浮澄清池 | ① 构造简单;<br>② 可处理高浊水 | ① 需要气水分离设备;<br>② 对进水量、水温的适应性较差 | ① 进水量变化不可太大,每小时变化幅度不超过 10%,水温稳定;<br>② 进水悬浮物含量小于 3000 mg/L;<br>③ 适用于圆形池或方形池 |
| 脉冲澄清池 | ① 混合充分,布水均匀;<br>② 池深小,便于平流式沉淀池改造 | ① 真空设备较复杂;<br>② 操作管理要求高 | ① 适用于大、中、小型水厂;<br>② 可设计成圆形、方形和矩形池;<br>③ 进水悬浮物含量小于 3000 mg/L,短期允许 3000～10 000 mg/L |
| 机械加速澄清池 | ① 适应性强,处理效果稳定,操作方便;<br>② 处理效率高,单位面积产水量大;<br>③ 可采用机械刮泥,对处理高浊水有优势 | ① 需要机械搅拌设备,投资较高;<br>② 机械维护和维修成本较高 | ① 适用于大中型水厂;<br>② 进水悬浮物含量小于 5000 mg/L,短期允许 5000～10 000 mg/L;<br>③ 一般设计为圆形池 |
| 水力循环澄清池 | ① 无须机械搅拌设备,运行管理方便;<br>② 锥底角度大,排泥效果好 | ① 反应时间短,处理效果不稳定;<br>② 投药量大;<br>③ 对水质、水量、温度变化的适应性差 | ① 适用于中小型水厂;<br>② 一般设计为圆形池;<br>③ 进水悬浮物含量小于 2000 mg/L,短期允许小于 5000 mg/L |

## 4.2.4 过滤

在经过沉淀、混凝和澄清等工艺处理后,水和废水中较大的杂质颗粒已基本被去除,要进一步去除更细小的杂质颗粒,则需要通过过滤工艺来实现。在过滤过程中,含悬浮杂质的水流通过多孔的过滤介质,其中的杂质颗粒被截留在介质表面或孔隙内部而去除。

过滤是一个很宽泛的定义,很多常见的处理工艺都可以被归类为过滤。根据过滤介质,过滤可分为:① 筛滤,依靠金属栅条、滤网等过滤介质,去除粗大颗粒物质,常见设备有格栅、筛网、微滤机等;② 微孔过滤,采用滤布、滤片、滤管、滤芯等成型滤材,去除粒径细微的杂质颗粒,市场上成熟的此类过滤设备产品较多,如板框压滤机等,常用于化工生产;③ 膜过滤,采用多孔的半透膜作为过滤介质,在压力差、浓度差、电势差等推动力作用下进行过滤,可选择性地去除水中有机物、无机盐、细菌及病毒等物质,常见的有微滤、超滤、纳滤、反渗透、电渗析等技术;④ 深层过滤,采用颗粒状滤料,如石英砂、无烟煤等,形成具有一定厚度的粒状床层作为过滤介质,水中细小的悬浮颗粒在穿过滤料颗粒之间的孔隙时被吸附和截留。

筛滤、微孔过滤和膜过滤属于表面或浅层过滤,本节主要介绍和讨论采用颗粒状滤料的深层过滤(以下简称过滤),其在水处理工程中多以各种类型的滤池而得到应用。滤池既可以用于吸附、离子交换等深度处理的预处理,也可以用于混凝澄清、生化处理的后续处理。

### (一) 过滤的理论基础

过滤是一个看似简单实则复杂的过程,涉及颗粒物在界面的迁移、附着等行为,也受众多因素的影响,过滤理论到目前为止仍不完善。对于粒状介质的过滤,其机理主要有如下三个方面。

1. 筛滤作用

当原水自上而下流过粒状滤料层时,粒径较大的悬浮颗粒首先被截留在表层滤料的空隙中,从而使表层滤料颗粒间的空隙越来越小,逐渐形成一层主要由被截留的固体颗粒构成的滤膜或滤层,并由其发挥主要的过滤作用,该过程属于筛滤作用。水中悬浮颗粒的粒径越大,表层滤料粒径越小,滤速越低,就越容易形成表层滤膜,相应的筛滤作用就越强。

2. 重力沉淀

原水通过滤料层时,其中的悬浮物颗粒将存在一个沿重力方向的相对沉淀速度,众多滤料表面也提供了巨大的可沉淀面积,形成数量众多的浅层"沉淀池",悬浮颗粒极易在滤料表面沉淀下来。重力沉淀的效率主要与滤料颗粒的直径和过滤速度有关。滤料颗粒直径越小,沉淀面积就越大;滤速越小,则水流越平稳,这些都有利于悬浮颗粒的沉淀。

3. 接触絮凝

原水中的悬浮杂质在尚未发生凝聚的情况下,流经表面积巨大的颗粒滤料时,由于静电引力、分子间作用力的存在,杂质颗粒极易在滤料表面吸附、凝聚,发生接触絮凝。滤料还可以起到接触碰撞的媒介作用,促进水中杂质颗粒的凝聚过程。此外,已形成的絮凝体一端附着在滤料表面,另一端吸附悬浮颗粒,则可通过架桥作用促进絮凝过程。

在实际的过滤过程中,上述机理一般会共同存在,在不同的条件下,各机理发挥的作用大小不同。对于粒径较大的悬浮颗粒,筛滤作用的贡献较大,主要发生在滤料的表层,这也属于表面过滤;对于粒径细小的悬浮颗粒,其在滤料深层发生的重力沉淀和接触絮凝对过滤的贡献较大,属于深层过滤。

**(二)过滤的理论计算**

1. 过滤澄清方程

对于含均匀分散的非絮凝性颗粒的悬浊液,当其通过理想的均匀滤料床层时,液相中悬浮物的浓度 $c$ 会随着滤层深度 $Z$ 和过滤时间 $t$ 而变化,即 $c$ 是 $Z$ 和 $t$ 的函数:

$$c = f(Z \cdot t)$$

按微分展开,得

$$\frac{\mathrm{d}c}{\mathrm{d}t} = \frac{\partial c}{\partial Z} \cdot \frac{\mathrm{d}Z}{\mathrm{d}t} + \frac{\partial c}{\partial t} \tag{4-37}$$

式中,$\dfrac{\mathrm{d}Z}{\mathrm{d}t}$ 为液体通过滤料孔隙的速度,即

$$\frac{\mathrm{d}Z}{\mathrm{d}t} = \frac{v}{\varepsilon_0 - \dfrac{q}{\rho_s}} = \frac{v}{\varepsilon_0 - \sigma} \tag{4-38}$$

式中,$v$ 是过滤空塔速度,m/s;$\varepsilon_0$ 是干净滤层的孔隙率;$q$ 是单位体积滤层截留的悬浮物量,kg/m³;$\rho_s$ 是悬浮物的密度,kg/m³;$\sigma$ 是比沉积量,表示单位体积滤层所截留的悬浮物体积。

一般认为,悬浮物的过滤去除速度与其浓度成正比,即 $-\dfrac{\mathrm{d}c}{\mathrm{d}t} = kc$,因此,式(4-38)可写为

$$\frac{v}{\varepsilon_0 - \sigma} \times \frac{\partial c}{\partial Z} + \frac{\partial c}{\partial t} = -kc \tag{4-39}$$

式中,$\dfrac{\partial c}{\partial t}$ 表示滤料孔隙中悬浮物浓度随时间的变化率,与 $\dfrac{v}{\varepsilon_0 - \sigma} \times \dfrac{\partial c}{\partial Z}$ 相比,其值可忽略不计,则式(4-39)可简化为

$$\frac{\partial c}{\partial Z} = -\lambda c \tag{4-40}$$

式中,$\lambda$ 为过滤系数,$\lambda = \dfrac{k(\varepsilon_0 - \sigma)}{v}$,$\lambda$ 越大,过滤澄清效率越高。

式(4-40)即为过滤澄清方程,表示单位滤层厚度截留的悬浮物量与该处液相中

的悬浮物浓度成正比,该方程已经经过实验验证。

当 $t=0$ 时,积分上式得 $c=c_0 e^{-\lambda_0 Z}$,$c_0$ 是悬浮液的初始浓度,$\lambda_0$ 是过滤系数的初始值。由于过滤过程中,悬浮物颗粒会改变孔隙流态和滤料表面性质,因此过滤系数 $\lambda$ 不是常数,而是比沉积量 $\sigma$ 的函数。

2. 连续过滤方程

在连续过滤过程中,取滤层中任一厚度为 $\mathrm{d}Z$、体积为 $\mathrm{d}V$ 的均匀微元段,流量为 $Q$、浓度为 $c$ 的原水流过该段时,液相中的悬浮物浓度和滤料上截留的悬浮物量都会发生变化,如图 4-44 所示。

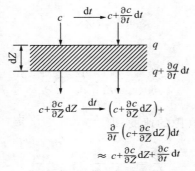

图 4-44    滤层物料衡算

根据物料平衡,在 $\mathrm{d}t$ 时间内,流进与流出量之差应等于滤层上的增量,即

$$Q\left[c-\left(c+\frac{\partial c}{\partial Z}\mathrm{d}Z+\frac{\partial c}{\partial t}\mathrm{d}t\right)\right]\mathrm{d}t=\left[\left(q+\frac{\partial q}{\partial t}\mathrm{d}t\right)-q\right]\mathrm{d}V$$

$$-v\left(\frac{\partial c}{\partial Z}\frac{\mathrm{d}Z}{\mathrm{d}t}+\frac{\partial c}{\partial t}\right)=\frac{\partial q}{\partial t}\frac{\partial Z}{\partial t}$$

$$-v\left(\frac{\partial c}{\partial Z}\frac{v}{\varepsilon_0-\sigma}+\frac{\partial c}{\partial t}\right)=\frac{\partial q}{\partial t}\frac{v}{\varepsilon_0-\sigma}$$

$$v\frac{\partial c}{\partial Z}+(\varepsilon_0-\sigma)\frac{\partial c}{\partial t}=-\frac{\partial q}{\partial t} \tag{4-41}$$

式(4-41)即为连续过滤方程,也称为连续性方程。若进水的水质和速率稳定, $\frac{\partial c}{\partial t}\approx 0$,则上式可以简化为

$$-v\frac{\partial c}{\partial Z}=\frac{\partial q}{\partial t} \tag{4-42}$$

根据式(4-42)可知,单位时间单位体积滤层截留的悬浮物量与过滤速度和浓度梯度成正比。在实际的滤池运行过程中,根据实测的不同滤层深度的悬浮物浓度及过滤运行时间,可利用上述方程评价滤池的工作状态。

3. 阻力方程

过滤阻力是指过滤时滤层对滤液流动的阻力,常用水头损失来衡量。水头是指单位质量流体所具有的能量,以高度表示,具有长度单位(m)。总水头是指单位质量水体在过水断面上的位置水头、压强水头和流速水头之和,以水柱高度(m)表示。上述各部分水头的含义分别是:① 位置水头,因流体的位置高程所具有的机械能,又称为位能,用流体所处的高程来度量;② 压强水头,单位质量水体从大气压为零点算起的以水柱高度表示的压强势能,又称为压能;③ 流速水头,单位质量的流体具有的动能。相应地,水头损失是指水流中单位质量水体因克服水流阻力做功而损失的机械能,以水柱高度(m)表示。

过滤过程中的水头损失包括清洁滤层的水头损失和截留物产生的水头损失两个部分。

由粒状滤材组成的均质滤料滤床,内部存在无数孔隙通道,水流通过滤层的过滤过程就是水流在滤床孔隙内流动时,水中悬浮颗粒在滤料表面的吸附过程。因此,可将这样的滤床看作具有无数条毛细管组成的管束网,过滤过程可看作水流在毛细管道中流动时,毛细管壁对水中悬浮颗粒的吸附过程。

对于均质滤料滤床的毛细管模型,有如下方程成立:

$$\varepsilon = n \cdot \frac{\pi}{4} d_m^2 \tag{4-43}$$

$$f = n \cdot \pi d_m \tag{4-44}$$

式中,$\varepsilon$ 是滤层的孔隙率,$m^3/m^3$;$f$ 是滤料的比表面积,$m^2/m^3$;$d_m$ 是毛细管的管径,m;$n$ 是单位面积滤池所拥有的毛细管数量,根$/m^2$。

滤料的比表面积可表示为

$$f = \frac{6a(1-\varepsilon)}{d_e} \tag{4-45}$$

式中,$a$ 是滤料的表面形状系数,即滤料的表面积与同体积球体表面积的比值;$d_e$ 是滤料的当量直径,m。

由式(4-43)、式(4-44)和式(4-45),可得

$$d_m = \frac{2\varepsilon}{3a(1-\varepsilon)} d_e \tag{4-46}$$

$$n = \frac{9a^2(1-\varepsilon)^2}{\pi \varepsilon d_e^2} \tag{4-47}$$

(1)清洁滤层的水头损失

当将均质滤料的滤层理想化为毛细管模型时,可利用水流在毛细管中流动时的

水头损失计算水流通过滤层的水头损失,即

$$h_f = \lambda_f \frac{l}{d} \frac{u^2}{2g} \tag{4-48}$$

式中,$h_f$ 是摩阻水头损失,$mH_2O$;$\lambda_f$ 是摩阻系数;$l$ 是管道长度,m;$d$ 是管道内径,m;$u$ 是管道内平均流速,m/s;$g$ 是重力加速度,$m/s^2$。

当水流为层流时,其摩阻系数 $\lambda_f$ 只与雷诺数 $Re$ 有关,即

$$\lambda_f = f(Re) = \frac{64}{Re} \tag{4-49}$$

式中,圆管内水流雷诺数 $Re$ 为

$$Re = \frac{\rho u d}{\mu} \tag{4-50}$$

式中,$\rho$ 是液体的密度,$kg/m^3$;$\mu$ 是水的动力黏度,$Pa·s$。

由于在滤池的毛细管模型中,毛细管为理想化的管道,因此其摩阻系数不能直接套用式(4-48)。令清洁滤池的摩阻系数为

$$\lambda_f = \frac{C}{Re} \tag{4-51}$$

根据对粒状介质过滤的实验测定及推算,$C = 163.2$,由此可根据式(4-48)和式(4-50),求出水流通过滤层的水头损失,即

$$\Delta H = \lambda \frac{\Delta L u^2}{d_m · 2g} = \frac{163.2}{Re} \frac{\Delta L u^2}{d_m · 2g} \tag{4-52}$$

式中,$\Delta H$ 为水流通过 $\Delta L$ 厚度滤层的水头损失,$mH_2O$。

由于 $u = \dfrac{v}{\varepsilon}$,将式(4-50)和式(4-46)代入式(4-52),整理可得

$$\Delta H = 0.01862 \frac{\mu a^2 (1-\varepsilon)^2}{\varepsilon^2 d_e^2} v \Delta L \tag{4-53}$$

上式即为水流通过滤层的水头损失计算公式。

对于均质滤料清洁滤层,其滤料的表面形状系数 $a$、当量直径 $d_e$ 和滤层的孔隙率 $\varepsilon$ 均为常数,因此,均质滤料清洁滤层的水头损失可表示为

$$H_0 = 0.01862 \frac{\mu a_0^2 (1-\varepsilon_0)^2}{\varepsilon_0^2 d_{e0}^2} v L \tag{4-54}$$

式中,$H_0$ 是清洁滤层的水头损失,$mH_2O$;$a_0$ 是清洁滤料的表面形状系数;$\varepsilon_0$ 清洁滤层的孔隙率;$d_{e0}$ 清洁滤料的当量直径,m。

(2) 截留物产生的水头损失

随着过滤的进行,滤料表面吸附了水中的悬浮颗粒,滤料层孔隙率逐渐变小,水

头损失随比沉积量 $\sigma$ 的增大而增大。纳污滤层的水头损失可用 $(\varepsilon_0 - \sigma)$ 代替式 (4-54) 中的 $\varepsilon_0$，进而继续利用该式进行计算。

另外，也可以在清洁滤层水头损失上叠加一个随 $\sigma$ 或 $t$ 增大而增大的阻力项 $\Delta h$，作为截留物产生的水头损失。计算截留物产生的水头损失的公式有很多，常见的是格里高利（Gregory）公式：

$$\Delta h = \frac{kvc_0 t}{1 - \varepsilon_0} \tag{4-55}$$

式中，$k$ 是经验系数。

由式 (4-54) 和式 (4-55)，可以得出以下结论：① 水头损失与过滤速度成正比，提高滤速将增大过滤的水头损失；② 水头损失与滤料粒径的平方成反比，滤料粒径减小 30%，水头损失将增大 1 倍；③ 孔隙率对水头损失的影响较大，当从 0.5 减小至 0.4 时，水头损失将增大 2.8 倍；④ 水头损失与过滤时间和进水悬浮物浓度成正比。对一定浓度的原水进行等速过滤时，初期的水头损失将按比例上升，后期则会急剧升高。

**（三）普通快滤池**

目前，常用的深层过滤设备是各类型的滤池。按滤料层的组成，有单层滤料滤池、双层滤料滤池和多层滤料滤池；按过滤速度的快慢，有慢滤池（<0.4 m/h）、快滤池（4～10 m/h）和高速滤池（10～60 m/h）；按作用力的类型，有重力滤池（作用水头为 4～5 m）和压力滤池（作用水头 15～25 m）；按水流方式，有普通滤池、虹吸滤池和无阀滤池。

普通快滤池是应用很广的一种滤池形式，也是研究其他各类型滤池的基础，下面将以普通快滤池为例，介绍滤池的构造和运行原理。

**1. 普通快滤池的构造与工艺过程**

普通快滤池一般用钢筋混凝土建造，可以由数个池子并联成单行或双行排列；池内有排水槽、滤料层、垫料层和配水系统；池外有集中管廊，配有进水管、出水管、冲洗水管、冲洗水排出管等管道及附件。图 4-45 是单行布置的普通快滤池构造示意。

过滤工艺过程包括过滤和反冲洗两个基本阶段。过滤即截留污染物，反冲洗即把被截留的污染物从滤料层中洗去，使之恢复过滤能力。从过滤开始到结束所延续的时间，称为滤池的工作周期，一般应大于 8 h，最长可达 48 h 以上。从过滤开始到反冲洗结束，称为一个过滤循环。

过滤开始时,原水自进水管(浑水管)经集水渠、洗砂排水槽分配进入滤池,在池内水自上而下穿过滤料层、承托层(垫料层),由配水系统收集,并经清水管排出。经过一段时间过滤后,一方面,滤料层被悬浮颗粒所阻塞,水头损失逐渐增大至一个极限值,从而导致滤池出水量急剧下降;另一方面,水流的冲刷力会使一些已被截留的悬浮颗粒从滤料表面剥落下来而被带出,影响出水水质。此时,滤池应停止工作,进行反冲洗。

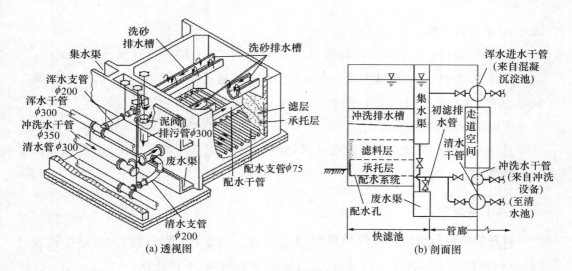

图 4-45　普通快滤池的构造

反冲洗时,关闭浑水管及清水管,开启排水阀及反冲洗进水管,反冲洗水自下而上通过配水系统、承托层、滤料层,并由洗砂排水槽收集,经集水渠内的排水管排走。反冲洗过程中,由于反冲洗水的进入会使滤料层膨胀流化,滤料颗粒之间相互摩擦、碰撞,附着在滤料表面的悬浮物质被冲刷下来,由反冲洗水带走。

滤池经反冲洗后,恢复了过滤和截污的能力,可重新投入工作。如果刚开始过滤的出水水质较差,则应排走另行处理,直至出水合格,这称为初滤排水。

2. 滤料及其性能参数

滤料是滤池的核心组成部分,其提供悬浮物接触絮凝的表面和纳污的空间,是完成过滤的主要介质。优良的滤料必须满足以下要求:① 具有足够的机械强度,以防止运行过程中磨损和破碎;② 具有较好的化学稳定性,不溶于水,不影响水质;③ 具有适宜的粒径分布和足够的孔隙率,可提供较大的比表面积;④ 来源广泛,制备成本低,价格便宜。

滤料的外形最好接近于球体,表面粗糙而有棱角,以获得较大的孔隙率和比表面积。目前常用的滤料有石英砂、无烟煤、陶粒、高炉渣、天然矿石,以及人工合成的聚苯乙烯球、塑料纤维球等。其中,石英砂使用最广,其机械强度大,在酸性环境中化学稳定性好;无烟煤的化学稳定性比石英砂更好,在酸性和碱性环境中均不溶出,但机械强度略差一些,如图 4-46 所示。一般而言,由石英砂和无烟煤搭配组成的双层滤料工作效果较好。

(a) 无烟煤　　　　(b) 石英砂

**图 4-46　常见的滤料实物**

滤料的性能参数主要包括以下几个方面:

(1) 级配、有效直径和不均匀系数

滤料的级配是指滤料的粒径范围以及在此范围内各种粒径滤料的数量之比。滤料的级配关系可以根据筛分实验获取,以通过每一种筛孔的颗粒质量占颗粒总质量的百分数为纵坐标,以对应的筛孔孔径为横坐标,可以得出滤料的级配曲线(图 4-47)。根据级配曲线,可以确定滤料的有效直径和不均匀系数。

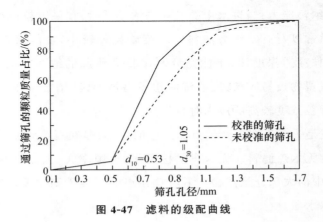

**图 4-47　滤料的级配曲线**

滤料的有效直径是指能使 10% 的滤料通过的筛孔的直径(mm),以 $d_{10}$ 表示,即粒径小于 $d_{10}$ 的滤料占总量的 10%。类似地,$d_{80}$ 表示能使 80% 的滤料通过的筛孔的直径（mm）。$d_{80}$ 与 $d_{10}$ 的比值称为滤料的不均匀系数，以 $k_{80}$ 表示。不均匀系数越大，表示滤料的粒径分布越不均匀，则较小的颗粒容易填充于较大颗粒的间隙，使滤料的孔隙率和纳污能力降低，水头损失增大。由此可见，不均匀系数以小为佳，但是滤料越均匀，则所需加工成本也越高。国内的快滤池一般采用 $d_{10}=0.5\sim0.6$ mm，$k_{80}=2.0\sim2.2$ 的滤料。在实际应用中，滤料的最小粒径 $d_{\min}$ 和最大粒径 $d_{\max}$ 也是表征滤料粒度特征的重要指标。

（2）孔隙率和比表面积

滤料的孔隙率是指在一定体积的滤层中空隙所占的体积与总体积的比值，可通过实验测定。常用的石英砂滤料的孔隙率为 0.4，无烟煤滤料的孔隙率为 0.5。滤料的比表面积是指单位质量或单位体积滤料所具有的表面积，单位为 $cm^2/g$ 或 $cm^2/cm^3$。

（3）纳污能力

滤料层承纳污染物的容量常用纳污能力来表示，其含义是在保证出水水质的前提下，在过滤周期内单位体积滤料中能截留的污染物量，单位为 $kg/m^3$ 或 $g/cm^3$。纳污能力的大小与滤料的粒径、形状和级配等因素有关。一般可通过计算滤层厚度（mm）与滤料当量直径（mm）的比值 $L/d_e$，来确定滤料层的纳污能力。滤料粒径一定时，滤层厚度越大，其纳污能力也越大。在实际滤池的设计过程中，滤料粒径和滤层厚度应当根据过滤方程和阻力公式计算，或者根据实验确定。一般的滤池设计也可参考已投产运行滤池的实测 $L/d_e$ 值。对于经絮凝处理的天然水或沉淀池出水，$L/d_e$ 值应大于 800。当进水中的悬浮物浓度较高时，宜用粒径大、厚度大的滤料层，以增大其纳污能力；当进水中的悬浮物浓度低时，宜采用粒径小的滤料层。

单层滤池通常以石英砂作为滤料。石英砂粒径较小，虽能获得较好的出水水质，但悬浮物颗粒穿透深度浅，不能充分利用整个滤层的纳污能力。此外，沉积于细砂顶面上的截留物极易固结，反冲洗时也不易被冲走，增加了水头损失。这种现象在过滤悬浮颗粒浓度较高的原水时尤为严重。

双层滤池正是为了克服上述缺点而产生的，一般是在石英砂滤层上铺一层比重轻而粒度较大的无烟煤滤料。无烟煤的棱角多，孔隙率大，因而具有较大的纳污能力，能除去进水中的大部分悬浮物。下层粒径小的石英砂则主要起"精滤"作用，以保证较好的出水水质。

图 4-48 为单层和双层滤料的纳污量在不同滤层深度的分布示意，双层滤料的纳污能力明显高于单层滤料。此外，无烟煤的相对密度比石英砂小（两者分别为 1.4～1.7 和 2.55～2.65），在反冲洗时比较容易膨胀，只要粒度适宜，反冲洗后仍

能保持在滤床的上层,而不会与下层的石英砂相互混杂。

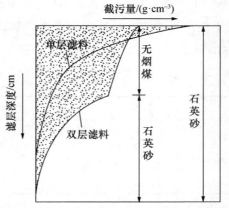

**图 4-48　单层和双层滤料中纳污量分布示意**

表 4-9 列出了单层石英砂滤池和双层滤料(无烟煤与石英砂)滤池的滤料层组成及相应的运行参数。

**表 4-9　单层和双层快滤池的滤料组成及运行参数**

| 滤层 | 滤料 | 参数 | 给水及微污染水 | 废水 |
|---|---|---|---|---|
| 单层 | 石英砂 | 粒径/mm | 0.5～1.2 | 1.0～2.0 |
| | | 厚度/mm | 700 | 700～1000 |
| | | 不均匀系数 $k_{80}$ | 2.0 | <1.7 |
| | | 滤速/(m·h$^{-1}$) | 8～12 | 8～10 |
| | | 强制滤速/(m·h$^{-1}$) | 10～14 | 10～14 |
| 双层 | 无烟煤 | 粒径/mm | 0.8～1.8 | 1.5～3.0 |
| | | 厚度/mm | 400～600 | 300～500 |
| | | 不均匀系数 $k_{80}$ | 2.0 | <1.38 |
| | | 滤速/(m·h$^{-1}$) | 12～16 | 10～16 |
| | | 强制滤速/(m·h$^{-1}$) | 16～20 | 16～20 |
| | 石英砂 | 粒径/mm | 0.4～0.8 | 1.0～1.5 |
| | | 厚度/mm | 400～500 | 150～400 |
| | | 不均匀系数 $k_{80}$ | 2.0 | <0.8 |
| | | 滤速/(m·h$^{-1}$) | 12～16 | 10～16 |
| | | 强制滤速/(m·h$^{-1}$) | 16～20 | 16～20 |

3. 承托层

承托层(垫料层)主要起承托滤料的作用,一般配合大阻力配水系统使用,填充于滤层与配水系统之间。一方面,承托层可以阻止粒径较小的滤料在过滤时随水流进入集水系统;另一方面,承托层的孔隙还可以帮助均匀布水。

承托层的材料应具有足够的机械强度和化学稳定性,一般采用天然鹅卵石、碎石或重质矿石,其粒径不应小于滤料的最大粒径,从上往下按粒度由小到大分层铺设。承托层在反冲洗时不能因反冲洗水的冲击而发生位移。在实际应用中,常见的承托层布设规格如表 4-10 所示。

表 4-10    承托层布设规格

| 层次(自上而下) | 粒径/mm | 厚度/mm |
|---|---|---|
| 1 | 2～4 | 100 |
| 2 | 4～8 | 100 |
| 3 | 8～16 | 100 |
| 4 | 16～32 | 100 |

### 4. 配水系统

配水(集水)系统的作用一方面是均匀地收集过滤的出水,另一方面则是保证在反冲洗时,反冲洗水能够均匀地分布在整个滤池断面上。如果反冲洗水分布不均,则流量小的地方无法使滤料冲洗干净,截留物逐渐黏结堵塞,流量大的地方则可能使承托层受冲击而发生位移,导致滤料和承托层混杂,滤料随之流失,最终使过滤过程受到严重破坏。配水系统的合理设计和布置,是保证滤料层稳定以及滤池正常工作的重要基础。当配水系统可以实现反冲洗水均匀分布时,滤过水的均匀集水也会同时得到保证,而且反冲洗水的流量远大于滤过水的流量,因此在进行配水系统的设计计算时应该主要考虑反冲洗水均匀分布的要求。

配水不均匀主要是反冲洗水从进口到滤池各部分距离不同,水头损失不同而引起的。为克服配水的不均匀性,目前常用的做法有两种:① 增大整个配水系统布水孔眼的阻力,降低由于距离不同而引起的水头损失的差异在总水头损失中的比例;② 减小整个配水系统的总水头损失,使距离不同引起的水头损失的差异减小。根据第一种做法而设计的系统称为大阻力配水系统,如穿孔管式配水系统;根据第二种做法而设计的系统则称为小阻力配水系统,如豆石滤板、混凝土穿孔滤板、格栅板等。

#### (1) 大阻力配水系统

管式大阻力配水系统如图 4-49 所示。系统由一条总管(干管)和许多配水支管组成,每根支管上开有若干数目相同的配水孔眼或装有上滤头。总管截面积为支管截面积的 1.5～2.0 倍,支管长度与直径之比小于 60;支管上配水孔眼的流速为 5～6 m/s,反冲洗水在整个滤池面积的上升流速为 0.012～0.014 m/s。为了排除反冲洗水中的空气,总管在末端顶部设置排气管,直径 40～50 mm。

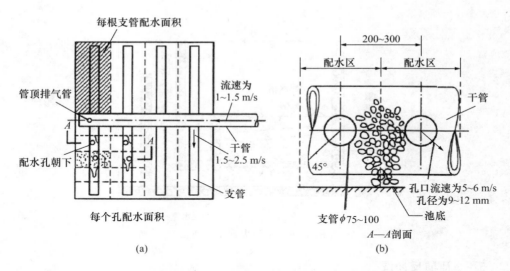

**图 4-49 管式大阻力配水系统示意**

大阻力配水系统配水均匀,在生产运行中稳定可靠,是主要的配水方式,普通快滤池多采用此种配水系统。大阻力配水系统水力计算的主要内容是确定其总管和支管的直径,以及反冲洗水通过配水孔眼的水头损失。相关的设计参数列在表 4-11 中。

**表 4-11 管式大阻力配水系统的设计参数**

| 设计参数 | 数值 |
|---|---|
| 总管进口流速/$(m \cdot s^{-1})$ | 1.0~1.5 |
| 支管进口流速/$(m \cdot s^{-1})$ | 1.5~2.5 |
| 支管中心距/m | 0.2~0.3 |
| 支管直径/mm | 75~100 |
| 配水孔眼总面积 | 占滤池面积的 0.2%~0.25% |
| 配水孔眼中心距/mm | 75~300 |
| 配水孔眼直径/mm | 9~12 |

（2）小阻力配水系统

小阻力配水系统则是采用配水室代替配水管,在室顶安装栅条、尼龙网或多孔板等配水装置,其常见结构如图 4-50 所示。由于配水室中水流速度很小,反冲洗水流经配水系统的水头损失也大大减小,要求的冲洗水头在 2 m 以下;此外,配水室的结构比较简单,配水均匀性较差,常应用于面积较小的滤池,如虹吸滤池等。

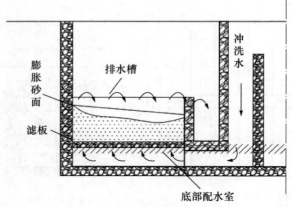

图 4-50    小阻力配水系统

5. 滤池的反冲洗

滤池多采用逆流冲洗方式,有时也兼有压缩空气反冲、水力表面冲洗以及机械或超声波搅动等辅助冲洗措施。

沉积于滤层内的截留物是靠上升的反冲洗水流的剪切力以及滤料颗粒间的碰撞、摩擦而剥落下来,并随水流冲走的。因此,反冲洗强度要足以使滤料悬浮起来,即必须造成滤层的膨胀,形成滤层流化床,如图 4-51 所示。但如果反冲洗强度过大,滤层膨胀过高,会减少单位体积流化床内的滤料颗粒数,使碰撞机会减少,反冲洗效果变差,还会造成滤料流失和冲洗水的浪费。因此,确定适宜的反冲洗强度和滤层膨胀率是十分重要的。

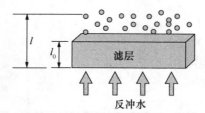

图 4-51    反冲洗时的滤层膨胀示意

滤层膨胀率($e$)可按照式(4-56)进行计算:

$$e = \frac{l - l_0}{l_0} \times 100\% = \frac{\varepsilon - \varepsilon_0}{1 - \varepsilon} \times 100\% \tag{4-56}$$

式中,$l_0$ 是静止滤层的厚度;$\varepsilon_0$ 是静止滤层的孔隙率;$l$ 是反冲洗时滤层流化床的高度;$\varepsilon$ 是反冲洗时滤层流化床的孔隙率。

反冲洗强度是指反冲洗时单位滤池面积上通过的反冲洗水流量,以 $q$ 表示,单位为 L/(m² · s)。适宜的反冲洗强度应根据滤料的级配、相对密度、水温以及要求的膨胀率而确定。滤料粒径相同时,相对密度大的要求较大的反冲洗强度;相对密度相同时,粒径较大的要求反冲洗强度较大。此外,水温高时水的黏度小,不利于截留物的剥离,因此要求有较大的反冲洗强度。

反冲洗时间是根据滤池运行过程中的滤层污染程度来确定的。在反冲洗初期,出水浊度急剧升高,达到最大值后会逐渐降低。因此,通过测定反冲洗水的浊度,可以确定合适的反冲洗时间。反冲洗时间不足,则截留物无法被充分剥落去除;反冲洗时间过长,则浪费水资源且可能造成滤料流失。

单层石英砂滤池常用的反冲洗强度为 12～15 L/(m² · s),滤层膨胀率($e$)约为 45%,历时 5～7 min;无烟煤和石英砂双层滤料滤池的反冲洗强度一般为 13～16 L/(m² · s),相应的 $e$ 为 50%,历时 6～8 min。

6. 过滤时的水头损失

在整个过滤周期内,假设滤池的水位和过滤速度都保持不变,则滤池的总水头($H$)可分解为五个部分,如图 4-52 所示:① 流经滤料层的水头损失 $H_t$(从初始时的 $H_0$ 随时间呈直线增加);② 流经承托层和配水系统的水头损失 $h_1$(不随时间而变);③ 流经流量控制阀的水头损失 $h_t$(初始时为 $h_0$,可通过调节阀门改变);④ 出水管内的流速水头 $v^2/2g$;⑤ 剩余水头 $h_2$。于是总水头应为

$$H = H_t + h_1 + h_t + \frac{v^2}{2g} + h_2 \tag{4-57}$$

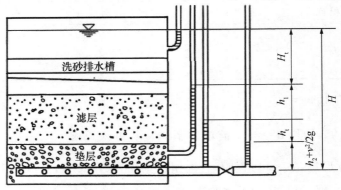

图 4-52　滤池的水头损失示意

过滤过程中,$H_t$ 逐渐增加,为使剩余水头 $h_2$ 不变,可开大出水阀,使 $h_t$ 减小。当过滤周期快结束时,出水阀已全开,$h_t$ 已达最小,此时继续过滤,$h_2$ 就要逐渐减小直至水头被消耗完,滤池不再出水。在实际操作时,一般在出水阀全开时(过滤时

间为 $t$)就停止过滤而进行反冲洗,$t$ 即为过滤周期。

7. 滤池的设计计算

(1)过滤速度

在进行滤池的设计时,首先要确定合适的过滤速度。滤速分为正常滤速和强制滤速。正常滤速为正常工作条件下的过滤速度;强制滤速为一组滤池中某一个滤池停产检修时,其他滤池在超负荷运行时的过滤速度。对于给水和微污染原水,单层石英砂滤池的正常滤速一般采用 $8\sim12\ \text{m/h}$,以无烟煤和石英砂为滤料的双层滤池一般采用的正常滤速为 $12\sim16\ \text{m/h}$。

(2)滤池总表面积

滤速确定之后,可按照式(4-58)计算滤池的总表面积($A$):

$$A = \frac{Q}{v} \tag{4-58}$$

式中,$Q$ 是设计流量,$\text{m}^3/\text{h}$;$v$ 是设计滤速,$\text{m/h}$。

(3)滤池个数

滤池个数的确定应考虑运行的灵活性,以及基建和运行费用的经济性两个方面,但一般不能少于 2 个。滤池数量较多时,运行管理比较灵活,强制滤速低,布水易均匀,反冲洗效果好,但建设成本高。滤池总表面积($A$)与个数($n$)的关系如表 4-12 所示。

表 4-12    滤池总表面积与个数的关系

| 滤池总表面积 $A/\text{m}^2$ | 滤池个数 $n$ | 滤池总表面积 $A/\text{m}^2$ | 滤池个数 $n$ |
| --- | --- | --- | --- |
| <30 | 2 | 150 | 4~6 |
| 30~50 | 3 | 200 | 5~6 |
| 100 | 3~4 | 300 | 6~8 |

(4)滤池结构尺寸

单个滤池的表面积 $a = \dfrac{A}{n}$。滤池的平面形状可为正方形或矩形。当 $a < 30\ \text{m}^2$ 时,宜选用正方形;当 $a > 30\ \text{m}^2$ 时,宜选用长宽比为 $(1.25:1)\sim(1.5:1)$ 的矩形。

滤池的总深度($H$),应包括底部配水系统高度、承托层厚度、滤层厚度、工作水深及保护高度,即

$$H = H_1 + H_2 + H_3 + H_4 + H_5 \tag{4-59}$$

式中,$H_1$ 为保护高度,一般取 $0.25\sim0.3\ \text{m}$;$H_2$ 为工作水深(滤层上面的水深),一般取 $1.5\sim2.0\ \text{m}$;$H_3$ 为滤层厚度,单层砂滤池一般取 $0.7\ \text{m}$,双层及多层滤料一般

取 $0.7 \sim 0.8\,\mathrm{m}$；$H_4$ 为承托层厚度，一般取 $0.4 \sim 0.45\,\mathrm{m}$；$H_5$ 为配水系统高度，一般大于 $0.2\,\mathrm{m}$。滤池总深度 $H$ 一般为 $3.0 \sim 3.5\,\mathrm{m}$。

**【例题 4-3】**　设计一座处理水量为 $50\,000\,\mathrm{m}^3/\mathrm{d}$ 的单层细砂滤料的普通快滤池，计算其主要尺寸。

**解**　根据题目要求设计处理水量为 $50\,000\,\mathrm{m}^3/\mathrm{d}$，可以知道每小时流量为

$$50\,000 \div 24 = 2083.3\,\mathrm{m}^3/\mathrm{h}$$

选用滤速 $10\,\mathrm{m}/\mathrm{h}$，计算滤池的总表面积 $A$：

$$A = 2083.3 \div 10 = 208.33\,\mathrm{m}^2$$

参照表 4-12 的内容，采用 6 个池子，其中一个备用，则每个池子的面积为

$$208.33 \div 5 = 41.67\,\mathrm{m}^2$$

滤池的平面形状选用长宽比为 $1.5 : 1$ 的矩形，经计算，每个池子长约为 $8\,\mathrm{m}$，宽约为 $5.3\,\mathrm{m}$。

滤池深度包括：卵石垫层 $0.4\,\mathrm{m}$，石英砂滤层 $0.7\,\mathrm{m}$，滤层上面最大水深 $1.88\,\mathrm{m}$（根据滤池水面与清水池进水堰顶的高差 $1.8\,\mathrm{m}$ 另加 $0.08\,\mathrm{m}$ 确定，$0.08\,\mathrm{m}$ 保证了滤层处于淹没状态，不致进气），保护高度 $0.3\,\mathrm{m}$。总深度为 $3.28\,\mathrm{m}$。

**（四）其他常见的滤池类型**

1. 虹吸滤池

虹吸滤池是一种利用虹吸作用来替代进水阀门和反冲洗水排水阀门的重力式滤池。一座虹吸滤池通常是由 $6 \sim 8$ 个单元滤池组成的一个整体。单元滤池之间采用真空系统或继电系统控制进水虹吸管和排水虹吸管进行连锁式的过滤和反冲洗运行。虹吸滤池的形状主要是矩形，处理水量较少时也可建成圆形。图 4-53 为圆形虹吸滤池构造和工作示意图。

（1）过滤阶段

经过澄清的水由进水槽 1 流入滤池上部的配水槽 2，经进水虹吸管 3 流入单元滤池进水槽 4，再经过进水堰 5 和布水管 6 流入滤池。水经过滤层 7 和配水系统 8 而流入集水槽 9，再经出水管 10 流入出水井 11，通过控制堰 12 由清水管 13 流出滤池。在过滤过程中滤层含污量不断增加，水头损失不断增大，要维持一定的滤速，则滤池内的水位应该不断地提升。当滤池内的水位上升到预定高度时，水头损失达到了最大允许值（一般采用 $1.5 \sim 2.0\,\mathrm{m}$），滤层就需要进行反冲洗。

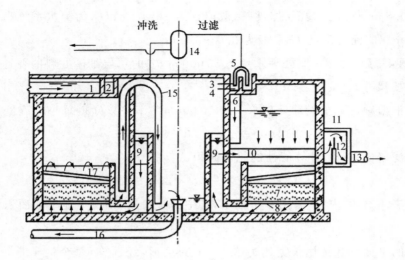

**图 4-53 圆形虹吸滤池构造和工作示意**

1. 进水槽；2. 配水槽；3. 进水虹吸管；4. 单元滤池进水槽；5. 进水堰；6. 布水管；7. 滤层；8. 配水系统；9. 集水槽；10. 出水管；11. 出水井；12. 控制堰；13. 清水管；14. 真空控制系统；15. 冲洗虹吸管；16. 冲洗排水管；17. 冲洗排水槽

（2）反冲洗阶段

破坏进水虹吸管 3 的真空之后，则配水槽 2 的水不再进入滤池，滤池继续过滤。滤池内水位开始下降较快，但很快就无显著下降，此时就可以开始反冲洗。利用真空控制系统 14 抽出冲洗虹吸管 15 中的空气，使它形成虹吸，并把滤池内的存水通过冲洗虹吸管 15 抽到池中心的下部，再由冲洗排水管 16 排走。此时滤池内水位降低，当集水槽 9 的水位与池内水位形成一定的水位差时，反冲洗工作就正式开始了。反冲洗流程与普通快滤池相似。当滤料冲洗干净后，破坏冲洗虹吸管 15 的真空，反冲洗立即停止。启动进水虹吸管 3，滤池又可以开始过滤。

虹吸滤池采用小阻力配水系统，因此可以借出水堰顶与冲洗排水槽顶之间的高差作为反冲洗所需的水头。反冲洗水头一般采用 $1.0\sim1.2$ m，平均冲洗强度一般采用 $10\sim15$ L/$(m^2 \cdot s)$，反冲洗历时 $5\sim6$ min。

2. 重力式无阀滤池

一般快滤池均设有复杂的管道系统及各种控制阀门，操作步骤相当复杂，建设和运行维护成本都较高。无阀滤池是利用水力学原理，通过进出水的压差自动控制虹吸过程的产生和破坏，从而实现滤池的自动运行。无阀滤池有重力式和压力式两种，前者应用较广。图 4-54 为重力式无阀滤池的构造及工作过程示意。

（1）过滤过程

原水自进水管 2 进入滤池后,自上而下穿过滤层 6,滤后水经排水系统 7、8、9,通过联络管 10 进入顶部冲洗水箱 11,待水箱充满后,滤后水由出水管 12 溢流排出至清水池。

（2）反冲洗过程

随着过滤时间的延长,过滤阻力逐步增加,与进水连通的虹吸上升管 3 中的水位不断上升。当其达到虹吸辅助管 13 的管口时,水从辅助管下落,通过水射器 20 由抽气管 14 抽吸虹吸管顶部的空气。在短时间内,虹吸管因出现负压,使虹吸上升管 3 和虹吸下降管 15 中的水位上升汇合,形成虹吸。冲洗水箱 11 中的水便从联络管 10 经排水系统反向流过滤层,再经虹吸上升管 3 和虹吸下降管 15 进入排水井 16 排走,即为反冲洗过程。直至冲洗水箱 11 内水位下降至虹吸破坏管 18 的管口以下时,虹吸管吸进空气,虹吸破坏,反冲洗结束。滤池恢复自上而下的过滤过程。

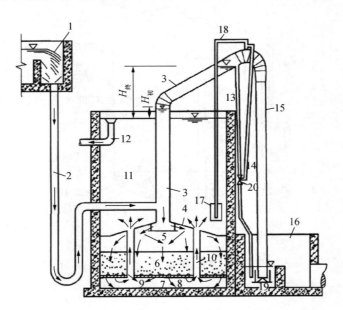

**图 4-54　重力式无阀滤池的构造及工作过程示意**

1. 进水配水槽;2. 进水管;3. 虹吸上升管;4. 顶盖;5. 配水挡板;6. 滤层;7. 滤头;8. 垫板;9. 集水空间;10. 联络管;11. 冲洗水箱;12. 出水管;13. 虹吸辅助管;14. 抽气管;15. 虹吸下降管;16. 排水井;17. 虹吸破坏斗;18. 虹吸破坏管;19. 锥形挡板;20. 水射器

因冲洗水头有限,无阀滤池常采用小阻力配水系统。无阀滤池的冲洗强度可用升降锥形挡板 19 进行调整。初始反冲洗强度一般采用 12 L/(m² · s),终末强度为 8 L/(m² · s),滤层膨胀率为 30%～50%,反冲洗历时 3.5～5.0 min。

### 3. 压力滤池

压力滤池是密闭的钢罐，内部装有和快滤池相似的配水系统和滤料等，利用外加的压力克服滤池阻力进行工作。在工业给水处理中，它常与离子交换软化器串连使用，过滤后的水一般可以直接送到用水点。

压力滤池分竖式和卧式，竖式滤池有现成的产品，直径一般不超过 3 m。卧式滤池直径不超过 3 m，但长度可达 10 m。

压力滤池的构造如图 4-55 所示，其工作流程与普通快滤池类似。滤料的粒径和厚度都比普通快滤池大，分别为 0.6~1.0 mm 和 1.1~1.2 m。滤速一般采用 8~10 m/h 以上，甚至更大。配水系统多采用小阻力系统中的缝隙式滤头。压力滤池的水头损失可允许达 5~6 m，甚至 10 m 以上。反冲洗常用空气助洗和压力水反冲洗的混合方式，以节省冲洗水量，提高反冲洗效果。

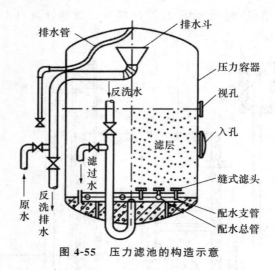

**图 4-55    压力滤池的构造示意**

表 4-13 总结了上述不同滤池的优缺点以及适用条件，在应用中需要根据实际情况进行科学选型。

**表 4-13    常见滤池的优缺点及适用条件**

| 类型 | 优点 | 缺点 | 适用条件 |
|---|---|---|---|
| 普通快滤池（单层） | ① 运行管理可靠，有成熟的运行经验；<br>② 采用石英砂作为滤料，材料易得，价格便宜；<br>③ 采用大阻力配水系统，单池面积较大，池深较浅 | ① 阀门比较多，易渗漏；<br>② 需要专门的冲洗设备 | ① 适用进水浊度小于 20 mg/L，短期内可小于 50 mg/L；<br>② 适用于大、中、小型水厂 |

（续表）

| 类型 | 优点 | 缺点 | 适用条件 |
|------|------|------|----------|
| 普通快滤池（双层） | ① 滤速比单层滤池高；<br>② 纳污能力较大（约为单层滤料的 1.5～2.0 倍），工作周期较长；<br>③ 无烟煤做滤料易取得，成本低 | ① 滤料选择严格；<br>② 冲洗操作较严格，常因煤粒不符合规格发生跑煤现象；<br>③ 煤和砂之间易积泥 | ① 适用中、小型水厂；<br>② 进水浊度小于 150 mg/L |
| 虹吸滤池 | ① 不需大型闸阀及电动、水力等控制设备；<br>② 能利用滤池本身的水位反冲洗，便于实现自动控制 | ① 池深较大（一般为 5～6 m）；<br>② 冲洗水头受池深限制，有时冲洗效果不够理想 | ① 适用于中、小型水厂；<br>② 进水浊度小于 20 mg/L |
| 重力式无阀滤池 | ① 运行全部自动，操作方便，工作稳定可靠；<br>② 结构简单，材料节省，造价比普通快滤池低 30%～50% | ① 滤池的总高度较大；<br>② 滤池反冲洗时，进水照样进水，并被排走，浪费了一部分澄清水 | ① 适用于中、小型水厂；<br>② 进水浊度小于 20 mg/L；<br>③ 单池面积一般小于 25 m² |
| 压力滤池 | ① 不需要设置阀门，自动冲洗管理方便；<br>② 采用钢制，可成套定型制作，建设周期短 | ① 运行过程看不到滤层情况，清砂不便；<br>② 耗费钢材多，投资较大；<br>③ 工作周期较短 | ① 适用于小型水厂；<br>② 进水浊度小于 20 mg/L；<br>③ 可与除盐处理或软化处理串联使用，常用于工业给水处理 |

## 4.2.5　气浮

### （一）气浮的理论基础

气浮法是利用高度分散的微小气泡作为载体去黏附水中的悬浮颗粒，使其形成表观密度小于水的漂浮絮体，从而上浮至水面，再加以分离去除的一种水处理方法。气浮分离的对象是密度接近或小于水的疏水性固体颗粒或液体悬浮物质，如细沙、纤维、藻类及乳化油滴等，是一种有效的固—液和液—液分离方法。

1. 气浮原理

气浮法处理过程包括气泡产生、气泡与颗粒（固体或液滴）黏附、上浮分离等步骤，实现气浮分离必须满足以下基本条件：① 必须向水中提供足够数量的微小气泡，气泡的理想尺寸为 15～30 μm；② 必须使水中的污染物质呈悬浮状态；③ 必须使气泡与悬浮物质产生黏附作用，尽量保证悬浮物的疏水性。微小气泡与悬浮颗粒的黏附主要有气固吸附、气泡顶托以及气泡裹挟三种形式，如图 4-56 所示。

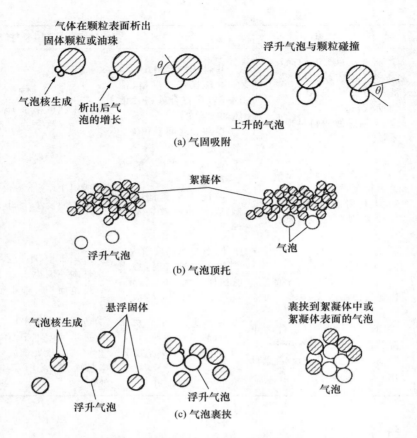

图 4-56    微小气泡与悬浮颗粒的三种黏附形式

气浮过程涉及气、液、固三相介质,在各个不同介质的表面会因为受力不平衡而产生表面张力(或称为界面张力),即具有表面能(或称为界面能)。界面能($\omega$)的大小可以用式(4-60)表示:

$$\omega = \gamma \cdot S \tag{4-60}$$

式中,$\gamma$—界面张力,N/m;$S$—界面面积,$m^2$。

界面能有降低到最小的趋势。当水中有气泡存在时,悬浮颗粒就趋向黏附在气泡上而降低其界面能。但是,并非所有的颗粒都能黏附上去,这取决于水对该种颗粒的润湿性(颗粒的亲疏水性)。一般而言,疏水性颗粒易与气泡黏附,而亲水性颗粒难以与气泡黏附。

水对各种物质润湿性的大小,可用它们与水的接触角 $\theta$(以对着水的角为准)来衡量。$\theta < 90°$,即为亲水性物质;$\theta > 90°$,即为疏水性物质。这种关系可以从图 4-57 中表示的颗粒与水接触面积(被水润湿的面积)的大小看出。

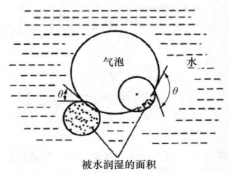

**图 4-57　亲水性和疏水性物质的接触角**

当气泡与颗粒共存于水中时,二者黏附前的体系界面能为

$$\omega_1 = \gamma_{水-气}\, S_{水-气} + \gamma_{水-粒}\, S_{水-粒} \tag{4-61}$$

黏附之后,黏附面积为 1 m² 时的体系界面能为

$$\omega_2 = \gamma_{水-气}(S_{水-气} - 1) + \gamma_{水-粒}(S_{水-粒} - 1) + \gamma_{气-粒} \times 1 \tag{4-62}$$

由此,该体系界面能的变化值(即减小值)为

$$\Delta\omega = \omega_1 - \omega_2 = \gamma_{水-气} + \gamma_{水-粒} - \gamma_{气-粒} \tag{4-63}$$

根据热力学原理,气泡和颗粒的黏附过程是向该体系界面能减小的方向自发进行的。界面能的减小值 $\Delta\omega$ 即为挤开气泡和颗粒之间的水膜所做的功,$\Delta\omega$ 越大,则气泡与颗粒之间的黏附作用越强。

当颗粒在水中处于平衡状态时,如图 4-58 所示,水、气、固三相界面张力的关系为

$$\gamma_{水-粒} = \gamma_{水-气} \cos(180° - \theta) + \gamma_{气-粒} \tag{4-64}$$

将上式代入式(4-63),可得

$$\Delta\omega = \gamma_{水-气}(1 - \cos\theta) \tag{4-65}$$

根据式(4-65)可知,水中的污染物质能否与气泡发生黏附,主要取决于该类物质与水的接触角。当 $\theta \to 0°$,$\Delta\omega \to 0$,这类物质亲水性强,不易与气泡黏附,无法用气浮法去除;当 $0° < \theta < 90°$,$\Delta\omega < \gamma_{水-气}$,这类物质虽然可以与气泡黏附,但是黏附不牢;当 $90° < \theta < 180°$,$\Delta\omega > \gamma_{水-气}$,这类物质与气泡黏附较牢固,容易气浮;当 $\theta \to 180°$,$\Delta\omega \to 2\gamma_{水-气}$,这类物质疏水性强,最易与气泡黏附,很适合用气浮法去除。例如,对于乳化油类,$\theta > 90°$,其本身相对密度又小于 1,使用气浮法分离就非常有效。

另外,从式(4-65)还可看出,水中颗粒与气泡发生黏附的潜力也与水的表面张力 $\gamma_{水-气}$ 有关。$\gamma_{水-气}$ 越小,则该种废水中的颗粒气浮活性就越低。例如:含表面活性剂类物质多的废水,其表面张力小,用气浮法处理的效果就比较差。

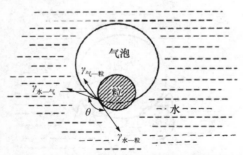

图 4-58    水—颗粒—气泡之间的表面张力

### 2. 浮选剂的作用

根据气浮原理,若要使用气浮法分离亲水性物质,如纸浆纤维、煤粒、重金属离子等,则需要在废水中投加浮选药剂,选择性地将亲水性污染物变成疏水性物质。浮选剂大多由极性—非极性分子所组成,其极性端含有—OH、—COOH、—$SO_3H$、—$NH_2$ 等亲水基团,非极性端则主要是烃链,如硬脂酸 $C_{17}H_{35}COOH$。在气浮处理过程中,浮选剂的极性基团可以选择性地被亲水性物质吸附,非极性端则朝向水,从而使亲水颗粒转变为具有疏水性表面的颗粒,进而与气泡发生黏附,如图 4-59 所示。

浮选剂的种类有很多,如松香油、石油及煤油产品,脂肪酸及其盐类,表面活性剂等。对不同类型的废水,应根据试验选择合适的品种和投加量,必要时可参考工业浮选的工艺资料。

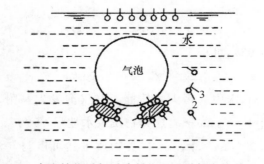

图 4-59    亲水性物质与浮选剂作用后对气泡的黏附示意

1. 亲水性物质;2. 极性基;3. 非极性基

此外,混凝剂也有助于气浮过程的实现。各种无机或有机高分子混凝剂在水中与悬浮颗粒形成的絮凝体为网状结构,在气泡上升过程中,能吸附、截留气泡,将气泡包裹在絮凝体内,从而靠气泡的浮力将絮凝体带到水面。

### (二) 气浮法的类型及设备

气泡在水中的分散程度和尺寸大小是影响气浮效率的重要因素,因此,气浮法一般根据产生微小气泡的方式来分类,主要可分为:分散空气气浮法、溶解空气气浮法、电解气浮法。

1. 分散空气气浮法

常见的分散空气气浮法有微孔曝气气浮法、剪切气泡气浮法以及射流曝气气浮法等。

(1) 微孔曝气气浮法

图 4-60 是微孔曝气气浮法装置示意。将压缩空气直接打入装在气浮池底的扩散板或微孔管、穿孔管、帆布管中,使空气形成细小的气泡进入废水中进行气浮。该方法的优点是简单方便,易于操作,但也存在空气扩散装置的微孔易堵塞、气泡尺寸较大、气浮效果不好等缺点。

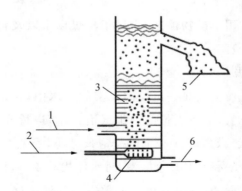

**图 4-60　微孔曝气气浮法装置示意**
1. 入流液;2. 空气进入;3. 分离柱;4. 微孔扩散设备;5. 浮渣;6. 出流液

(2) 剪切气泡气浮法

图 4-61 是剪切气泡气浮法装置示意。将空气引入一个高速旋转混合器或叶轮机的周围,通过其高速旋转产生的剪切力,将引入的空气切割粉碎,从而形成微小的气泡。该法的特点是设备不易堵塞,但产生气泡较大,上升速度较快,对水体扰动较剧烈,可能破坏絮凝体。该法适用于处理水量不大,但污染物浓度较高的废水。例如:在处理含油废水时,其除油效率可达到 80% 左右。

(3) 射流曝气气浮法

射流曝气气浮法,即利用射流器将水从其喷嘴高速喷出,周围空气被卷带一同进入射流器喉管和扩散管,使空气与水充分混合并减压变成微小气泡,在气浮池内

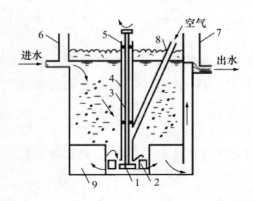

**图 4-61　剪切气泡气浮法装置示意**
1. 叶轮；2. 盖板；3. 转轴；4. 轴套；5. 叶轮叶片；6. 导向叶片；
7. 循环进水孔；8. 进气管；9. 整流板

上升进行气浮。该法所需设备比较简单，但气泡尺寸较大，导致单位体积气泡总面积不大，影响气浮效果。

分散空气气浮法常用于矿物浮选，也用于洗煤废水以及含油脂、羊毛和大量表面活性剂废水的初级处理。

2. 溶解空气气浮法

溶解空气气浮法是使空气在一定压力下溶解于水中，并达到饱和状态，然后在减压条件下析出溶解空气，形成大量的微细气泡，从而进行气浮分离。该法的特点是：① 气体溶解量大，经减压释放产生的气泡尺寸小，一般为 $20 \sim 100\ \mu m$，且气泡大小比较均匀；② 气泡在水中上升速度慢，对水体扰动较小，特别适用于松散、细小絮凝体的固液分离。因而，其气浮效果比分散空气气浮法好，在实际水处理工程中应用更多。

根据气泡从水中析出时的压力不同，溶解空气气浮法又可分为溶气真空气浮法和加压溶气气浮法。

（1）溶气真空气浮法

图 4-62 是溶气真空气浮法装置示意。采用常压溶解空气，使废水中的空气溶解量接近于常压下的饱和值，然后将废水引入低于常压的气浮池分离区，则预先溶解于水中的空气在负压条件下析出，形成微小的气泡。该法的优点是溶气压力比加压溶气法低，能耗成本小；缺点是气浮池要维持负压，设备需要密闭，构造更加复杂，运行维护困难，因此在生产中应用不多。

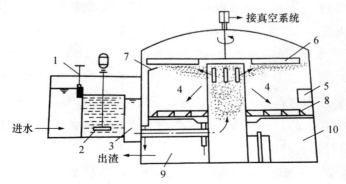

**图 4-62　溶气真空气浮法装置示意**
1. 流量调节器；2. 曝气器；3. 脱气井；4. 分离区；5. 环形出水槽；6. 刮渣板；
7. 集渣槽；8. 池底刮泥板；9. 出渣室；10. 设备及操作间

（2）加压溶气气浮法

　　加压溶气气浮法是在加压条件下，将空气溶解于水中，然后通过将压力降至常压而使过饱和溶解的空气以细微气泡的形式释放出来。该法的特点是气体溶解量大、产生气泡多且尺寸小，设备运行和维护较为简单方便，因而是目前最常用的气浮处理工艺。

　　加压溶气气浮法根据加压溶气水的来源不同，又可分为三种工艺流程：① 全加压溶气流程，即将全部的入流废水进行加压溶气，再经过减压释放装置进入气浮池；② 部分加压溶气流程，即将部分入流废水进行加压溶气，而其余废水直接进入气浮池；③ 部分回流加压溶气流程，即将部分已经过处理的澄清液进行回流并加压溶气，入流的废水则直接进入气浮池。部分回流加压溶气气浮的加压溶气水为经过气浮处理的澄清水，可避免废水中的杂质对溶气及减压释放过程造成的不利影响，因而是目前最常用的气浮处理流程。图 4-63 是部分回流加压溶气气浮法装置示意。

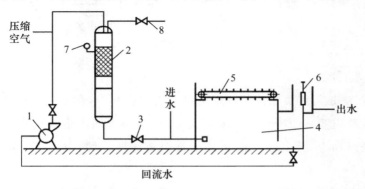

**图 4-63　部分回流加压溶气气浮法装置示意**
1. 加压泵；2. 压力溶气罐；3. 减压阀；4. 分离区；5. 刮渣机；6. 水位调节器；
7. 压力表；8. 放气阀

　　加压溶气气浮装置系统主要由压力溶气设备、溶气释放设备和气浮分离设备(气浮池)等构成。

　　① 压力溶气设备,包括加压泵、供气设备、压力溶气罐等。加压泵的作用是提升入流水,将水、气以一定压力送至压力溶气罐。压力溶气罐的作用是使空气与水充分接触、溶解,罐内常设若干隔板或填料,可提高溶气效率。溶气时间一般采用2～4 min,工作压力为 0.4～0.5 MPa。供气方式可采用在水泵压水管上设置射流器或采用空气压缩机。

　　② 溶气释放设备,包括减压阀、溶气释放喷嘴、释放器等。溶气水经过减压释放装置,反复地受到收缩、扩散、碰撞、挤压、涡旋等作用,压力迅速消失,水中溶解的空气以极细的气泡释放出来。

　　③ 气浮池,目前常用的构型均为敞开式水池,与普通沉淀池构造基本相同,分为平流式(图 4-64)和竖流式(图 4-65)两种。平流式气浮池的有效水深一般取2.0～2.5 m,长宽比一般为(2∶1)～(3∶1),一般单格宽度不宜超过 6 m,长度不宜超过 15 m。竖流式气浮池的有效深度一般取 4～5 m,长宽或直径一般在 9～10 m,其优点是接触室在池中央,水流向四周扩散,水力条件较好,缺点是容积利用率较低。

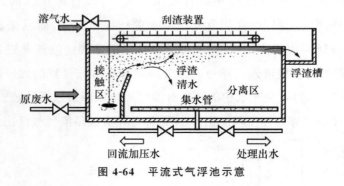

图 4-64　平流式气浮池示意

3. 电解气浮法

　　电解气浮法是将正负相间的多组电极浸泡在废水中,在5～10 V直流电的作用下,作为稀电解质溶液的废水发生电解反应,正负两极间产生氢气和氧气的微小气泡,黏附于悬浮物上,使其上浮至水面而被分离去除。图 4-66 是电解气浮法装置示意。

　　电解气浮法的特点是产生的气泡很小,直径为 10 μm 左右,远小于加压溶气气浮法所产生的气泡直径,因而在上升过程中不会引起剧烈的水体扰动,特别适用于

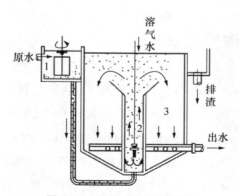

**图 4-65　竖流式气浮池示意**
1. 混合室；2. 接触室；3. 分离室

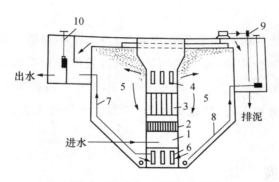

**图 4-66　电解气浮法装置示意**
1. 入流室；2. 整流栅；3. 电极组；4. 出流孔；5. 分离室；6. 集水孔；
7. 出水管；8. 沉淀排泥管；9. 刮渣机；10. 水位调节器

脆弱絮状悬浮物的去除，气浮效果很好。

　　电解气浮法主要用于工业废水处理，处理水量在 $10\sim20\ m^3/h$，由于电耗高、操作运行管理复杂以及电解结垢等问题，较难用于大型生产。

　　总的来看，气浮法在水处理领域内主要用于洗煤水、石油、造纸、食品和电镀等工业废水的处理。在给水处理中也常用作饮用水的前处理措施，特别是对于含藻的湖水或水库水，以及低温、低浊水，是一种较好的处理方法。

　　气浮法的主要优点是处理效率较高，一般只需 $10\sim20\ min$ 即可完成固液分离，且占地较少；生成的污泥比较干燥，表面刮泥也较方便；在处理废水时由于向水中曝气，增加了水中的溶解氧，有利于后续的生化处理。

　　气浮法的缺点在于电耗成本较大，设备的维修与管理工作量增加，特别是减压阀、释放器或射流器等易被堵塞。

## 4.3    水中溶解物质的去除

天然水和废水中的溶解物质包括各种离子、溶解气体以及有机物。对于天然水:离子中含量较多的是 $Ca^{2+}$、$Mg^{2+}$、$Na^{+}$、$K^{+}$、$Fe^{2+}$、$Mn^{2+}$ 等阳离子和 $HCO_3^-$、$SO_4^{2-}$、$Cl^-$、$NO_3^-$、$SiO_3^{2-}$ 等阴离子;溶解气体主要有 $O_2$、$CO_2$、$NH_3$、$H_2S$、$CH_4$ 等;有机物主要与生命活动有关,包括碳水化合物(多糖、单糖等)、含氮有机物(胞外蛋白、球蛋白、氨基酸等)、类脂化合物(脂肪酸、脂肪醇、甘油、胆固醇等)、腐殖质、维生素以及其他简单有机化合物。对于各类废水,其中还含有重金属离子、人工合成有机物(有机农药、染料等)等溶解性物质,它们一般都有毒有害,是废水处理的主要目标物质。

去除水中溶解物质的方法主要有两大类:一类是将溶解物质从水中转移出去,如离子交换、吸附、膜分离等;另一类是将溶解物质进行化学转化或生物降解,如高级氧化法、电化学法以及各类生化处理法等。本节主要讨论基于物理和化学过程的离子交换、吸附、膜分离、高级氧化法等,而各类生化处理方法将在本书第 5 章中进行专门介绍。

### 4.3.1    离子交换

在第 3 章中,我们已知道水中的 $Ca^{2+}$、$Mg^{2+}$ 等二价金属阳离子会形成硬度,$HCO_3^-$、$CO_3^{2-}$ 等阴离子会形成碱度,而全部阴、阳离子的总量则称为水的含盐量。无论是生活饮用水还是工业用水,对水的硬度、碱度和含盐量都有一定的要求,因此很多情况下都要采取针对这些离子的处理措施。降低水中 $Ca^{2+}$、$Mg^{2+}$ 含量的处理称为水的软化,降低部分或全部含盐量的处理称为水的除盐。

常见的软化方法有加热软化法、药剂软化法以及离子交换法等。

加热软化法是借助加热升高温度,将碳酸盐硬度转化成溶解度很小的 $CaCO_3$ 和 $Mg(OH)_2$ 而沉淀出来,使水软化。此法不能降低非碳酸盐硬度,在家庭日常生活中很常用,在实际生产中很少采用。

药剂软化法是借助化学药剂把钙、镁盐类(包括非碳酸盐)转化成 $CaCO_3$ 和 $Mg(OH)_2$ 沉淀,从而达到软化目的。常用的有石灰法、石灰-纯碱法与石灰-石膏法。由于 $CaCO_3$ 和 $Mg(OH)_2$ 在水中仍然有很小的溶解度,所以经药剂软化法处理后的水还会含有少量的 $Ca^{2+}$、$Mg^{2+}$,这部分硬度称为残余硬度,它仍然会产生结垢等问题。

离子交换法是利用离子交换剂将水中的 $Ca^{2+}$、$Mg^{2+}$ 置换成 $Na^+$，其他阴离子成分不变，从而达到软化目的。该法对水中 $Ca^{2+}$、$Mg^{2+}$ 的去除效率高，效果远比加热法、药剂法好。

除盐的方法也有很多，如蒸馏法、电渗析法、反渗透法、离子交换法等，但以离子交换法除盐的应用最为广泛。因此，本节重点讨论作为软化和除盐主要方法的离子交换法。

### （一）离子交换剂

1. 离子交换反应

离子交换法的原理是不溶性离子化合物（离子交换剂）上的交换离子与溶液中的其他同性离子发生交换反应，这种交换反应是一种特殊的吸附过程，属于可逆性化学吸附，通常称为离子交换吸附。

离子交换是可逆反应，其反应式可表达为

$$RA + B^+ \Longleftrightarrow RB + A^+ \tag{4-66}$$

在平衡状态下，离子交换剂和溶液中的反应物浓度符合下列关系式：

$$K = \frac{[RB][A^+]}{[RA][B^+]} = \frac{[RB]/[RA]}{[B^+]/[A^+]} \tag{4-67}$$

式中，$[RA]$、$[RB]$—离子交换剂中 $B^+$、$A^+$ 的离子浓度；$[A^+]$、$[B^+]$—溶液中 $A^+$、$B^+$ 的离子浓度；$K$—平衡常数，或称平衡选择系数，同一种离子交换剂对不同离子交换反应的平衡选择系数不同。$K > 1$ 表示反应能顺利地向右进行，说明该离子交换剂对 $B^+$ 的亲和力大于对 $A^+$ 的亲和力，即有利于进行对 $B^+$ 的交换反应。

2. 离子交换剂

水处理中常用的离子交换剂有磺化煤和离子交换树脂。磺化煤是以天然煤为原料，经浓硫酸磺化处理后制成，但交换容量低、机械强度差、化学稳定性差，已逐渐被离子交换树脂取代。

离子交换树脂是人工合成的高分子聚合物，其化学结构包括两个部分：树脂本体（又称为母体或骨架）和活性基团。离子交换树脂的母体一般是苯乙烯的聚合物，它是在原料单体苯乙烯中加入一定数量的二乙烯苯作为交联剂，使苯乙烯聚合物并相互交联形成立体网状结构。交联剂与单体的质量比的百分数称为交联度。

树脂本体并不是离子化合物，只有经适当化学处理，加上活性基团后，才成为离子化合物，从而具备离子交换能力。活性基团由固定离子和活动离子（或称为交换离子)组成。固定离子固定在树脂的网状骨架上,活动离子则依靠静电引力与固定离子结合在一起,两者电性相反、电荷相等。离子交换树脂结构如图 4-67 所示。

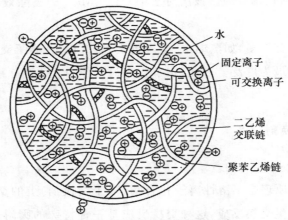

图 4-67 离子交换树脂结构示意

上述离子交换树脂的合成制备过程如下:

① 苯乙烯与二乙烯苯共聚得到交联聚苯乙烯;

② 上步反应中得到的交联聚苯乙烯不含活性基团,称为白球,将其用浓硫酸磺化,可得磺酸型阳离子交换树脂($RSO_3H$)。

其中的—$SO_3H$ 是活性基团,$H^+$ 为可交换离子。若在第二步反应中采用其他的处理条件,如氯甲基化、胺化等,则可以制备得到相应的阴离子交换树脂。

根据活性基团的不同,离子交换树脂可以分为:含有酸性基团的阳离子交换树脂,含有碱性基团的阴离子交换树脂,同时含有羧基和叔胺基的两性树脂,含有胺基羧基等基团的螯合树脂,以及含有氧化还原基团(如巯基、氢醌基等)的氧化还原树脂等。

对于阳离子和阴离子交换树脂,按照活性基团电离的强弱程度,又分为强酸性树脂(活性基团为—$SO_3H$)、弱酸性树脂(活性基团为—$COOH$)、强碱性树脂(活性基团为=$NOH$)和弱碱性树脂(活性基团有—$NH_3OH$、=$NH_2OH$、≡$NHOH$)。此外,活性基团中的交换离子 $H^+$ 和 $OH^-$ 可分别用 $Na^+$ 和 $Cl^-$ 替换。因此,阳离子交换树脂可分为氢型和钠型,阴离子交换树脂可分为氢氧型和氯型。钠型和氯型树脂也被称为盐型树脂。

根据离子交换树脂的孔隙特征,可以分为凝胶型、大孔型、多孔凝胶型树脂、巨孔型(MR 型)树脂和高巨孔型(超 MR 型)树脂。凝胶型树脂不具有物理孔隙,只有在浸入水中时才显示其分子链间的网状孔隙。大孔型树脂则无论在干态或湿态,用电子显微镜均能观察到孔隙结构。

根据离子交换树脂的颗粒尺寸,可分为粒径为 0.6~1.2 mm 的大粒径树脂,粒径为 0.3~0.6 mm 的中粒径树脂,以及粒径为 0.02~0.1 mm 的小粒径树脂。

### (二) 离子交换树脂的性能指标

1. 物理性能指标

离子交换树脂的物理性能指标主要有外观、粒度、密度、含水率、溶胀性、机械强度和耐热性等。

(1)外观

凝胶型离子交换树脂为透明或半透明的球体,大孔型树脂则为乳白色或不透明球体。优良的树脂圆球率高,无裂纹,颜色均匀,无杂质。

(2)粒度

树脂的粒度对离子交换速度、水流阻力和反冲洗有很大影响。粒度大,交换速度慢,交换容量低;粒度小,交换速度和交换容量都更大,但水流阻力大。一般树脂的粒径为 0.3~1.2 mm,有效粒径($d_{10}$)为 0.36~0.61 mm,均一系数($d_{40}/d_{90}$)为 1.22~1.66。均一系数越接近于 1,表明粒度越均匀。

(3)密度

树脂的密度有干真密度、湿真密度和湿视密度之分。干真密度是干燥恒重后的树脂质量与体积之比,一般为 $1.2\sim1.4~g/cm^3$,但该指标除生产厂家关注外,对应用者意义不大。水处理工程中常用的湿真密度和湿视密度都是在树脂含水状态下测得的。

① 湿真密度。指树脂在水中经充分膨胀后的颗粒密度,即湿树脂质量与其膨胀后颗粒的总体积(不包括颗粒之间的空隙体积)之比。湿真密度一般为 $1.04\sim1.35~g/mL$,通常阳离子树脂的湿真密度比阴离子树脂的大,强酸碱型的比弱酸碱型的大。在确定反冲洗强度和选择阴阳混合床树脂时要使用湿真密度。

② 湿视密度。指树脂在水中经充分膨胀后的堆积密度,即湿树脂质量与其膨胀后的堆积体积(包括颗粒之间的空隙体积)之比。树脂的湿视密度一般为 $0.6\sim0.85~g/mL$,常用来计算离子交换器内树脂的用量。

（4）含水率

含水率指在水中充分膨胀的湿树脂所含水分的质量占湿树脂总质量的百分数。树脂的含水率主要取决于树脂的交联度,反映了树脂网架中的孔隙率。交联度越小,孔隙率越大,含水率越高。一般树脂的含水率在 $50\%$ 左右。

（5）溶胀性

溶胀性指树脂由于吸水或转型等条件改变,而引起体积变化的现象。树脂由干变湿的体积膨胀称为绝对溶胀度;由一种可交换离子变为另一种可交换离子时的体积变化称为相对溶胀度。树脂的交联度越小,活性基团数量越多,越易离解,则绝对溶胀度越大;可交换离子水合半径越大,则相对溶胀度越大。强酸性阳离子树脂由 $Na^+$ 型转为 $H^+$ 型,以及强碱性阴离子树脂由 $Cl^-$ 型转为 $OH^-$ 型时,体积均会增加 $5\%\sim10\%$;反之则缩小。此外,电解质溶液的浓度越高,树脂的溶胀性越小。树脂在交换和再生过程中都会发生离子转型,因而体积有胀缩,多次反复地胀缩就会使树脂颗粒碎裂。

（6）机械强度

机械强度指树脂在使用过程中保持颗粒完整性的能力。树脂颗粒受到摩擦、碰撞、冲击以及胀缩作用,会发生破碎而导致损耗。树脂的机械强度主要取决于交联度,交联度越大,机械强度越高。实际应用中,一般要求树脂具有的机械强度应保证每年的损耗量不超过 $7\%$。

（7）耐热性

各种树脂均有一定的工作温度范围。温度过高,会使树脂的活性基团分解,降低其交换容量;温度过低,会使树脂内的水分结冰,而冻裂颗粒。一般控制树脂的保存和使用温度为 $5\sim40~℃$。通常阳离子树脂的最高耐受温度高于阴离子树脂。

2. 化学性能指标

离子交换树脂的化学性能指标主要有树脂的交联度、酸碱性、离子交换选择性和交换容量等。

（1）交联度

树脂在合成时采用的交联剂（如二乙烯苯）与原料单体（如苯乙烯）的质量之比的百分数称为交联度。交联度越大，则树脂的孔隙率越小，密度越大，离子扩散速率越低，对半径较大离子的交换量就越小；浸泡在水中时，其溶胀性就越低，机械强度越高，不易破碎。水处理常用树脂的交联度一般为 8%～12%。

（2）酸碱性与有效 pH 范围

树脂的活性基团在水溶液中可以离解出 $H^+$ 和 $OH^-$，从而表现出酸碱性。强酸、强碱性离子交换树脂活性基团的离解能力强，交换能力基本不受 pH 的影响；弱酸、弱碱性离子交换树脂活性基团的离解能力弱，交换能力受 pH 影响很大。因此，不同酸碱性树脂在实际应用中的有效 pH 范围也不一样，如表 4-14 所示。

表 4-14　不同酸碱性离子交换树脂的有效 pH 范围

| 树脂酸碱性 | 强酸性 | 弱酸性 | 弱碱性 | 强碱性 |
|---|---|---|---|---|
| 有效 pH 范围 | 1～14 | 5～14 | 1～7 | 1～12 |

（3）交换势

树脂对水中某种离子进行优先交换的能力，称为该离子的交换势，或称为树脂对该离子的选择性。如前所述，离子交换是可逆反应，根据反应平衡可计算其平衡常数 $K$，也称平衡选择系数。对于同一种树脂 RH，$K$ 值会因交换离子 $M^+$ 的不同而变化。$K$ 值越大，离子交换反应越容易发生，表明交换离子越容易取代树脂上的可交换离子，即交换离子与树脂之间的亲和力越大，也就是说该交换离子的交换势越大；反之，$K$ 值越小，则该交换离子的交换势越小。当水中含有多种离子时，交换势更大的离子将优先与树脂上的可交换离子进行交换。

不同离子交换势的大小受很多因素影响：除了对反应平衡常数有影响的温度和离子浓度外，也与离子本身的性质、树脂上活性基团的性能等有关。在实际水处理过程中，水和废水中的离子浓度相对较低，水温也变化有限，在这样的情况下，离子的交换势大致具有以下规律：

① 离子的化合价越高（所带电荷越多），其交换势越大；同价离子的原子序数越大（离子水合半径越小），其交换势越大。例如：

$$Th^{4+} > Al^{3+} > Ca^{2+} > Na^+$$

$$Cs^+ > Ag^+ > Rb^+ > K^+ > NH_4^+ > Na^+ > H^+ > Li^+$$

$$Ba^{2+} > Zn^{2+} > Cu^{2+} > Mn^{2+} > Ca^{2+} > Mg^{2+}$$

$$PO_4^{3-} > SO_4^{2-} > Cl^-$$

$$I^- > NO_3^- > Br^- > Cl^- > OH^- > F^- > HCO_3^- > HSiO_3^-$$

② $H^+$ 和 $OH^-$ 的交换势与树脂活性基团的性质关系密切。对于强酸性树脂，$H^+$ 的交换势介于 $Na^+$ 和 $Li^+$ 之间；对于弱酸性树脂，$H^+$ 的交换势最大，排在交换序列的首位。对于强碱性树脂，$OH^-$ 的交换势介于 $Cl^-$ 和 $F^-$ 之间；对于弱碱性树脂，$OH^-$ 的交换势最大，排在交换序列的首位。

③ 离子价位高的有机离子和金属络合离子的交换势通常都特别大。

④ 当水中离子浓度过高时，如 3 mol/L 以上，由于水合作用不充分，上述顺序有可能发生变化，需要通过试验来确定。

（4）交换容量

树脂最重要的性能指标就是交换容量，反映了树脂交换能力的大小。通常用单位质量的干树脂或单位体积的湿树脂所能交换的离子数量来表示交换容量。即

$$E_v = E_w \times (1 - 含水率) \times 湿视密度 \tag{4-68}$$

式中，$E_v$——单位体积湿树脂的交换容量，mmol/mL；$E_w$——单位质量干树脂的交换容量，mmol/g。

交换容量可分为全交换容量和工作交换容量。前者指树脂所含活性基团或可交换离子的总数量，可通过滴定法测出，树脂产品在出售时标出的交换容量即为此值，一般为 $2\sim5$ mmol/g；后者指在实际工作条件下所能交换的离子数量，一般只有全交换容量的 $60\%\sim70\%$。

3. 离子交换树脂的选用

离子交换法主要用于去除水中的溶解性盐类，选用树脂时应综合考虑原水水质、处理要求、工艺流程以及经济成本等因素。一般来说，树脂的选用可按照表 4-15 所示的原则进行。

表 4-15　离子交换树脂的选用原则

| 目标去除物质 | 宜选用树脂类型 |
| --- | --- |
| 无机阳离子、有机碱类物质 | 阳离子树脂 |
| 无机阴离子、有机酸类物质 | 阴离子树脂 |

（续表）

| 目标去除物质 | 宜选用树脂类型 |
| --- | --- |
| 重金属离子（如 $Hg^+$） | 螯合树脂 |
| 有机物（如苯酚） | 低交联度大孔型树脂 |
| 交换势大的离子 | 弱酸/弱碱性树脂 |
| 脱盐 | 强酸/强碱性树脂 |

　　当废水中含有多种不同的离子，可用不同树脂串联（复合床）进行多级处理，或使用不同树脂的混合床进行处理。

　　市面上离子交换树脂产品的种类繁多，为了避免识别上的混乱，我国颁布了《离子交换树脂分类、命名及型号》（GB/T 1631—2008）对树脂的命名规则进行了统一规定。

　　离子交换树脂的中文全名由分类名称、骨架（或基团）名称、基本名称组成。大孔型树脂在全名称前加"大孔"；酸性树脂在名称前加"阳"，碱性树脂在名称前加"阴"。例如，大孔型强酸性苯乙烯系阳离子交换树脂、弱酸性丙烯酸系阳离子交换树脂、弱碱性苯乙烯系阴离子交换树脂等。

　　离子交换树脂产品的型号由 3 位阿拉伯数字组成，第 1 位数字代表产品的分类，第 2 位数字代表骨架的差异，第 3 位数字用以区别基团、交联剂等的差异。第 1 位和第 2 位数字代表的意义，如表 4-16 所示。此外，大孔型树脂在型号前加"D"，凝胶型树脂的交联度可在型号后用"×"号连接数字表示。例如，D001×7 代表大孔型强酸性苯乙烯系阳离子交换树脂，其交联度为 7。

表 4-16　离子交换树脂型号中第 1 位和第 2 位数字的意义

| 数字 | 0 | 1 | 2 | 3 | 4 | 5 | 6 |
| --- | --- | --- | --- | --- | --- | --- | --- |
| 分类名称 | 强酸性 | 弱酸性 | 强碱性 | 弱碱性 | 螯合 | 两性 | 氧化还原 |
| 骨架名称 | 苯乙烯系 | 丙烯酸系 | 酚醛系 | 环氧系 | 乙烯吡啶系 | 脲醛系 | 氯乙烯系 |

### （三）离子交换法的工艺、设备及应用

**1. 离子交换法的工艺**

离子交换工艺的运行过程包括四个步骤：交换、反洗、再生和清洗。

（1）交换

　　交换过程就是产水过程，即离子交换剂上的可交换离子与原水中的其他同性离子之间进行交换，使原水得到软化或除盐的过程。交换过程运行时间的长短主要与树脂性能、树脂层高度、原水浓度、水流速度，以及再生程度等因素有关。用于软化

或除盐的交换流速一般为 $10\sim30$ m/h。当出水中欲去除的离子浓度达到限值时，应对树脂进行再生。

（2）反洗

再生之前要对树脂层进行反洗，目的在于松动树脂层，以便注入的再生液分布均匀，同时也及时清除积存在树脂层内的杂质、碎粒和气泡。反洗时应使树脂层膨胀 $40\%\sim60\%$。反洗流速约 15 m/h，历时约 15 min。

（3）再生

再生过程是交换反应的逆过程，使具有较高浓度的再生液流过树脂层，将已吸附的离子置换出来，从而使树脂的交换能力得到恢复。再生液的浓度对树脂再生程度有较大影响：在一定范围内，浓度越大则再生程度越高；但超过一定范围，再生程度反而下降。对于阳离子交换树脂，NaCl 再生液浓度一般为 $5\%\sim10\%$；盐酸再生液浓度一般为 $4\%\sim6\%$；硫酸再生液浓度则不应大于 $2\%$，以免再生时生成 $CaSO_4$ 沉淀附着在树脂颗粒上。

（4）清洗

清洗是将树脂层内残留的再生废液清洗掉，直到出水水质符合要求为止。清洗用水量一般为树脂体积的 $4\sim13$ 倍。

2．离子交换法的设备

离子交换法主要在离子交换器中实现，按照工艺进行方式的不同，离子交换器可分为固定床和连续床。

（1）固定床

固定床是将离子交换树脂装填于塔或罐内，以类似过滤的方式运行，树脂层保持不动。按照树脂的装填形式，固定床可以分为单层床（只含有一种树脂）、双层床（两种树脂分层装填）和混合床（两种树脂按一定比例混合后装填）。

在水处理中，单层床离子交换装置是最常用、最基本的一种形式。离子交换系统一般包括：预处理设备（用以去除悬浮物，防止离子交换树脂受污染和交换床堵塞，一般采用砂滤器）、离子交换器和再生附属设备（再生液配制设备）。固定床离子交换装置按照再生液进液的形式，可以分为顺流再生固定床、逆流再生固定床、分流再生固定床等类型，图 4-68 为顺流再生固定床离子交换器示意。

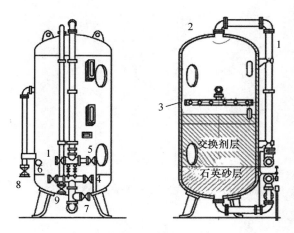

**图 4-68　顺流再生固定床离子交换器示意**
1. 进水管；2. 进水装置；3. 进再生液装置；4. 出水管；5. 反洗排水管；6. 清洗液排水管；
7. 反洗进水管；8. 进再生液管；9. 排空气管

固定床离子交换器的设计计算，可根据物料平衡原理，即

$$AhE = Q(c_0 - c)T \qquad\qquad (4\text{-}69)$$

式中，$A$—离子交换器截面积，$m^2$；$h$—树脂层高度，m；$E$—树脂的工作交换容量，mmol/L；$Q$—进水平均流量，$m^3/h$；$c_0$—进水浓度，mmol/L；$c$—出水浓度，mmol/L；$T$—交换周期，即产水时间，h。

一般离子交换器都有定型的产品，其尺寸和树脂装填高度均已确定，因此可以根据式(4-69)计算交换周期。如自行设计，则可考虑 $h$ 取 1.5～2.0 m，交换周期一般取 8～10 h，则根据式(4-69)可计算离子交换器的截面积 $A$。

（2）连续床

固定床内的树脂不能一边交换一边再生，树脂层的交换能力使用不均匀，上层饱和程度高，下层则交换很少，导致实际的交换区厚度远小于树脂层厚度，因此树脂和容器利用效率均较低，而且再生和反洗时必须停止交换和产水。为了克服上述缺陷，实际工程中逐渐发展出连续床离子交换的工艺形式，即将交换、反洗、再生和清洗等过程分置在不同的单元中，通过自动控制实现各个单元独立运行，从而使整体工艺保持连续运行。图 4-69 显示了一种常用的转盘式连续床离子交换装置，一定数量的树脂柱排布在转盘系统上，通过圆盘的转动和阀口的切换，使各个树脂柱在一个工艺循环中同时进行不同的步骤，实现了连续产水。

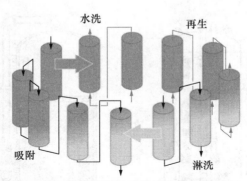

**图 4-69   转盘式连续床离子交换装置示意**

3. 离子交换法的应用

（1）在给水处理中的应用

离子交换法在给水处理中主要用于水质软化与除盐。

水质软化一般采用 $Na^+$ 型阳离子交换树脂填充的固定型单层床,如图 4-70 所示。原水(硬水)通过离子交换柱后,水中 $Ca^{2+}$、$Mg^{2+}$ 被交换去除,$Na^+$ 被从树脂上交换下来,从而使水得到软化。树脂逐渐转为 $Ca^{2+}$、$Mg^{2+}$ 型,当树脂交换饱和时,需用高浓度 NaCl 溶液再生。

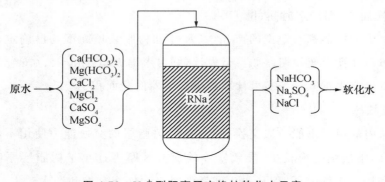

**图 4-70   $Na^+$ 型阳离子交换柱软化水示意**

水的除盐通常采用 $H^+$ 型阳离子交换柱与 $OH^-$ 型阴离子交换柱的串联工艺,其工艺流程如图 4-71 所示。当原水通过阳离子交换柱时,其中的各种金属离子 $M^+$ 被 $H^+$ 交换去除,其出水 pH 显酸性;再通过阴离子交换柱时,水中的各类酸根 $A^-$ 被 $OH^-$ 交换去除,由此,出水中的含盐量可大幅降低。饱和的阳、阴离子交换树脂需要分别使用酸(如 HCl)、碱(如 NaOH)溶液进行再生处理。

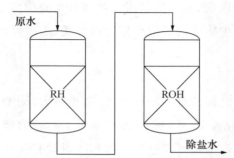

图 4-71　$H^+$ 型与 $OH^-$ 型离子交换柱除盐示意

（2）在废水处理中的应用

离子交换法已广泛应用于含重金属废水的处理与金属回收。例如：去除废水中的铬、铜、锌、镉、汞、金、银、铂等金属以及净化放射性废水（尤其是含量较低的放射性废水）等。电镀废水中的 $Cr^{3+}$、$Cu^{2+}$ 等含量很高，可采用强酸性阳离子树脂进行回收利用。

离子交换法还可以用于去除或回收工业废水中的酚类、$NH_4^+$ 等物质。例如：采用大孔型弱碱性离子交换树脂去除含酚废水中的苯酚、氯酚等；采用强酸性阳离子交换树脂去除化肥厂废水中的 $NH_4^+$。

近年来，离子交换法也在污水厂污泥的处理中得到应用，主要是去除和回收污泥中的重金属以及回收磷元素。例如，先使用酸性浸出剂使污泥中的结合态重金属转化为溶解态，再使用强酸性阳离子交换树脂去除游离的重金属离子。此外，处理后污泥（如污泥厌氧消化液、脱水滤液以及污泥灰）中的磷含量较高，可采用大孔型阴离子交换树脂回收其中的磷元素。

## 4.3.2　吸附

在水处理实践中，吸附法主要用于去除溶解性有机物，也能去除人工合成洗涤剂、重金属、放射性物质以及微生物如细菌、病毒等，还具有较好的脱色、除臭效果。

### （一）吸附理论基础

1. 吸附机理及类型

吸附是指在相界面上，物质自动发生累积或浓集的现象。吸附作用可以发生在不同的相界面上，如气-液、气-固、固-液界面等，但水处理中的吸附法主要是利用比表面积大的多孔性固体物质表面对水溶液中污染物的吸附去除。具有吸附能力的多孔性固体物质称为吸附剂,水中被吸附的物质称为吸附质。

根据固体表面对水中物质的吸附作用力的性质,吸附可以分为物理吸附和化学吸附两种类型。

(1) 物理吸附

由吸附剂与吸附质之间的分子间作用力(范德华力)而产生的吸附,称为物理吸附。物理吸附不发生化学反应,所需活化能小,相应的吸附热也较小,一般在 41.9 kJ/mol 以内,在低温下就可以进行。物理吸附没有选择性,一种吸附剂可以吸附多种吸附质,可形成单分子吸附层或多分子吸附层,吸附质也不是在吸附剂表面的特定位置上被吸附固定。被吸附的分子由于热运动容易离开吸附剂表面,这种现象被称为解吸(或称脱附)过程,是吸附的逆过程。

(2) 化学吸附

吸附剂与吸附质之间发生化学反应形成较为牢固的化学键而产生的吸附,称为化学吸附。化学吸附一般在较高温度下进行,需要一定的活化能,吸附热较大,一般为 83.7~418.7 kJ/mol。化学吸附具有选择性,一种吸附剂只能对某种或几种特定的吸附质产生吸附作用。吸附质在吸附剂表面只能形成单分子吸附层,且不能自由移动。当吸附质与吸附剂之间的化学键力很大时,解吸过程就不容易发生。一般而言,化学吸附产生的吸附作用力比物理吸附更强,因而吸附质的脱附难度更大。

在实际的吸附过程中,物理吸附和化学吸附一般不是单独发生的,而是相伴发生,水处理中的吸附通常是两种吸附机制综合作用的结果。物理吸附和化学吸附在一定条件下也可以互相转化,例如,某些物质在较低温度下主要进行物理吸附,而在较高温度下则会转为化学吸附。

无论是依靠分子间作用力的物理吸附,还是依靠化学反应形成化学键的化学吸附,都属于吸附剂与吸附质分子之间的吸附,因而统称为分子吸附。如果吸附质的离子因静电引力作用而转移到吸附剂表面的带电点上,并置换出原先固定在这些带电点上的其他离子,这种现象则称为离子吸附,前面已讨论的离子交换就属于离子吸附,故其又可称为离子交换吸附。

2. 吸附平衡与吸附等温线

吸附与解吸是一个可逆的平衡过程。当吸附速度和解吸速度相等,即单位时间内吸附的物质的量等于解吸的物质的量时,吸附质在吸附剂表面的浓度与在溶液中的浓度都不再发生变化,即为吸附平衡。

吸附平衡时,溶液中吸附质的浓度称为平衡浓度 $\rho_e$(mg/L),单位吸附剂所吸附的物质的质量称为平衡吸附量 $q_e$(mg/g),简称吸附量。平衡吸附量表征了吸附剂吸附能力的大小,是选择吸附剂和设计吸附装置的重要依据。

对特定的吸附体系,平衡吸附量是吸附质浓度和温度的函数,当温度不变时,平衡吸附量主要是吸附质浓度的函数。为了确定吸附剂对吸附质的吸附能力,需要通过吸附试验测定平衡吸附量:在一定温度下,向一定体积和一定初始浓度的吸附质溶液中,投加一定量的吸附剂,充分搅拌混合,直至溶液中吸附质的剩余浓度保持稳定不变,即达到吸附平衡,从而有

$$q_{e} = \frac{V(\rho_{0} - \rho_{e})}{W} \tag{4-70}$$

式中,$V$—溶液体积,L;$W$—吸附剂质量,g;$\rho_{0}$、$\rho_{e}$—吸附质的初始浓度和平衡浓度,mg/L;$q_{e}$—平衡吸附量,mg/g。

在一定温度下,平衡吸附量 $q_{e}$ 与相应的平衡浓度 $\rho_{e}$ 之间的关系曲线即为吸附等温线,描述吸附等温线的数学表达式则称为吸附等温式。吸附等温线按形状可分为几种不同的类型,其中有代表性的为:Langmuir 型、BET 型和 Freundlich 型,如图 4-72 所示。

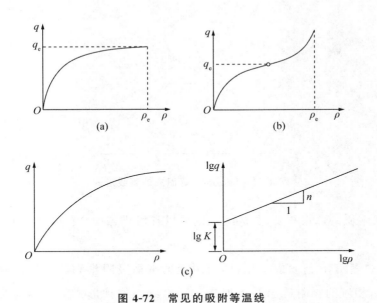

**图 4-72　常见的吸附等温线**
(a) Langmuir 型;(b) BET 型;(c) Freundlich 型(对数形式和直线形式)

(1) Langmuir 型等温线

Langmuir 假设:吸附剂表面具有均匀的吸附能力,所有的吸附机理相同;被吸附的吸附质分子之间没有相互作用力,不影响其他分子的吸附;吸附质在吸附剂表面的各个吸附位点之间不会发生转移;吸附质在吸附剂表面只形成单分子层吸附,

当吸附剂表面饱和时,其吸附量达到最大值。

由上述假设推导出的吸附等温式即为 Langmuir 等温式,符合此种吸附等温线的吸附也被称为单分子层吸附。

平衡浓度($\rho$)和平衡吸附量($q$)的关系用 Langmuir 公式表示如下:

$$q = \frac{ab\rho}{1 + b\rho} \tag{4-71}$$

式中,$a$——与最大吸附量有关的常数;$b$——与吸附能有关的常数。

将式(4-71)变换成线性表达式,得到:

$$\frac{1}{q} = \frac{1}{ab} \cdot \frac{1}{\rho} + \frac{1}{a} \tag{4-72}$$

由此,以令 $V_q = \frac{1}{q}$,作为纵坐标,以 $V_\rho = \frac{1}{\rho}$,作为横坐标,即可绘制如图 4-73 所示的直线。根据吸附试验的实测数据,按图 4-73 作出相应的吸附等温线,即可根据斜率和截距,求出 $a$、$b$ 的值。

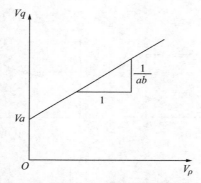

**图 4-73  Langmuir 等温式的直线形式**

① 当吸附质的浓度很低时,$b\rho \ll 1$,则可以省略式(4-71)右边分母中的 $b\rho$,即

$$q = ab\rho \tag{4-73}$$

式(4-73)表明,$q$ 与 $\rho$ 成正比,即吸附剂的平衡吸附量和溶液中的吸附质浓度呈线性关系,相应的吸附等温线近似为一条直线。该种形式的吸附等温式也称为 Henry 等温式。

② 当吸附质的浓度很高时,$b\rho \gg 1$,则式(4-71)可近似写为

$$q = a \tag{4-74}$$

式(4-74)表明,当吸附质的浓度不断增大时,平衡吸附量将接近于某个极限值。该极限值即为吸附剂的最大吸附量 $q_m$,将其代入式(4-71),得

$$q = \frac{q_\mathrm{m}b\rho}{1 + b\rho} \tag{4-75}$$

根据式(4-73)和式(4-74)可以认为,在吸附质浓度较低时,平衡吸附量与浓度成正比;在吸附质浓度较高时,平衡吸附量接近于吸附剂的最大吸附量。

(2) BET 型等温线

Brunauer、Emmett 和 Teller 假设:在已经被吸附的分子上面仍可吸附其他的分子,即发生多分子层吸附。第一层吸附是依靠吸附剂与吸附质之间的分子引力或化学键力,而第二层以后的吸附则是依靠吸附质分子之间的引力;总吸附量等于各层吸附量之和。根据该假设推导出的吸附等温式,即为 BET 等温式:

$$q = \frac{V_\mathrm{m}A_\mathrm{m}\rho}{(\rho_\mathrm{s} - \rho)[1 + (A_\mathrm{m} - 1)(\rho/\rho_\mathrm{s})]} \tag{4-76}$$

式中,$V_\mathrm{m}$—单分子层吸附时的最大吸附量;$A_\mathrm{m}$—与吸附能有关的常数;$\rho_\mathrm{s}$—吸附质的饱和浓度。

对式(4-76)进行转化形式,可得

$$\frac{\rho}{q(\rho_\mathrm{s} - \rho)} = \frac{1}{A_\mathrm{m}V_\mathrm{m}} + \left(\frac{A_\mathrm{m} - 1}{A_\mathrm{m}V_\mathrm{m}}\right)\frac{\rho}{\rho_\mathrm{s}} \tag{4-77}$$

若以 $\dfrac{\rho}{q(\rho_\mathrm{s} - \rho)}$ 为纵坐标,以 $\dfrac{\rho}{\rho_\mathrm{s}}$ 为横坐标绘图,即可以得到 BET 等温线的直线形式。对于实测的吸附试验数据,按式(4-77)作图,可根据直线的斜率和截距,计算出 $A_\mathrm{m}$、$V_\mathrm{m}$ 等值。

当平衡浓度较低时,$\rho_\mathrm{s} \gg \rho$,则 $\dfrac{\rho}{\rho_\mathrm{s}} \approx 0$,令 $\dfrac{A_\mathrm{m}}{\rho_\mathrm{s}} = b$,则式(4-76)可写为

$$q = \frac{V_\mathrm{m}b\rho}{1 + b\rho} \tag{4-78}$$

显然易见,在这种情况下,式(4-78)与 Langmuir 公式具有完全相同的形式。

(3) Freundlich 型等温线

Freundlich 等温式是指数函数型的经验公式,但后来也经过很多理论推导得出,比较符合根据不均匀表面上的吸附理论而得到的吸附量与吸附热之间的关系。其形式为

$$q = K\rho^{\frac{1}{n}} \tag{4-79}$$

将式(4-79)两边取对数,可得

$$\lg q = \lg K + \frac{1}{n}\lg\rho \tag{4-80}$$

当实测的吸附试验数据符合 Freundlich 等温式时,在坐标图上以 $\lg q$ 为纵坐标,以 $\lg \rho$ 为横坐标作图,可得到一条直线。根据该直线的截距 $\lg K$,可以求出 $K$ 值。$K$ 称为 Freundlich 吸附系数,与吸附剂对吸附质的吸附容量有关,$K$ 值越大,吸附容量越大。根据直线的斜率,则可求出式(4-80)中的常数 $\frac{1}{n}$,该值也称为吸附指数。它是关于吸附力强弱的函数,$\frac{1}{n}$ 值越小,吸附作用越强。水处理中一般认为:$\frac{1}{n}$ 在 $0.1 \sim 0.5$ 之间,易于吸附;$\frac{1}{n} > 2$,则难以吸附。利用 $K$ 值和 $\frac{1}{n}$,可以比较不同吸附剂的特性。

Freundlich 等温式在一般的浓度范围内与 Langmuir 公式比较接近,但在较低浓度或很高浓度时,则与 Langmuir 公式有较大差距。

需要注意的是,上述各吸附等温式仅适用于单组分吸附体系。对于吸附试验中实测到的数据,一般只能通过作图和拟合,来判断其最符合的吸附等温式,进而求出相应的吸附常数。此外,也会出现实测数据符合多个吸附等温式的情况,此时宜选用形式最为简单的公式。

在吸附质有两个或两个以上的多组分吸附体系中,会产生竞争吸附现象。吸附剂对不同吸附质的吸附能力不同,吸附能力弱的吸附质就不容易被吸附剂充分吸附,甚至原先已被吸附的吸附质会因体系中进入吸附能力更强的吸附质,而被替代脱附下来。如果被替代脱附的吸附质是有毒有害的,就会使出水水质恶化。因此,有必要对竞争吸附的现象及其机理展开深入的研究。

与单组分吸附体系相比,多组分吸附体系的吸附模型要复杂得多。不同的学者从建立在宏观实验基础上或根据物理化学理论推演,提出了不同的竞争吸附模型,其中有 Langmuir 竞争吸附模型、理想吸附溶液模型(ideal adsorbed solution)、三参数模型(three parameter model)、Polanyi 吸附位理论以及憎溶剂吸附理论(solvophobic theory)等。

【例题 4-4】 某种废水中的苯酚浓度为 $9.70 \text{ mg/L}$,用粉末状活性炭做吸附等温线试验,在一系列废水体积为 $250 \text{ mL}$ 的试验瓶中投加不同质量的活性炭,置于恒温振荡器中,$7 \text{ d}$ 后达到吸附平衡,测定每瓶废水中苯酚的平衡浓度,得到活性炭对苯酚的吸附数据,如下表所示:

| 瓶号 | 1 | 2 | 3 | 4 | 5 | 6 |
|---|---|---|---|---|---|---|
| 活性炭质量/g | 0 | 10 | 20 | 30 | 40 | 50 |
| 苯酚平衡浓度/(mg/L) | 9.70 | 7.15 | 5.05 | 3.49 | 2.28 | 1.49 |

问：该吸附平衡是否符合 Freundlich 吸附等温式？如果考虑达到废水综合排放一级标准对苯酚的限值(0.5 mg/L)，计算处理 1 L 废水所需的活性炭量。

**解**　根据式(4-70)，可计算各瓶的平衡吸附量($q_e$)，以 2 号瓶为例：

$$q_e = \frac{V(\rho_0 - \rho_e)}{W} = \frac{0.25 \times (9.70 - 7.15)}{10} \text{mg/g} = 0.064 \text{ mg/g}$$

然后，将每个瓶中的平衡吸附量和平衡浓度取对数，得到相应的 $\lg q$ 和 $\lg \rho_e$。

在绘图软件中，绘制 $\lg q$—$\lg \rho_e$ 曲线，如下图所示。

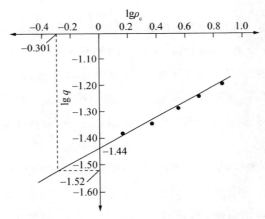

通过数据拟合可知，该曲线是一条直线，即说明该吸附平衡符合 Freundlich 吸附等温式。进一步可求得：直线的截距 $\lg K = -1.44$，则 $K = 0.036$；直线的斜率 $\frac{1}{n} = 0.28$，则 $n = 3.57$。因此，本试验中的 Freundlich 吸附等温公式为

$$\lg q = -1.44 + 0.036 \lg \rho$$

若要使平衡浓度 $\rho_e$ 达到废水排放标准规定的苯酚浓度限值 0.5 mg/L，则可得相应的吸附量 $q = 0.03$ mg/g。

再根据式(4-70)，可计算出处理 1 L 废水所需的活性炭量为

$$W = \frac{V(\rho_0 - \rho_e)}{q_e} = \frac{1 \times (9.70 - 0.5)}{0.03} \text{g} = 306 \text{ g}$$

**3. 影响吸附的因素**

吸附是吸附剂、吸附质以及溶剂三者之间的物理化学作用，因此吸附剂、吸附质和溶液的性质都会对吸附过程产生影响。

（1）吸附剂的性质

① 比表面积。单位质量吸附剂的表面积称为比表面积。吸附剂的比表面积越大，通常其吸附量越大。一般而言，吸附剂的粒径越小，微孔结构越发达，其比表面积越大。

② 孔结构。吸附剂内孔结构的大小和分布对吸附性能影响很大。孔径太大，比表面积小，则吸附能力差；孔径太小，则不利于吸附质扩散，且对大分子有屏蔽作用，反而不利于吸附。吸附剂内的孔结构一般是不规则的：通常将孔径大于 $0.1~\mu m$ 的称为大孔；$2\times10^{-3}\sim0.1~\mu m$ 的称为过渡孔，小于 $2\times10^{-3}~\mu m$ 的称为微孔。大孔的表面对吸附能力贡献不大，仅提供吸附质和溶剂的扩散通道；过渡孔吸附较大分子的溶质，并帮助小分子溶质通向微孔；大部分的比表面积由微孔提供，吸附量主要由微孔决定。

③ 表面化学性质。吸附剂表面的官能基团也对其吸附能力有很大影响。吸附剂在制备过程中通常会在表面形成一定量的氧化物或含氧官能团，如羧基、羟基等，可提供化学吸附的位点。为了增强吸附剂的吸附性能，还会采取不同的改性方法，如酸改性、碱改性、功能化合物负载等，提升吸附剂表面的官能基团和吸附位点的数量，改善吸附剂对特定污染物的亲和力。

（2）吸附质的性质

① 吸附质和溶剂之间的作用力。吸附质在水中的溶解度越大，其对水的亲和力就越强，则就不易转向吸附界面而被吸附。例如：有机物在水中的溶解度一般随着链长的增加而减小，相应地，活性炭吸附剂对脂肪族有机酸的吸附量顺序为：甲酸＜乙酸＜丙酸＜丁酸。一般而言，芳香族化合物比脂肪族化合物更易于吸附，不饱和链有机物比饱和链有机物更易于吸附。

② 吸附质分子大小。一般认为，大尺寸疏水性分子的斥力也会增加其在吸附剂表面的吸附，因此随着吸附质分子量的增加，吸附量也随之增加。但是，吸附质分子过大也会影响其在吸附剂孔隙中的扩散，因此超过一定分子量的大分子物质反而不易于吸附。

③ 电离和极性。对于简单化合物，非解离的分子比离子化合物的吸附量大，但随着化合物结构的复杂化，电离对吸附的影响减小。吸附质极性对吸附的影响也服从极性相容的原理，即极性吸附剂易于从非极性溶剂中吸附极性溶质，非极性溶剂则很难从极性溶剂中吸附极性溶质。水是强极性溶剂，因此随着溶质极性的增强，其在水溶液中越不容易被吸附。

（3）溶液的性质

① pH。pH 对吸附质在溶液中的形态（如电离、络合）、溶解度均有影响，也会影响吸附剂表面的电荷特征和化学性质，从而对吸附产生影响。水中的有机物一般在低 pH 时，电离度较小，吸附去除率较高。因此，在实际使用吸附剂时，需要考虑水或废水的 pH，以保证吸附效果。

② 温度。吸附过程一般是放热的，因此温度越低越有利于吸附的发生，升高温度则有利于吸附质脱附。在水处理中，水温的变化幅度往往不大，因而温度的影响较小。

③ 共存物质。溶液中与目标吸附质共存的其他物质会对吸附产生比较复杂的影响，有的共存物质会竞争吸附位点从而抑制目标物质的吸附，有的共存物质则会影响吸附剂性能的发挥。例如：一些金属离子在活性炭表面氧化还原而发生沉积，导致活性炭孔径堵塞，阻碍了吸附质的扩散；较大的悬浮颗粒物会堵塞吸附剂孔隙，油类物质会在吸附剂表面形成油膜，均会影响吸附过程。

## （二）吸附剂

### 1. 吸附剂的种类

理论上，所有固体物质均具有吸附作用，但要作为在实际水处理或其他工业生产中可使用的吸附剂，则必须具有巨大的比表面积、较高的吸附容量以及良好的吸附选择性，具有较强的稳定性、耐腐蚀性、机械强度等，还需要材料来源广泛、制备成本较低等优点。按照材料化学组成的不同，吸附剂可以分为天然矿物类、碳基类、硅基类、金属基类、生物基类等种类。

（1）天然矿物类

常用于吸附的天然矿物材料有黏土类矿物、硅藻土、沸石等，主要成分是 $SiO_2$、$Al_2O_3$、$Fe_2O_3$、$MgO$ 等。利用黏土矿物制备而成的活性白土（漂白土）吸附剂产品，对油脂等油类溶剂中的色素杂质具有很强的吸附能力。沸石也常被用来吸附废水中的 $NH_4^+$ 等污染物，因其具有孔径均一的孔结构，对吸附质分子大小有良好的选择性，也被称为"分子筛"。天然矿物的优点是来源广、成本低，但吸附容量不大、选择性不高，溶出物质可能有害，因此一般需要对其进行适当加工和活化处理。

（2）碳基类

指以碳为主要成分的粉末状或块状非金属固体吸附剂，包括活性炭（生物炭）、碳纳米管、石墨烯等。碳基吸附剂比表面积大、孔结构丰富，吸附量大、形态可控，是一类应用广泛的高效吸附剂。活性炭是以煤、重油、木材、竹子、秸秆、果壳等含碳物质为原料,经高温热解和活化等工艺,制备而成的多孔性炭结构吸附剂,目前已在水处理中得到大规模应用。碳纳米管和石墨烯是近来受到很多关注的新型材料,在经过一定的化学改性和修饰后,具有很强的吸附能力和丰富的活性位点,对于吸附去除重金属离子、有机物等污染物有较大的应用潜力。

（3）硅基类

介孔二氧化硅(mesoporous silica nanoparticle,MSN)具有高比表面积、多介孔孔道,且孔道结构有序、孔径分布均匀、介孔形状可控、热稳定性良好,是一种制备吸附剂的优异材料。硅胶是常见的硅基吸附剂,是用酸处理硅酸钠水溶液生成的凝胶颗粒,质地坚硬、孔隙发达。通过控制其制备过程中生成、洗涤和老化等条件,可以调节成品比表面积、孔体积和孔半径的大小。硅胶是极性吸附剂,对极性的含氮或含氧物质如酚、胺、吡啶、水、醇等易于吸附,对非极性物质吸附较难。介孔二氧化硅表面附有大量硅羟基,易于团聚,通常需要对其进行表面化学改性,进而提升其分散性和吸附性能。

（4）金属基类

主要是各类金属氧化物吸附剂,具有吸附容量大、制备工艺相对简单、成本较低的优点,一般采用沉淀法或水热法制备。例如:活性氧化铝是由铝的水合物加热脱水、活化而制成的具有多孔刚性骨架结构的吸附剂。金属氧化物吸附剂对重金属离子、磷等具有较好的吸附效果,吸附机理包括配位体交换、静电力吸附等。层状双金属氢氧化物(layered dauble hydroxides,LDHs),是一种层状结构的阴离子黏土纳米材料,其组成结构如图 4-74 所示。LDHs 具有规则排列的层状结构、较大的比表面积、很强的阴离子交换能力和 pH 缓冲能力以及良好的稳定性等优点,近来也被用作吸附剂,其吸附机制主要是化学吸附和离子交换作用。金属有机框架(metal-organic frameworks,MOFs)是由金属(如 Cr、Fe、Al、Mn、Co、Cu、Zn 和 Zr 等)的离子或团簇与有机连接体(如羧酸盐、膦酸盐、吡啶、咪唑盐或其他氮唑盐等)通过配位键结合,形成的具有框架拓扑结构和分子内孔隙的有机—无机杂化材料,其组成结构如图 4-75 所示。MOFs 具有超高的比表面积(可高达 7140 $m^2/g$)、孔隙率(可高达 90%),且结构性质可调节控制,因此也具有不错的吸附性能。LDHs 和 MOFs 都属于金属基的新型功能材料,作为吸附剂应用于水处理,目前还处于实验室研究阶段,但已经展现了优异的应用潜力。

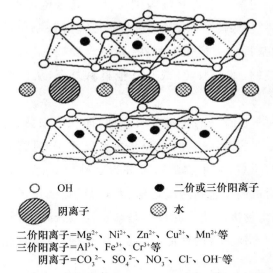

OH　　　　　　　● 二价或三价阳离子
阴离子　　　　　水

二价阳离子=$Mg^{2+}$、$Ni^{2+}$、$Zn^{2+}$、$Cu^{2+}$、$Mn^{2+}$等
三价阳离子=$Al^{3+}$、$Fe^{3+}$、$Cr^{3+}$等
阴离子=$CO_3^{2-}$、$SO_4^{2-}$、$NO_3^-$、$Cl^-$、$OH^-$等

图 4-74　层状双金属氢氧化物的组成结构示意（引自 Wang，et al.，2018）

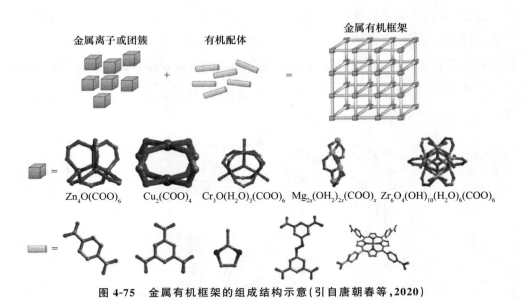

$Zn_4O(COO)_6$　　$Cu_2(COO)_4$　　$Cr_3O(H_2O)_3(COO)_6$　　$Mg_{2x}(OH)_{2x}(COO)_x$　　$Zr_6O_4(OH)_{10}(H_2O)_6(COO)_6$

图 4-75　金属有机框架的组成结构示意（引自唐朝春等，2020）

（5）生物基类

生物基吸附剂主要是指由动物、植物及微生物等生命体衍生的，由碳、氢、氧等元素构成的有机高分子聚合物，其分子链上通常具有羟基、羧基等活性基团，对重金属、有机物等污染物均有一定的吸附能力。常见的可用于制备吸附剂的生物基材料包括纤维素、淀粉、木质素、壳聚糖、果胶、瓜尔胶等。根据生物基吸附剂表面活性基团与被吸附物质之间的相互作用类型，其吸附机理可分为静电作用、氢键结

合、离子交换、螯合作用等。生物基吸附剂虽然具有绿色环保、低成本、可再生、可生物降解等显著优势,但吸附容量有限、机械强度差等缺陷也限制了其实用性。因此,通常需要对生物基材料进行化学改性(如引入羧基、氨基、酰胺基、硫醇等吸附活性官能团)、形态控制(如凝胶化)或与其他材料复合,从而改善其吸附性能和机械强度等特性。

微生物也可作为一种特殊的生物基吸附剂,即利用细菌、真菌和藻类等微生物的活体及其代谢分泌产物对污染物(主要是重金属离子)进行吸附。根据吸附质在微生物细胞中的分布位置,微生物吸附可分为三种形式:胞内吸附、胞外吸附和表面吸附。具体的吸附机制则包括跨膜运输、物理吸附、氧化还原、络合作用、化学沉淀、离子交换等。微生物吸附技术的核心是筛选高效合适的微生物物种,并通过开发改性和固定化等技术强化吸附性能、拓宽应用范围,还要对生物安全方面的风险加以关注。

2. 活性炭吸附剂

目前,活性炭是水处理中应用最广泛的一种吸附剂。各种含碳量较高的物质经过高温热解和活化,可形成具有丰富微孔结构的活性炭,其结构如图 4-76 所示。吸附作用主要发生在微孔的表面上。活性炭的比表面积可达 $500 \sim 1700 \ \mathrm{m^2/g}$。活性炭的吸附量不仅与比表面积有关,而且还取决于微孔的构造和分布情况。

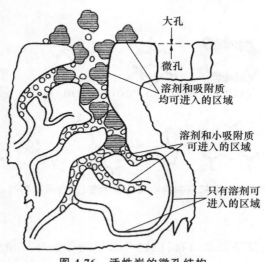

图 4-76    活性炭的微孔结构

活性炭的微孔构造主要与活化方法及活化条件有关。活化方法主要有药剂活化和气体活化两种:药剂活化是将原料与适当的药剂(如 $ZnCl_2$、$H_2SO_4$、$H_3PO_4$、碱式碳酸盐等)混合,再升温炭化、活化;气体活化是在 $920 \sim 960 \ ℃$ 高温下通入水蒸气、二氧化碳和空气。如图 4-77 所示,竹炭经活化后,微孔结构变得丰富、有序,比表面积显著增大。活性炭微孔的有效半径一般为 $1\sim10~000$ nm:小孔半径在 2 nm 以下,过渡孔半径为 $2\sim100$ nm,大孔半径为 $100\sim10~000$ nm。活性炭的小孔容积一般为 $0.15\sim0.90$ mL/g,表面积占总比表面积的 95% 以上。过渡孔容积一般为 $0.02\sim0.10$ mL/g,其表面积占总比表面积的 5% 以下。用特殊的方法,如延长活化时间,减慢加温速度或用药剂活化等,可得到过渡孔特别发达的活性炭。大孔容积一般为 $0.2\sim0.5$ mL/ g,表面积只有 $0.5\sim2$ m²/g,占总比表面积的比例可忽略不计。由此可见,活性炭的吸附量取决于小孔,过渡孔主要为吸附质提供扩散通道以及吸附分子直径较大的物质,大孔所发挥的作用非常有限。

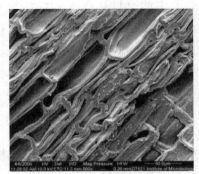

(a) 活化前的竹炭　　　　　　　(b) 活化后的活性竹炭

**图 4-77　电子显微镜下竹炭在活化前后的孔结构**

活性炭的吸附特性不仅与微孔构造和分布情况有关,而且还与其表面化学性质有关。活性炭由形状扁平的石墨型微晶体构成,本身是非极性的。但处于微晶体边缘的碳原子,由于共价键不饱和,易与其他元素(如氧、氢等)结合形成各种含氧官能团(如—OH、—COOH),使活性炭具有一定的极性。通过不同的改性方法,如酸/碱改性、氧化/还原改性等,可以增加活性炭表面的含氧官能团数量,改变表面电荷性质,增加吸附活性位点,从而提升吸附容量。

活性炭吸附剂可制成不同的形状,常用的有粉状和粒状两种:粒径小于 0.07 mm 的称为粉末活性炭(powered activated carbon,PAC),粒径大于 0.1 mm 称为颗粒活性炭(granular activated carbon,GAC)。活性炭纤维(activated carbon fiber,ACF)是近年出现的一种新型高效吸附材料,是有机纤维(如纤维素纤维、酚醛纤维、沥青纤维等)经活化处理后形成的。相比普通活性炭,活性炭纤维比表面积更大、吸附速率更快、吸附效率更高,可以加工为毡、布、纸等不同形式,且耐酸碱、耐腐蚀,目前已在水处理、化工、医药等多个领域得到应用。

### 3. 活性炭吸附剂的再生

吸附饱和后的吸附剂,经再生后可重复使用。再生的目的,就是在吸附剂本身结构不发生或极少发生变化的情况下,使用某种方法将吸附质从吸附剂的微孔中去除,从而使吸附剂能够重复使用。通过再生,可以降低处理成本、减少废弃物排放,同时还可回收有利用价值的吸附质。

活性炭吸附剂的再生方法主要有加热法、蒸气法、溶剂法、臭氧氧化法、生物法等,具体选用的方法应根据实际情况确定。

高温加热再生是水处理中粒状活性炭最常用的再生方法。再生过程可分为三个阶段:① 干燥阶段,将活性炭加热至 $100\sim150\ ℃$,使水分蒸发,活性炭恢复干燥;② 炭化阶段,升温至 $700\ ℃$ 左右,使吸附在孔隙中的有机物挥发、分解、炭化(炭化阶段);③ 活化阶段,升温至 $700\sim1000\ ℃$,并通入水蒸气、二氧化碳和氧气等进行活化,将残留在微孔中的碳化物分解为 $CO$、$H_2$ 等,达到重新造孔的目的。经过高温加热再生后,活性炭吸附能力的恢复率可达 $95\%$ 以上,活性炭的烧损率在 $5\%$ 以下。

### (三)吸附工艺及装置

水处理实践中,目前主要使用活性炭作为吸附剂来进行吸附工艺操作。吸附工艺主要包括三个步骤:① 流体与固体吸附剂进行充分接触,使流体中的吸附质被吸附;② 将已吸附吸附质的吸附剂与流体分离;③ 进行吸附剂的再生或更换新的吸附剂。因此,在吸附工艺流程中,除了吸附装置本身外,一般都需要设置专门的脱附以及再生设备。

吸附操作可以间歇方式进行,也可以连续方式进行。间歇式的吸附装置主要是混合接触式吸附装置,连续式的吸附装置则包括固定床、移动床、流化床等。

### 1. 混合接触式吸附装置

混合接触式吸附装置是指在设有搅拌装置的吸附池(槽)内,将废水和吸附剂进行搅拌混合,使其充分接触,然后静置沉淀使吸附剂与水分离,或使用压滤机等固液分离设备将吸附剂从水中分离。该工艺多用于小型的处理和试验研究,因间歇操作,所以一般设置两个吸附池交替工作,吸附剂的添加量为 $0.1\%\sim0.2\%$。废水和吸附剂仅接触一次称为单级吸附;接触多次,则为多级吸附。多级吸附可分为并流和逆流两种:并流多级吸附中,废水在每级吸附单元中都与新吸附剂接触(图 4-78);逆流多级吸附中,废水多次逆流与吸附剂接触(图 4-79)。

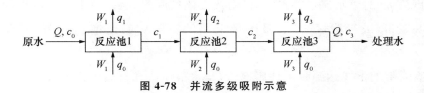

**图 4-78 并流多级吸附示意**

**图 4-79 逆流多级吸附示意**

**2. 固定床吸附装置**

固定床吸附装置的构造与快滤池类似,将颗粒活性炭吸附剂装填在吸附装置(柱、塔、罐)中,水流穿过吸附剂层,使污染物被吸附,这是水处理中最常用的一种吸附装置。

(1)固定床吸附装置的分类

根据水流方向,固定床吸附装置可以分为降流式和升流式两种。降流式的出水水质好,但水头损失大,在处理含悬浮物较多的原水时,为了防止活性炭层堵塞,需要定期进行反冲洗操作。升流式固定床中,水流自下而上流动,水头损失增加较慢,运行时间较长,当水头损失增大后,可以通过适当提高流速,使活性炭层略微膨胀,即可达到冲洗的目的。

根据原水水质、处理水量和处理要求,固定床可以分为单床和多床的工艺形式,如图 4-80 所示。单床一般使用较少,仅在处理规模很小时采用。多床又可分为串联和并联两种,前者适用于处理流量小、出水水质要求高的情形,后者适用于处理流量大、出水水质要求低的情形。

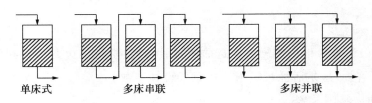

**图 4-80 固定床吸附装置的工艺形式**

(2)穿透曲线

固定床吸附装置(如活性炭吸附柱)的工作过程可用图 4-81 所示的穿透曲线来表示。穿透曲线中,纵坐标为吸附质浓度 $\rho$,横坐标为出流时间 $t$(或出水体积 $V$)。

溶质浓度为 $\rho_0$ 的原水流过吸附柱时,溶质逐渐被吸附,吸附层中吸附溶质最多的区域称为吸附带(或吸附区)。在吸附带上部的吸附层已达饱和状态,不再起吸附作用。

当吸附带的下缘达到吸附柱底部后,出水溶质浓度开始迅速上升。当其到达容许出水浓度 $\rho_a$ 时,此点即为穿透点(或称为泄露点);当其到达进水浓度的 90%~95%,即 $\rho_b$ 时,可认为吸附柱的吸附能力已经耗竭,此点即为吸附终点(或称为耗竭点)。在从穿透点到吸附终点这段时间 $\Delta t$ 内,吸附带所移动的距离即为吸附带的长度 $\delta$。由此可见,若活性炭吸附柱的总长度小于吸附带的长度,则出水中的溶质浓度一开始就会达到 $\rho_a$,从而不符合出水水质要求。

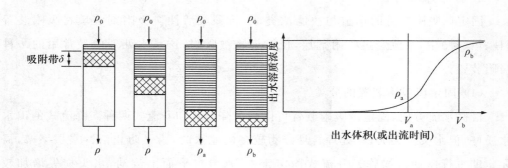

图 4-81    穿透曲线

根据图 4-81 还可看出,如果只采用单柱(单床)吸附,活性炭的处理水量只有 $V_a$;如果采用多柱串联吸附,使活性炭柱的吸附量达到饱和,则处理水量可达到 $V_b$,通水倍数(水、炭体积之比)就由 $V_a/M$ 增到 $V_b/M$。在吸附柱设计时应充分利用这部分吸附容量。到达吸附终点时,去除的溶质总量 $W$ 相当于穿透曲线上部从原点到 $V_b$ 点之间的面积,即

$$W = \int_0^{V_b} (\rho_0 - \rho)\mathrm{d}V \tag{4-81}$$

式(4-81)积分可根据实测的穿透曲线,用图解法求得。由此可得到活性炭的吸附量和通水倍数,这是活性炭吸附柱的重要设计参数。

3. 移动床吸附装置

在移动床吸附装置内,原水自下而上流过吸附层,吸附剂从上而下间歇或连续移动,原水与吸附剂呈逆流接触,如图 4-82 所示。吸附层的上部每隔一定时间补充新吸附剂,同时从吸附层底部取出吸附饱和的吸附剂进行再生。一般每天从装置内取出活性炭吸附剂 1~2 次,每次取出量为总吸附剂量的 5%~10%。理论上,连续

式移动床的厚度只需一个吸附带的厚度。相比固定床,移动床吸附装置可以更充分地利用吸附剂床层的吸附容量,具有占地面积小、出水水质好、水头损失小的优点,且升流式的水流方式可以冲洗活性炭吸附层中的悬浮物杂质,因而不需要反冲洗设备,对原水预处理要求低。目前,对于较大规模的废水处理工程,常采用此种操作方式。

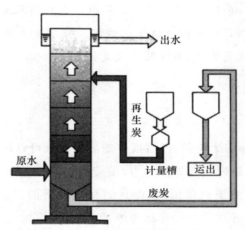

**图 4-82　移动床吸附装置示意**

### 4. 流化床吸附装置

在流化床吸附装置内,原水从底部升流式通过吸附剂床层,具有一定流速的水流使吸附剂颗粒浮动起来,形成流化状态。颗粒吸附剂在流化状态下具有与流体相似的流动性能,其与水的接触面积增大,传质效果增强,也避免了原水中的悬浮物在吸附层上的沉积,故不需要像固定床那样进行反冲洗操作。流化床可使用粒径均匀的小颗粒吸附剂,对原水预处理的要求低,设备小而产水能力大。但流化床对操作控制的要求高,吸附剂的磨损速率快,目前在水处理工程中的应用相对较少。

---

**专栏 4-1　松花江污染事件**

　　2005 年 11 月 13 日,中国石油天然气股份有限公司吉林石化分公司双苯厂一车间发生爆炸,约 100 t 苯类物质(苯、硝基苯等)流入松花江,造成了重大水污染事件,沿岸数百万居民的生活用水受到影响。11 月 21 日,哈尔滨市政府向社会发布公告称全市停水 4 天,"要对市政供水管网进行检修"。12 月 2 日,国家环境保护总局局长解振华引咎辞职。俄罗斯对松花江水污染对中俄界河黑龙江(俄方称阿穆尔河)造成的影响表示关注。

在此次污染事件中,哈尔滨市的自来水供应部门采用了活性炭吸附作为应急处理技术,对水厂的处理工艺进行了临时改造。11 月 26 日 12:00,哈尔滨制水四厂把无烟煤和石英砂滤池改造为活性炭和石英砂滤池,在来水硝基苯超标 5.3 倍的条件下进行应急净水工艺的生产性验证运行,处理规模为 $3 \times 10^4$ m³/天;11 月 27 日 2:00,在来水超标 2.61 倍的情况下,滤后出水的硝基苯浓度已经降到了标准限值的 5%,仅为 0.00081 mg/L;27 日 4:00,水厂的进水口硝基苯已经检不出了;27 日 11:30,哈尔滨市制水四厂恢复向市政管网供水。哈尔滨市其他水厂采取了相同措施,于 27 日中午开始恢复生产,当晚陆续恢复供水。

### 4.3.3　膜分离

膜分离是利用特殊的半透膜,即溶液中的部分成分可以透过而其他成分不能透过的选择性膜,通过在膜两侧施加推动力,使待处理液中的某些溶质或者溶剂(水)选择性地透过膜,其他溶质被截留,从而达到分离溶质的目的。其中,溶剂透过膜的过程称为渗透,溶质透过膜的过程称为渗析。

膜分离过程的推动力有浓度差、电位差、压力差等,根据推动力的不同,膜分离可以分为以下三大类。

(1) 渗析式膜分离

待处理液中的某些溶质在浓度差、电位差的推动下,透过膜进入接受液中,从而被分离出去。扩散渗析、电渗析等属于渗析式膜分离。

(2) 过滤式膜分离

以压力差为推动力,利用溶质分子的大小和性质差异,使其选择性地透过膜,从而实现分离的目的。微滤、超滤、纳滤、反渗透等属于过滤式膜分离,在水处理工艺中应用最为广泛。

(3) 液膜分离

不同于其他膜分离所依赖的固体膜,液膜是与待处理液、接受液互不混溶的特殊液体。待处理液中的溶质进入液膜相当于萃取,溶质再从液膜进入接受液相当于反萃取,通过萃取和反萃取过程,使溶质分离。

膜分离技术与常规水处理技术相比,具有以下特点:① 膜分离不发生相变化,可在一般温度条件下操作,是一个纯物理性单元操作;② 根据膜材料的选择透过性和孔径的大小,可以将不同粒径或不同分子量的物质有选择地分开,使物质得到纯化而又不改变它们原有的属性;③ 分离和浓缩同时进行,可回收有价值的物质;

④ 膜分离工艺以膜组件的形式构成,可适应不同生产能力的需要,占地较少;⑤ 操作维护方便,易于实现自动化控制;⑥ 处理效果受原水水质与工艺操作条件的影响较小,处理效果稳定可靠。

近年来,膜分离技术发展迅速,在水处理的多个领域如饮用水净化、海水和苦咸水淡化、深度处理、生物处理、再生水处理等均有大规模应用,实现了常规水处理工艺达不到的优异处理效果。根据膜种类和实际用途的不同,常见的膜分离技术如表4-17 所示。

**表 4-17 常见膜分离技术类型及特征**

| 膜分离类型 | 推动力 | 分离机制 | 渗透物 | 截留物 | 膜结构 |
|---|---|---|---|---|---|
| 扩散渗析<br>(D) | 浓度差 | 扩散 | 离子、低分子量<br>有机物、酸和碱 | 分子量>1000<br>的溶质 | 不对称膜和<br>离子交换膜 |
| 电渗析<br>(ED) | 电位差 | 离子交换 | 电离离子 | 非解离物质和<br>大分子物质 | 阴、阳离子<br>交换膜 |
| 反渗透<br>(RO) | 压力差<br>$2.0 \sim 10.0$ MPa | 溶质扩散 | 水或溶剂 | 全部溶质 | 致密不对称膜<br>和复合膜 |
| 纳滤<br>(NF) | 压力差<br>$0.5 \sim 2.5$ MPa | 筛分、溶质<br>扩散、电荷<br>排斥 | 水或溶剂,分子量<br><200 的溶质 | 分子量<br>$200 \sim 1000$<br>的溶质 | 致密不对称膜<br>和复合膜,<br>孔径 $1 \sim 5$ nm |
| 微滤<br>(MF) | 压力差<br>$0.01 \sim 0.2$ MPa | 筛分 | 水或溶剂,溶解<br>性物质 | 悬浮物、胶体<br>颗粒、纤维、<br>微生物细胞等 | 对称和不对称<br>多孔膜,孔径<br>$0.1 \sim 10$ $\mu$m |
| 超滤<br>(UF) | 压力差<br>$0.01 \sim 0.5$ MPa | 筛分 | 水或溶剂,分子量<br><1000 的溶质 | 分子量<br>$1000 \sim 300\,000$ 的<br>大分子有机物 | 不对称结构<br>的多孔膜,孔径<br>$2 \sim 100$ nm |

## (一)水处理中的膜分离技术

### 1.电渗析

电渗析(electrodialysis,ED)是在直流电场的作用下,利用阴、阳离子交换膜对溶液中阴、阳离子的选择透过性(阳膜只允许阳离子通过,阴膜只允许阴离子通过),使溶液中的溶质与水分离的一种物理化学过程。

电渗析反应器由置于正负电极之间的一系列阴、阳膜相间组成,如图 4-83 所示。在电场作用下,水中阴、阳离子都做定向运动。阴离子朝向正极,如遇到阴膜,就能透过;同样,阳离子朝向负极,如遇到阳膜,也能透过。离子减少的隔室称为淡室,其出水为淡水;相反,离子增多的隔室称为浓室,其出水为浓水。与电极板接触的隔室称为极室,其出水为极水。每个隔室内离子的正负电荷始终是保持平衡的。

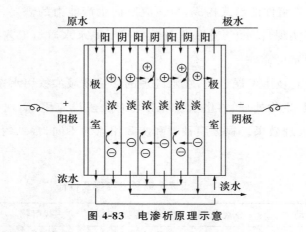

图 4-83    电渗析原理示意

电渗析脱盐的效率遵循电化学中的法拉第定律,即:① 电流通过电解质溶液时,在电极上析出的物质的量与电流强度和通电时间成正比;② 为了析出 1 mol 任何物质所需的电量与物质本身的性质无关,均为 96 500 C(均以粒子的物质的量为基本单元,如 1 mol $H^+$、1 mol $\frac{1}{2}Ca^{2+}$ 等)。

实际电渗析工艺过程中,通以一定电流时所去除的盐量要比理论去除量少,两者的比值称为电流效率 $\eta$,即

$$\eta = \frac{实际除盐量}{理论除盐量} \times 100\%$$

$$= \frac{按照法拉第定律析出一定量物质所需的电流}{实际通过电极的电流} \times 100\%$$

$$= \frac{Q(c_0 - c_1)F}{nI} \times 100\% = \frac{q(c_0 - c_1)F}{I} \times 100\% \qquad (4\text{-}82)$$

式中,$Q$—处理水流量,L/s;$q$—一个淡水室的处理水流量,L/s;$c_0$,$c_1$—进、出水含盐量,计算时以其粒子的物质的量为基本单元,mmol/L;$F$—法拉第常数,96 500 mA·s/mmol;$I$—工作电流,mA;$n$—并联膜对数。

电渗析除盐的电流效率 $\eta$ 一般为 75%~90%。

离子交换膜是电渗析反应器的关键部件,其应具备下列特性:① 离子选择透过性高,尽量减少反离子的透过,实际应用中膜选择透过性一般为 80%~95%。② 渗水性低,水渗透得越多,则会降低淡水产量和浓缩效果。③ 导电性好,膜电阻低。膜电阻越小,电渗析所需电压越低,能耗也越低,膜电阻通常为 2~10 Ω。④ 化学稳定性良好,能耐酸、碱,抗氧、抗氯,紧靠正、负电极的膜一般设置为抗腐蚀性较强的阳膜。⑤ 具有足够的机械强度、较小的收缩性和溶胀性,以适应使用和安装。

　　电渗析常用的离子交换膜有异向膜和均相膜两种。异向膜是将离子交换树脂磨成粉末，加入黏合剂（如聚苯乙烯等），滚压在纤维网上（如尼龙网、涤纶网等）制成的，也有直接滚压成膜的。均相膜与一般离子交换树脂具有同样的组成，将制造离子交换树脂的母体材料制成膜状物，作为底膜，然后在上面嫁接上具有交换能力的活性基团制成。

　　电渗析是 20 世纪 50 年代发展出来的一种膜分离技术，最初应用于海水（苦咸水）淡化，逐渐成为世界上一些缺水地区生产淡水的重要方法。随着电渗析技术的不断成熟，现在已经广泛用于化工、电子、造纸、印染、医药、食品等工业领域的高纯水制取以及物料的浓缩、提纯、分离等工艺过程，也用于工业废水中重金属、硫酸、氢氧化钠等物质的回收利用。在处理工业废水时，要注意酸、碱或强氧化剂以及有机物等对膜的损害和污染作用，它们往往是限制电渗析法使用的重要因素。

　　2. 反渗透

　　渗透是自然界中常见的现象，人类很早以前就运用渗透原理来分离物质。如图 4-84(a) 所示，使用一张只能透过水而不能透过溶质的半透膜，将溶质浓度不同的两种水溶液隔开，则水分子自然而然地会从低浓度溶液透过半透膜向高浓度溶液中迁移，该现象即为渗透。渗透过程的推动力是低浓度溶液中水的化学位与高浓度溶液中水的化学位之差，其表现为水的渗透压。随着水的渗透，高浓度溶液的液位逐渐升高，当达到一定高度时便不再上升，此时即达到渗透平衡状态，两侧的压力差就是渗透压 $\pi$，如图 4-84(b) 所示。如果在高浓度溶液一侧施加压力 $p$，使高浓度溶液一侧与低浓度溶液一侧的压差超过渗透压 $\pi$，则高浓度溶液中的水分子将透过半透膜向低浓度溶液中迁移，该过程就是反渗透（reverse osmosis，RO），如图 4-84(c) 所示。

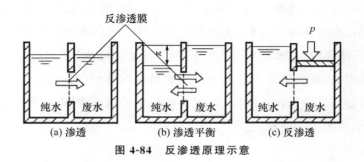

图 4-84　反渗透原理示意

　　渗透压($\pi$)是区别溶液与纯水性质的一种标志，单位为 Pa，其值为

$$\pi = iRTc \tag{4-83}$$

式中，$R$—理想气体常数，$0.082 \times 10^5$ Pa·L/(mol·K)；$T$—绝对温度，K；$c$—溶液浓度，mol/L；$i$—范特霍夫系数，表示溶质的离解状态（对于非电解质溶液，$i=1$；对于电解质溶液，当其离解时，溶液的离子浓度应包含离解的阴、阳离子的总摩尔数，即完全离解时，$i=2$，如海水的 $i \approx 1.8$）。

由以上可知，反渗透过程依赖的驱动力是半透膜两侧的压力差，操作压力应高于溶液的渗透压。若半透膜两侧为不同浓度的溶液，则反渗透的操作压力应高于两溶液渗透压之差。

反渗透膜是一种高透水性和高选择性的半透膜。其结构由上部致密的脱盐层和下部多孔的支撑层构成。反渗透膜多为致密不对称膜，孔径极小，脱盐层的孔径仅为 0.8～1.0 nm，可以有效截留绝大部分溶质分子和离子，而仅允许水分子通过。正因为反渗透膜极小的孔径，操作过程所需的压力很大，一般为 2.0～10.0 MPa，因而对设备结构的要求也很高。根据操作压力的大小，反渗透膜可以分为：① 高压反渗透膜，主要用于海水淡化、超纯水制备等；② 低压反渗透膜，主要用于苦咸水淡化；③ 超低压反渗透膜，也就是纳滤膜，主要用于分离水中的小分子有机物和高价盐离子。

在实际应用中，反渗透膜一般是由不带电荷、含大量亲水性基团的有机高分子材料制成的，常用的有醋酸纤维素膜、聚酰胺膜、聚丙烯腈膜等，近年来还出现了陶瓷膜等无机膜。根据膜材料组成，反渗透膜可分为：① 同种材料加工的非对称膜；② 不同材料加工的复合膜。

随着反渗透膜制造技术和反渗透装置的迅速发展与完善，反渗透工艺已在海水与苦咸水淡化、饮用水处理、高纯水制备等给水领域得到了广泛应用。特别是随着人们生活水平的提高，对生活饮用水品质的要求也不断增高，市面上出现了大量家用反渗透净水器产品，这类产品采用小型化、模块化、集成化的反渗透系统，易于日常使用和维护，成本也越来越低，逐渐为广大普通家庭所欢迎和接受。

在废水处理领域，反渗透工艺也广泛用于煤化工废水、矿井废水、电镀废水、印染废水、食品废水、垃圾渗滤液等各类型废水的深度处理，既可回收盐类、重金属等资源，也可制备高品质的再生回用水，在工业企业实现废水"零排放"或"近零排放"目标的过程中发挥了重要作用。

3. 纳滤

纳滤（nanofiltration，NF）技术是 20 世纪 80 年代发展出来的一种膜分离技术，最初称为"低压反渗透"或"松散反渗透"，由于其截留率大于 95% 的最小分子约为 1 nm，因而称为纳滤。近来纳滤技术已从反渗透技术中分离出来，成为独立的膜分离技术。

纳滤膜的孔径介于超滤膜和反渗透膜之间，一般为 1～5 nm，大多表面带有负电荷，通过筛分、溶质扩散和电荷排斥等作用实现物质分离。纳滤主要用于截留粒径 0.1～1 nm、分子量 200～1000 的溶解性物质，可将小分子有机物与水、无机盐分离，实现脱盐与浓缩同步进行。与反渗透相比，纳滤的操作压力显著更低，仅为 0.5～2.5 MPa，能耗成本也相应更低，同时水通量更大。纳滤膜材料与反渗透膜类似，通常为纤维素（cellulose）、聚酰胺（polyamide，PA）、磺化聚砜（sulfonated polysulfone，SPSF）、磺化聚醚砜（sulfonated polyether sulfone，SPES）以及聚乙烯醇（polyvinyl alcohol，PVA）等。

纳滤膜对无机盐的分离效果不仅与化学势有关，还与电势梯度有关。这是因为纳滤膜表面所带的负电荷通过静电相互作用阻碍多价离子的渗透，这导致其对不同价态离子的截留效果不同，也是纳滤膜在较低压力下仍具有较高脱盐性能的重要原因。具体而言，纳滤膜对单价离子的截留率低（10%～80%），对二价离子及多价离子（如 $Mg^{2+}$、$Ca^{2+}$、$SO_4^{2-}$、$CO_3^{2-}$ 等）的截留率可高达 90% 以上（与反渗透的截留率接近），因此可实现不同价态离子的分离。纳滤膜对截留离子的离子半径也有一定选择性，当离子价态相同时，离子半径越小，纳滤膜对其截留率越低，例如，对一价阳离子的截留率顺序为 $H^+ < Na^+ < K^+$。

4. 微滤和超滤

在水处理实践中，很多情况下要去除的主要目标物质不是无机盐类，而是腐殖酸等大分子有机物以及胶体物质、病毒、细菌、藻类等，若采用反渗透、纳滤就需要较高的操作压力，能耗成本大幅增加，对前处理的要求也相应提高。因此，微滤、超滤等膜分离技术应运而生，它们所采用的膜孔径更大，操作压力较小，且具有较大的水通量，运行和维护成本也相对较低。

（1）微滤

微滤（microfiltration，MF）技术是以压力差为推动力，利用筛网状过滤介质的"筛分"作用实现对水中物质的分离，主要用于去除胶体、悬浮固体和微生物等较大的颗粒。微滤可视为过滤工艺中的"表层过滤"，现常用来取代依靠粒状过滤介质床层的"深层过滤"，还可用作反渗透工艺的前处理。微滤所采用的过滤介质被称为微滤膜或微孔膜，通常由醋酸纤维素酯（cellulose acetate，CA）、硝酸纤维素酯（cellulose nitrate，CN）或聚酰胺、聚醚砜（polyether sulfore，PES）、聚四氟乙烯（polytetrafluoroethylene，PTFE）、聚偏二氟乙烯膜（polyvinylidencefluoride，PVDF）等有机高分子材料，通过形成多层叠置的筛网而制成。微孔膜厚度为 10～150 μm，孔径一般

为 $0.1 \sim 10\,\mu m$,所需操作压力在 $0.01 \sim 0.2\,MPa$ 之间。微孔膜的主要特点是:① 孔径均匀,过滤精度高;② 孔隙大,过滤速度快;③ 膜的吸附量少;④ 无介质脱落,对滤液影响小。

(2)超滤

超滤(ultrafiltration,UF)技术也是以压力差为推动力的"筛分"作用过程,相比微滤,其所用膜的孔径更小,因而可去除粒径更小的物质。除了可截留微滤所能去除的各类物质,超滤还可截留分子量 $1000 \sim 300\,000$ 的各种可溶性大分子,如多糖、蛋白质、淀粉等。超滤膜为不对称结构的多孔膜,通常分为三层:① 最上层为致密而光滑的表面活性层,厚度为 $0.1 \sim 1.5\,\mu m$,孔径小于 $10\,nm$;② 中间层为过渡层,厚度为 $1 \sim 10\,\mu m$,孔径为 $10 \sim 50\,nm$;③ 最底层为支撑层,厚度为 $50 \sim 250\,\mu m$,孔径大于 $50\,nm$。表面活性层和过渡层决定了膜的分离性能,而支撑层主要起结构支撑作用,可增强膜的机械强度。制备超滤膜的材料与微滤膜类似。

(3)微滤和超滤的工作方式

按照待处理水的流态,微滤和超滤的工作方式可分为两种,即死端过滤和错流过滤,如图 4-85 所示。① 采取死端过滤时,待处理水在压力驱动下全部通过膜,无浓缩液流出,水的回收率接近 $100\%$。在这种操作模式下,被截留的杂质颗粒将在膜表面快速累积,使过滤阻力增加,在操作压力不变的情况下,膜通量下降较快,需要间歇性地进行反冲洗。② 采取错流过滤时,待处理水在泵的推动下平行于膜面流动,大部分水渗透过膜而剩余一部分浓缩液从膜的另一端流出。在这种操作模式下,待处理水流经膜面时所产生的剪切力会不断把滞留在膜面上的颗粒带走,使污染层保持在一个较薄的稳定水平,因此膜通量下降较慢且在较长的一段时间内保持较高水平,但相应的能耗也较高。

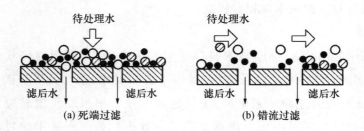

**图 4-85 死端过滤和错流过滤示意**

按照膜组件是否浸没在待处理水中,微滤和超滤可分为两种工艺类型,即浸没式和外置式,如图 4-86 所示。① 浸没式是将膜组件置于废水处理反应器中,通过真空泵的负压抽吸作用使水通过膜,属于死端过滤方式。浸没式的优点是占地面积小,水回收率高;缺点为通量下降较快,需要周期性反冲洗或采取相应膜污染控制措施。② 外置式是将膜组件置于废水处理反应器之外,依靠泵的正向压力使水通过膜,属于错流过滤方式。外置式的优点是膜通量下降较慢,可使用较高的过滤通量;缺点是需要额外的占地面积来设置外置式膜组件,水的回收率较低。

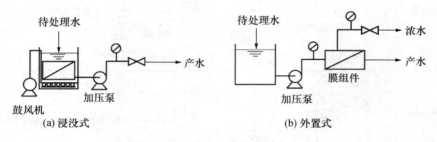

**图 4-86　浸没式和外置式膜过滤示意**

**专栏 4-2　如何选用不同的膜分离技术?**

微滤、超滤、纳滤和反渗透都是以压力差为推动力使溶剂通过膜的分离过程,它们大致构成了针对固体颗粒、有机物分子、离子的三级膜分离技术体系。一般而言,分离溶液中所有溶质分子和离子应选用反渗透技术;分离溶液中分子量为 200~1000 的小分子物质和高价盐离子宜选用纳滤技术;分离溶液中分子量大于 1000 的有机大分子物质或极细的胶体颗粒可选用超滤技术;分离溶液中粒径为 0.1~10 μm 的较大颗粒应该选用微滤技术。

电渗析是以电位差为推动力的膜分离过程,多用于高盐水的脱盐处理,与反渗透技术的适用范围具有很大的重叠。由于电渗析所用的离子交换膜耐氯性好,且不依赖过滤原理,因此其对进水水质的要求没有反渗透的要求高,对浊度、余氯、硅等指标的容许值均较高。但电渗析分离的对象仅为阴、阳离子,无法去除非解离分子。目前,电渗析广泛用于煤化工、石油化工、火电厂脱硫、电镀、造纸、印染、制药及矿井等行业产生的高盐废水的"零排放"处理,不仅实现了水的回用,也促进了废盐的资源化利用。

需要注意的是,上述膜分离技术对目标分离物质的界定不是严格的,存在一定的重叠。在实际应用中,不同膜分离技术的去除对象和适用范围,可以参考图 4-87。

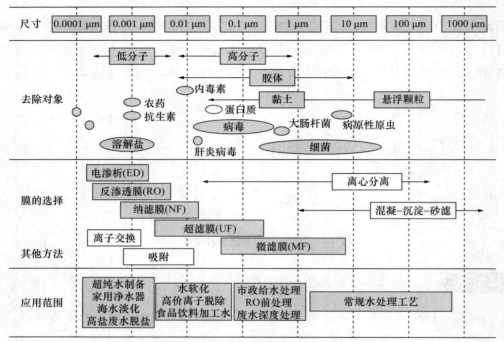

图 4-87　各类膜分离技术的去除对象和适用范围

## （二）膜材料与膜组件

### 1. 膜材料

膜分离技术的核心元件是膜,即能以特定形式限制和传递流体物质的分隔两相或两部分的界面,其表面具有一定物理或化学特性。膜可以是固态的,也可以是液态的;膜的结构可以是均质的,也可是非均质的。水处理领域应用最多的是固态膜,其厚度一般从几微米(甚至 $0.1\ \mu m$)到几毫米。按形态和结构,固态膜可以分为致密膜和多孔膜:① 致密膜由有机高分子材料制成,用于反渗透膜、纳滤膜、渗透汽化膜及气体渗透膜等;② 多孔膜可由有机高分子材料或无机材料制成,用于微滤膜、超滤膜及渗析膜等。

根据来源不同,膜材料可以分为天然膜和人工合成膜。天然膜主要是指各类生物体中存在的膜结构;水处理中使用的则主要是人工合成膜,又可分为有机膜和无机膜。实用性高的膜材料一般具有以下特点:① 选择透过性好,单位面积透水量大;② 机械强度高,抗压、抗拉、耐磨,不易损坏;③ 热稳定性和化学稳定性高,耐酸碱腐蚀、耐氧化剂、耐微生物侵蚀;④ 结构均匀,厚度可控,使用寿命长,成本低等。

（1）有机膜材料

目前,有机膜材料主要是用有机高分子聚合物制备而成,如纤维素酯、聚砜、聚酰胺、聚四氟乙烯、聚偏二氟乙烯等。

醋酸纤维素酯是应用最广的一种膜材料,由纤维素分子中葡萄糖基上的羟基经过乙酰化而制得,乙酰化程度越高则越稳定,因此常用三个羟基都乙酰化的三醋酸纤维素酯来制备膜。醋酸纤维素酯原料来源广、亲水性好、选择透过性强、性能稳定,适合微滤膜、超滤膜、反渗透膜等各类膜的制备。为了改进膜性能,也可采用乙酰化和其他酰化混合的醋酸丙酸纤维素酯、醋酸丁酸纤维素酯,或采用醋酸纤维素酯与硝酸纤维素酯的混合物来制备膜。

纤维素酯类膜存在以下问题:① pH 适应范围窄,最适 pH 为 4~6,不能超过 2~8;② 耐热性差,最高使用温度为 30 ℃;③ 易与氯作用,降低使用寿命,使用时余氯应小于 0.1 mg/L,短时对氯的耐受量为 10 mg/L;④ 纤维素骨架易被细菌降解,难以贮存。

聚砜（polysulfone, PSF/PSU）是分子链中有 R—SO$_2$—R（R 为烃基）结构单元的热塑性聚合物材料。聚砜分子结构中的硫原子是最高氧化态,砜基的共轭效应使膜有优良的抗氧化性和热稳定性,醚链可改善膜的韧性,苯环可提高膜的机械强度。常见的聚砜材料有双酚 A 型聚砜（PSF）、聚醚砜（PES）、聚砜酰胺（PSA）、酚酞型聚醚砜（PES-C）等。为了引入亲水基团,常用氯磺酸等试剂对聚砜进行磺化处理,制成磺化聚砜（SPSF）、磺化聚醚砜（SPES）、磺化聚醚砜酮（SPPESK）等膜材料。

聚砜膜的优点是:① 耐热性高,工作温度可高达 75~120 ℃;② 耐酸、碱腐蚀,适应 pH 范围可达 1~13;③ 抗氧化性和耐氯性好,短时对氯的耐受量可达 200 mg/L,长期贮存时耐受量达 50 mg/L;④ 孔径范围宽,截留分子量 1000~500 000,符合超滤膜的要求。聚砜膜的缺点是:① 允许的操作压力较低,对平板膜的极限操作压力为 0.7 MPa,对中空纤维膜为 0.17 MPa;② 疏水性强,不能制成反渗透膜,在分离疏水性强的有机大分子类物质时易形成膜污染。

聚酰胺是大分子主链重复单元中含有酰胺基团（—CO—NH—）的高分子聚合物,俗称尼龙（nylon）,可用于制备反渗透膜、纳滤膜、超滤膜等。早期用于制备膜材料的是脂肪族聚酰胺,如尼龙-4、尼龙-66 等,对盐水的分离率（脱盐率）在 80%~90%,但透水速率较低。后来发展了由芳香族聚酰胺制成的膜材料,对盐水的分离率可高达 99.5%,透水速率也大幅提升,适应 pH 范围为 3~11,长期使用的稳定性好。但酰胺基团的抗氧化性弱,因此进水中的游离氯、高锰酸盐、过氧化物等氧化剂必须预先去除;疏水性强的有机物如油分等易附着在膜表面造成透水量下降,有机溶剂也会对膜造成损害。

为了改善膜材料的综合性能,特别是其稳定性、机械强度以及极性等特征,其他各类型的膜材料也逐渐发展并得到应用。含氟高分子聚合物,如聚偏二氟乙烯(PVDF)、聚四氟乙烯(PTFE)等,由于含氟量高、氢键作用强且分子链间排列紧密,其制成的膜材料具有优良的化学稳定性和机械强度,耐腐蚀、耐高温、耐辐射。PVDF 在水处理中是制备膜生物反应器所用微滤膜的主流材料,取得了极为广泛的应用。但 PVDF 膜表面的疏水性强,易受腐殖酸、蛋白质、脂质、糖类等有机物以及微生物细胞的污染。此外,聚乙烯(PE)、聚丙烯(PP)、聚氯乙烯(PVC)、聚碳酸酯(PC)、聚丙烯腈(PAN)等材料的化学稳定性强、耐腐蚀,也被用来制备微滤膜或超滤膜。

有机膜具有工业化生产技术成熟、单位膜面积制造成本低、膜组件装填密度大等优势,是当前膜材料的最主要使用类型。其中,使用最多的是醋酸纤维素酯,其次是聚砜、聚酰胺、PVDF 等。例如:反渗透膜和纳滤膜主要使用醋酸纤维素酯和聚酰胺膜材料;微滤和超滤膜使用最多的是 PVDF 膜材料;实验室使用的微孔滤膜多为醋酸纤维素酯、醋酸-硝酸混合纤维素酯等材质。

(2) 无机膜材料

无机膜是以无机材料为分离介质制成的具有分离功能的半透膜,可分为金属膜、金属氧化物膜、陶瓷膜、分子筛复合膜、沸石膜、多孔玻璃膜等。目前应用最广泛的是陶瓷膜,是以氧化铝、氧化钛、氧化锆等经高温烧结而成的具有多孔结构的材料。无机膜的优点是:① 热稳定性好,可以耐受几百度的高温;② 化学稳定性好,耐有机溶剂、耐酸碱、耐微生物腐蚀,不老化,使用寿命长;③ 机械强度大,可承受几十个大气压的压力;④ 可以使用条件苛刻的清洗操作,膜再生效果好;⑤ 制膜时容易控制孔径大小和分布;⑥ 水透过量大,污染少,运行稳定。但无机膜也存在明显的缺点:① 膜脆易碎,需要特殊构型和组装体系;② 在膜组件中的装填密度相对较低,膜性能不能完全发挥;③ 制造成本相对较高,在膜出现缺陷时,修理费用也较高。总的来说,无机膜的应用程度低于有机膜,一般适用于高黏度、高固体含量的复杂流体物料的分离。

2. 膜组件

为便于大规模工业化的生产和安装,提高膜的工作效率,在单位体积内实现最大的膜面积,通常将膜、膜的支撑材料、间隔材料、外壳等组装成一个完整的单元,称为膜组件。膜组件的结构中除了膜以外,还包括压力支撑体、原料液进口、流体分配器、浓缩液出口、透过液出口等。水处理中使用的膜组件主要有管式、中空纤维式、平板式、卷式等构型。

（1）管式膜组件

管式膜组件,又称为圆管式膜组件,是在圆管状支撑材料的外侧或内侧附上膜材料而制成的膜组件,通常将一定数量的管式膜组装在一起,如图 4-88 所示。支撑管一般为多孔不锈钢管、多孔玻璃纤维环氧树脂增强管、多孔陶瓷管或耐压的微孔塑料管。管式膜组件有不同的形式:① 按连接方式,可分为单管式和管束式,管束式由许多单管组装而成;② 按运行方式,可分为内压式和外压式。对于内压式,膜被浇铸在支撑管的内表面,加压的原料液从管内流过,透过膜的渗透液则在管外被收集;对于外压式,膜被浇铸在支撑管的外表面,加压的原料液从管外流过,透过膜的渗透液则进入管内被收集。无论内压式还是外压式,都可以根据需要设置成串联或并联装置。

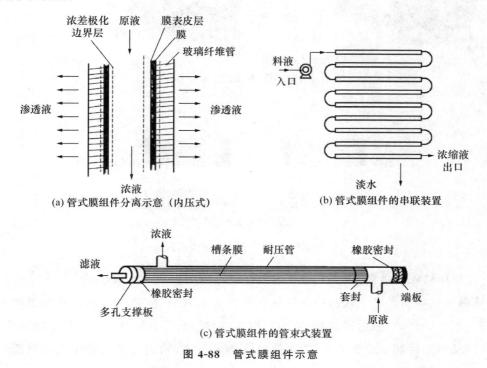

(a) 管式膜组件分离示意（内压式）

(b) 管式膜组件的串联装置

(c) 管式膜组件的管束式装置

图 4-88　管式膜组件示意

管式膜组件结构简单、适应性强,水力条件好,压力损失小、透过量大,清洗、安装方便,可耐高压,适当调节水流状态可防止浓差极化和膜污染,能够处理含悬浮固体的高黏度溶液;但单位体积中膜面积小,制造和安装费用较高;适于微滤和超滤。

（2）中空纤维式膜组件

中空纤维膜是一种很细的管状膜,与管式膜的区别在于:① 中空纤维膜无支撑体,依靠自身的非对称结构来支撑;② 膜直径为 0.2~2.5 mm,内外径之比为 2~4,比毛细管膜(直径较小的管式膜,膜管直径 3~6 mm)、管式膜(膜管直径 6~25 mm)要细得多。中空纤维膜可承受 6 MPa 的静压,其耐压强度取决于内外径比,与纤维管壁的厚度无关。一般将成千上万根中空纤维膜捆成膜束,安装在一个管状容器内,并将中空纤维膜的开口端固定在环氧树脂或聚氨酯管板上,与管状容器的外壳壁固封,确保原料液与透过液完全隔离,从而形成中空纤维式膜组件,如图 4-89 所示。

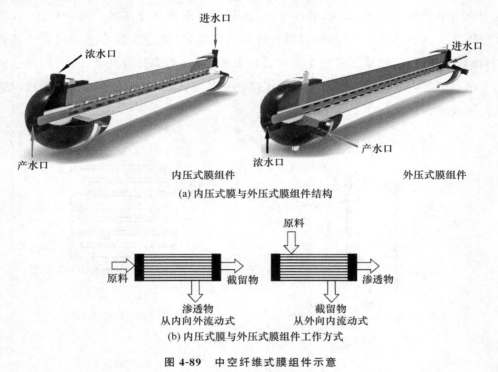

(a) 内压式膜与外压式膜组件结构

(b) 内压式膜与外压式膜组件工作方式

**图 4-89　中空纤维式膜组件示意**

　　按照原料液的走向,中空纤维式膜组件也可分为内压式和外压式:① 对于内压式,原料液从膜组件的一端的中空纤维膜开口进入其内部,透过液从膜管渗透出来进入膜组件的外腔,然后被收集,浓缩液则在膜组件的另一端排走;② 对于外压式,原料液从膜组件的一端流入外腔,沿管束外侧平行流动,透过液通过中空纤维膜进入内腔,然后从膜组件的另一端流出被收集,浓缩液则在外腔的一侧排走。

　　中空纤维式膜组件的优点是:① 纤维管直径小,填充密度高,单位装填膜面积远高于其他膜组件,最高可达 30 000 m²/m³,因此可有效提高透水通量;② 纤维管强度高,不需要膜支撑结构,管内外能承受很高的压力差,可以反冲洗。其缺点是:① 易堵塞,清洗较困难,对进水需要严格的预处理;② 纤维管内流动阻力很大,压力损失较大,不宜处理黏稠液体。中空纤维式膜组件常应用于微滤、超滤,也可用于反渗透。

（3）平板式膜组件

平板式膜组件的结构类似于板框压滤机，由若干块多孔透水板（支撑板）层叠设置，透水板两面都安装膜，膜四周用胶黏剂和透水板外环密封，内部构成压力容器，如图 4-90 所示。高压的原料液流入每块平板，透过液从两面的膜渗透出来，经透水板从四周引出。不同平板式膜组件的设计差异主要是原料液流道的设计，如将支撑板表面设计成波纹结构，或在膜面上配置筛网等，从而尽量促进湍流效果，降低浓差极化。

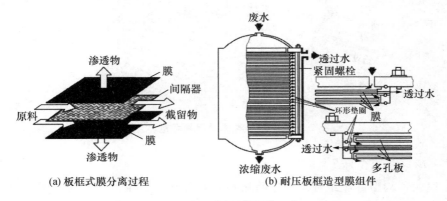

(a) 板框式膜分离过程　　　　(b) 耐压板框造型膜组件

**图 4-90　平板式膜组件示意**

平板式膜组件的优点是：① 结构简单且牢固，能承受高压，占地面积不大，易于操作；② 膜板、膜片易于拆卸，方便清洗和更换；③ 每个膜板的透过液都是单独引出的，可观察每个膜板的滤液质量，发现损坏的膜即可替换；④ 对进水预处理的要求低。其缺点是：① 对膜的机械强度要求高；② 膜的装填密度较低，一般为 $30\sim500\ \mathrm{m^2/m^3}$，造价较高；③ 组件中需要单独密封的数量太多，拆后复装容易泄漏；④ 由于流向转折，易产生较大的内部压力损失。平板式膜组件适用于微滤和超滤。

（4）卷式膜组件

卷式膜组件是在两层膜中间夹一层多孔的柔性格网（隔膜网或隔网），并将它们的三边黏合密封起来，再在下面铺一层供废水通过的多孔透水格网（筛网），然后将另一开放边与一根多孔集水管（透过液芯柱）密封连接，使原料液与透过液完全隔开，最后以集水管为轴，将各层螺旋卷紧而制成。将几个膜组件串联起来，装入圆筒形耐压容器中，便构成卷式膜组件装置，如图 4-91 所示。原料液从卷式膜组件的一端进入两层膜之间的密封空间内，透过液从膜渗透出来，被位于轴心的透过液芯柱收集导出，剩下的浓缩液则从密封空间的另一端排走。

卷式膜组件的优点是：① 结构紧凑，膜的装填密度大，可达 $200\sim800\ \mathrm{m^2/m^3}$；② 隔网可增强湍流效果，提高传质效率，使物料交换效果良好，可削弱浓差极化及膜污染；③ 制造成本低。其缺点是：① 装配要求高，密封较困难，清洗检修不便；② 原料液在卷膜内的横截流道面积较大，导致其流速较慢，对膜的冲刷效果较差，压力损失也较大；③ 易堵塞，不能处理悬浮液浓度较高的料液。卷式膜组件可用于微滤、超滤和反渗透。

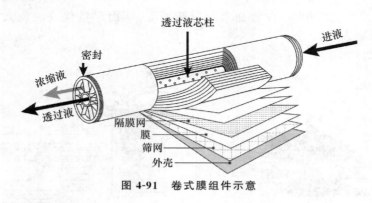

图 4-91　卷式膜组件示意

（5）浸没式膜组件

上述四种构型的膜组件均属于将膜材料封装在一定压力容器内的膜分离装置，一般可通过进液管道，直接通入符合要求的原料液进行膜分离操作，它们体积一般较小、结构很紧凑、集成化程度很高，在水处理工艺中可单独作为一个处理单元，因此也称为外置式膜组件。

然而在水处理实践中，特别是对于将膜分离技术（微滤和超滤）与生物处理技术结合的膜生物反应器（membrane bioreactor，MBR）工艺，往往采用一种将膜材料直接暴露在外的浸没式膜组件，如图 4-92 所示。这类膜组件安装在生物处理工艺的反应池中，直接浸没于原料液（待处理废水）中，通过真空泵抽吸形成压力差，使待处理废水透过膜，各类污染物及微生物细胞等杂质被截留，膜内的透过液经过集水管被收集，即为膜出水。浸没式膜组件常用的膜材料为 PVDF 中空纤维膜，将大量的中空纤维膜管束悬挂在合金框架上，膜的两端密封固定于集水管道上，形成帘式结构，故又称为中空纤维帘式膜组件。

3. 膜分离工艺的技术参数

（1）膜通量

膜通量（membrane flux）是指料液在单位时间内通过单位膜面积的体积，也称为膜过滤通量，通常用 $J$ 表示。膜通量的国际标准单位为 $\mathrm{m^3/(m^2\cdot s)}$，或简化为

(a)

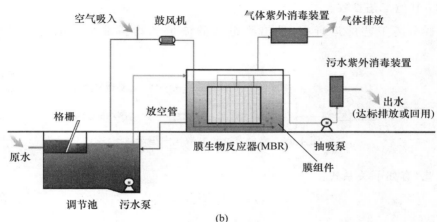

(b)

图 4-92　浸没式膜组件实物(a)及其在 MBR 中的应用示意(b)

m/s,也称渗透速率或过滤速率;其他非标准单位包括 L/(m² · h)(或简写为 LMH)、m/d 等。

$$J = \frac{\Delta p}{\mu R_t} \tag{4-84}$$

式中,$\Delta p$—过膜压力差,Pa;$\mu$—液体黏度,Pa · s;$R_t$—过滤阻力,m$^{-1}$。

因此,影响膜通量的因素主要有:① 膜分离过程的驱动力,即为过膜压力差,也称跨膜压差(transmembrane pressure,TMP);② 过滤阻力;③ 膜与液体界面处的水力条件。对于膜生物反应器来说,膜通量一般为 10～100 LMH。

(2) 过滤阻力

过滤阻力 $R$(m$^{-1}$)包括膜固有阻力 $R_m$、膜表面或膜孔内部的膜污染阻力 $R_f$ 以及膜与溶液界面区域的阻力 $R_{cp}$。总阻力与各部分阻力之间的关系可表示为

$$\frac{1}{R} = \frac{1}{R_m} + \frac{1}{R_f} + \frac{1}{R_{cp}}$$    (4-85)

膜固有阻力 $R_m$ 由膜材料本身决定,主要受膜孔径大小、膜表面孔隙率和膜厚度的影响;膜污染阻力 $R_f$ 的构成与膜污染机理相关;膜与溶液界面区域的阻力 $R_{cp}$ 与浓差极化现象相关。

一般随着膜分离工艺的运行,由于膜污染以及浓差极化等过程的发生,过滤阻力会不断升高。如果采取恒通量模式运行(即 $J$ 保持恒定不变),则根据式(4-84)可知,跨膜压差将持续上升;如果采取恒压力模式运行(即 TMP 保持不变),则膜通量将持续下降。因此,为保持膜分离工艺的正常运行,需要采取特定措施应对不断升高的过滤阻力。

(3)其他工艺参数

在膜分离工艺的运行中,进出膜组件的流量和物料都是守恒的,如图 4-93 所示。

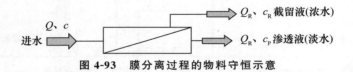

图 4-93    膜分离过程的物料守恒示意

因此,有如下关系式:

$$Q = Q_R + Q_P$$    (4-86)

$$Qc = Q_R c_R + Q_P c_P$$    (4-87)

式中,$Q$—原料液(进水)流量,L/s;$c$—原料液中的溶质浓度,mg/L;$Q_P$—透过液(出水或淡水)流量,L/s;$c_P$—透过液中的溶质浓度,mg/L;$Q_R$—浓缩液(浓水)流量,L/s;$c_R$—浓缩液中的溶质浓度,mg/L。

淡水回收率或产水率 $Y$,对于确定供水能力和处理规模很重要,一般反渗透装置的淡水回收率取 $75\%$,淡水回收率以百分数表示:

$$Y = \frac{Q_P}{Q} \times 100\% = \frac{Q_P}{Q_R + Q_P} \times 100\%$$    (4-88)

截留率 $R$,即膜截留特定溶质的效率,常用来表示膜脱除溶质或盐的性能,以百分数表示为

$$R = \left(1 - \frac{c_P}{c}\right) \times 100\%$$    (4-89)

在实际应用中,膜的截留率小于 $100\%$,总是有部分溶质可以透过膜。因此,截

留率也反映了膜分离工艺对于溶液中特定组分的去除难度。

### （三）膜污染及其防治策略

膜污染（membrane fouling）是指原料液中的悬浮物颗粒、胶体粒子、溶解性有机物及无机盐类，由于与膜材料存在物理化学相互作用或机械作用，而在膜表面或膜孔内吸附、沉积，导致膜孔径变小或堵塞，使水或溶剂通过膜的阻力增加，过滤性能下降，最终表现为膜通量下降或跨膜压差升高的现象。

1. 膜污染的成因与分类

膜污染的形成主要与膜孔堵塞、表面沉积和浓差极化等过程相关。

（1）膜孔堵塞

膜孔堵塞指各种污染物在膜孔内部结晶、沉淀、吸附，造成不同程度的堵塞，其比较难以去除，因此一般认为是不可逆的。

（2）表面沉积

表面沉积指各种污染物在膜表面形成附着层，主要包括无机污染层、凝胶层（gel layer）、泥饼层（cake layer）等。无机污染层是溶解性无机盐类因过饱和而析出沉积在膜表面；凝胶层是溶解性有机大分子因吸附、截留或过饱和而沉积在膜表面；泥饼层是较大的悬浮颗粒沉积在膜表面或微生物形成生物膜。无机污染层和凝胶层需要经过酸、碱等化学试剂清洗才能去除，一般认为是不可逆的；泥饼层比较疏松，在初期可通过曝气等水力方式清洗而去除，一般可认为是可逆的，当其变得紧实致密时，则可视为不可逆的。

（3）浓差极化

在压力驱动膜分离的过程中，溶质被料液传送到膜表面，不能完全透过膜的溶质受到膜的截留作用，会在膜表面附近累积，导致膜表面的溶质浓度 $c_m$ 远高于料液主体中的溶质浓度 $c_b$，如图 4-94 所示。在浓度梯度作用下，溶质会由膜表面向料液主体反向扩散移动。当料液主体中以对流方式流向膜表面的溶质的量与膜表面以扩散方式返回料液主体的溶质的量相等时，则在边界层中形成一个比较稳定的浓度梯度区。这种溶质在膜表面附近浓度高于料液主体浓度的现象就称为浓差极化，位于膜表面附近的高浓度区称作浓差极化层。

浓差极化所造成的溶质浓度升高，是溶解性无机盐、有机大分子等污染物因过饱和而沉积的重要原因，特别是凝胶层的形成原因主要就是浓差极化。在凝胶层中，分离过程与膜的孔径尺寸和分布无关。因此，凝胶层也被称为"动态膜"，在稳态条件下，动态膜厚度接近于一个常数。

　　浓差极化是可逆的,只要停止膜过滤过程,浓差极化现象自然消除。另外,通过降低料液浓度或改变膜表面附近的流体状态(如采用错流方式,并提高错流的进水流速),使水流处于紊流状态,提高传质系数,使膜表面附近的料液与料液主体充分混合,则也可有效削弱浓差极化现象。

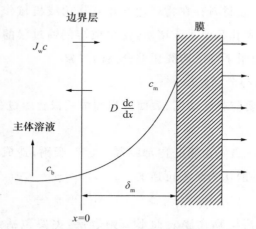

**图 4-94　膜分离中的浓差极化现象**

　　膜污染的结果是过滤阻力不断增大,从而阻碍膜分离过程的正常进行。根据膜污染的成因,过滤阻力 $R$ 可以分为以下几个部分,如图 4-95 所示:① 膜材料本身的固有阻力 $R_m$;② 浓差极化造成的阻力 $R_{cp}$;③ 膜孔堵塞阻力 $R_b$;④ 膜表面泥饼层阻力 $R_c$;⑤ 膜表面凝胶层阻力 $R_g$;⑥ 膜表面无机污染层阻力 $R_i$。

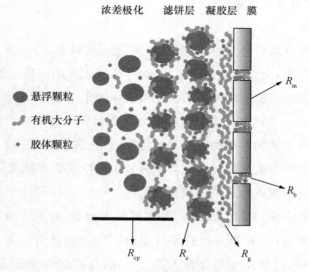

**图 4-95　膜过滤阻力的构成示意**

　　上述由膜污染所造成的过滤阻力可以通过以下方法进行解析。根据式(4-85)，可计算膜组件在运行状态下的阻力，即为总阻力 $R$。将膜组件取出，用清水冲洗表面污染物以去除主要由悬浮固体形成的泥饼层，再进行清水过滤试验，可得到清水过滤阻力 $R_1$。如果忽略浓差极化阻力，则泥饼层阻力 $R_c = R - R_1$。然后采用 NaClO 溶液对膜组件浸洗以去除膜表面的凝胶层以及部分膜孔内吸附的有机物，再通过清水过滤试验得到 $R_2$，如果膜孔内吸附的有机物污染很少，则可以近似认为凝胶层阻力 $R_g = R_1 - R_2$。如果膜污染中无机成分占比很多，可以进一步采用柠檬酸浸洗膜组件，用以去除膜表面和部分膜孔内残留的无机污染物，再通过清水过滤试验得到 $R_3$，则无机污染物形成的阻力 $R_1 = R_2 - R_3$。

　　膜污染是膜材料和各类污染物在一定条件下相互作用的产物，根据相应的标准，膜污染可以分为不同的种类。

　　按照污染的清洗可恢复性，膜污染可以分为可逆污染（暂时污染）、不可逆污染（长期污染）和不可恢复污染（永久污染）。可逆污染是指通过物理清洗的手段（如强化曝气或反冲洗等）就可以去除的污染，一般指膜表面的泥饼层；不可逆污染是指物理清洗不能有效去除而需要化学试剂清洗才能去除的污染，一般指膜表面的凝胶层和膜孔轻微堵塞；不可恢复污染是指采用任何清洗手段都无法去除的污染，其直接缩短膜的使用寿命。

　　按照污染物的性质，膜污染又可以分为无机污染、有机污染和生物污染。无机污染主要是溶解性无机盐离子因浓度升高或发生化学反应，以沉淀形式沉积于膜孔内部或膜表面；有机污染主要是溶解性有机物（如多糖、蛋白、腐殖酸等）或者胶体物质因吸附或浓差极化而在膜表面形成凝胶层；生物污染主要是细菌等微生物附着在膜材料表面进行生长繁殖，并通过分泌胞外物质，形成具有一定厚度的生物膜结构。需要注意的是，上述三类污染也不是严格分开的，通常会由无机盐离子、大分子有机物以及微生物细胞相互作用，形成复合型的膜污染。

　　2. 膜污染的特征

　　在恒定通量运行条件下，膜污染的过程通常可以用跨膜压差的变化情况来描述。如果将膜通量设置在临界通量（指使膜过滤阻力不随时间而明显升高的最大膜通量）以下，则跨膜压差的变化可分为三个阶段，如图 4-96 所示。

　　阶段 Ⅰ 为初始污染，当膜组件与原料液发生接触，而膜分离尚未正式运行时，由于膜材料和原料液中各种污染物之间的相互作用（被动吸附和膜孔堵塞）而发生的膜污染。初始污染主要与膜材料本身的性质（如膜孔径、亲疏水性等）有关，但当膜过滤开始后，初始污染对整体过滤阻力的贡献就可以忽略不计了。

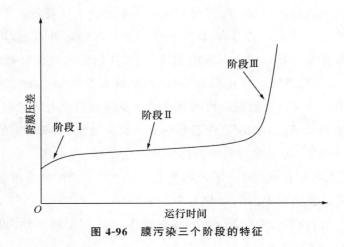

**图 4-96   膜污染三个阶段的特征**

　　阶段Ⅱ为缓慢污染,即膜污染逐渐形成的过程,主要是混合液中的溶解性物质、胶体物质因浓差极化等原因而在膜表面积累,形成无机污染层、凝胶层等污染层。这一阶段是膜过滤工艺的主要运行阶段,膜通量可保持为预先设定的次临界通量,从而保证稳定的产水,但跨膜压差仍会因膜污染层的累积而缓慢升高。即使在膜表面保持良好的水力条件,缓慢污染也会发生,且在膜表面会出现污染层分布不均匀的情况。

　　阶段Ⅲ为快速污染,通常在超临界通量条件下出现,即由于膜孔堵塞、各污染层的形成而导致工艺设定的膜通量超过了存在膜污染情况下的实际临界通量,或由于膜组件通量的不均匀性而导致局部通量超过了实际临界通量,使得污染物快速在膜表面沉积,形成较厚的污染层,从而使跨膜压差出现跃升。当进入快速污染阶段,跨膜压差达到一定限值时,就需要停止当前的膜过滤过程,对膜组件进行清洗操作。

　　3. 膜污染的防治措施

　　(1) 膜污染的清洗

　　当膜污染达到一定程度,使膜过滤无法正常运行时,需要将膜组件取出,采用物理法或化学法对其进行清洗,以恢复膜的性能。

　　物理清洗法最常用的方式是水力清洗,即使用清水在压力作用下高速冲洗膜表面,以去除泥饼层等可逆污染。为节约水资源也可用预处理后的原水代替清水,或将空气与清水混合来增强冲刷效果。此外,超声波清洗、机械振动清洗、海绵球机械擦洗等物理方式也被用于清洗膜组件。

　　化学清洗法是采用一定的化学清洗剂,主要是酸、碱、氧化剂、表面活性剂或生物酶等(如 KOH、NaOH、NaClO、$H_2O_2$、氢氟酸、柠檬酸、磷酸、草酸、盐酸、硫酸、蛋白酶等),使其与膜孔内部及膜表面的污染物发生化学反应,从而去除物理清洗难以去除的污染物质。一般而言,酸性清洗剂主要用于去除无机盐沉积物;碱性清洗剂对含羧基和酚羟基等基团的弱酸性有机物具有较好的溶解作用;NaClO、$H_2O_2$ 等氧化剂能够清除凝胶层中有机物造成的污染。常用的化学清洗步骤为:先使用 NaClO 和 NaOH 的混合溶液浸泡清洗,再使用柠檬酸溶液浸泡清洗。采用化学清洗时,除了要确定合适的药剂使用量和清洗时间,还应该注意选用造成二次污染小、更加环境友好的清洗剂。

将膜组件取出进行异位清洗,即离线清洗,也称为恢复性清洗,通常是在膜污染非常严重时采取的措施。在日常运行过程中,也可定时在原位对膜污染进行清洗,即在线清洗,也称为维护性清洗,可减少离线清洗的次数,延长膜的使用寿命。目前在实际工程中(特别是 MBR 工艺),最常用的在线清洗方法是将一定浓度的 NaClO 溶液通过反冲方式注入膜内,利用其较强的氧化作用去除膜孔内和膜表面积累的污染物。这种清洗方法操作简便、成本较低,但泄露到主体料液中的 NaClO 也会产生一些负面影响,如易使 MBR 工艺中的活性污泥絮体裂解、影响微生物活性等。

(2) 膜污染的控制

在膜分离工艺运行的过程中,虽然无法避免膜污染的发生,但也可以采取一定的控制或预防措施,减缓膜污染形成的速率,从而延长膜分离的有效工作时间,减少物理和化学清洗次数,保证膜的使用寿命。具体而言,膜污染控制措施可以分为以下几类:

① 设置预处理工艺。如果原料液中含有较高浓度的悬浮颗粒物、胶体粒子或油类物质等,应对其进行严格的预处理,否则膜污染将会非常严重,膜分离工艺无法正常运行。

② 优化水动力条件。通过改善膜组件或反应器的结构,设置合适的膜通量、操作压力、曝气强度等,促进膜表面附近的湍流流态,可削弱浓差极化现象,减少污染物在膜表面的累积。采用间歇出水的操作模式,有助于膜表面污染层的脱离,从而可减缓膜污染过程的发展。

③ 调控混合液性质。对于采用微滤或超滤的 MBR 工艺来说,膜组件直接浸没于活性污泥混合液中,因此混合液性质对于膜污染的形成影响很大。一般可通过控制污泥浓度、提高污泥絮体粒径、降低溶解性有机物浓度等,来延缓膜污染的形成。具体采用的措施有:控制水力停留时间(hydraulic retention time,HRT)和污泥停留时间(sludge retention time,SRT)等工艺参数、投加吸附剂(如粉末活性炭)、混凝剂、悬浮载体以及培养颗粒污泥等。此外,近来还有研究利用生物控制手段,如采

取一定措施干扰细菌的群体感应效应(quorum sensing，QS)，抑制细菌胞外物质分泌以及在膜表面形成生物膜的过程，从而实现膜污染延缓的目标。

④ 提升膜材料性能。在膜材料的制备过程中，对膜表面的物理和化学性质(如电荷性质、粗糙程度、形貌模式、亲疏水性、抑菌性等)进行调控，从而抑制膜污染的形成。目前，以提升抗污染性能为目标对膜材料进行改性，是膜分离领域比较前沿的研究方向。很多研究在实验室中通过共混法、表面接枝法、涂层法、表面刻蚀法等技术手段，对不同膜材料成功改性，并实现不错的膜污染抑制效果，但离大规模工业生产和实际应用还有不少距离。

### 4.3.4　高级氧化法

前述的各类水处理工艺大多都是通过沉淀、吸附、截留等过程，将杂质或污染物从水中分离和转移出去，对于有利用价值的资源可加以回收利用，对于有毒有害的污染物还需要进一步加以安全处置。但这些工艺大多未实现对污染物分子的化学转化，一些有毒有害污染物的毒性及其对生态环境、人体健康的危害性并没有在水处理工艺单元内被削减，仍然存在泄露进入环境的风险。

因此，对于有毒有害的污染物，特别是农药、染料、医药、石油化工等工业排放的人工合成有机物(又称为异生物质，xenobiotics)，往往还需要采用一些特殊的物理化学或生化处理技术，对其分子结构进行破坏，使其转化、降解为毒性更低、危害更小的物质。

然而，人工合成有机物通常结构复杂且稳定、毒性大、生物抑制性强，利用常规的生化处理工艺(第 5 章中介绍和讨论)难以对其实现有效的降解和去除，如何处理含有这类难降解污染物的废水，已经成为水处理领域长期存在的难题。针对这个问题，近几十年来，水处理研究和工作人员逐渐发展出一系列以强氧化过程氧化降解有机污染物为核心的化学或物理化学处理方法，即为高级氧化法，或称为高级氧化过程(advanced oxidation processes，AOPs)、高级氧化技术(advanced oxidation technology，AOT)等。

#### (一)高级氧化法的理论基础

高级氧化法是泛指有羟基自由基(·OH)等强氧化性的自由基生成并参与氧化还原反应的化学氧化技术，通常在高温、高压、光、声、电、催化剂等反应条件下，使难降解有机污染物发生开环、断键、加成、取代、电子转移等过程，从而转化生成低毒性的易降解的小分子中间产物,甚至彻底降解为 $CO_2$ 和 $H_2O$ 等无害物质。

　　高级氧化法是相对于常规氧化法而言的,后者主要依靠 $O_2$、$Cl_2$、$H_2O_2$、NaClO、$KMnO_4$ 等化学氧化剂来实现对污染物的氧化分解,但这些普通氧化剂具有一定的选择性,氧化能力有限,很难彻底氧化难降解有机污染物;而高级氧化法则依靠·OH 等自由基的超强氧化能力,对各类有机污染物的氧化均较为彻底,且基本没有选择性,因而适用范围更广。表 4-18 中列出了·OH 与其他氧化剂的氧化还原电位,可见·OH 的氧化还原电位显著高于其他常见的氧化剂,仅次于氟。这表明以·OH 为氧化剂的高级氧化法具有非常强的氧化性能,可以氧化绝大部分有机物以及具有还原性的无机物。

表 4-18　·OH 与其他氧化剂的氧化还原电位

| 氧化剂 | 反应条件 | 氧化还原电位($E$)/V |
|---|---|---|
| $F_2$ | 酸性 | 3.06 |
|  | 碱性 | 2.65 |
| ·OH | 酸性 | 2.85 |
|  | 碱性 | 2.0 |
| $SO_4^- \cdot$ | — | 2.50～3.10 |
| $O_3$ | 酸性 | 2.07 |
|  | 碱性 | 1.24 |
| $H_2O_2$ | 酸性 | 1.78 |
|  | 碱性 | 0.85 |
| $MnO_4^-$ | 酸性 | 1.58 |
|  | 碱性 | 0.58 |
| $Cl_2$ | 酸性 | 1.36 |
|  | 碱性 | 0.90 |
| $O_2$ | 酸性 | 1.23 |
|  | 碱性 | 0.40 |

1. 高级氧化法的反应机制

　　高级氧化法的反应过程主要包括:① 在催化剂、光、电、声、热等的激发下,反应体系中生成·OH 等自由基;② 难降解有机污染物与·OH 反应,生成有机自由基;③ 当有 $O_2$ 存在时,有机自由基与 $O_2$ 反应生成有机过氧自由基;④ 有机过氧自由基相互反应生成有机过氧化物或暂态的四氧化物,然后再通过多种途径进一步分解。

　　上述过程中最核心的步骤为·OH 与难降解有机污染物之间发生的反应,按类型可分为:加成反应(radical addition)、脱氢反应(hydrogen abstraction)和电子转移反应(electron transfer),如图 4-97 所示。具体以哪个反应路径为主,则取决于和自由基发生反应的物质。一般而言,加成反应接近于扩散控制,比脱氢反应更快发生;当加成反应的路径不可用时,可发生脱氢反应;电子转移反应较为少见,主要发生在·OH 与无机物之间。·OH 的反应一般是由动力学控制,而不是热力学控制,因而不能仅仅根据热力学来判断·OH 的反应途径。

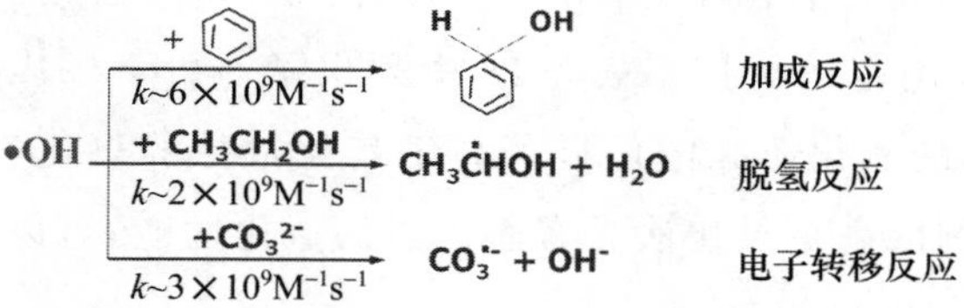

图 4-97 ·OH 的三种反应途径

（1）加成反应

·OH 容易加成到 C=C、C=N、S=O 上,而不会加成到 C=O 上,如式（4-90）和式（4-91）所示。

$$\cdot OH + CH_2 = CH_2 \longrightarrow \cdot CH_2CH_2OH \quad (4-90)$$

$$\cdot OH + (CH_3)_2S = O \longrightarrow (CH_3)_2S(OH)O \cdot \quad (4-91)$$

·OH 与携带不同供电子或吸电子取代基的 C=C 的反应具有高度选择性,例如·OH 与苯反应,首先生成 π-络合物,再分解成 σ-络合物（·OH 加合物）,分别如式（4-92）和式（4-93）所示。

$$(4-92)$$

$$(4-93)$$

·OH 也可以与含富电子杂原子的化合物（如胺、硫化物、二硫化物、卤化物等）发生加成反应,加成到杂原子的孤电子对上,形成三电子中间体,如式（4-94）和式（4-95）所示。

$$\cdot OH + (CH_3)_2S \longrightarrow (CH_3)_2S \therefore OH \quad (4-94)$$

$$2 \cdot OH + 2Cl^- \rightleftharpoons HO \therefore Cl^- \ (HOCl^- \cdot) \quad (4-95)$$

（2）脱氢反应

脱氢反应常慢于加成反应,R—H 的键解离能起主要作用。·OH 与不同位置的 C—H 键发生脱氢反应的速率存在差异,其大小顺序为:叔氢＞仲氢＞伯氢。以 2-丙醇为例,脱氢反应主要发生在叔氢上,如式（4-96）所示。

$$\cdot OH + (CH_3)_2C(OH)H \longrightarrow \cdot C(CH_3)_2OH + H_2O \quad (4-96)$$

当·OH 与较弱的 RS—H 键反应时,脱氢反应速率主要受扩散控制,甚至可能发生在硫加成反应之前。此外,对于具有高键解离能的—OH 基团,发生在其上的脱氢反应通常可以忽略。

（3）电子转移反应

理论上·OH 的单电子还原电位很高,因而很容易发生单电子氧化反应,然而其在动力学上是不利的,通常竞争不过加成反应。只有发生多卤化取代或位阻现象时,加成反应和脱氢反应均不能顺利进行,·OH 才可能与有机物发生电子转移反应。

（4）其他反应

除了上述由·OH 直接参与的氧化反应之外,·OH 还会通过形成过氧自由基（ROO·）和 $H_2O_2$ 等次生氧化剂,从而对有机污染物进行氧化。这些次生氧化剂的氧化能力虽然不如·OH,但由于其浓度可能远远高于·OH,因此在高级氧化法中也发挥了很重要的作用。

需要注意的是,·OH 是一种广谱的强氧化剂,水中的各种杂质都能与其发生反应,从而降低水中目标有机污染与·OH 发生反应的概率;·OH 不能积累,在高级氧化体系中存在的浓度极低,通常为 $10^{-10}$ mol/L 级别。因此,当水中的目标有机污染物浓度较低时,水中常见的 $HCO_3^-$ 和 $CO_3^{2-}$ 等离子会与·OH 发生竞争性的反应,从而影响·OH 与目标有机污染物的反应。一般将可以与目标污染物高效竞争·OH 的物质称为自由基清除剂,$HCO_3^-$ 和 $CO_3^{2-}$ 即为最常见的自由基清除剂。

2．·OH 的测定技术

对高级氧化反应机理的解析是促进高级氧化法水处理工艺发展的重要基础,而对·OH 的定量、准确测定则是研究高级氧化反应机理的关键工具。由于·OH 在高级氧化体系中的浓度极低、寿命极短（约为 $10^{-9}$ s）,很难对其直接检测,一般都需要间接测定,即选用一些特殊的标记物与·OH 进行氧化反应,再通过测定标记物或反应产物的量来确定·OH 的量。目前在环境研究领域使用较多的·OH 测定技术为:自旋捕获-电子自旋共振波谱法、高效液相色谱法、分光光度法、荧光光度法和化学发光法。

（1）自旋捕获-电子自旋共振波谱法

电子自旋共振法（ESR）或电子顺磁共振法（EPR）是 20 世纪 40 年代发展起来的,主要研究对象是具有未成对电子的自由基和过渡金属离子及其化合物;自旋捕获技术则是 20 世纪 60 年代发展起来的,该技术的建立为自由基的 ESR 检测技术开辟了新的有效途径。该方法的原理是利用自旋捕获剂（通常为反磁性化合物）与不稳定的自由基发生反应,生成较为稳定的自旋加合物,进而使用 ESR 技术进行检测,可根据测定的自旋加合物的量来计算待测自由基的量。

常用的自旋捕捉剂主要包括:5,5-二甲-1-吡咯啉-$N$-氧化物(DMPO)、2-甲基 2-硝基丙烷、苯基叔丁基氮氧化合物、$\alpha$-(1-氧基-4-吡啶基-$N$-叔丁基氮氧化合物)等。其中,最常用的是 DMPO,它作为自旋捕获剂对自由基结构的变化非常敏感,可提供有关自由基结构的信息;它与·OH 产生的自旋加合物易被 ESR 技术检测,且在溶液中形成的自我捕获产物(二聚体自由基)不会干扰检测结果。

(2)高效液相色谱法

高效液相色谱(HPLC)法是一种高效、快速、灵敏的物质分离和检测技术,也被用来间接测定自由基。同样地,也需要先用自由基捕获剂与·OH 反应生成更稳定的产物,然后再使用 HPLC 对产物进行测定。因此,该法所选用的自由基捕获剂,需要满足反应产物易于通过 HPLC 分离和检测的条件。目前,该方法常用的自由基捕获剂为:苯甲酸(安息香酸)、2-羟基苯甲酸(水杨酸)和二甲基亚砜(DMSO)。例如:以水杨酸作为捕捉剂,·OH 攻击水杨酸生成 2,3-二羟基苯甲酸(2,3-DHBA)和 2,5-二羟基苯甲酸(2,5-DHBA),再利用 HPLC 直接检测 2,3-DHBA 和 2,5-DHBA 的含量,从而间接计算出·OH 的含量。

(3)分光光度法

分光光度法是利用·OH 的强氧化性,使特定物质产生结构、性质和颜色的改变,从而可以改变待测溶液的光谱吸收,根据吸光度的变化值间接计算·OH 的含量。分光光度法仪器简单、操作方便、快速灵敏,易为一般实验室所采用。常见的用于·OH 测定的反应底物主要有:DMSO、亚甲基蓝、溴邻苯三酚红、孔雀石绿、邻二氮菲-$Fe^{2+}$ 及 $Fe^{2+}$-菲咯啉络合物等。

(4)荧光光度法

荧光光度法是利用物质受到激发光照射后所发射的荧光的强度进行的检测,因此利用·OH 的强氧化性,诱导底物发射荧光或减弱底物发射荧光的强度,从而根据所测荧光强度的变化可以间接测得·OH 的含量。目前,荧光光度法采用的底物或捕获剂主要分为两类:① 荧光减弱型,如 $Ce^{3+}$、苯基荧光酮、水杨基荧光酮、吖啶红等;② 荧光增强型,如哌啶类氮氧自由基自旋标记荧光探针等。

(5)化学发光法

化学发光法是利用待测物和特定底物反应,产生发光生成物或诱导底物发光,通过测量发光强度来间接测定待测物的方法,常用于生物系统内自由基和活泼代谢物质的检测。产生化学发光的体系比较多,其中鲁米诺(3-氨基-苯二甲酰肼)、光泽精（N,N-二甲基二吖啶硝酸盐）和酵母较为常用。

3. 高级氧化法的类型

根据自由基产生的方式,高级氧化法主要可以分成以下几种不同的类型:① 芬顿（Fenton）氧化法,在酸性条件下利用 $Fe^{2+}$ 催化分解 $H_2O_2$ 而产生 ·OH;② 臭氧氧化技术,除了利用臭氧本身的强氧化性,还可在碱性条件下使臭氧通过反应产生 ·OH;③ 光化学氧化法,在光的照射作用下,使氧化剂产生更多的 ·OH（光激发氧化）,或借助催化剂,在水中生成 ·OH 等自由基（光催化氧化）;④ 电化学氧化法,电解槽的阳极除了可以产生直接氧化作用之外,还可以通过产生 ·OH、$HO_2$·、$O_2^-$· 等自由基去氧化分解污染物;⑤ 湿式氧化法和超临界水氧化法,利用高温、高压条件,使氧气或空气中的氧反应生成 ·OH 等自由基;⑥ 超声波氧化法,利用特定频率的超声波使水溶液产生超声空化,通过局部形成的高温、高压条件生成 $H_2O_2$ 以及 ·OH 等自由基;⑦ 活化过硫酸盐氧化法,通过一定条件使过硫酸盐活化,产生氧化能力很强的硫酸根自由基（$SO_4^-$·）,也可进一步引发 ·OH 的产生。本节后续将分别具体介绍上述七类常见的高级氧化法。

### （二）芬顿氧化法

1894 年,英国化学家芬顿（Henry John Horstman Fenton,1854—1929）发现,$H_2O_2$ 与 $Fe^{2+}$ 的混合溶液具有强氧化性,可以将当时很多已知的有机化合物如羧酸、醇、酯类氧化为无机态。后人为纪念这位科学家,将 $H_2O_2$ 与 $Fe^{2+}$ 的混合试剂命名为芬顿试剂,采用该试剂的化学反应则称为芬顿反应。直到 20 世纪 60 年代,芬顿反应开始被应用于有机废水的处理,由此逐渐发展出芬顿氧化法这类废水高级氧化处理工艺。芬顿氧化法经过几十年的发展,已经广泛应用于难降解有机废水的预处理或深度处理工艺,并且为了进一步提高处理效果,以传统的芬顿试剂为基础,逐渐发展出一系列类芬顿氧化技术,如光-芬顿、电-芬顿、超声-芬顿、微波-芬顿、非均相芬顿等。

1. 传统芬顿氧化法

传统芬顿氧化法是在酸性条件下利用 $H_2O_2$ 与 $Fe^{2+}$ 的混合反应体系,产生 ·OH 以及活性氧等强氧化性物质,进而氧化分解有机污染物。目前,针对传统芬顿氧化法的反应机理,主要存在两种解释:一种是 ·OH 形成途径,即 $Fe^{2+}$ 催化分解 $H_2O_2$ 而产生 ·OH,可称为自由基形成理论,这是经典的、受普遍认可的一种机理;另一种是非 ·OH 形成途径,即 $H_2O_2$ 与 $Fe^{2+}$ 反应生成 $[Fe^{4+}=O]^{2+}$,可称为高价铁络合物理论。

（1）自由基形成理论

自由基形成理论最早由 Haber 和 Weiss 在 1934 年提出，认为·OH 在芬顿氧化体系中发挥了核心作用，·OH 作为反应中间体，引发一系列复杂的链式反应。主要的反应过程如下所示：

链式反应的开始：

$$Fe^{2+} + H_2O_2 + H^+ \longrightarrow Fe^{3+} + H_2O + \cdot OH$$

链式反应的传递：

$$Fe^{2+} + \cdot OH \longrightarrow Fe^{3+} + OH^-$$

$$H_2O_2 + \cdot OH \longrightarrow HO_2 \cdot + H_2O$$

$$Fe^{3+} + H_2O_2 \longrightarrow Fe^{2+} + HO_2 \cdot + OH^-$$

$$Fe^{3+} + HO_2 \cdot \longrightarrow Fe^{2+} + \cdot O_2 + H^+$$

$$HO_2 \cdot \longrightarrow H^+ + \cdot O_2^-$$

$$R-H + \cdot OH \longrightarrow \cdot R + H_2O$$

$$Fe^{3+} + \cdot R \longrightarrow R^+ + Fe^{2+}$$

链式反应的终止：

$$\cdot OH + \cdot OH \longrightarrow H_2O_2$$

$$HO_2 \cdot + HO_2 \cdot \longrightarrow H_2O_2 + O_2$$

$$Fe^{3+} + HO_2 \cdot \longrightarrow Fe^{2+} + O_2 + H^+$$

$$Fe^{3+} + \cdot O_2^- \longrightarrow Fe^{2+} + O_2$$

$$Fe^{2+} + HO_2 \cdot + H^+ \longrightarrow Fe^{3+} + H_2O_2$$

$$HO_2 \cdot + \cdot O_2^- + H^+ \longrightarrow O_2 + H_2O_2$$

$$Fe^{2+} + \cdot O_2^- + 2H^+ \longrightarrow Fe^{3+} + H_2O_2$$

由此可见，整个体系的反应非常复杂，但核心仍是·OH 自由基的产生及其对有机物分子的攻击，$Fe^{2+}$ 在反应中起催化、激发和传递作用，使链式反应能持续进行直至 $H_2O_2$ 耗尽。

（2）高价铁络合物理论

经典的自由基形成理论对一些在实际废水处理过程中所存在的现象缺乏足够的解释能力，因此也有研究者提出在芬顿反应体系中，会形成高价铁的络合物，而高价铁离子具有很强的氧化能力，可通过夺取电子来氧化有机污染物。其主要反应如下所示：

$$Fe^{2+} + H_2O_2 \Longleftrightarrow Fe^{2+} \cdot H_2O_2$$

$$\text{Fe}^{2+}\cdot\text{H}_2\text{O}_2 \longrightarrow [\text{Fe(OOH)}]^+ + \text{H}^+$$

$$[\text{Fe(OOH)}]^+ + \text{H}^+ \longrightarrow [\text{Fe}^{4+}=\text{O}]^{2+} + \text{H}_2\text{O}$$

$$[\text{Fe}^{4+}=\text{O}]^{2+} + \text{H}_2\text{O}_2 \longrightarrow \text{Fe}^{2+} + \text{O}_2 + \text{H}_2\text{O}$$

$$[\text{Fe}^{4+}=\text{O}]^{2+} + \text{Fe}^{2+} \longrightarrow 2\text{Fe}^{3+} + \text{O}^{2-}$$

$$[\text{Fe(OOH)}]^+ + \text{Fe}^{2+} \longrightarrow 2\text{Fe}^{3+} + \text{O}^{2-} + \text{OH}^-$$

此外,芬顿反应中产生的 $\text{Fe}^{3+}$ 在水中也会水解形成一系列铁水络合物,从而发挥絮凝剂的作用,一般认为芬顿氧化法对污染物的去除不仅仅是依靠氧化作用,也与 $\text{Fe}^{3+}$ 所带来的絮凝和沉淀作用有关。

影响传统芬顿氧化法处理效果的主要因素为:① pH。芬顿反应在酸性条件才能正常发生,中性或碱性条件不仅会抑制·OH 自由基的产生,也会使 $\text{Fe}^{3+}$ 形成沉淀;但 pH 太低,也会影响链式反应进行,一般废水 pH 在 $2\sim6$ 时,处理效果较好。② $\text{H}_2\text{O}_2$ 投加量和投加方式。随着 $\text{H}_2\text{O}_2$ 投加量的增加,·OH 的产生量呈上升趋势,当 $\text{H}_2\text{O}_2$ 投加量过高时,$\text{H}_2\text{O}_2$ 会对·OH 进行清除,反而使·OH 数量变少;因此,在 $\text{H}_2\text{O}_2$ 总投加量一定时,采用分批均匀的投加方式,可保证 $\text{H}_2\text{O}_2/\text{Fe}^{2+}$ 相对较低,即催化剂浓度相对更高,从而可提高 $\text{H}_2\text{O}_2$ 的利用率及·OH 的产率,使氧化效果提升。③ $\text{Fe}^{2+}$ 投加量。当催化剂 $\text{Fe}^{2+}$ 投加量较少时,影响·OH 的产生,当一次投加量过高时,则会迅速催化 $\text{H}_2\text{O}_2$ 分解产生大量·OH,导致部分·OH 没有发挥氧化作用即被消耗;$\text{Fe}^{2+}$ 投加过多还会影响水的色度。④ 反应时间。芬顿氧化法处理有机废水的一个重要特点就是反应速率快,一般来说在反应开始后,对污染物的去除率逐渐增大,然后达到最大去除率后保持稳定。反应时间太短,则对污染物的氧化去除不充分,浪费试剂;反应时间过长,则会增加运行成本。因此,需要根据具体的废水类型,通过预实验确定最佳反应时间。

2. 类芬顿氧化法

传统芬顿氧化法虽然适用性高、处理效果较好,但也存在一些缺点:① pH 适用范围窄,一般在 $2.5\sim3.5$,对不符合的废水需要酸化预处理;② 铁泥产量较大,$\text{Fe}^{2+}$ 在反应体系中不能稳定存在,因而需要持续添加亚铁盐,导致最终生成较多的 $\text{Fe(OH)}_3$ 沉淀;③ 不能充分矿化有机物,某些中间产物易与 $\text{Fe}^{3+}$ 形成络合物,或易与·OH 的产生路径发生竞争;④ $\text{H}_2\text{O}_2$ 的利用效率不高,需要严格的投加量控制,增加了处理成本和难度。

为了克服传统芬顿氧化法的不足,研究人员借助光、电、声、微波等形式或采用新型催化剂,促进 $\text{H}_2\text{O}_2$ 更高效地产生·OH,提高芬顿氧化法的适用性和氧化效果,形成了光-芬顿、电-芬顿、超声-芬顿、微波-芬顿、非均相芬顿等一系列类芬顿氧化法。

（1）光-芬顿氧化法

利用紫外光辐射芬顿试剂,即构成 UV-芬顿氧化体系,可促进 $H_2O_2$ 分解产生·OH,提高 $H_2O_2$ 的利用率,降低 $Fe^{2+}$ 的使用量,主要涉及的反应如下所示。UV-芬顿氧化可以看作 $Fe^{2+}/H_2O_2$ 体系与 $UV/H_2O_2$ 体系的结合,但对 $H_2O_2$ 的分解存在协同效应,因而其氧化能力显著增强;但对光能的利用率不高,能耗成本和设备费用均较高,未来需要加强对新型聚光式反应器的研发,以降低能耗成本。

$$Fe^{3+} + H_2O + h\upsilon \longrightarrow Fe^{2+} + \cdot OH + H^+$$

$$H_2O_2 + h\upsilon \longrightarrow 2 \cdot OH$$

$$Fe(OH)^{2+} + h\upsilon \longrightarrow Fe^{2+} + \cdot OH$$

在 UV-芬顿氧化体系中,引入草酸盐或柠檬酸盐,即构成 $UV\text{-}Vis/H_2O_2/$草酸(柠檬酸)铁络合物氧化体系。草酸盐或柠檬酸盐与 $Fe^{3+}$ 反应产生的络合物具有较强的光化学活性,对一定波长范围内的光均具有较高的吸收能力,从而可提高对光能的利用效率及·OH 的产率,并且加速 $Fe^{3+}/Fe^{2+}$ 的循环转化,最终使体系的氧化能力增强,可适用于处理更高浓度的有机废水。

在 UV-芬顿氧化体系中引入光敏性半导体材料 $TiO_2$,即构成 $UV\text{-}TiO_2$-芬顿氧化体系,$TiO_2$ 所具备的光催化性能对于原体系产生显著的强化作用,可大幅提高·OH 的产率,从而实现超过单独的 UV-芬顿氧化体系或 $UV\text{-}TiO_2$ 氧化体系的有机物氧化效率。

（2）电-芬顿氧化法

电-芬顿氧化法是利用电化学法产生的 $Fe^{2+}$ 和 $H_2O_2$ 作为持续的芬顿试剂来源,克服了传统芬顿体系铁泥产生量大、$H_2O_2$ 利用效率低的缺点。电-芬顿氧化法除了具备芬顿氧化作用,还存在阳极氧化、电吸附、电絮凝等多种作用,因而对有机污染物的去除能力更强。目前,电-芬顿氧化法主要存在以下几种类型:

① 阴极电-芬顿氧化法。将氧气输送到电解池的阴极上,使其还原为 $H_2O_2$,然后再与加入的 $Fe^{2+}$ 反应,如图 4-98 所示。该法最大的优点是不需要添加 $H_2O_2$,可原位生成 $H_2O_2$,既节约了试剂成本,也避免了 $H_2O_2$ 的运输与储存。但目前采用的阴极材料多为石墨、玻璃碳棒、活性炭纤维等,仍存在气体传质效率低、电流效率低、$H_2O_2$ 产量不高的问题。

② 牺牲阳极电-芬顿氧化法。在电解池中,与阳极并联的铁材料被氧化成

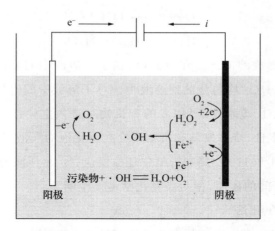

**图 4-98　阴极电-芬顿氧化法原理示意**

$Fe^{2+}$，进而与加入的 $H_2O_2$ 发生反应。阳极生成的 $Fe^{2+}$ 和 $Fe^{3+}$ 可水解生成 $Fe(OH)_2$、$Fe(OH)_3$，从而与有机物发生络合、吸附、絮凝作用，可提升对污染物的去除效率。该法需要添加 $H_2O_2$，且消耗电能，成本比传统芬顿氧化法高。

③ FSR 法。即芬顿污泥循环系统，又称为 $Fe^{3+}$ 循环法，该系统包括一个芬顿反应器和一个将 $Fe(OH)_3$ 还原成 $Fe^{2+}$ 的电解装置。该法加速了 $Fe^{3+}$ 向 $Fe^{2+}$ 的转化，实现了 $Fe^{2+}$ 的循环利用，提高了·OH 的产率，但对 pH 操作范围要求严格，pH 必须小于 1。

④ EF-Fere 法。对 FSR 法进行了改进，去掉了专门的芬顿反应器，而采取直接在电解装置中进行芬顿反应。该法的 pH 操作范围（小于 2.5）和电流效率均大于 FSR 法。

关于电-芬顿氧化法的研究仍处于试验开发阶段，目前主要的限制因素是电流效率低、能耗成本较高，未来可通过对电解池结构的优化、新型电极材料的研制来进一步提高电流效率，并将成本控制在可大规模应用的范围内。

（3）超声-芬顿氧化法

超声波技术近来逐渐被研究用于水处理过程，对难降解有机污染物的去除显示出较好的潜力。在芬顿氧化体系中，引入超声波（20～1700 kHz）处理，即构成超声-芬顿氧化法。

超声波通过超声空化作用，在水溶液中形成高温高压的局部区域（空化泡），激发产生更多的·OH 自由基和单电子氧化剂，与芬顿反应体系形成协同效应，从而促进有机物的氧化分解。超声空化作用涉及的反应如下：

$$H_2O \xrightarrow{\text{超声波}} \cdot OH + \cdot H$$

$$\cdot OH + \cdot OH \longrightarrow H_2O_2$$

空化泡破裂时形成的冲击波和射流,增强了水溶液中的传质效率,进一步使反应生成的·OH 和 $H_2O_2$ 均匀分散到溶液中。对于溶液中的有机污染物,超声波引发的化学反应包括:① 疏水性、易挥发的有机物可进入空化泡内,在高温高压下发生热解反应;② 亲水性、难挥发的有机物则会在空化泡的气液界面上或溶液中与超声空化产生的·OH 和 $H_2O_2$ 等进行氧化还原反应;③ 超声波的传播使水分子产生剧烈振动,加速分子间的碰撞,使污染物化学键发生断裂。

(4)微波-芬顿氧化法

微波是波长为 1 mm～1 m、频率为 300 MHz～300 GMHz 的电磁波,其对物质加热时具有加热速度快、无温度梯度、无滞后效应等特点,能够与不同化学介质发生相互作用,并产生多种应用效果。

将微波处理引入芬顿氧化体系,形成微波-芬顿氧化法,可实现对有机污染物的强化处理效果。微波的穿透性强,能直接加热反应物分子,这种热效应可降低分子的化学键强度以及反应的活化能,同时加快·OH 生成,最终提高氧化反应效率。与传统芬顿氧化法相比,微波-芬顿氧化法具有反应时间短、有机物降解效率高、操作简单、易控制等优点,可用于处理高浓度难降解有机废水。目前,已有研究人员设计和制造采用微波-芬顿氧化法的一体化处理设备,展现出一定的工程应用潜力。

(5)非均相芬顿氧化法

传统芬顿氧化法可认为是均相反应,催化剂 $Fe^{2+}$ 均匀分布在反应体系之中,但这会导致铁泥的大量产生,催化剂的利用效率也不高。为克服这个问题,非均相芬顿氧化法采用固相催化剂,$Fe^{2+}$ 存在于固相或吸附离子中,$H_2O_2$ 在催化剂表面分解形成·OH、$HO_2$·和 $O_2^-$·等活性氧物种(reactive oxygen species, ROS),在这些活性物种的协同作用下,无选择性地对难降解有机污染物进行攻击和氧化降解,如图 4-99 所示。非均相芬顿氧化法使芬顿反应主要发生在固—液界面,催化剂可实现重复使用,不仅减少了铁泥的产生,也拓宽了芬顿反应的适应 pH 范围。

非均相芬顿氧化法最核心的技术要素为固体催化剂材料,目前应用较多的仍为铁系催化剂,也有研究利用其他过渡金属离子作为催化剂。铁系固相催化剂按照铁元素的分布方式,可以分为负载型和非负载型两类。① 负载型催化剂是利用一些具有特殊晶体构型和物理化学性质的无机固体作为 $Fe^{2+}$ 的载体材料,通过离子交换、同晶取代等途径,采用水热沉淀法、气相沉积法等方法而制备合成。常用的载

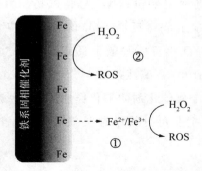

**图 4-99　铁系固相催化剂非均相芬顿氧化的机理示意**

体材料为黏土、沸石、介孔 $SiO_2$、$Al_2O_3$、碳材料(活性炭、石墨烯、碳纳米管、碳纤维、纳米多孔碳)等。② 非负载型催化剂主要是广泛分布于地球的各类含铁矿物,如方铁矿($FeO$)、磁铁矿($Fe_3O_4$)、磁赤铁矿($\gamma\text{-}Fe_2O_3$)、赤铁矿($\alpha\text{-}Fe_2O_3$)、针铁矿($\alpha\text{-}FeOOH$)、四方纤铁矿($\beta\text{-}FeOOH$)、纤铁矿($\gamma\text{-}FeOOH$)、六方纤铁矿($\delta\text{-}FeOOH$)、水合氧化铁($Fe_5HO_8 \cdot 4H_2O$)、黄铁矿($FeS_2$)、褐铁矿($FeOOH \cdot nH_2O$)等。使用上述含铁矿物制成的催化剂稳定性好,可多次回收重复利用,且长期保持较高的催化活性;此外,一些铁(羟基)氧化物(如 $Fe_3O_4$、$\gamma\text{-}Fe_2O_3$、$\gamma\text{-}FeOOH$)具有顺磁性,可通过外加磁场从水溶液中分离出来,进一步提高了此类催化剂的适用性。

非均相芬顿氧化法优于传统均相芬顿氧化法的地方在于提高了催化剂的回收利用率,但从实际工程应用的角度看,催化剂在复杂的废水环境中循环利用次数也很有限。催化剂失活的主要原因可能是:① 金属离子从固体催化剂中浸出到溶液中;② 污染物及其中间产物在固体催化剂表面发生吸附,掩盖了催化剂表面的活性位点。因此,催化剂的失活是不可避免的,但可以通过优选原料、改进制备工艺、功能强化改性等途径,在成本控制的前提下不断提升固相催化剂的综合性能。

### (三)臭氧氧化法

臭氧(Ozone,$O_3$)在地球上分布广泛,大气层中的臭氧层可保护生物免受紫外线的伤害。在低空中雷电的作用下也会产生少量臭氧,近地面的臭氧被视为一种空气污染物,对人体健康存在威胁。臭氧的氧化能力很强,在酸性条件下,其标准氧化还原电位为 2.07 V,高于 $Cl_2$、$H_2O_2$ 等常见的氧化剂。

$O_3$ 早在 1856 年就被用于手术室消毒,1860 年开始用于城市供水的消毒,1886 年开始用于对污水的消毒,后来逐渐被应用于水中无机和有机污染物的氧化去除。近年来,$O_3$ 越来越多地应用于城市生活污水、工业废水及饮用水的处理。

　　$O_3$ 与污染物的反应机理主要包括 $O_3$ 与有机物的直接反应，以及 $O_3$ 分解产生的·OH 再与有机物反应的间接反应。$O_3$ 的直接反应具有较强的选择性，一般是破坏有机物的双键结构；间接反应一般不具有选择性。$O_3$ 在水中生成羟基自由基主要有以下几种途径：① $O_3$ 在碱性条件下分解生成·OH；② $O_3$ 在紫外光的作用下生成·OH；③ $O_3$ 在金属催化剂的催化作用下生成·OH。

　　目前的臭氧氧化工艺主要可分为单独臭氧氧化、$O_3$-$H_2O_2$ 组合氧化和催化臭氧氧化三类。

　　1. 单独臭氧氧化

　　臭氧一旦溶解到水里，就会与水体中的有机物发生反应，生成的氧化产物的种类取决于起始化合物与臭氧反应的活性程度及臭氧氧化的效率。臭氧在水体中有两个主要反应途径：一是直接反应，即臭氧分子直接进攻有机物；二是间接反应，即通过先形成·OH 再与化合物发生自由基氧化反应。

　　（1）臭氧的直接反应

　　臭氧对有机物的直接氧化是一个反应速率常数很低的选择性反应，一般反应速率常数范围为 $1 \sim 10^3$ L/(mol·s)。臭氧的直接反应主要有加成反应、亲电反应和亲核反应。

　　在臭氧与无机物的反应中，直接的电子转移反应是罕见的。只有在某些特定的情况下，才会发生电子转移反应。由于臭氧具有偶极性，通常会导致偶极加成到不饱和键上，形成寿命短暂的中间体，中间体继而释放氧分子，这个过程实际就是氧原子的转移反应。在有机烯烃化合物被臭氧氧化的典型反应中，臭氧加成会随机重排，这个反应过程在有机化学中得到了广泛的研究和应用。在水溶液中，初级加成产物会进一步分解为羰基、羰基化合物（如醛、酮等）和两性离子，羰基会氧化水解生成羧酸，两性离子可以迅速转化为羟基过氧基态，并最终分解为羰基化合物和 $H_2O_2$。臭氧与其他有机基团反应生成的初级臭氧加成产物，常会重排释放 $O_2$ 或 $CO_2$，导致氧原子的转移。

　　亲电反应主要发生在一些芳香化合物电子云密度较高的位置上。在给电子基团（如—OH、—$NH_2$ 等）的芳香取代物的邻位及对位碳原子上有很高的电子云密度，与臭氧反应速率较快；相反，带吸电子基团（如—COOH、—$NO_2$ 等）的芳香取代物与臭氧的反应速率较慢，此时臭氧主要攻击间位。

　　亲核反应发生在缺电子位上，尤其是在带吸电子基团的碳位上更容易发生，也可以通过氧原子的转移来实现。

　　臭氧对有机物的氧化分解作用存在很强的选择性，和参与反应的有机物结构特征有着密切联系。对于携带给电子基团的芳香族化合物而言,反应会十分迅速;而对于相对稳定的饱和脂肪烃类化合物,反应就较为缓慢。

（2）臭氧的间接反应

臭氧在水溶液中也会受到各种因素的诱导,从而分解产生·OH 等具有强氧化性的自由基基团。$OH^-$ 在臭氧的链式分解反应中起着至关重要的作用,其与臭氧反应可产生·$O_2^-$、$HO_2$·、$HO_2^-$·、·OH 和·$O_3^-$ 等多种强氧化性自由基物质,如图 4-100 所示。

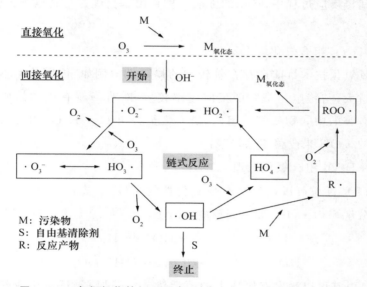

图 4-100　臭氧氧化的机理示意（引自 Goattschalk，et al.，2010）

臭氧单独氧化的影响因素主要包括以下几个:

（1）臭氧投加量与反应时间

一般情况下,只有持续的臭氧氧化才能通过一系列连续的氧化步骤将有机物"完全矿化",即将其氧化成 $CO_2$ 和 $H_2O$。然而,实际上在达到这种完全矿化效果之前,臭氧氧化过程就会停止。随着投加的臭氧量和反应时间增加,臭氧对有机物的氧化不太可能达到完全矿化的程度。因此,在工程应用臭氧处理有机物时,应根据具体情况确定适当的臭氧投加量和反应时间。

（2）pH

臭氧在不同 pH 条件下具有不同的反应机制。在酸性条件下,直接氧化为臭氧的主要反应机理;在碱性条件下,$OH^-$ 的存在使得更多的自由基产生,从而使间接氧化成为主要反应机理,氧化效率也相应地提高。

（3）温度

温度同时影响了臭氧氧化反应的活化能以及臭氧水处理过程中的传质过程。目前实验研究表明，温度对臭氧反应活化能的影响不及温度阻碍传质对整体反应过程带来的影响。然而，传质过程本身在正常反应温度区间内的变化也十分微弱，因此水温对臭氧氧化的影响较小。

（4）反应物结构

臭氧的直接反应机制表明其对芳香族、不饱和脂肪族等特定官能团有高度的选择性。而在间接反应过程中，产生的强氧化性自由基会优先与高电子云密度的化合物发生反应。

2. $O_3$—$H_2O_2$ 组合氧化

单独臭氧氧化技术目前还存在着较大的局限性。例如：传质效率不高，导致臭氧使用成本过大；与特定污染物的反应速率较慢；对难降解有机物的矿化度很低，可能形成更有害的中间物质等。因此，研究人员提出 $O_3$—$H_2O_2$ 组合氧化技术，通过引入更多的·OH来改善这些局限性。

（1） $O_3$—$H_2O_2$ 组合氧化机理

$O_3$ 与 $H_2O_2$ 反应可以产生具有强氧化性的·OH。先由 $H_2O_2$ 产生 $HO_2^-$·，后引发臭氧分解产生·OH，如下列反应式所示：

$$H_2O_2 + H_2O \longrightarrow HO_2^- \cdot + H_3O^+$$
$$HO_2^- \cdot + O_3 \longrightarrow \cdot OH + \cdot OH_2^- + O_2^-$$

·OH自由基可以激发有机环上的不活泼氢，通过脱氢反应生成新的自由基，引发进一步的氧化反应。·OH还可以通过取代反应，将环上的一些基团（如—$SO_3H$、—$NO_2$）取代下来，从而生成不稳定的羟基取代中间体，对继续开环裂解和有机物的最终矿化更有利。在 $O_3$—$H_2O_2$ 组合氧化体系中，·OH与臭氧都是重要的氧化剂，尽管·OH比臭氧的氧化能力高数个数量级，但臭氧还是起主要作用的氧化剂。

（2） $O_3$—$H_2O_2$ 组合氧化的影响因素

$H_2O_2$ 与 $O_3$ 的投加比会显著影响氧化效率，因此，需要在实际水处理中通过实验确定最佳投放比。在一定范围内增加 $H_2O_2$ 可以促进·OH的产生，但过量的 $H_2O_2$ 会猝灭·OH，进而影响有机物的去除率。

$O_3$—$H_2O_2$ 体系受溶液pH的影响较大。在中性及碱性条件下，溶液中会有大量的无机碳（如 $HCO_3^-$、$CO_3^{2-}$）存在，会导致·OH的猝灭；在酸性条件下，$H_2O_2$ 很难发生去质子化反应，从而影响·OH的产生。

（3）$O_3$—$H_2O_2$ 组合氧化存在的问题及发展方向

从目前的研究来看，$O_3$—$H_2O_2$ 组合氧化工艺还停留在实验室阶段，难以大规模工程化应用。大多数关于 $O_3$—$H_2O_2$ 组合工艺的研究都是针对某个特殊废水中的某种或某类特殊物质，而实际废水中不可能只存在单一污染物，仅仅为去除某种物质而使用该工艺，工程上难以实现。实际废水所含各类阴阳离子或基团复杂多变，一些未知链式反应的引发剂、猝灭剂等会影响反应的进程，这给工程化应用带来了很大的挑战。从反应条件来看，$O_3$—$H_2O_2$ 组合氧化在弱碱性或碱性条件下效果更好，而废水大多数属于中性，其氧化效能会受到一定的影响。

3. 催化臭氧氧化

催化臭氧氧化技术即通过在臭氧氧化过程中加入一些金属氧化物或金属离子作为催化剂，从而促进臭氧分解产生·OH。按照催化剂的形态，可以将催化臭氧氧化分为：① 均相催化臭氧氧化，即催化剂以金属离子形态存在；② 非均相催化臭氧氧化，即催化剂为金属氧化物固体或将金属/金属氧化物负载在固相载体上。

（1）均相催化臭氧氧化

具有轨道特性的金属离子可作为催化剂，催化臭氧分解生成·$O_2^-$，·$O_2^-$ 继续与 $O_3$ 分子反应，产生自由基链式反应。常用的金属离子催化剂有 $Fe^{2+}$、$Mn^{2+}$、$Ni^{2+}$、$CO^{2+}$、$Cd^{2+}$、$Cu^{2+}$、$Ag^+$、$Cr^{2+}$、$Zn^{2+}$ 等。例如，在单独臭氧体系中加入 $Fe^{3+}$、$Fe^{2+}$、$Ni^{2+}$ 作为催化剂，形成均相金属离子催化臭氧氧化体系，用以降解活性艳蓝染料，实验结果表明该体系对染料的去除率显著提升。

均相金属催化臭氧氧化体系的催化机理主要可以分为两种。第一种是过渡金属离子催化的自由基链式反应产生·OH 自由基。例如，$Fe^{2+}$/臭氧氧化体系可以使有机物及芳香烃类化合物的去除率增加，其反应机理如下：

$$Fe^{2+} + O_3 \longrightarrow Fe^{3+} + O_3^-$$

$$O_3^- + H^+ \longrightarrow O_2 + \cdot OH$$

$$Fe^{2+} + O_3 \longrightarrow FeO^{2+} + O_2$$

$$FeO^{2+} + H_2O \longrightarrow Fe^{3+} + \cdot OH + HO^-$$

另一种催化机理是金属离子可以与有机物先络合形成中间物质，从而更易被氧化去除。例如，使用 $Mn^{2+}$ 催化臭氧氧化草酸时，在酸性条件下，草酸和 $Mn^{2+}$ 络合生成更容易被臭氧分子氧化的络合物，臭氧与该络合物的反应速率可能比分子内电子转移作用引起的草酸分解更快，反应式如下：

$$MnOH_2^+ + C_2O_4^{2-} \longrightarrow MnC_2O_4^- + H_2O$$

$$MnC_2O_4^- \longrightarrow Mn + CO_2^- \cdot + CO_2$$

$$Mn \longrightarrow Mn(aq)$$

$$MnC_2O_4^- + O_3 \longrightarrow MnO^+ + 2CO_2 + O_2$$

均相金属催化因为使用金属离子催化剂,整个过程中催化剂是以离子的形态存在于体系中,存在催化剂流失、难以回收利用的问题,同时会造成一定的二次污染。

（2）非均相催化臭氧氧化

在非均相催化臭氧氧化体系中,催化剂通常采用过渡金属的氧化物、羟基化合物等。一些常见的金属氧化物催化剂包括 $MnO_2$、$CeO_2$、$SnO_2$、$CoO$ 以及一些金属复合氧化物。此外,常见的羟基金属化合物催化剂包括 $FeOOH$、$ZnOOH$ 等。为了提高催化效率,催化剂通常被负载在特定的载体上,其中包括常用的载体如 $\gamma$-$Al_2O_3$、活性炭、多孔陶瓷等。

在催化剂的表面,存在着活性位点,通常是金属氧化物或羟基化合物表面上的羟基基团。这些活性位点通过离子交换反应可以吸附水中的阴阳离子,形成路易斯酸位。这些位点通常被认为是金属类催化剂的催化中心。

非均相催化臭氧氧化的机理与均相催化臭氧氧化相比更为复杂,通常认为有三种可能机理:① 臭氧吸附在催化剂表面,并进一步生成活性物质,与未吸附在催化剂表面的有机分子发生反应;② 有机分子吸附在催化剂表面,与气相或液相臭氧分子发生反应;③ 臭氧与有机分子均吸附于催化剂表面,并进一步发生反应。基于不同的反应体系,研究提出了很多不同的理论,如自由基理论、氧空位理论、表面氧原子理论、表面络合理论、表面羟基基团理论等。

### （四）光化学氧化法

1. 光化学反应基本理论

（1）光化学反应的基本概念

物质分子吸收特定波长的光子后,从光子获得的能量可以被用来克服进行光化学反应需要跨越的活化能。光化学反应是指处于基态的分子受到光子的激发,转化到激发态,之后发生化学反应变化到一个稳定的状态,或者变化成引发热化学反应的中间产物。

分子吸收光子后处于激发态,通常会经历以下几种变化途径:

① 跃迁回基态。分子可以通过非辐射跃迁或辐射跃迁回到基态。在非辐射跃迁中,分子内部能量转化为振动或转动能,而不会发出光子。在辐射跃迁中,分子发射光子来释放能量,这通常是发光现象的基础。

② 能量传递。激发分子的能量可以通过分子之间的碰撞传递给其他分子,使它们也处于激发态。这在分子间能量传递和热化学反应中起着重要作用。

早在 1817 年,德国化学家格罗特斯(Grotthuss)曾提出,某些化学反应只有在光照的情况下才能进行。对于光化学反应发生的紫外光区和可见光区来说,光照能量一般为 150～600 kJ/mol,这足以导致一般强度的化学键断裂而发生化学反应。

（2）光化学反应发生的基础

在光化学反应中的首要步骤是分子吸收光辐射,这引发了分子从基态跃迁至激发态的过程。这个跃迁依赖于分子内部的电子状态、转动和振动状态,这些状态都受到量子力学规律的支配。因此,对于处于激发态的分子来说,如果其起始状态与结束状态不同,那么吸收光子所需的能量也会不同,需要确保起始状态与结束状态的能级差尽可能匹配光子的能量。光子的能量与其波长密切相关,所以能量匹配的关键点在于与辐射光的波长匹配。这一过程揭示了光化学反应中的能级配对,为化学反应的发生提供了基础。

基态分子吸收光子后跃迁至激发态。如果分子能够吸收不同波长的光照辐射,那么就可以达到不同的激发态。按照其能量的高低,从基态往上依次称为第一激发态、第二激发态、第三激发态等,把能量高于第一激发态的所有激发态统称为高激发态。当分子从基态进入激发态时,其内部电子的能量分布和分子的整体性质都会发生显著的改变,为光化学反应提供了条件。

首先,激发态分子拥有比基态更多的内部能量。当分子吸收光子并进入激发态时,其电子从一个较低的能级跃迁到一个较高的能级。这种能量增加不仅改变了电子的分布,还可能增加了分子的振动或转动能量。由于这额外的能量,分子更容易跨越某些化学反应的能垒或激活能。

其次,激发态分子的电子结构改变可能导致其化学活性增加。例如:在某些情况下,激发态下的分子可能形成新的电子云分布,使得某些化学键变得更易于断裂,或者新的化学键更容易形成。

最后,激发态的分子可能显示出与基态完全不同的性质。例如:分子在激发态下可能会显示出增强的电荷转移特性,其中电子从分子的一个部分转移到另一个部分,导致局部的电荷分离。这种电荷分离可以大大影响分子与其周围环境的相互作用,从而影响其参与的化学反应。

（3）基本光化学反应形式

激发态发生光化学反应的形式可以多种多样,具体取决于反应体系和分子的性质。以下是一些常见的激发态光化学反应的形式:

① 光解反应。这种反应形式涉及分子的光解,其中分子在激发态下分裂成两个或多个片段,通常是原子、分子或离子。典型的例子包括光解水分子成氢气和氧气。

② 电荷转移反应。在激发态下,电子从一个分子转移到另一个分子,或从分子的一个部分转移到另一个部分。这种电荷转移反应在许多光化学过程中都起关键作用,如光合作用和某些电池中的电荷分离。

③ 环化反应。某些分子在光激发后可以发生环化反应,其中分子内部的原子重新排列形成环状结构。这种反应在有机合成中很常见。

④ 光诱导异构化。分子的光激发可以导致分子从一种异构体转变为另一种异构体。例如,视黄醇分子在光激发后发生了转型,这是视觉过程的关键。

⑤ 激发态复合。在某些情况下,两个或多个分子在激发态下可以形成稳定的复合物,从而引发特定反应。例如:某些光敏化剂可以与底物分子形成复合物,以促使光催化反应。

⑥ 激发态光化学氧化还原反应。在激发态下,分子可以参与氧化还原反应,通过电子转移来改变化学物种的氧化态。这种反应在电化学和光电化学中具有重要应用。

⑦ 激发态能量转移。能量从一个分子传递到另一个分子,将后者置于激发态。这种过程在生物体内的光合作用中常见,也在光敏感材料中有应用。

## 2. 光激发氧化

光激发氧化通常是指通过紫外光的照射,促进氧化剂产生活跃的自由基来实现对有机物的高效降解。常见的光激发氧化体系有 $UV/H_2O_2$、$UV/PDS$ 等。光激发氧化体系能够产生 ·OH 和其他高活性的自由基,它们具有很高的氧化潜力,可以迅速降解多种难降解的有机物,包括某些持久性有机污染物。

光激发氧化体系也受到多种因素的影响,pH、紫外线波长、无机阴离子等都会对光激发氧化体系的效果产生影响。在选择适当的体系时,需要根据具体的处理需求、成本、设备和其他考虑因素进行评估。

### (1) $UV/H_2O_2$ 氧化体系

$UV/H_2O_2$ 氧化体系是将 $H_2O_2$ 与 UV 辐射结合的一种高级氧化体系,该方法并不是利用 $H_2O_2$ 来降解有机物,而是利用 $H_2O_2$ 在 UV 照射下产生的 ·OH 等活泼次生氧化剂来降解有机物。$UV/H_2O_2$ 氧化的反应机制主要涉及三个方面:

① UV 直接光解

紫外光照射有机物本身就可以使有机物达到活跃的激发态,从而诱导有机物分子的化学键解离进行光降解。

$$R-R + hv \longrightarrow 2R\cdot$$

$$RH + hv \longrightarrow R\cdot + H\cdot$$

② $H_2O_2$ 直接氧化

$$R + 2H_2O_2 \longrightarrow R^* + 2H_2O + O_2$$

③ ·OH 间接氧化

$$H_2O_2 + hv \longrightarrow 2\cdot OH$$

$$H_2O_2 + \cdot OH \longrightarrow HO_2\cdot + H_2O$$

$$\cdot OH + HO_2\cdot \longrightarrow H_2O + O_2$$

$$\cdot OH + \cdot OH \longrightarrow H_2O_2$$

$$\cdot OH + RH \longrightarrow R\cdot + H_2O$$

$UV/H_2O_2$ 氧化体系的优势在于高效的降解性能、无有毒副产物的生成和广泛的应用领域,从饮用水到工业废水都有出色的应用。然而,其局限性包括较高的运营成本、可能的光屏蔽效应、$H_2O_2$ 的残余以及对 pH 的敏感性。尽管如此,该体系在水和废水处理中的环境友好性和高效性使其在现代水处理技术中占据了重要的地位。

（2）UV/PDS 氧化体系

UV/PDS(过硫酸盐)氧化体系与 $UV/H_2O_2$ 氧化体系在工作机理上有很大的相似之处。PDS(例如,过硫酸钠或过硫酸钾)本身就是强氧化剂,而紫外线活化可以使 PDS 产生强氧化性的短寿命自由基,如硫酸根自由基($SO_4^-\cdot$),反应式如下:

$$S_2O_8^{2-} + hv \longrightarrow 2SO_4^-\cdot$$

UV/PDS 氧化体系的特点包括对多种难降解有机物的高效降解能力、广泛的应用范围以及能够在多种水质条件下工作。其优势在于硫酸根自由基的强氧化性,能够完全矿化有机物为无害的小分子如 $CO_2$ 和 $H_2O$,并且该体系对 pH 的变化不敏感。然而,其局限性包括:PDS 的使用需要相对较高的经济成本,可能与水中其他成分(如碳酸氢盐或氯化物)发生副反应,以及对 UV 光强度和照射时间存在依赖性。

UV/PDS 体系被广泛应用于饮用水和废水处理,特别是用于去除难以生物降解或传统物理化学方法难以处理的有机污染物,如某些药物、农药残留、工业化学品以及其他难降解有机物。

### 3. 光催化氧化

1972 年,日本的富士川義之和本多健次首次报道了钛酸钡(BaTiO$_3$)半导体在光照下能够分解水生成氢气。这一发现标志着半导体光催化反应的起点。1977年,本多健次及其研究团队报道了二氧化钛(TiO$_2$)在紫外光照射下可以有效地分解水,这使得 TiO$_2$ 逐渐成为光催化领域的研究焦点。

光催化氧化(photocatalytic oxidation,PCO)是一种使用光能在催化剂的存在下引发氧化反应的过程。其核心是利用光活化材料在光照下生成电子和空穴对,从而引发有机或无机物的氧化还原反应。光催化氧化分为均相光催化氧化和非均相光催化氧化。均相光催化氧化是通过 UV 照射增加体系中·OH 产量,从而提高污染物降解效率的一种高级氧化技术,与光激发氧化有很大的相似性。非均相光催化氧化是以光活性材料为基础的非均相高级氧化技术。

（1）光催化氧化的机理

光活性材料其实是一种半导体光催化材料。半导体材料吸光产生电子—空穴对,通过电子和空穴向半导体表面不断迁移,使得光诱发电子和空穴向吸附的有机物或无机物种转移。在表面上,半导体能够提供电子以还原一个电子受体,而光生空穴则能迁移到表面和供给电子的物种结合,从而使该物种氧化。而电子—空穴对一般会发生复合,所以提升半导体材料光催化活性的方法都趋向于减少电子—空穴对的复合。

TiO$_2$ 作为光催化材料的作用机理如图 4-101 所示,价带上的电子即获得光子的能量而跃迁至导带形成光生电子(e$^-$),而在价带中则留下了光生空穴(h$^+$)。在材料表面的水分子或者羟基可以捕获光生电子产生活性氧反应物种,进而参与对污染物的氧化降解。

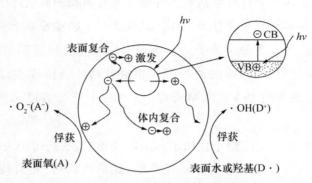

**图 4-101　TiO$_2$ 光催化作用原理示意**

（2）光催化剂的种类

经过多年的研究，光催化剂的种类已经十分丰富。

① 按材料性质分类，主要有无机半导体，例如 $TiO_2$、$ZnO$、$CdS$ 等；有机半导体，例如有机染料、有机聚合物等；有机—无机杂化材料，结合了无机和有机材料的特点。

② 按光响应范围分类，主要有紫外光响应型，例如 $TiO_2$、$ZnO$ 等；可见光响应型，例如 N 掺杂的 $TiO_2$、$CdS$、染料敏化的半导体等；全光谱响应型，既可以响应紫外光，又可以响应可见光甚至近红外光的光催化剂。

③ 按结构类型分类，主要有单一半导体，如纯 $TiO_2$、$ZnO$ 等；复合型半导体，即结合了两种或多种半导体的材料，例如 $TiO_2/CdS$、$ZnO/CdTe$ 等；层状结构，例如钼酸盐或其他二维材料。

④ 按制备方法分类，主要有溶胶-凝胶法制备的光催化剂，水热法或溶剂热法制备的光催化剂，电沉积制备的光催化剂，以及化学气相沉积制备的光催化剂等。

### （五）电化学氧化法

电化学最早发展为一门分支学科可以追溯到 1800 年，英国化学家安东尼·卡莱尔和威廉·尼科尔森通过电解的方式成功将水分解为氢气和氧气。电解是电能转化为化学能的过程，通常使用电解池实现这一过程。电解池由分别浸没在含有正、负离子的溶液中的阴、阳两个电极构成，与电源正极相连的极称为阳极，与电源负极相连的极称为阴极。电极插入电解质溶液中接通直流电源后，电解质中的离子做定向运动，阳离子向阴极运动，在阴极得到电子被还原，阴离子向阳极运动，在阳极失去电子被氧化。

电化学法实际上就是利用了电解作用对废水进行电解，使得废水中的污染物在阳极和阴极上发生氧化还原反应，转化为沉淀在电极表面或电解池中的物质，或生成气体从水中逸出，从而降低水中污染物浓度。早在 20 世纪 40 年代就有人提出利用电化学方法处理废水，但是由于电力缺乏和成本较高，发展缓慢；20 世纪 60 年代初期，随着电力工业的迅速发展，电化学水处理技术开始引起人们的注意；20 世纪 80 年代之后，随着人们对环境科学认识的不断深入和对环保要求的日益提高，电化学水处理技术因具有一些显著优势而引起了广泛关注。

电化学氧化（electrochemical oxidation）的基本原理是使污染物在电极上发生直接氧化，或利用电极表面产生的强氧化性活性物质使污染物发生氧化还原转变，后者被称为电化学间接氧化，基本原理如图 4-102 所示。

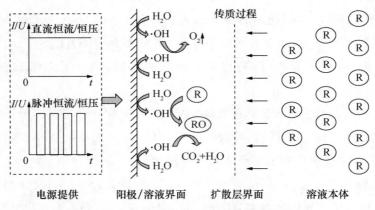

**图 4-102    电化学氧化的技术原理示意**

### 1. 电化学直接氧化

电化学直接氧化通过阳极氧化可以使有机污染物和部分无机污染物转化为无害物质,通过阴极还原则可以去除水中的重金属离子。根据污染物降解程度的不同,发生在阳极表面的有机污染物氧化过程分为电化学转化(conversion)和电化学燃烧(combustion)。电化学转化主要将有毒物质转化为无毒物质或低毒物质,而电化学燃烧可以使有机物完全矿化为 $CO_2$ 和 $H_2O$,实现水质的净化。

电化学直接氧化对于含氰化物、含氮、含酚等有机废水有很好的处理效果。但也存在一些问题:① 污染物从溶液向电极表面迁移的过程是限速步骤;② 阳极表面钝化对于直接电氧化过程的速率有一定的限制;③ 整个体系的反应中还伴随着放出 $H_2$ 和 $O_2$ 的副反应,导致电流效率降低,但通过电极材料的选择和电位控制可以加以缓解;④ 氧化反应还会受到电极材料及主要副反应——析氧反应的限制,在 $Cl^-$ 存在的情况下会出现析氯反应,导致氧化反应的效率降低。此外,为了节约成本和降低能耗,一般污染物只要被氧化为可以生化的物质即可。

有机物在金属氧化物阳极上的氧化产物和反应机理与阳极金属氧化物的价态和表面上的氧化物种有关。在金属氧化物 $MO_x$ 阳极上生成的较高价金属氧化物 $MO_{x+1}$ 有利于有机物选择性氧化生成含氧化合物;在 $MO_x$ 阳极上生成的自由基 $MO_x(\cdot OH)$ 则有利于有机物氧化燃烧生成 $CO_2$。在析氧反应的电位区,金属氧化物表面可能形成高价态的氧化物,因此在阳极上可能存在两种状态的活性氧:一种是物理状态的活性氧,即吸附的 $\cdot OH$;此外还有一种是化学吸附状态的活性氧,即金属氧化物晶格中高价态氧化物的氧。

阳极表面的氧化过程分两个阶段进行:首先,酸性(或碱性)溶液中的 $H_2O$

（OH⁻）在阳极上形成吸附的·OH，用 $MO_x(\cdot OH)$ 表示；随后，吸附·OH 和阳极上现存的氧反应，并使吸附的·OH 中的氧转移给金属氧化物晶格，形成高价态的氧化物。

$$MO_x + H_2O \longrightarrow MO_x(\cdot OH) + H^+ + e^- \tag{4-97}$$

$$MO_x(\cdot OH) \longrightarrow MO_{x+1} + H^+ + e^- \tag{4-98}$$

当溶液中不存在目标有机物基质时，两种状态的活性氧按以下步骤进行氧析出反应，放出 $O_2$：

$$MO_x(\cdot OH) \longrightarrow MO_x + 0.5O_2 + H^+ + e^- \tag{4-99}$$

$$MO_{x+1} \longrightarrow MO_x + 0.5O_2 \tag{4-100}$$

当溶液中存在可以被氧化的目标有机污染物基质 R 时，则会发生如下反应：

$$MO_x(\cdot OH) + R \longrightarrow MO_x + RO + H^+ \tag{4-101}$$

$$MO_{x+1} + R \longrightarrow MO_x + RO \tag{4-102}$$

在阳极的电化学氧化中，为了使污染物完全转化，阳极表面的氧化物晶格中的氧空位的浓度必须足够高，而吸附的·OH 浓度应接近于零，据此要求式（4-98）的反应速率须比式（4-97）的大。这时反应的电流效率取决于式（4-102）与式（4-101）的反应速率之比，由于它们都是纯化学步骤，反应的电流效率与阳极电位无关，但依赖于有机物的反应活性和浓度、电极材料的选择。用于电化学燃烧反应的阳极，其表面上必须存在高浓度吸附的·OH，而氧化物晶格中氧空位的浓度要低。这时反应的电流效率取决于式（4-100）与式（4-99）的反应速率之比，由于这两个反应都是电化学步骤，反应的电流效率不仅依赖于有机物的本质和浓度，以及电极材料，而且与阳极电位有关。电化学直接氧化污染物的过程可用图 4-103 表示。

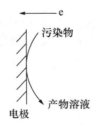

**图 4-103　电化学直接氧化污染物的过程示意**

### 2. 电化学间接氧化

电化学间接氧化可以利用电化学反应产生的氧化剂使污染物转化为无害物质。这些氧化剂是污染物与电极交换电子的中介体，它们可以是催化剂，也可以是电化学产生的短寿命中间物。已有研究指出,这类短寿命中间物包括 $e_s$ (溶剂化电子)、$\cdot OH$、$HO_2\cdot$、$O_2^-\cdot$ 等自由基,它们可以氧化分解污染物质。这些中间物质在电解质溶液中扩散的速率对氧化反应的反应速率有直接影响。

电化学间接氧化是阳极氧化的主要形式,可以缓解直接氧化中由于大多数有机物与水的低混溶性和电极表面的污染,而导致的有机物从本体溶液到电极表面传质效率低的问题。电化学间接氧化的电极反应如下,新生态的 O 具有强氧化性,也会进一步转化为其他自由基。

$$阳极:H_2O \longrightarrow 2H^+ + O + 2e^-$$

$$阴极:H_2O + e^- \longrightarrow H + OH^-$$

(1) 可逆反应过程

电化学间接氧化过程可分为不可逆过程和可逆过程,其中可逆过程称为媒介电化学氧化(mediated electrochemical oxidation,MEO)。媒介电化学氧化是利用可逆氧化还原对降解有机污染物的过程。在这一过程中,氧化还原物质被氧化为高价态,实现污染物氧化的同时自身被还原为原来的价态。这是一个可逆的反应过程,氧化还原物质在电解过程中可化学再生和循环使用。氧化还原物质作为电极和有机物之间的电子转移的介质,避免了有机物与阳极材料表面的直接电子交换,防止电极污染。在处理实际废水时,可以通过投加氧化还原物质来强化这一过程,从而提升污染物的去除效率。

媒介电化学氧化中常见的氧化还原物质有:金属氧化物,如 $BaO_2$、$CuO$、$NiO$、$MnO_2$ 等;金属氧化还原电对,如 $Ag^+/Ag^{2+}$、$Co^{2+}/Co^{3+}$、$Ce^{3+}/Ce^{4+}$、$Mn^{3+}/Mn^{2+}$、$Fe^{3+}/Fe^{2+}$ 等。在媒介电化学氧化的发展过程中,$Ag^{2+}$ 最早作为介质被用于处理核废料废水中的放射性物质和有毒有机物,之后被广泛应用于处理煤油、尿素、乙二酸和苯等有机物。然而在处理卤代有机物时,在氧化过程中生成的卤素离子易与 $Ag^{2+}$ 反应生成沉淀,阻碍反应的进行,因而 $Fe^{3+}$ 和 $Co^{3+}$ 作为强氧化剂可以避免这一问题。媒介电化学氧化的反应机理如下:

$$M^{Z+} \Longleftrightarrow M^{(Z+1)+} + e^-$$

$$M^{(Z+1)+} + R + e^- \longrightarrow M^{Z+} + P$$

(2) 不可逆反应过程

间接电化学氧化还有一个典型的例子就是在反应过程中,电极表面产生了许多活性物质,如 $\cdot Cl^-$、$ClO^-$、$Cl_2$、$H_2O_2$、$O_3$ 等,尤其是在处理含氯有机废水中十分多见。这些活性物质参与氧化污染物属于不可逆的电化学反应过程,而且只有在电化学过程中才能产生,一旦电流中断,这些物种也就不复存在了。

$$Cl^- \longrightarrow \cdot Cl + e^-$$

$$2Cl^- \longrightarrow Cl_2 + 2e^-$$

$$Cl_2 + \cdot OH \longrightarrow HClO + Cl^-$$

$$Cl_2 + 2H_2O \longrightarrow HClO + H_3O^+ + Cl^- （酸性介质）$$

$$Cl_2 + 2H_2O \longrightarrow HClO + H_3O^+ + Cl^- （碱性介质）$$

$$HClO + H_2O \longrightarrow H_3O^+ + ClO^-$$

$Cl_2$、HClO 和 $ClO^-$ 都具有强氧化性,因此在水溶液中也会生成一些自由基:

$$HClO + ClO^- \longrightarrow ClO \cdot + \cdot OH + \cdot Cl$$

$$ClO \cdot + ClO^- + OH^- \longrightarrow \cdot OH + 2O + 2Cl^-$$

这些含氯的氧化剂活性极高,与 $\cdot OH$ 一起可以共同降解很多有机污染物。然而,活性氯间接电化学氧化难以对部分有机物进行降解,对于大部分有机污染物也只是将大分子物质转化为小分子物质,不能彻底去除;而且 $Cl^-$ 很容易与有机污染物反应生成更难以降解的有机氯副产物,这类产物的毒性甚至比原始污染物更大。这些因素都极大地限制了活性氯间接电化学氧化在实际废水处理工程中的应用。

但是在这些含氯的氧化剂中,$ClO_2$ 是一类具有很强氧化性且产生有害含氯副产物较少的物质,因此被广泛用于饮用水消毒技术中。而电化学过程可以有效地制备 $ClO_2$,即用氯化物和次氯酸盐或与 HCl 反应生成,或者在强酸性的介质中用氯酸盐和 $H_2O_2$ 反应生成,其反应如下所示:

$$ClO_3^- + 1/2H_2O_2 + H^+ \longrightarrow ClO_2 + 1/2O_2 + H_2O$$

### 3. 电化学催化氧化

#### (1) 电-芬顿和光电-芬顿

电化学催化氧化的一个典型技术是电-芬顿反应。在电-芬顿反应中,$H_2O_2$ 通过 $O_2$ 在电解池阴极表面发生的两电子还原反应产生,然后被溶液中存在的 $Fe^{2+}$ 激活,产生具有强氧化性的 $\cdot OH$,从而氧化有机污染物。由于电-芬顿反应也具有电流效率低、$H_2O_2$ 产率不高、不能充分矿化有机物、常需要外源添加 $Fe^{2+}$、更适合处理酸性废水等缺点,因此光电-芬顿应运而生。

光电-芬顿是在电-芬顿的基础上辅以紫外光照来强化,紫外光和 $Fe^{2+}$ 都可以催化 $H_2O_2$ 分解产生 $\cdot OH$,而且它们对 $H_2O_2$ 的分解具有协同效应。此外,由于铁的某些羟基络合物有较好的吸光性能,可以发生光敏反应生成更多的 $\cdot OH$,同时也可以加强 $Fe^{3+}$ 的还原,使得 $Fe^{2+}$ 再生,从而保证了芬顿反应的不断进行。由于前文已经介绍过芬顿反应,此处不再详细介绍。

（2）光电催化氧化

光电催化氧化即是在光照条件下半导体材料产生具有氧化性的空穴,在电场的作用下这种光生电子和空穴的过程会得到进一步强化。它同时具有光催化和电催化的特点,在光照下可以产生新的可移动的载流子,而且这些载流子和在无光照时的电催化条件下产生的大多数载流子相比具有更高的氧化还原能力。这些光载流子的过剩能可以用来克服催化反应的大能垒,甚至可以产生可以贮存这部分电子能的产物。同时光电催化也像通常的电催化反应一样,伴随着电流的流动。因此,在光电催化氧化中电极的材料非常重要,通常都要选择具有光响应的光催化材料,一般都为半导体或者金属材料。金属由于结构特点在光照时激发能会迅速转化为热能,极大限制了在金属电极上产生光效应的可能性,而半导体电极所具有的独特电子能带结构决定了其具有很强的光催化活性。

光催化剂在吸收光线的情况下,使得反应物发生化学转化,光催化剂的激发态可以重复地与反应物相互作用形成中间产物,并且催化剂自身可以在反应之后复原。目前,光电催化氧化最常见的一类是 $TiO_2/UV$ 系统,$TiO_2$ 在 $\lambda < 380\,nm$ 的紫外光照射下使电子从价带向导带跃迁,在导带上产生光电子并且在价带上产生带正电荷的空穴,光生空穴会与吸附的水分子发生反应,产生·OH 分解有机污染物,如图 4-104 所示。由于光电催化的详细内容在前文光催化氧化部分已有介绍,此处不再赘述。

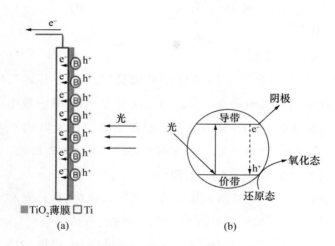

图 4-104　光电催化反应电子转移示意

4. 电化学氧化法的影响因素及未来发展趋势

电化学氧化过程除了会受到体系中水溶液的 pH、$Cl^-$ 含量对于自由基反应的影响,电极的材料、表面积、电极间距以及外加电压等因素也会很大程度地影响反应的效率,需要在研究和实际应用中加以考虑。

（1）电极材料的影响

由于电化学氧化中污染物的氧化反应可以直接在阳极表面发生,所以阳极表面会有一些副产物生成,尤其对于惰性电极来说影响较大。惰性电极一般具有电化学催化的特性,电解过程中电极本身只是作为电子的接收体而本身的成分不发生变化。由于在电解过程中惰性电极阳极表面会发生析氧反应,析氧反应过程与阳极表面的有机物氧化反应过程会相互竞争。但是析氧电位相较于氧化电位更高,因此在惰性电极阳极更容易发生氧化降解,也正因此,阳极的析氧电位成为制约电化学氧化的一个重要因素,选择的阳极材料最好同时具有较高的析氧电位和催化性能。

（2）电极表面积的影响

电化学反应的电流效率会受到电极表面积的影响,在直接电化学氧化反应中,有机物迁移到电极表面发生电子转移进而被降解,因此电极的表面积越大与有机物的接触面积就越大,增大反应物被氧化的概率。

（3）电极间距的影响

电极板之间的距离会影响体系中的场强,在同等电压下更小的板间距离使得极板间的电阻更小,电极能够提供的反应电子数更多,同时也需要注意电极之间的距离过小也容易产生放电现象从而损害电极,需要控制在合理的距离范围内。

（4）外加电压的影响

外加电压是电化学过程的重要驱动力。电压过小会导致由于电极板的电位和粒子电极电位与它们各自周围溶液的电位差小于有机污染物的分解电压,反应中产生无用的电流而没有反应电流产生。只有当体系中的电压增加到某一值时,才会产生反应电流,但是电压过大也会导致副产物增多,能耗也随之增加,所以在实际应用中应当选用最优的外加电压。

（5）电流密度的影响

电流密度也会影响电化学氧化的效果。电流密度的大小决定了体系中输入能量的多少,因此电流密度越大体系中污染物的降解效果会越好,但是电流密度过大不仅仅会造成能耗较高,还会产生较大的漏电电流,导致无电电流产生,电流效率反而降低。

随着我国对水环境污染的重视以及材料科学和电化学的不断发展,电化学氧化处理废水的技术研究日趋深入,从传统的金属电极到新型功能材料的开发,从单一的电化学氧化过程到催化电化学再到多种反应耦合联用,电化学氧化水处理技术取得了长足的进步。当前这一技术的发展也存在一些瓶颈和挑战,诸如催化剂的成本过高限制了技术的商业化,在高电流密度和腐蚀性的环境下催化剂容易失活或被腐蚀,电极的结构(表面积和导电性能等)、反应器的设计和操作条件缺乏系统研究,以及微观层面的机理缺乏深入研究,等等。未来的研究方向主要集中在电极材料的研制、反应器的开发和绿色化学等方面。

### (六)湿式氧化法和超临界水氧化法

湿式氧化(wet air oxidation)是一种有效处理有毒、有害、高浓度难降解有机废水的重要方法,由美国科学家齐默尔曼(Zimmermann)于 20 世纪 50 年代提出,并取得了多项专利,因此也称为齐默尔曼法。湿式氧化是在高温(150～320 ℃)和高压(0.5～20 Mpa)条件下,以氧气为氧化剂,将有机污染物分解成 $CO_2$、水以及无机小分子的过程。

传统的湿式氧化技术一般只需要在特定的反应器中进行高温高压反应即可,如图 4-105 所示。但随着技术的不断发展,加入催化剂的催化湿式氧化法(catalytic wet air oxidation)逐渐兴起。在传统技术的基础上加入适当的催化剂,可以使得反应在更为温和的条件下进行,增加反应速率,降低反应器压力,从而降低成本。催化湿式氧化根据反应中的不同状态,可以分为均相催化和非均相催化。

#### 1. 传统湿式氧化

湿式氧化可以分为两个阶段——物理阶段和化学阶段。物理阶段是氧气从气相转移至液相穿透气液面阻力的过程,反应的开始阶段氧气和废液在气液薄膜上充分接触,发生剧烈反应,此时气液薄膜上的浓度几乎为零,氧气加速传递。但是这一阶段的化学氧化速率总体较缓慢,因此为了改善物理阶段的反应速率,可以通过在反应器内加入搅拌混合装置或者提高氧分压来提高混合效率。此外,温度的增加可以从物理上降低液体的黏度,使得氧气分子和液体分子活动更加剧烈,从而增强气液界面的透过性。物理阶段反应也是传统湿式氧化法的主要限速步骤。

在化学阶段中,湿式氧化的化学反应机理主要是自由基反应,包括链的引发、链的传递和链的终止三个阶段:

① 引发阶段(通过热辐射等手段使分子共价键发生均裂产生自由基)

单分子反应:

$$RH \longrightarrow R\cdot + H\cdot$$
$$O_2 \longrightarrow O\cdot + O\cdot$$
$$H_2O \longrightarrow OH\cdot + H\cdot$$

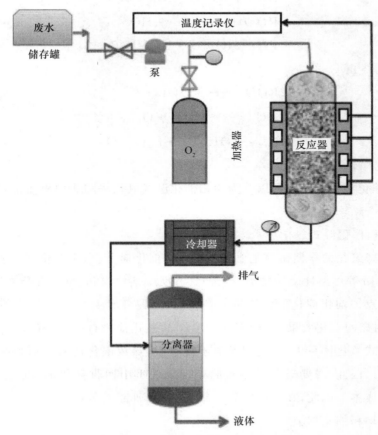

图 4-105　湿式氧化典型反应器示意

双分子反应：

$$RH+O_2 \longrightarrow R\cdot + HO_2\cdot$$

$$H_2O+O_2 \longrightarrow H_2O_2+O\cdot$$

$$H_2O+O_2 \longrightarrow HO_2\cdot + OH\cdot$$

三分子反应：

$$RH+O_2+RH \longrightarrow 2R\cdot + H_2O_2$$

② 链的传递

$$R\cdot + O_2 \longrightarrow ROO\cdot$$

$$ROO\cdot + RH \longrightarrow ROOH+R\cdot$$

$$O\cdot + H_2O \longrightarrow HO\cdot + HO\cdot$$

$$RH+HO_2\cdot \longrightarrow R\cdot + H_2O_2$$

$$H \cdot + H_2O \longrightarrow HO \cdot + H_2$$

$$ROOH \longrightarrow RO \cdot + HO \cdot$$

$$RH + HO \cdot \longrightarrow R \cdot + H_2O$$

③ 链的终止

$$2ROO \cdot \longrightarrow ROOR + O_2$$

$$2HO_2 \cdot \longrightarrow H_2O_2 + O_2$$

$$HO_2 \cdot + OH \cdot \longrightarrow H_2O + O_2$$

2. 催化湿式氧化法

目前,催化湿式氧化法可以分为均相催化湿式氧化法和非均相催化湿式氧化法两种。

(1) 均相催化湿式氧化法

催化湿式氧化的早期研究主要集中在均相催化剂上,均相催化剂主要包括 Cu、Co、Ni、Fe、Mn 等可溶性金属盐类。它们具有反应条件温和、反应性能专一、有特定选择性的优点。均相催化的作用机理清楚简单,易于研究掌握。当前的研究表明 Cu 盐具有明显的催化效果,其中 $Cu(NO_3)_2$ 的催化能力优于 $CuSO_4$ 和 $CuCl_2$。在均相催化湿式氧化体系中,催化剂混溶于废水中,导致催化剂回收困难并对环境带来二次污染。因此,需要通过进一步的处理来从水中回收催化剂,流程较为复杂,增加了使用成本。因此,在 20 世纪 70 年代后期,研究人员逐渐将注意力转移到高效稳定的非均相催化剂上。

(2) 非均相催化湿式氧化法

非均相催化剂又称为多相催化剂,以固态形式存在,具有活性高、易分离、稳定性强的特点。一直以来,非均相催化剂在湿式氧化中的使用受到人们的广泛关注,主要包括贵金属催化剂、过渡金属氧化物催化剂和稀土元素催化剂。常用的贵金属包括 Ru、Rh、Pt、Pd、Ir 等,贵金属催化剂通常是将一种或多种贵金属负载于载体之上。贵金属催化剂的稳定性主要取决于载体的稳定性,氧化铝是最好的载体。贵金属催化剂的催化效果较其他两种催化剂更好,但主要缺点是成本太高。过渡金属催化剂主要是用 Cu、Fe、Mn 等过渡金属制成的催化剂,此类催化剂成本低廉,便于回收,在多种废水的催化湿式氧化中发挥作用;主要的缺点是过渡金属容易流出,从而导致催化剂失活并造成二次污染。

3. 超临界水氧化法

超临界水氧化法(supercritical water oxidation)是湿式氧化法的强化和改进,是在水的超临界状态下利用氧气将水中的有机物分解成为 $CO_2$ 和 $H_2O$。超临界水氧化的研究最早可以追溯到 20 世纪 90 年代,作为响应《京都议定书》的危险废物销毁技术,由 Steven F. Rice 和 Russ Hanush 在美国加利福尼亚州利弗莫尔的桑迪亚国家实验室提出并研究。

　　如图 4-106 所示,水的临界点温度为 374.3 ℃,压力为 22.05 MPa。超临界水是指当气压和温度达到这一值时,因高温而膨胀的水的密度和因高压而被压缩的水蒸气的密度正好相同的水。当水在超临界状态下,其密度介于标准条件下的水蒸气和液体之间,气相和液相的区别已不存在,水的性质也发生极大的变化,成为一种新的、呈现高温高压状态的流体。这种流体的密度、黏度、电导率、介电常数等基本性能均与普通水有很大差异,表现出类似于非极性有机化合物的性质,因此可以与非极性物质(如烃类)和其他有机化合物完全互溶,同时也可以和空气、氧气、氮气和二氧化氮等气体完全互溶。因此,在超临界水氧化过程中,有机物可以在富氧的均一相中进行,不因相位转移而受到限制。超临界水还具有很好的传质、传热能力,这些特性都使得超临界水成为一种优良的反应介质。

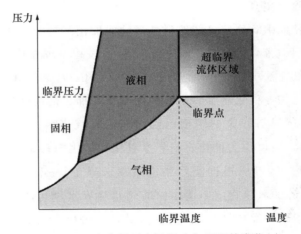

图 4-106　水分子形态随温度和压强的变化

　　超临界水氧化法的反应温度在 400～600 ℃,压力为 25～40 MPa,可以在几秒到十几分钟的时间内分解有机物,并达到 99％以上的去除率。该氧化过程完全彻底:有机碳转化为 $CO_2$,氢转化为 $H_2O$,卤素原子转化为卤素离子,硫和磷分别转化为硫酸盐和磷酸盐,氮转化为硝酸根离子、亚硝酸根离子或氮气。与简单的燃烧过程相似,氧化过程释放大量的热量。当废水中有机物的含量较高时,可以依靠反应过程中自身的氧化放热来维持反应所需要的温度,如果含量非常高,则释放的大量的氧化热可以回收利用。

　　尽管超临界水氧化法有很多优点,但高温高压的操作条件对反应设备也提出了较高的要求。在实际的工程应用中,除了考虑反应体系的动力学特性外,还需要考虑一些工程因素,比如设备需要耐高温、耐高压、耐腐蚀并具有很好的热量传递效果。此外,由于大部分盐类无法溶解于超临界水中,因此废水中的盐类物质会生成致密黏稠的细晶状沉淀,从而导致反应器严重堵塞,严重影响超临界水氧化系统的稳定性,这在一定程度上也提高了处理的成本。尽管超临界水氧化技术仍存在一些尚待解决的问题,但是鉴于它本身的突出优势,在废水处理方面越来越受到重视,是一项有着广阔应用前景的新型处理技术。

4. 催化超临界水氧化法

为了克服超临界水氧化法现存的缺陷,加快反应速率,减少反应时间,降低反应温度,使得超临界水氧化法能发挥自身优势,许多研究通过加入催化剂开发出了催化超临界水氧化法(catalytic supercritical water oxidation),从而改变反应历程,降低反应器和整个反应系统的成本。与一般的超临界水氧化法相比,催化超临界水氧化法应用范围更广。例如,在反应温度 450 ℃、停留时间 0.1 min 的条件下,加入催化剂可以将氨的去除率提高 2～5 倍。

寻找在超临界水中既稳定又能够保持活性的催化剂是开发该技术的关键,催化剂的组成、制造过程、催化剂形态都会影响反应的过程。现在应用的绝大部分催化剂是以往的湿式氧化法中使用的,通常包括 $MnO_2/CeO_2$ 和 $V_2O_5$ 等金属氧化物催化剂。当金属氧化物在催化超临界水氧化中被用作催化剂的活性成分或支持介质、结构增强剂时,必须具有较高的熔点以防止其流失或烧结。Fe、Mn、Ti、Zn、Ce、Co 的氧化物熔点较高,可以作为催化超临界水氧化的催化剂;Mo、V、Sb、Bi、Pb 的氧化物具有中等范围熔点,可以根据实际条件适当选择;而一些熔点较低的金属比如 Ag、Cs、Pt、Re、Se 等的氧化物则不适用作催化超临界水氧化法中的催化剂。此外,当金属氧化物处于超临界环境中时,如果金属氧化物和水反应生成金属氢氧化物,则会导致催化剂失活,并且在反应流出液中出现重金属污染,因此一些可以反应生成氢氧化物的金属氧化物也不可以用于催化超临界水氧化中。

与其他催化反应不同,催化超临界水氧化法对于催化剂的要求更高,催化剂必须要有足够的强度以承受压力的急剧变化,并且要有足够的表面积以维持其活性。此外,超临界水对有机物有很强的溶解性和很好的流动能力,因此超临界水中的反应在催化剂表面的积碳很少,在实验中为了避免催化剂中毒,需要采用高纯度的反应物。

推动催化超临界水氧化法在难降解有机废水处理中的应用具有重要实际意义。然而,这一高级氧化技术所需要的严格反应条件对催化剂的性质提出了相当高的要求。进一步研究超临界水的性质及其对催化剂性能的影响,开发适用于反应条件的催化剂,特别是在实际废水处理中进行更广泛的研究是下一步工作的重点。目前,超临界水氧化技术仍处于初步发展阶段,具有巨大的应用潜力,值得我们加速推进相关研究工作。

### (七) 超声波氧化法

超声波(ultrasound)是指频率在 $2\times10^{4}\sim2\times10^{5}$ Hz 的声波。利用超声波降解水中的化学物质尤其是难降解的有机污染物,是近年来发展起来的新型水处理技术。利用超声波处理废水具有操作条件温和、降解速率快、适用范围广的优势,与其他处理技术联合使用可以达到更高的处理效率,具有很大的发展潜力。

超声波处理废水的主要原理是超声效应(ultrasonic effect),即在超声波波场的影响下,传播介质的状态、组分、功能和结构发生变化的现象。超声波能够促进化学反应的进行,加速反应速率,提高反应产物的产率,便是超声波声化学效应的体现。超声效应的作用机制可以根据物理学观点分为热机制和非热机制,非热机制又可以分为机械机制和空化机制。热机制是指超声波在介质中传播时,其振动的能量不断被媒介吸收转化为热能而使其温度升高。但在某些情况下,超声效应不能产生大量的热,因此不能把超声效应的原因都归结于热机制,因而有了非热机制。我们知道超声波是机械能量的一种传播形式,那么所谓的机械机制便是指与波动过程有关的力学量,比如原点位移、振动速度、加速度以及声压都可能与超声效应有关。

#### 1. 超声空化的理论基础

超声效应的主要作用之一是产生超声空化,如图 4-107 所示。超声空化就是液体中的微小气核在超声波的作用下被激活,发生生长、收缩、振荡、崩溃等动力学过程。附着在固体杂质、微尘或容器表面上及细缝中的微气泡以及因结构不均匀造成液体内抗张强度减弱的微小区域中析出的溶解气体等都可以构成这种微小气核。

超声波作为一种机械波进入液体介质中后,在媒介中传播引起的介质分子以平衡位置为中心周期性振动,对介质形成压缩稀疏作用,从而在液体内部形成过压位相和负压位相,破坏液体形态。在声波压缩相时间内,分子间平均距离减小,而在稀疏相内,分子间的距离增大。在声场作用下液体内部除了静压之外还附加了声压,声压大于静压时液体内部产生负压。当负压达到一定数值后,也即声波的能量达到足以使分子间距超过分子保持液体所必需的临界距离时,液体内部的结构被破坏,出现空腔或空穴,空穴形成后将会一直增长至负声压达到极大值。在相继而来的声波正压相内,这些空穴将进一步被压缩,结果是一些空化泡持续振荡,而另一些空化泡将完全崩溃。

在空化泡崩溃的极短时间内,会在极小的范围内产生 1900～5200 K 的高温和超过 50 MPa 的高压,温度的变化率高达 $10^9$ K/s,并伴随强烈的冲击波和时速高达 400 km/h 的射流。这些效应将打开化学键,并促进高温分解或自由基反应,从而有效地分解一些难降解有机污染物,这一理论也被称为"热点理论"。例如,有研究在一系列含有 $C_1$—$C_5$ 脂肪醇的氩气饱和水溶液进行超声(355 kHz)实验,发现超声空化作用产生的空化泡的平均温度范围是(4600±200)K(醇浓度为 0)～(2300±200)K(含 0.5 mol/L 叔丁醇水溶液),结果符合热点理论。

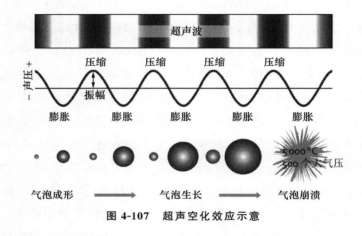

**图 4-107　超声空化效应示意**

## 2. 超声波氧化法的反应机理

在热点理论的基础上,超声降解污染物机理受到研究关注。目前的理论认为水中有机污染物的超声降解主要通过以下三种途径进行,即声化学反应、超临界水氧化和自由基氧化。这三种途径可以单独发生,也可以几种途径同时进行。

（1）声化学反应

在超声波作用下,水溶液的声化学反应主要发生在空化气泡内部气相区,在空化气泡的内部属于高温高压相,水分子可以发生热解生成气相的自由基·OH 和·H,具有很强的污染物氧化能力。除此之外,两个·OH 还可以重新结合成 $H_2O_2$,在空化气泡的内部,主要发生以溶液中的底物与·OH 和 $H_2O_2$ 之间的反应。

水分子热解过程:

$$H_2O \xrightarrow{\text{超声空化}} \cdot OH + H \cdot$$

$$H \cdot + H \cdot \longrightarrow H_2$$

$$H \cdot + O_2 \longrightarrow HO_2 \cdot$$

$$HO_2 \cdot + HO_2 \cdot \longrightarrow H_2O_2 + O_2$$
$$\cdot OH + \cdot OH \longrightarrow H_2O_2$$
$$H \cdot + H_2O_2 \longrightarrow \cdot OH + H_2O$$
$$H \cdot + H_2O_2 \longrightarrow HO_2 \cdot + H_2$$
$$\cdot OH + H_2O_2 \longrightarrow HO_2 \cdot + H_2O$$
$$\cdot OH + H_2 \longrightarrow H \cdot + H_2O$$

有机物降解过程(以 $CCl_4$ 为例)：
$$CCl_4 \longrightarrow CCl_3 \cdot + Cl \cdot$$
$$CCl_3 \cdot \longrightarrow : CCl_2 + Cl \cdot$$

（2）超临界水氧化反应

空化饱和溶液的气液界面区域是空化气泡气相和溶液本体之间的过渡区域,这个区域的温度整体比空化气泡内更低,但是也存在局部高温高压,足以使空化气泡表层的水分子超过临界状态成为超临界水。此外,这一区域内存在高浓度·OH自由基,化学反应的发生随之加速,比如水解反应、烃和酚的氧化等。许多难挥发的极性亲水性溶质可以发生热解反应或者被·OH自由基氧化,也可以发生超临界水氧化反应。

（3）自由基氧化反应

在水溶液中,空化气泡崩溃产生的射流和冲击波可以将·OH、·H 和 $H_2O_2$ 带入整个溶液中,此时水溶液中存在的各种难降解有机物质都会被这些氧化剂降解,反应过程即为普通的自由基氧化反应。

（4）其他反应过程

一般认为超临界水氧化和自由基氧化反应是超声氧化中最重要的两种反应途径,但是在整个反应的过程中也有其他作用的影响。

① 超声波的机械作用。一是机械剪切作用,即由于空化气泡崩溃时会使介质质点产生很大的瞬时速度和加速度,引起剧烈的振动,在宏观上呈现出强大的液体力学剪切力,这种巨大的力的释放会使大分子主链上的键断裂,提高反应的速率。二是增强传质作用,超声波可以引起液体内高压和低压的交替变化,这会导致溶质和溶剂之间的局部对流和湍流增加,从而加快了反应物分子的扩散,提高了反应物与氧化剂之间的接触,促进反应发生;此外,在一些反应中,传质限制可能成为反应的限制因素,即反应物必须在液相中扩散到反应位置,超声波也可以减小传质限制,使反应物更容易接触到反应位置。三是溶氧效应,超声波可以增强气体分子(主要是氧气分子)的溶解度,有助于外部环境的氧气分子溶解进入液体,提供更多

供氧化反应使用的氧气分子。

②超声波的热作用。超声波在介质中传播时,其振动产生的能量不断被介质吸收转化为介质本身的热能,这可能导致局部升温,有助于降低降解反应的活化能,加速有机物的降解反应。

③超声波的破碎和絮凝作用。对于涉及固体颗粒的反应,超声波能够破碎这些颗粒,提高反应的均匀性和速率。此外,超声波还具有混凝作用,超声波穿过含有微小絮体颗粒的液体介质时,悬浮颗粒会与介质一起振动,由于它们的振动速度不同,颗粒之间将相互碰撞、黏合,体积增大,最后形成沉淀被去除。超声波一定程度上也起到了充分搅拌混合的作用,有助于污染物的絮凝。

超声波技术虽然具有广泛的应用潜力,但是现阶段仍面临一些技术挑战。首先是能源效率问题:超声波设备通常需要大量的电能来产生高频声波,这在大规模应用中十分耗能,与其他水处理技术相比,存在着处理率低、费用高的问题。其次是材料的耐受性问题:超声波的高强度可能会对反应容器和反应中的催化材料造成伤害,因此未来的研究方向也应包括研发更加耐受超声波的新型材料。此外,将实验室研究规模化到工业应用中也可能面临工程和设备设计的挑战,需要设计适用于大规模生产的系统。

### (八) 活化过硫酸盐氧化法

基于羟基自由基(·OH)的氧化技术在传统高级氧化技术中扮演着十分重要的角色。随着高级氧化技术的不断发展,基于硫酸根自由基($SO_4^-$·)的高级氧化技术逐渐兴起,即活化过硫酸盐氧化法。硫酸根自由基是一种高活性的氧化剂,可以快速、非选择性地氧化分解多种有机和无机污染物。活化过硫酸盐氧化法因具有经济、高效、环保、安全稳定等优势,近年来备受关注。

过硫酸盐包括过一硫酸盐(PMS)和过二硫酸盐(PDS),常见的过硫酸盐有过硫酸钠、过硫酸铵、过硫酸钾和过硫酸氢钾等。过硫酸盐在水中可电离生成更为稳定、半衰期更长的过硫酸根($S_2O_8^{2-}$),过硫酸根的标准氧化还原电位为2.01 V,接近臭氧的标准氧化还原电位(2.07 V),高于 $H_2O_2$ 的标准氧化还原电位(1.77 V)。过硫酸根通过热、光、微波、超声波、电化学、等离子体、过渡金属、碳质材料、金属有机框架材料等活化,可产生氧化还原电位更高的硫酸根自由基,进而氧化降解有机污染物。

1. 硫酸根自由基

硫酸根自由基($SO_4^-$·)由硫酸根离子失去一个电子形成。在高级氧化技术中,

·OH 和 SO$_4^-$·都被视为强氧化性的自由基,可以有效地矿化或降解许多难以去除的有机污染物。SO$_4^-$·的标准氧化还原电位为 2.5～3.1 V,与·OH 的标准氧化还原电位相近(2.8 V),但 SO$_4^-$·的存在寿命远高于·OH。在中性和碱性条件下,SO$_4^-$·的氧化能力高于·OH,可以更高效地降解有机物污染物。SO$_4^-$·与·OH相比,通常也显示出更强的反应选择性,对某些有机污染物可能比·OH 更有效。例如,SO$_4^-$·更容易攻击不饱和有机物中存在的双键,特别是与电负性官能团相邻的双键,但其与 α C—H 物质的作用能力弱于·OH。

2. 过硫酸盐活化方式

活化过硫酸盐是指促使过硫酸盐产生硫酸根自由基,目前活化方法主要有三大类,即:反应条件活化、催化剂活化以及前两种的结合。

(1) 反应条件活化

反应条件活化通过改变实验环境理化条件,外加能量给过硫酸盐,使其活化产生硫酸根自由基。下文主要介绍两种主流的活化方式:热活化和紫外活化。除此之外,还有碱活化、超声波活化等。

① 热活化。热活化是利用高温或微波加热水中污染物和过硫酸盐,使 S$_2$O$_8^{2-}$ 中的 O—O 键断裂,从而生成 SO$_4^-$·。提高反应温度可增强热活化效率,增大反应速率常数,从而提高污染物的降解效率。微波活化本质上也属于热活化的范畴,微波加热是分子水平的加热。与传统的热活化相比,可实现体系的快速均匀加热,提高过硫酸盐的利用率,有助于降低污染物降解的能垒。因而,微波活化可降低污染物降解反应的活化能,从而提高反应速率,缩短反应时间。一般而言,微波能量密度大、辐射时间长、过硫酸盐浓度高时,活化效率高,污染物的降解效率也较高。

② 紫外活化。紫外活化是利用紫外光照射来促进过硫酸盐分解,从而产生硫酸根自由基。当紫外光照射到过硫酸盐分子时,过硫酸盐分子可以直接吸收紫外光能,并被激发到高能状态。在这个激发状态下,过硫酸盐分子可以分解产生硫酸根自由基,反应如下所示:

$$S_2O_8^{2-} \xrightarrow{UV} 2SO_4^- \cdot$$

紫外活化的效率高,受 pH 影响较小,反应条件温和,但耗能高。紫外光源的选择、光强度和波长对过硫酸盐的活化效果有很大影响,因此需要选择合适的紫外灯来确保有效的活化。

(2) 催化剂活化

① 过渡金属及其衍生物活化。催化剂活化中最为常见的是过渡金属(如 Fe、

Mn、Co、Ni、Cu、Ce 等）及其衍生物。过渡金属活化是以过渡金属单质、离子、氧化物为催化剂,最终通过生成金属离子为过硫酸盐提供电子,激发产生硫酸根自由基的方法。最常用的活化剂是单质铁、铁氧化物或铁离子,反应如下所示:

$$M^{n+} + S_2O_8^{2-} \longrightarrow M^{(n+1)+} + SO_4^- \cdot + SO_4^{2-}$$

$$M^{n+} + HSO_5^- \longrightarrow M^{(n+1)+} + SO_4^- + OH^-$$

随着活化剂的不断发展,研究者发现与单金属催化剂相比,复合过渡金属、富氧空位过渡金属催化剂的活化效果更好。例如,Fe 和 Cu 之间存在协同作用,Cu（Ⅰ）可促进 Fe（Ⅲ）还原为 Fe（Ⅱ）,形成良好的氧化还原循环,提高了反应体系的持久性。在富氧空位过渡金属活化体系中,氧空位可以促进电子传递,并且参与复合金属间的氧化还原循环,在氧空位处产生 $^1O_2$（单线态氧）、$O_2^- \cdot$、$\cdot OH$ 和 $SO_4^- \cdot$ 等多种活性物质参与污染物的降解过程,这大大提高了降解效率。

近年来,金属有机框架材料（MOFs）在过硫酸盐活化研究中得到了广泛关注。由于其独特的孔隙性、大的比表面积、可调的化学功能性和结构多样性,对过硫酸盐有很好的催化效果,并且大大减少了材料的溶出性,提升了材料的反复利用率。MOFs 中的金属中心可以与过硫酸盐进行电子交换,从而活化过硫酸盐。金属中心与其周围的配体或有机连接器的配位作用可能会增强金属中心的电子密度或电子供体能力,从而增加其与过硫酸盐之间的反应活性。由于 MOFs 的高孔隙性和大比表面积,它们提供了大量的反应位点。此外,MOFs 的内部孔道可能会集中或富集过硫酸盐和目标污染物,从而提高反应效率。

过渡金属活化过硫酸盐技术因具有节能、经济、操作简便、少量催化剂需求及高效性等特点而受到瞩目。当前,这一领域的研究动态十分活跃。如果未来能进一步优化催化剂的稳定性、增加其使用寿命、提升对过硫酸盐的活化效率,并降低催化剂的生产成本,那么这种技术将在水处理领域得到更大规模的应用。

② 碳材料活化。近期研究表明,活性炭、石墨烯、纳米金刚石、生物炭和碳纳米管等碳基材料在过硫酸盐活化方面展现出了显著的催化性能。这主要归功于碳材料中的 sp2 杂化的 π 电子以及其表面富含的含氧官能团,它们加强了固液界面的电子传递,进而增强了了过硫酸盐的活化能力。

3. 活化过硫酸盐氧化法的反应机理

活化过硫酸盐技术的核心在于促进过硫酸盐产生硫酸根自由基,而在实际的反应体系中,参与降解污染物的物质复杂多样,反应机理也呈现出多样化特点。针对不同的氧化机理,可以概括为两类:自由基途径氧化机制和非自由基途径氧化机制。

（1）自由基途径氧化

活化过硫酸盐产生的硫酸根自由基具有很强的氧化性，可以氧化降解大部分有机污染物。但硫酸根自由基在实验体系中会引发一系列自由基链式反应并攻击有机污染物，主要的反应如下所示：

$$SO_4^- \cdot + H_2O \longrightarrow \cdot OH + HSO_4^-$$

$$SO_4^- \cdot + M \longrightarrow M \cdot + 产物$$

$$\cdot OH + M \longrightarrow M \cdot + 产物$$

$$S_2O_8^{2-} + M \cdot \longrightarrow 2SO_4^- \cdot + 产物$$

$$SO_4^- \cdot + \cdot OH \longrightarrow 链反应终止$$

$$SO_4^- \cdot + M \cdot \longrightarrow 链反应终止$$

$$SO_4^- \cdot + SO^- \longrightarrow 链反应终止$$

$$\cdot OH + M \cdot \longrightarrow 链反应终止$$

$$\cdot OH + \cdot OH \longrightarrow 链反应终止$$

$$M \cdot + M \cdot \longrightarrow 链反应终止$$

硫酸根自由基与有机物反应的机制主要有电子转移、抽氢和加成三种方式。硫酸根自由基与芳香族化合物发生反应时，主要是通过电子转移的方式。研究表明，硫酸根自由基与烷烃、醇等饱和有机物反应的活化能和 C—H 键具有显著的线性相关关系。因此，硫酸根自由基与饱和有机物反应更多是抽氢反应。此外，硫酸根自由基与烯烃化合物反应更多是发生加成反应。

① 电子转移反应：

② 抽氢反应：

$$SO_4^- \cdot + RH \longrightarrow HSO_3^- + R^-$$

③ 不饱和键加成反应：

$$SO_4^- \cdot + H_2C = CHR \longrightarrow OSO_2OCH_2 - CHR \cdot$$

（2）非自由基途径

近年来，研究者发现过硫酸盐活化过程中不仅产生自由基这样的活性物质，还会产生其他活性物质。例如：在过硫酸盐/碳纳米管体系中，可检测到单线态氧（$^1O_2$）的存在。单线态氧是氧分子的一个高能态，它的两个电子处于同一能量态，这与最稳定的三线态氧不同,后者的两个电子具有相反的自旋。羟基自由基或其他中间产物可能与氧分子($O_2$)发生反应,通过能量转移或电子转移过程从而生成单线态氧。

过硫酸盐本身就具有很强的氧化性,因此非自由基形式活化过硫酸盐提高氧化效率也是一种途径。有研究通过在碳面嵌入电负性更高的氟,将强烈诱导碳骨架中相邻碳原子发生电荷偏移,形成高缺电子性碳原子,增强碳与过硫酸盐间的耦合效应,从而介导界面电子转移非自由基氧化过程,为精准调控过硫酸盐非自由基活化提供了可能的途径。自由基活化过硫酸盐过程往往需要外界输入大量能量,相比较而言,非自由基途径的条件更为温和,对过硫酸盐的利用效率也更高。

## 4.3.5　其他物化处理方法

在实际水处理工程应用中,特别是处理工业废水时,由于各工业行业所排放废水的性质差异大、污染物浓度高,同时工业企业还需要考虑资源回收、节约成本等因素,因此需要选用最适合的水处理技术和工艺。本节继续介绍一些具有行业特异性的物化处理方法。

### (一) 中和法

中和法是利用酸碱中和反应的原理,去除废水中过量的酸、碱,使其 pH 达到中性或接近中性的处理方法。

酸性废水和碱性废水是常见的工业废水,在化工厂、化学纤维厂、金属加工厂、电镀厂等制酸和用酸的生产活动中均会排放酸性废水,而在造纸厂、炼油厂、印染厂、皮革厂等制碱和用碱的生产活动中均会排放碱性废水。酸性废水中常见的酸性物质有硫酸、硝酸、盐酸、氢氟酸、氢氰酸、磷酸等无机酸,以及甲酸、乙酸、柠檬酸等有机酸。碱性废水中常见的碱性物质有氢氧化钠、碳酸钠、硫化钠及氨等。这些废水对管道的腐蚀性大、对动植物的危害性大,必须采用合适的处理方法。

不同酸性废水或碱性废水中含酸、碱的量相差较大,需要采用不同的处理方法。酸含量大于 5% 、碱含量大于 3% 的高浓度酸碱废水一般称为废酸液、废碱液,需要首先考虑资源回收和综合利用。对于低浓度的酸性、碱性废水,回收利用价值不大或成本较高时,则排放前应该采用中和法进行处理。常用的中和处理方法有酸、碱废水中和法、药剂中和法以及过滤中和法等。

1. 酸、碱废水中和法

将酸性废水和碱性废水引入混合池(中和槽)内充分搅拌混匀而相互中和,是一种简单且经济的以废治废的处理方法。若酸性废水的含酸量为 $n_1$，碱性废水的含碱量为 $n_2$，两种废水的流量分别为 $Q_{酸}$ 和 $Q_{碱}$，则中和时需要满足：

$$A_{酸} + B_{碱} = C_{盐} + D_{水}$$

$$\frac{n_1}{A} = \frac{n_2}{B}$$

混合池的容积为

$$V = (Q_{酸} + Q_{碱})t_{停留}$$

上式中，$t_{停留}$ 为两种废水在混合池中的停留时间，一般按 1.5～2.0 h 计算。

2. 药剂中和法

对于酸性废水，常用的碱性药剂有石灰、氢氧化钠、石灰石、白云石、电石渣、锅炉灰和软水站废渣等。对于碱性废水，常用的酸性药剂有硫酸、盐酸、硝酸等，其中硫酸较为常用；另外，还有采用含有 $CO_2$、$SO_2$ 等酸性成分的烟道废气来中和碱性废水的，可以同时达到处理烟气的目的。

中和药剂的选择不仅需要考虑药剂本身的溶解性、反应速率、经济成本、使用便捷程度以及是否会产生二次污染等因素，还需要考虑中和反应产物的生成量、性状及处理成本。例如：石灰为酸性废水最常用的中和药剂，不仅可以中和任何浓度的酸性废水，而且生成的 $Ca(OH)_2$ 还有絮凝作用。中和药剂的投加量应按照预先试验测定的酸碱中和曲线来确定。

药剂中和法的优点是适用性好，可以处理任何浓度、任何性质、任何流量的酸碱废水，允许废水中含有较高浓度的悬浮物；中和药剂的利用效率高，反应过程易于控制调节。缺点是需要的人工劳动多，药剂配制和投加设备的成本较高，产物为沉淀时处理难度大。

3. 过滤中和法

过滤中和法是使废水通过具有中和能力的滤料而发生中和反应的方法。一般适用于处理含硫酸浓度在 2～3 mg/L 以下且产物为易溶性盐的酸性废水，当废水中含有大量悬浮物、油脂、重金属盐和其他有毒物质时，则不宜采用此法。

常用的碱性滤料为石灰石、大理石和白云石，前两种的主要成分都是 $CaCO_3$，白云石的主要成分是 $CaCO_3 \cdot MgCO_3$。滤料颗粒的直径不宜过大，因为滤料的比表面积越大，则与废水接触越充分；失效的滤渣要及时清理或更换。滤料的选择与中和产物的溶解度密切相关，因为中和反应发生在滤料颗粒的表面，如果中和产物的溶解度很小，就容易沉积在滤料颗粒表面形成不溶性的硬壳，阻碍中和反应的进一步发生。例如：硫酸钙的溶解度很小，硫酸镁的溶解度较大，因此，应用中和法处理含硫酸的废水时,宜选用含镁的中和滤料,如白云石或其他含镁的废渣。

常用的过滤中和设备有重力式中和滤池、升流式膨胀滤池、变速膨胀滤池和滚筒中和滤池。重力式中和滤池的滤料粒径大(3~8 cm),流速低(5 m/h),废水自上而下通过滤料,设备简单,管理方便,但滤料表面容易生成硬垢。升流式膨胀滤池如图 4-108 所示,废水自下而上流过滤料,流速高(60~70 m/h),滤料呈悬浮状态,中和产物 $CaSO_4$ 和 $CO_2$ 被高速水流带出池外,同时由于滤料相互碰撞摩擦,有助于滤料表面更新。此外,采用的滤料粒径小(0.5~3 mm),接触面积大,所以这种滤池中和效果较好,实际应用较为广泛。

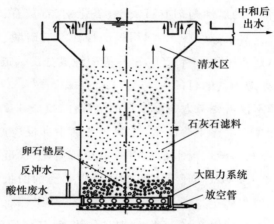

图 4-108　升流式膨胀滤池示意

### (二) 化学沉淀法

化学沉淀法是指向废水中投加化学药剂,使之与废水中的溶解性污染物直接发生化学反应,生成难溶性固体,最后通过固液分离而去除污染物的方法。一般多用于去除废水中的钙镁离子、重金属离子(如汞、镉、铅、锌、镍、铬、铜等)以及某些非金属元素(如磷、砷、氟、硫、硼等),一些有机污染物也可以通过化学沉淀法去除。

化学沉淀法的反应原理主要分为以下几种:

① 离子沉淀。这是最常见的沉淀形式,当水中的某些离子浓度超过其溶解度积时,就会形成沉淀。例如,加入硫酸铝可与水中的磷酸根离子反应,形成难溶的磷酸铝沉淀。

② 络合沉淀。在某些情况下,可以通过添加络合剂来形成沉淀。例如,某些重金属离子可以与有机络合剂反应,形成难溶的有机金属络合物。

③ 酸碱中和沉淀。通过调整水的 pH,可以促使某些物质沉淀。例如,提高 pH 可以使重金属如铜、铅等,形成氢氧化物沉淀。

化学沉淀法的工艺过程主要包括:① 投加化学沉淀剂,使其与水中污染物充分反应,生成难溶的沉淀物析出;② 通过凝聚、沉淀、气浮、过滤、离心等方法进行固液分离;③ 对沉淀物泥渣进行安全处理处置和回收利用。

根据化学沉淀药剂种类的不同,常见的化学沉淀处理工艺类型包括氢氧化物沉淀法、硫化物沉淀法、碳酸盐沉淀法、卤盐沉淀法、磷酸盐沉淀法、铁氧体沉淀法等。

1. 氢氧化物沉淀法

除了碱金属和碱土金属外,其他金属的氢氧化物大都是难溶的,因此可以用氢氧化物沉淀法去除废水中的金属离子,特别是重金属离子。常用的沉淀剂是各种碱性药剂,如石灰、碳酸钠、氢氧化钠、石灰石、白云石、氨水等。不同金属离子形成沉淀的 pH 范围不同,因此,对废水 pH 的调节是此法的关键。此法适用于不具备回收价值的低浓度金属废水(如 $Cd^{2+}$、$Zn^{2+}$ 等)的处理。

2. 硫化物沉淀法

大多数过渡金属的硫化物都难溶于水,因此可向废水中投加 $H_2S$、$(NH_4)_2S$、$NaHS$、$Na_2S$、$FeS$ 等药剂,使相应的金属离子形成硫化物沉淀。硫化物沉淀法适用的 pH 范围较宽;另外,不同金属硫化物的溶度积相差悬殊,且溶液中的 $S^{2-}$ 离子浓度受 $H^+$ 浓度的制约,因此可通过控制酸度,将废水中的不同金属离子分步沉淀而实现分别回收。由于硫化物沉淀颗粒细,沉淀难度大,一般需投加絮凝剂以强化去除效果,因而处理成本较高。

3. 碳酸盐沉淀法

碱土金属(Ca、Mg 等)和重金属(Mn、Fe、Co、Ni、Cu、Zn、Ag、Cd、Pb、Hg、Bi 等)的碳酸盐难溶于水,可用碳酸盐沉淀法将这些金属离子从废水中去除。针对不同的处理对象,碳酸盐沉淀法有以下两种应用形式。

① 投加难溶性碳酸盐(如 $CaCO_3$),利用沉淀转化原理,使废水中的重金属离子生成溶解度更小的碳酸盐析出。

② 投加可溶性碳酸盐(如 $Na_2CO_3$),使水中的金属离子生成难溶性碳酸盐析出。在自来水软化处理中,碳酸盐硬度的降低也是采用这种方式。

4. 卤化物沉淀法

某些金属离子的卤化物如氯化物、氟化物的溶度积很小,可以采用卤盐沉淀法去除。例如,向含银废水中投加氯化物,可生成氯化银沉淀,进而可以分离和回收银。对于含氟废水,可以通过投加石灰,将 pH 调节至 12 左右,使之生成 $CaF_2$ 沉淀,可以去除水中的氟离子。

5. 磷酸盐沉淀法

废水中的磷元素是导致水体富营养化的重要原因,因此废水除磷十分必要。对于含可溶性磷酸盐的废水,可以通过投加钙盐、铁盐或铝盐,生成难溶性的磷酸盐沉淀,从而去除其中的磷酸根离子。

废水中投加石灰后,$Ca^{2+}$ 与磷酸盐反应生成羟基磷灰石,反应式如下:

$$10Ca^{2+} + 6PO_4^{3-} + 2OH^- \Longrightarrow Ca_{10}(PO_4)_6(OH)_2 \downarrow$$

用铁盐、铝盐作沉淀剂时,基本反应如下:

$$Al^{3+} + H_n PO_4^{3-n} \Longrightarrow AlPO_4 \downarrow + nH^+$$

$$Fe^{3+} + H_n PO_4^{3-n} \Longrightarrow FePO_4 \downarrow + nH^+$$

6. 铁氧体沉淀法

铁氧体是指一类具有一定晶体结构的复合氧化物,具有超高的导磁率和电阻率,其不溶于酸、碱和盐溶液。铁氧体沉淀法常用于处理重金属废水,通过投加铁盐并控制一定的反应条件,使废水中的各种金属离子形成铁氧体晶粒,再采用固液分离的手段,从而达到去除重金属离子的目的。其工艺过程一般包括投加铁盐/亚铁盐、调整 pH、充氧加热、固液分离、沉渣处理等环节。铁氧体沉淀法可以分为氧化法和中和法两种。

① 氧化法。将 $Fe^{2+}$ 投加到废水中,调节 pH 至 9~10,使其与其他可溶性金属离子在一定条件下通入空气(或其他方法)氧化,从而形成铁氧体晶体析出。

② 中和法。将 $Fe^{2+}$ 和 $Fe^{3+}$ 混合投加到废水中,用碱中和到适宜的条件,使待去除的金属离子进入晶体晶格中,形成尖晶型铁氧体。

## (三) 化学还原法

化学还原法是通过还原反应将水中的污染物质转化为更低价态或不溶性形式,从而实现去除,主要用于含铬和含汞废水的处理以及水的脱氯。

1. 含铬废水的还原处理

向含铬废水中投加 $FeSO_4$ 作为还原剂,可以使六价铬[Cr(Ⅵ)]被还原为三价铬[Cr(Ⅲ)],然后再加入石灰等碱性药剂,调节 pH 至 7.5~8.5,使其进一步生成氢氧化铬和氢氧化铁沉淀,其反应式如下:

$$6FeSO_4 + H_2Cr_2O_7 + 6H_2SO_4 \longrightarrow 3Fe_2(SO_4)_3 + Cr_2(SO_4)_3 + 7H_2O$$

$$Fe_2(SO_4)_3 + Cr_2(SO_4)_3 + 12NaOH \longrightarrow 2Cr(OH)_3 \downarrow + 2Fe(OH)_3 \downarrow + 6Na_2SO_4$$

此外,亚硫酸钠也可以用作处理含铬废水的还原剂。

## 2．含汞废水的还原处理

氯碱、炸药、制药、仪表等工业废水中常含有剧毒的汞离子。采用化学还原法可以将废水中的二价汞离子还原成汞单质而析出，进而被回收利用。常用的还原剂是比汞活泼的金属（如铁屑、锌粉、铝粉、铜屑等）和硼氢化钠等。

采用金属作还原剂时，可将含汞废水通过由金属屑作为滤料的滤床，或使废水与金属粉末混合反应，二价汞离子即被置换成金属汞析出。

此外，硼氢化钠（$NaBH_4$）能在碱性条件下（$pH=9\sim11$）将汞离子还原成金属汞，其反应式为

$$Hg^{2+}+BH_4^-+2OH^- \longrightarrow Hg\downarrow+3H_2\uparrow+BO_2^-$$

## 3．化学还原法脱氯

废水经氯气或二氧化氯消毒后，会残留一定量的余氯，如果余氯含量较多，可能会与受纳水体中的有机物形成毒性较高的含氯化合物，因此需要对消毒后水中的余氯进行脱除。除了可以用活性炭吸附余氯外，还可以用二氧化硫（$SO_2$）、亚硫酸钠（$Na_2SO_3$）、亚硫酸氢钠（$NaHSO_3$）、硫代硫酸钠（$Na_2S_2O_3$）等作为还原剂，去除水中的余氯。

$SO_2$ 通入水中先生成亚硫酸，再与余氯发生反应，将其还原成氯离子，反应式如下：

$$HSO_3^-+HOCl \longrightarrow Cl^-+SO_4^{2-}+2H^+$$

$SO_2$ 也会把一氯胺、二氯胺和三氯化氮还原为氯离子，以一氯胺为例：

$$SO_2+NH_2Cl+2H_2O \longrightarrow Cl^-+SO_4^{2-}+NH_4^++2H^+$$

当废水用二氧化氯消毒时，也可用 $SO_2$ 还原脱氯：

$$5SO_2+2ClO_2+6H_2O \longrightarrow 5H_2SO_4+2HCl$$

### （四）溶剂萃取法

溶剂萃取法是指向废水中投加难溶于水的有机溶剂，利用溶剂对废水中污染物的选择作用，使污染物从废水中转移到溶剂中，从而实现物质分离，并可回收废水中高浓度污染物的方法。该方法中采用的溶剂称为萃取剂，萃取后的萃取剂称为萃取相（或萃取液），剩下的废水称为萃余相（或萃余液）。

## 1．萃取法的原理

在宏观上，溶剂萃取法可分为物理萃取和化学萃取两种过程：物理萃取是利用废水中各组分在萃取剂中的溶解度不同而实现分离；化学萃取是利用萃取剂和废水中某些组分通过化学键作用形成配合物或化合物而实现分离。

在微观上，由污染物、水、溶剂构成的萃取体系中可能存在如下四种不同的作用

力,这些作用力驱动污染物进入萃取剂中:

① 污染物分子在水中和溶剂中所呈现的分子间范德华力。污染物分子和溶剂分子的极性越相近,则污染物分子越容易进入溶剂相。

② 污染物分子和溶剂分子存在配位键作用,则可形成中性配位化合物,从而进入溶剂中。

③ 污染物分子在水相中呈离子形式,这些离子和溶剂分子存在配位作用,则可形成缔合物,从而进入溶剂中。

④ 污染物分子和溶剂分子存在螯合键力作用,则可形成螯合物,从而进入溶剂中。

总之,萃取剂与废水混合接触后,被萃取的污染物在水相和有机相中进行分配,最终会在两相中达到平衡。此时,污染物在两相中的平衡浓度之比被称为分配系数,相应的数学表达式为

$$K = \frac{c_o}{c_w}$$

式中,$K$ 为分配系数,$c_o$ 为污染物在有机相中的平衡浓度,$c_w$ 为污染物在水相中的平衡浓度。分配系数 $K$ 的值越大,则萃取剂对污染物的萃取性能越强,因此它是衡量溶剂萃取法效果的一个重要参数。

废水中成分复杂,除被萃取的目标污染物外,还有多种其他污染物,因此选用的萃取剂应对目标污染物组分的分配系数最大,而对其他污染物组分的分配系数尽可能小,才能保证被萃取物质达到较高纯度。衡量两种组分分离难易程度的一个指标,称为分离系数,由下式表示:

$$\beta = \frac{K_{产品}}{K_{杂质}}$$

式中,$\beta$ 为分离系数,$K_{产品}$ 为被萃取目标污染物(产品)的分配系数,$K_{杂质}$ 为其他污染物(杂质)的分配系数。由此可见,分离系数 $\beta$ 的值越大,则产品与杂质的分离效果越好,最终回收的产品纯度越高,相应的经济价值也越高。

2. 萃取法的工艺过程

在废水处理中,萃取操作过程主要包括混合、分离和回收三步。混合是使废水与萃取剂充分接触,使被萃取污染物传递到萃取剂中;分离是使萃取剂和废水分层分离;回收是指从萃取相中分离出产品以及使萃取剂再生的过程。图 4-109 是萃取法回收资源的全过程示意。

根据萃取剂与废水接触方式的不同,萃取法可分为级式萃取和连续式萃取两类,分别用间歇式反应器和连续式反应器来实现。

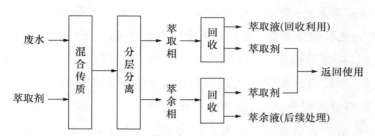

**图 4-109　萃取法过程示意**

对于级式萃取,根据萃取剂和废水接触次数的不同,又可分为单级萃取和多级萃取。单级萃取只用一个混合器和一个分离器,或用一级混合—澄清器完成萃取,如图 4-110 所示。单级萃取比较简单,设备较少,但萃取效率较低。为提高萃取效率,实际工程中一般采用多级萃取工艺。多级萃取是利用多个串联的萃取器,前一级萃取操作所得的萃余相继续进入后一级萃取器作原料液,如图 4-111 所示。在此工艺中,新鲜的萃取剂分别加入各级萃取器中,因而萃取推动力很大,萃取效果比单级萃取高,且随着级数的增加而升高。但萃取剂消耗量大,运行成本高,化工生产中应用较多,废水处理中应用较少。

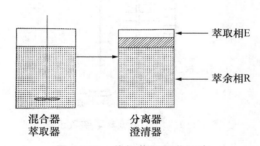

**图 4-110　单级萃取工艺示意**

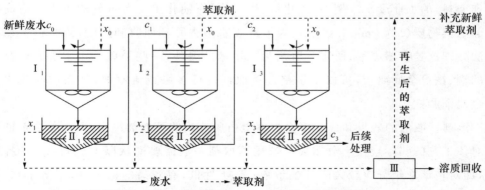

Ⅰ:混合器/萃取器;　Ⅱ:分离器/澄清器;　Ⅲ:萃取剂再生/溶质回收

**图 4-111　多级错流萃取工艺示意**

对于连续式萃取,一般采用塔式逆流工艺。将废水和萃取剂同时通入,密度大的从塔顶流入,连续向下流动,逐渐充满全塔并由塔底流出;密度小的从塔底流入,连续向上流动,从塔顶流出;萃取剂和废水在塔内逆流相对而行,完成萃取操作。在这种工艺中,萃取剂进入塔内先遇到低浓度的废水,离塔前遇到高浓度的废水,这样可以显著提升传质推动力,使萃取剂带走更多的污染物。因此,连续式萃取的工作效率高,目前工业废水处理中多选用此工艺。图 4-112 是一种塔式逆流萃取装置示意。

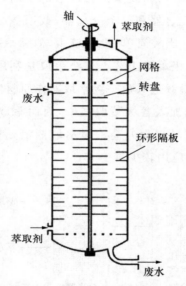

图 4-112　塔式逆流萃取装置示意

溶剂萃取法主要用于处理含较高浓度重金属离子以及较高浓度有机污染物(如酚和染料)的工业废水。例如,焦化厂、煤气厂、石油化工厂所排放的废水含有高浓度的酚类物质(1000 mg/L 以上),为了从废水中去除和回收利用酚类物质,常用萃取法处理这类含酚废水,所用萃取剂为二甲苯。另外,一些采矿废水中含有较高浓度的铜、铁等金属离子,可以采用螯合萃取剂进行多级逆流萃取,从而回收废水中的金属铜和铁。

溶剂萃取法的效果和成本很大程度上由所选用的萃取剂决定,因此萃取剂的选择对该工艺的实际应用十分重要。选用萃取剂一般需要遵从以下原则:① 选择性好,即对被萃取组分有较大的分配系数;② 毒性低,有较高的稳定性,不溶于水,不易乳化,与废水的密度相差大;③ 容易再生,二次污染小;④ 来源广泛,价格不能太高。

在废水处理中,常用的萃取剂有:含氧萃取剂,如仲辛醇;含磷萃取剂,如中性的磷酸三丁酯(TBP)、甲基磷酸二甲庚脂(P350)和酸性的二(2-乙基己基)磷酸(P204)等;含氮萃取剂,如三烷基胺(N235)、2-羟基-5-仲辛基二苯甲酮肟(N510)等。其中,TBP 与 P204 是处理含重金属离子废水的有效的广谱性萃取剂。N510对废水中的铜离子有特殊的选择萃取效果。N235 在酸性条件下能有效地萃取染料废水中的苯、萘以及蒽醌系带磺酸基的染料中间体。近来,也有研究不断开发研制新型高效的萃取剂,如用于萃取含酚废水的甲基异丁基甲酮(MIBK)、甲基丙基甲酮(MPK)等。

### (五) 吹脱和汽提法

吹脱法是将空气通入废水中,使空气与废水充分接触,废水中溶解的气体或挥发性溶质通过气—液界面,向气相转移,从而达到去除污染物的目的。吹脱过程中的传质推动力就是废水中溶解性气体或挥发性溶质的浓度与该物质在空气中的浓度之差。吹脱法常用于去除废水中的 $CO_2$、$H_2S$、HCN、$CS_2$ 等溶解性气体。图4-113 是吹脱法处理废水的工艺流程示意。

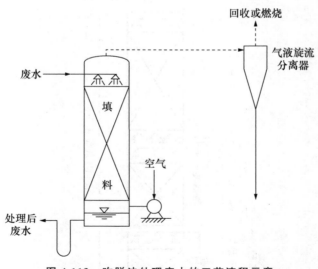

**图 4-113　吹脱法处理废水的工艺流程示意**

汽提法是将水蒸气通入废水中,使水蒸气与废水充分接触,废水中的挥发性溶质扩散到气相中,从而去除废水中的污染物。汽提法是处理含挥发酚废水与含氨废水的有效方法。

由此可见,汽提法的原理与吹脱法类似,均属于由液相到气相的传质过程,实际上也是吸收的逆过程——解吸。一般将以空气、氮气、二氧化碳等气体作为解吸剂来推动污染物从废水中向气相转移的过程称为吹脱;将以水蒸气作为解吸剂的过程,称为汽提。吹脱与汽提两种方法的比较如表 4-19 所示。

**表 4-19    吹脱法与汽提法的比较**

| 方法 | 去除对象 | 手段 | 操作条件 |
|---|---|---|---|
| 吹脱法 | 溶解性气体、挥发性物质 | 空气吹脱 | 在常温的吹脱池或吹脱塔内进行 |
| 汽提法 | 挥发性物质 | 简单蒸馏、蒸汽蒸馏 | 在较高温度的密闭塔内进行 |

汽提法分为简单蒸馏与蒸汽蒸馏两类。① 简单蒸馏,适用于去除与水互溶的挥发性物质,由于气、液间达到平衡时,这类污染物在气相中的平衡浓度远大于液相,当用蒸汽把水加热至沸点后,它便随水蒸气挥发而转移到气相中。② 蒸汽蒸馏,适用于去除水中不溶解的挥发性物质,它利用混合液沸点低于任一组分沸点的特性,可将较高沸点的挥发性污染物在较低温度下挥发去除。例如,废水中的酚、硝基苯、苯胺等物质,在低于 100 ℃ 的条件下,应用蒸汽蒸馏法可以将它们有效脱除。图 4-114 是汽提法处理含酚废水的工艺流程示意。

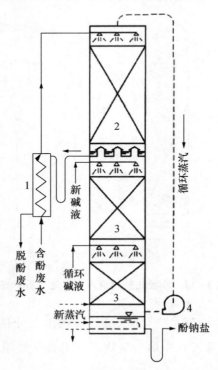

**图 4-114    汽提法处理含酚废水的工艺流程示意**
1. 预热器;2. 汽提段;3. 再生段;4. 鼓风机

### （六）蒸发、结晶、冷冻和焚烧

#### 1. 蒸发法

蒸发法的实质是通过加热废水，使水分子大量汽化，从得到的浓缩液中可以回收的难挥发污染物；水蒸气冷凝之后，还可以获得纯水。在低于水沸点温度下的汽化称为蒸发汽化，在水沸点温度时的汽化称为沸腾汽化。工业生产及废水处理中的蒸发工艺主要采用沸腾汽化。

蒸发工艺的能源消耗量大，因此处理成本较高，一般限于以下场景使用：① 对处理要求很高的系统；② 采用其他方法无法去除目标污染物的系统；③ 有价格低廉的废热可供使用的系统。在实际应用中，蒸发法主要用于以下目的：① 获得浓缩的溶液产品，如放射性废水的浓缩等；② 浓缩溶液后再冷却结晶，从而获得固体产品，如洗钢废水中硫酸亚铁的回收等；③ 脱除溶质杂质，获得纯净的溶剂，如海水淡化等。

为蒸发工艺中实现沸腾汽化而加热用的热源蒸汽称为一次蒸汽，废水经沸腾汽化产生的蒸汽称为二次蒸汽。利用蒸发工艺处理废水时，常采用多个串联的蒸发器，将一个蒸发器使废水沸腾汽化产生的二次蒸汽作为下一个蒸发器的热源，连续多级串联加热，废水与二次蒸汽呈逆行串联浓缩，这种加热蒸发过程称为多效蒸发，如图 4-115 所示。多效蒸发是节省能源的有效途径。

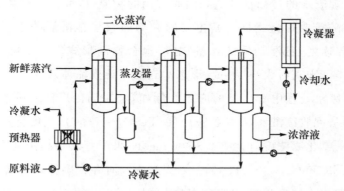

**图 4-115　三效蒸发工艺系统示意**

在废水处理中，蒸发法主要用于浓缩和回收污染物。例如，造纸厂的亚硫酸盐纤维素废液经过蒸发浓缩后，可以回收用作道路黏结剂、生产杀虫剂等，浓缩液也可以进一步焚烧回收热能。纺织、化工、造纸等行业排放的高浓度含碱废水，可以用蒸发工艺浓缩后，再回用于生产。此外，核电厂等排放的放射性废水中的放射性污染物是不挥发的,因此可以用蒸发法使废水浓缩减量,再将浓缩液密闭,使其自然衰变。

2. 结晶法

结晶法是指通过蒸发浓缩或降低温度,使废水中具有结晶性能的溶质达到过饱和状态,先形成微小晶核,再围绕晶核逐渐增大,从而将过饱和的溶质结晶析出,达到回收溶质的目的。

结晶的必要条件是使溶液达到过饱和状态,因此掌握溶质在不同条件下的溶解度是结晶分离的前提。水中溶质的溶解度一般与温度密切相关。大多数物质的溶解度随温度升高而增大,部分物质的溶解度随温度升高而减小,部分物质的溶解度受温度的影响较小。因此,可根据溶解度曲线,通过改变溶液温度或移除部分溶剂,破坏现有的溶解平衡,使溶液达到过饱和状态,即可使溶质结晶析出。

结晶法根据操作过程中是否移除溶剂可以分为两种。① 移除溶剂的结晶方法中,溶液的过饱和状态是通过溶剂蒸发或在沸点时的汽化达到的。相应的结晶器有蒸发式、真空蒸发式、汽化式等,主要用于溶解度随温度变化不大的物质的结晶。② 不移除溶剂的结晶方法中,溶液的过饱和状态是通过降温冷却的方式达到的。相应的结晶器有冷却式和冰冻盐水冷却式,主要用于溶解度随温度降低而显著减小的物质的结晶。实际应用中,有很多将蒸发和结晶两种工艺联用的,这样就同时实现了蒸发移除溶剂和降温冷却的效果。

结晶法处理废水的目标是分离和回收有用的物质,因此结晶得到的晶粒大小和纯度是该工艺的重要衡量指标。其主要的影响因素包括溶质浓度、溶质的冷却速度、溶液的搅拌速度、悬浮杂质的含量、晶体水合物的形式等。实际工艺中需要通过调节以上因素,来获得大小、数量、形态适当的高纯度晶体。

结晶法在废水处理中有广泛的应用。例如,金属加工厂产生的酸洗废水,一般采用浓缩结晶法回收废酸和硫酸亚铁产品($FeSO_4 \cdot 7H_2O$)。焦化厂、煤气厂排放的含氰废水中,氰化物浓度可达 $150 \sim 300$ mg/L,采用蒸发结晶法处理后,可回收黄血盐晶体产品[$K_4Fe(CN)_6 \cdot 3H_2O$]。当废水中同时存在多种具有结晶性质的溶质时,可根据它们的溶解度以及相应的温度控制,使不同的溶质先后结晶析出,从而可以实现溶质产品的分离。例如:某化工厂的废水中含有氯化钠、硫酸钠和硫代硫酸钠时,利用这三种物质的溶解度随温度变化的规律不同,可通过蒸发浓缩,使氯化钠和硫酸钠先过饱和而结晶析出,再通过降温冷却使硫代硫酸钠结晶析出,这样可以回收价值较高的硫代硫酸钠产品。

### 3．冷冻法

冷冻法是使废水在低于冰点的温度下结冰，部分水凝固成冰，从废水中分离出来，从而实现浓缩的目的。当废水的含冰率达到 35%～50% 时，停止冷冻，然后用滤网进行固液分离，分离出的冰再经过洗冰与融冰等操作过程，即可回收净化水，而污染物仍留在水中得到浓缩，便于进一步处理或回收有用物质。

### 4．焚烧法

焚烧法是指将含高浓度有机物的废水在高温下进行氧化分解，使有机污染物转化为无害的二氧化碳和水，无机物转化生成盐和水。焚烧法也可称为高温空气深度氧化过程。一般而言，当有机废水的 COD 大于 100 g/L 或热值大于 $1.05 \times 10^4$ kJ/kg 时，采用焚烧法处理比其他工艺更加经济合理。

焚烧法的工艺过程主要包括预处理、蒸发浓缩、高温焚烧、废热回收、烟气处理、烟气排放、废渣处理等步骤。预处理和蒸发浓缩的目的是去除废水中的悬浮物、提高废水中的有机物浓度（热值），保证焚烧完全；高温焚烧是核心步骤，一般采用焚烧炉装置，常用的有液体喷射焚烧炉、回转窑焚烧炉和流化床焚烧炉等；废热回收和烟气处理是为了回收燃烧释放的热量以及降低二次污染。

### （七）电离辐照法

电离辐照法（ionizing irradiation）是一种近年发展起来的基于核技术的新型废水处理工艺，它利用电离辐射的能量来去除废水中的污染物。这种方法处理废水的原理主要包括以下几个方面。

（1）电离辐射源

废水处理中使用的电离辐射通常来自 γ 射线（由 $^{60}$Co、$^{137}$Cs 等放射源产生）以及电子束（electron beam，由电子加速器产生）。这些辐射具有高能量，能够穿透水分子和废水中的其他物质。

（2）水分子的电离

当电离辐射穿过废水时，会与水分子相互作用。这种相互作用导致水分子电离，产生一系列具有极高反应活性的自由基（如羟基自由基·OH、氢自由基 H·以及水合电子等），反应式如下所示：

$$H_2O \longrightarrow \cdot OH(2.7) + e_{aq}^-(2.6) + H \cdot (0.55) + H_2O_2(0.71)$$
$$+ H_2(0.45) + H^+(2.6)$$

式中，括号中的数值是活性粒子的化学产率（G 值），表明在 pH 6.0～8.5 范围内吸收 100 eV 能量时形成的粒子数量。

（3）分解有机物等污染物

上述反应生成的各类自由基能够与废水中的有机物及其他污染物发生氧化还原反应。这些反应通常导致有机污染物的分解，使其转化为更小、更无害的分子，如二氧化碳和水。

（4）杀灭微生物

电离辐射还能破坏废水中微生物的 DNA 和细胞结构，从而有效地杀灭细菌、病毒等微生物，达到消毒的效果。

电离辐射处理废水的优点包括处理效率高、能够去除多种类型的污染物、无须添加化学药品、对环境的二次污染小。然而，这种技术的应用受限于其成本和对辐射安全的要求。随着该技术的发展，近年在我国也得到一些实际应用，例如，2020年广东省江门市建立了世界上最大规模的利用电子束辐照技术深度处理印染废水的工程项目，处理能力达到 30 000 m³/d。

# 4.4    水中有害微生物的去除

各类水体中均含有大量的微生物。从降雨、融雪到地表水，各种水环境都蕴含着丰富多样的微生物群落。即便在地下水中，微生物的存在也是普遍的。虽然大部分微生物对人类健康无害，但有些病原微生物可以通过粪便、污水和废物进入水源，从而成为传染病的媒介，对人类健康构成严重威胁。

根据世界卫生组织的报告，由水传播的疾病每年可导致超过 220 万人死亡。水中病原体的出现与多种因素有关，包括水质污染、易感人群的增加、饮用水处理标准不符合要求以及商业和旅游的全球化等。研究统计显示，目前大约有 1400 种病原体能够感染人类，其中细菌有 538 种，病毒有 208 种，原生动物有 57 种，还包括各类真菌和寄生虫。

这类通过水传播的疾病，称为水源性传染病（waterborne infectious disease），主要包括各类肠道疾病，如伤寒、霍乱、痢疾、马鼻疽、钩端螺旋体病、肠炎等，以及肺炎、病毒性肝炎和脊髓灰质炎等。表 4-20 和表 4-21 分别列出了水中常见的致病菌和病毒。此外，还有一些如蛔虫、血吸虫等寄生虫病也通过水传播。因此，确保饮用水中无病原微生物，才能有效控制水源性传染病的发生，这是水处理环境工程中的一个至关重要的环节。我国于 2022 年颁布的《生活饮用水卫生标准》（GB 5749—2022）规定，生活饮用水中不应检出总大肠菌群和大肠埃希氏菌，同时菌落总数不能高于 100 CFU/mL。

　　在城市供水系统中,虽然混凝、沉淀和过滤过程可以去除大量细菌和其他微生物,但这并不足以确保所有病原微生物都被去除。因此,水处理过程中必须包括消毒(disinfection)的步骤,其主要目的是杀死或去除对人体健康有害的病原微生物。消毒与灭菌是不同的:消毒重点在于去除或杀灭水中的病原微生物,而不是灭活所有微生物。此外,生活污水和某些工业废水中通常也含有大量微生物,其中不乏病原细菌、病毒和寄生虫卵。常规的废水处理方法无法完全去除这些微生物,为了控制水源性疾病的传播,也很有必要对这些废水进行消毒处理,这样才能保证最终排水的生物安全。

表 4-20　水中主要致病菌及其相关疾病(引自沈燕等,2020)

| 水中致病菌 | 相关疾病 | 来源 |
|---|---|---|
| 大肠杆菌(*Escherichia coli*) | 是霍乱弧菌引起的旅行者腹泻、溶血性尿毒症综合征 | 饮用水、原水、地表径流、生活污水、屠宰废水 |
| 肠球菌属(*Enterococcus* spp.) | 尿路感染、菌血症、心内膜炎、脑膜炎、伤口感染、肠胃炎 | 饮用水、井水、地表水、海洋、再生水 |
| 肺炎克雷伯菌(*Klebsilla pneumoniae*) | 肺炎、败血病、尿路感染、腹泻、皮肤感染 | 地表水、池塘水、工业废水 |
| 幽门螺杆菌(*Helicobacter pylori*) | 慢性胃炎、胃溃疡、胃癌 | 水库、市政污水、饮用水、井水、地表水 |
| 铜绿假单胞菌(*Psudomonas aeruginosa*) | 皮肤、肺、眼和尿路感染 | 医院供水系统、饮用水、游泳池水 |
| 沙门氏菌属(*Salmonella* spp.) | 沙门氏菌病、菌血症、肠胃炎、肠热 | 养殖场废水、地表水、饮用水 |
| 金黄色葡萄球菌(*Staphylococcus aureus*) | 皮肤感染、败血症、食物中毒 | 饮用水、娱乐用水、地表水 |
| 军团菌属(*Legionella* spp.) | 肺炎等呼吸系统疾病 | 温泉、饮用水、娱乐用水、洗浴用水 |
| 链球菌属(*Streptococcus* spp.) | 脑膜炎、肺炎、咽炎、耳部感染 | 洗浴用水、地表水、饮用水 |
| 弧菌属(*Vibrio* spp.) | 霍乱、急性肠胃炎、败血病 | 河口水、池水、饮用水 |
| 志贺氏菌属(*Shigella* spp.) | 腹泻、炎症性杆菌痢疾、志贺氏菌病 | 饮用水、生活污水 |
| 弯曲杆菌属(*Campylobacter* spp.) | 腹泻、腹痛、菌血症、肝炎、胰腺炎 | 饮用水、地表水、海水、游泳池水 |

表 4-21    水中常见病毒的种类和特性(引自董慧峪等,2020)

| 病毒 | 分子生物学特征 | 潜伏期/d | 感染症状 | 免疫持久性 |
|---|---|---|---|---|
| 肠道病毒 | 单股正链 RNA 病毒,衣壳二十面体立体对称,无包膜,直径 20～30 nm | 2～14 | 肠胃病、中枢神经损害、心肌损害 | 持久特异性免疫 |
| 诺如病毒 | 单股正链 RNA 病毒,球形,二十面体对称,无包膜,直径约 40 nm | 1～2 | 急性腹泻 | <1 a |
| 甲型肝炎病毒 | 单股正链 RNA 病毒,二十面体立体对称,无包膜,直径约 27 nm | 15～45 | 发烧、恶心、腹部不适、肝炎症状 | 终身免疫 |
| 腺病毒 | 双链 DNA 病毒,二十面体对称,无包膜,直径约 80 nm | 2～21 | 呼吸道疾病、肠胃炎、眼球感染 | 同型病毒的持久免疫 |
| 轮状病毒 | 双链 RNA 病毒,三层二十面体的蛋白质壳,无包膜,直径约 70 nm | 2～3 | 发烧、呕吐、腹泻 | 同型病毒的非持久免疫 |
| 冠状病毒 | 单股正链 RNA 病毒,多形,有包膜,包膜上存在棘突,直径 80～200 nm | 2～14 | 发热、肠胃病、咳嗽、呼吸系统感染 | 可重复感染,免疫较困难 |

## 4.4.1 氯消毒

氯消毒技术是目前水处理工程中应用最广泛的消毒工艺。氯消毒法的历史可以追溯到 1850 年,并于 1904 年在英国首次正式应用于公共供水系统的消毒。常见的氯消毒化学药剂包括液氯($Cl_2$)、漂白粉[$Ca(OCl)Cl$]和次氯酸钙[$Ca(OCl)_2$]。液氯是通过将氯气在密闭条件下进行压缩制得的,其中 1 体积的液氯在常压条件下能产生大约 450 体积的氯气。市面上的漂白粉通常含有 25%～35%的有效氯,而次氯酸钙的有效氯含量更高,一般为 60%～70%。

氯消毒的作用原理主要包括以下几个方面:

① 氧化作用。氯是一种强氧化剂,当氯添加到水中时,它与水中的微生物细胞壁和细胞内部的分子发生氧化反应。这种氧化作用能够破坏微生物的细胞壁和细胞膜,导致其结构破裂,从而杀死微生物。

② 破坏酶的活性。氯还能与微生物细胞内的酶发生反应,破坏酶的活性。酶是微生物生命活动的重要催化剂,一旦酶的活性被破坏,微生物就无法进行正常的生理活动,最终导致死亡。

③ 影响 DNA 的结构及复制。氯还可能与微生物的 DNA 发生反应,影响其复制过程,从而阻止微生物的繁殖和生长。

### （一）氯的性质

氯气（$Cl_2$）是一种黄绿色带刺激性气味的气体，密度比空气大。它的沸点约为 $-34.04\,℃$，熔点约为 $-101.5\,℃$。作为一种强氧化剂，氯气能够与多种金属和非金属发生反应，生成各类氯化物；也可以与多种有机物反应，生成有机氯化物。液氯为琥珀色，密度约为水的 1.44 倍。

#### 1. 氯与水的作用

$Cl_2$ 微溶于水，溶于水后可以发生水解反应，反应式如下：

$$Cl_2 + H_2O \rightleftharpoons HOCl + Cl^-  \tag{4-103}$$

上面反应的产物是次氯酸，是一种弱酸，可以进一步离解为 $H^+$ 和 $OCl^-$，反应式如下：

$$HOCl \rightleftharpoons H^+ + OCl^-  \tag{4-104}$$

从上述反应式可以看出，反应平衡受水中 $H^+$ 浓度的影响。当 pH>4 时，溶于水中的 $Cl_2$ 几乎都转变成 HOCl 和 $OCl^-$；当 pH=7 时，HOCl 约占 80%，$OCl^-$ 约占 20%。

虽然 $Cl_2$、HOCl 和 $OCl^-$ 均具有较强的氧化能力，但研究一般认为主要发挥杀菌消毒能力的是 HOCl。HOCl 是中性分子，可以扩散到带负电的细菌表面，进而渗透进入细菌细胞内，通过氧化作用破坏细菌胞内各种酶的活性并影响 DNA 的复制，从而使细菌灭活。$OCl^-$ 带负电，由于同性电荷间的排斥作用，很难与带负电的细菌接触，因而无法实现消毒杀菌。当 pH>8 时，氯在水中的形态以 $OCl^-$ 为主，消毒能力会显著下降。因此，在使用氯消毒工艺时，需要严格控制水的 pH。

#### 2. 氯与氨的作用

氯还可以与水中存在的氨发生反应，生成各种氯胺类物质：

$$NH_3 + HOCl \rightleftharpoons H_2O + NH_2Cl  \tag{4-105}$$

$$NH_3 + 2HOCl \rightleftharpoons 2H_2O + NHCl_2  \tag{4-106}$$

$$NH_3 + 3HOCl \rightleftharpoons 3H_2O + NCl_3  \tag{4-107}$$

上述反应中生成的 $NH_2Cl$、$NHCl_2$ 和 $NCl_3$ 即分别为一氯胺、二氯胺和三氯胺（即氯化氮）。各种氯胺生成的比例与水的 pH 密切相关。当 pH>8.5 时，主要生成一氯胺；当 pH<5 时，主要生成二氯胺；当氯和氨的质量比大于 10，且 pH<4.4 时，三氯胺才能生成，其在水的 pH 为 6~9 时很不稳定。

氯胺也可以作为消毒剂，这是因为其在水中可以发生水解反应生成 HOCl，即式（4-110）～式（4-112）的逆反应。氯胺的杀菌作用比较缓慢，只有当 HOCl 消耗完之后,水解反应才继续进行。氯胺在水中较为稳定,因此可以保持更长时间的消毒杀菌效果。根据氯胺的这个特性,一些水厂在氯消毒工艺中,还会添加一些氨(如液氨、氯化铵、硫酸铵等),从而通过反应生成一定量的氯胺,保证对长距离的供水管网发挥长效的消毒作用。这种消毒工艺称为氯胺消毒法,近来研究还发现氯胺消毒工艺还有助于减少氯消毒副产物的产生。

3. 氯与其他杂质的作用

氯还会与水中的其他杂质发生化学反应,特别是还原性物质,如 $Fe^{2+}$、$Mn^{2+}$、$NO_2^-$、$S_2^-$ 等无机还原性物质和某些有机还原物。在水的消毒过程中,这些物质会被氯氧化,因而消耗掉一部分加入的氯。

此外,氯消毒过程中会产生特定的副产物,称为消毒副产物(disinfection by-products,DBPs)。例如,当氯与水中的有机物,如腐殖酸、酚等反应时,会生成如三氯甲烷、氯乙酸、氯乙腈等氯化有机物。这些消毒副产物毒性较高,存在潜在的致癌风险,特别是在水源受到微量有机物污染的情况下,控制这些氯消毒副产物的生成显得尤为重要。

在我国最新颁布的《生活饮用水卫生标准》(GB 5749—2022)中,对一氯二溴甲烷、二氯一溴甲烷、三溴甲烷、三氯甲烷、二氯乙酸、三氯乙酸等检出率较高的 6 项消毒副产物提出新要求,将其从非常规指标提升为常规指标。此举旨在加强对这些消毒副产物的监测和控制,以确保饮用水的安全。

## (二) 余氯及需氯量

1. 余氯

氯加到水中之后,除了发挥消毒杀菌的作用,还会与各类其他物质发生反应而被消耗。实际消毒工艺中一般会使消毒处理之后的水中仍保持一定的氯含量,从而保证持续的消毒能力,这部分剩余的氯一般称为余氯。余氯的作用主要体现在以下几个方面:

① 持续消毒作用。余氯在水中的存在确保了从处理设施到用户取水点之间的持续消毒作用。这是因为水在输送过程中可能会再次受到微生物的污染,余氯可以持续杀灭或抑制这些微生物的生长。

② 预防生物膜的形成。在管道系统中,余氯可以帮助预防生物膜(由细菌和其他微生物形成的多细胞结构)的形成。生物膜可能成为病原微生物的藏身之处,威胁水质安全。

③ 快速响应。在水质出现问题时(如管网泄漏或污染事件),余氯能提供一定

程度的快速响应,通过其消毒能力控制问题的扩散。

④ 保障水质安全。余氯的存在是一个重要的水质安全指标。通过监测余氯水平,可以评估水处理消毒过程的有效性和供水系统中水质的稳定性。

根据前文的讨论,我们已经知道水中的氯($Cl_2$)、次氯酸(HOCl)和次氯酸盐($OCl^-$)以及氯胺类物质($NH_2Cl$、$NHCl_2$、$NCl_3$)都具有消毒杀菌作用。其中,氯、次氯酸和次氯酸盐被统称为游离性余氯(或自由性余氯),而氯胺及其相关化合物则被称为化合性余氯。总余氯即为游离性余氯和化合性余氯之和。

我国的《生活饮用水卫生标准》(GB 5749—2022)也规定,加氯后接触 30 min 以上,出厂水中的游离性余氯含量应不低于 0.3 mg/L。集中式供水厂在输水管网的末端,游离性余氯含量还应保持在不低于 0.05 mg/L。

然而,维持适当的余氯水平也是一项挑战。过高的余氯水平可能导致水的口感和气味问题,同时也增加了生成消毒副产物的风险。因此,余氯的管理需要精准调控,以确保既能有效消毒,又能最小化对水质和公众健康的负面影响。

2. 需氯量

在实际的氯消毒处理过程中,确定加氯量通常依赖于对需氯量的测定。需氯量是指在特定条件(如一定的温度、pH、接触时间等)下,对单位体积的水样进行加氯处理,所需要的氯量与达到预期消毒效果后水中剩余的氯量之间的差额。具体来说,需氯量等于加氯量减去余氯量。

需氯量反映了水中可被氯氧化的物质消耗的氯量,以及氯在水中因光氧化而分解的量。通常,水中杂质含量越少,需氯量就越低,因此,需氯量在一定程度上可以作为水质污染程度的指标。

为了测定需氯量,可以在一系列相同体积的水样中加入不同量的氯,经过一定时间的接触后,测定水样中的余氯量。这样可以绘制出需氯量曲线(图 4-116),通过展示加氯量与余氯量之间的关系,有助于更准确地了解不同水质条件下的消毒工艺加氯量。

在图 4-116 中,一条 45°斜虚线穿过坐标原点,代表了水中没有杂质时的情况,即需氯量为零,此时余氯量与加氯量相等。而另一条曲折的实线则显示了当需氯量不为零时,余氯量与加氯量之间的关系。这两条线之间的垂直距离 $b$(即纵坐标之差)即为需氯量。余氯量 $a$ 与需氯量 $b$ 的总和正好等于加氯量。

图中的折线可被划分为四个区域。在Ⅰ区内,加入的氯完全被水中的还原性杂质(如 $Fe^{2+}$、$Mn^{2+}$、$NO_2^-$ 等)消耗,转化为 $Cl^-$,此时没有余氯。尽管这一区域可能杀死一些细菌,但其消毒效果并不稳定。在Ⅱ区内,氯开始与氨反应,生成氯胺,此

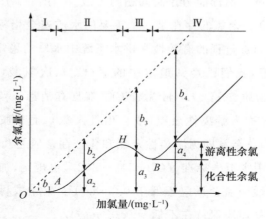

图 4-116    需氯量曲线示意

时存在余氯,但它属于化合性余氯,具有一定的消毒效果。到了Ⅲ区,虽然仍然产生化合性余氯,但由于加氯量的增加,氯与氨的比例上升,导致一部分氨和氯胺被氧化成 $HCl$、$N_2$ 等。因此,余氯量开始逐渐减少,直至达到最低点 $B$,这个点被称为折点(break point)。在折点之前的余氯都是化合性余氯,没有游离性余氯。

在折点 $B$ 之后,即Ⅳ区内,余氯量会沿着 45°斜线上升,额外加入的氯完全以游离性余氯的形式存在。在这一区域,化合性余氯和游离性余氯共存,消毒效果达到最佳。消毒工艺中常用的折点加氯法,即是使加氯量超过需氯量曲线上出现的折点 $B$ 的量。

需氯量曲线的形状取决于实验条件和方法。当采用的接触时间较长时,氯化作用更加完全,折点 $B$ 的余氯量可能接近于零,从而使得Ⅳ区的余氯完全是游离性余氯。

### (三)氯消毒工艺的优缺点

氯消毒工艺作为水处理中的一种常用方法,具有多项显著的优点。首先,它是一种高效的消毒手段,能有效杀灭或去除水中的细菌、病毒和某些类型的寄生虫。其次,氯在水中的残留效果可以持续较长时间,为从处理设施到用户取水点的整个过程提供持续的消毒保护。此外,氯消毒在成本上较为经济,相对于其他消毒方法,它的设备和化学品投入成本较低,也易于操作和维护。最后,消毒处理后的效果可以通过测定水中的余氯水平来评估,使水质安全易于监控。

然而,氯消毒工艺也存在一些缺点。最主要的问题是它与水中的有机物反应可能产生有害的消毒副产物,如三氯甲烷等有机卤代物,这些物质具有较高的潜在健康风险。此外,氯对某些微生物的杀灭效果有限,如隐孢子虫和囊滤虫。长期使用氯消毒可能导致某些微生物产生抗性。氯的腐蚀性和存储安全性也是重要考虑因素,可能对水处理设施和管道造成损害,同时需要严格的安全措施来防止氯气泄漏。最后,氯消毒可能改变水的口感和气味,这对某些人来说可能是一个问题。因此,在实际应用中,虽然氯消毒是一种有效且经济的水处理方法,但需要充分考虑其潜在的缺点和风险,并适当结合其他消毒技术以达到最佳效果。

## 4.4.2　其他消毒方法

### (一) 紫外消毒

紫外线(ultraviolet, UV)是太阳光谱中的一部分,位于可见光和 X 线之间,波长范围在 100~400 nm。由于其波长短于可见光,因此肉眼无法直接看到。紫外线根据波长可分为:① 长波紫外线(UV-A),其波长范围是 330~400 nm,它穿透大气层最多,对人类皮肤的老化和某些光敏反应有较大影响;② 中波紫外线(UV-B),其波长在 270~330 nm,它的穿透力较弱,但更能导致晒伤和皮肤癌;③ 短波紫外线(UV-C),其波长最短,在 170~270 nm,自然界中的 UV-C 大部分可被地球大气层吸收;④ 波长在 170 nm 以下的属于真空紫外线。

波长在 220~320 nm 的紫外线具有较强的杀菌能力,其中波长为 254 nm 左右的 UV-C 杀菌能力最强。其杀菌原理是,这种特定波长的紫外线能穿透微生物的细胞壁和细胞膜,破坏其 DNA 或 RNA 等遗传物质的结构,可阻止微生物的复制和繁殖,从而有效地杀灭或使其失活。因此,利用紫外线的杀菌作用,也可以实现对水的消毒。

紫外消毒工艺主要通过使用特定类型的 UV 灯照射待处理水来实现,常用的 UV 光源为高压石英汞灯。紫外消毒装置可分为浸水式和水面式两种类型。浸水式消毒装置的灯管直接放置在水中,优点是可以更高效地利用紫外线辐射能量,从而达到较好的杀菌效果,然而其设计相对较为复杂。相比之下,水面式消毒装置的结构更为简单,但其缺点在于紫外线容易被反光罩吸收和光线散射,这可能导致其杀菌效果不如浸水式装置。对这两种类型消毒装置的选择取决于具体的应用需求和环境条件,例如空间限制、维护的便利性以及成本预算等因素。

相比于氯消毒工艺,紫外消毒工艺具有以下优点:首先,紫外消毒的最大优势在于无须添加任何化学物质,因此不会产生有害的化学消毒副产物,也不改变水的气味和口感,这对环境和人体健康都是有益的。其次,紫外消毒的速度快、效率高,能快速有效地杀灭水中的细菌、病毒和其他微生物,提供即时的消毒效果,还能去除加氯法难以杀死的某些芽孢和病毒。此外,这种方法相对简单,易于实现自动化,设备占地面积小,维护成本较低。

然而,紫外消毒也存在一些局限性。首先,它对水质有较高的要求,水中的悬浮颗粒较多或色度较高时,会降低 UV 光的穿透力,从而影响消毒效果。其次,紫外消毒不提供持续的消毒能力,一旦 UV 光源关闭,消毒作用便会停止,因此无法解决消毒后在管网中再受微生物污染的问题。此外,紫外消毒的运行和维护成本较高,电能消耗较大,灯管也需要定期更换,且设备需要定期清洁以保持高效运行。综上所述,虽然紫外消毒为水处理提供了一种安全、环保的消毒选择,但在实际应用中也需考虑其局限性和运行成本。

### (二)臭氧消毒

臭氧($O_3$)作为一种效能极高的广谱氧化剂,能够有效地灭活包括细菌、真菌及其孢子、病毒和原生动物在内的多种微生物。臭氧强大的氧化能力(氧化还原电位为 2.07 V)是其消毒作用的基础。在碱性条件下,臭氧更容易产生羟基自由基(·OH)和超氧自由基($O_2^- ·$)等强活性自由基。这些自由基具有极高的反应性,能够破坏微生物的细胞结构,从而有效抑制或杀灭这些微生物。此外,臭氧渗入微生物细胞壁的能力很强,这也提升了其消毒杀菌能力。臭氧的这些特性使其成为水处理领域中一种非常有效的消毒剂。

臭氧消毒工艺中常使用臭氧发生器,以空气中的氧气或纯氧为原料,通过 15 000~17 500 V 高压电产生电晕,从而制备消毒所需的臭氧。尽管臭氧在水中的溶解度高于氧气,但在常温和接近中性的 pH 条件下,每升水中的臭氧溶解量通常只有几十毫克。因此,在常规条件下,使用臭氧发生器产生的臭氧并不能被水充分溶解,约 40% 的臭氧会损失。为了提升臭氧在水中的混合效率和利用率,通常需要增加臭氧接触器的安装水深,如 5~6 m 甚至达到 10 m,或者使用几个串联的接触器。此外,引入接触器的臭氧化空气(即含臭氧的空气)需要转化成均匀分布的微小气泡。为此,在接触器的底部通常安装管式或板式的微孔扩散器。这些扩散器通常由陶瓷或塑料制成,有时也使用不锈钢或铜材质。这样的设置有助于提高臭氧在水中的分布均匀性和接触效率,从而优化臭氧消毒效果。

臭氧消毒工艺的优点在于:首先,它不需要长时间的接触即可发挥消毒作用,且其效果不受水中氨氮含量和 pH 的影响。其次,臭氧强大的氧化能力使其能够氧化分解水中的有机物质,有效去除水中的异味和色度。此外,臭氧还可以彻底消除水中的酚类物质。在单独用于消毒时,通常的臭氧投加浓度不超过 1 mg/L;而在用于去除异味和色度时,其浓度可以增加到 4～5 mg/L。剩余臭氧浓度和接触时间是决定臭氧处理效果的关键因素。例如,如果维持 0.4 mg/L 的剩余臭氧浓度,并保持 15 min 的接触时间,就可以达到良好的消毒效果,包括对病毒实现灭活。

然而,臭氧消毒也存在一些缺点:① 设备投资和电能消耗相对较大。② 由于臭氧在水中不稳定、衰减快,它不能在供水管网中保持持久的消毒效果,且需要现场制备且即时使用,不能存储。③ 虽然臭氧消毒不会产生像三氯甲烷和氯乙酸等常见的消毒副产物,但在水中含有溴化物时,臭氧处理可能会生成有潜在致癌作用的副产物,如溴酸盐,这已引起了广泛关注。因此,在采用臭氧消毒工艺时,需要仔细考虑这些因素,确保其安全有效地应用于水处理。

### (三) 二氧化氯消毒

二氧化氯($ClO_2$)是一种在常温下呈黄绿色至橘红色的气体,具有刺激性气味。它的沸点为 11 ℃,熔点为 -59 ℃,极不稳定,易在热或光照作用下分解成氧和氯,有可能引发爆炸。因此,二氧化氯需在使用现场制备并立即使用,不能储存运输。二氧化氯在水中的溶解度是氯气的 5 倍左右,且在浓度低于 10 g/L 时,不具备爆炸风险。在水处理过程中,使用的二氧化氯浓度通常远低于这一水平。

作为一种强效氧化剂,二氧化氯的氧化能力是氯的 2.63 倍,能与多种物质如酚、含氮化合物、硫化物和硫醇等发生剧烈反应,因此常被用于去除水中的异味和色度。二氧化氯对大肠杆菌等细菌、芽孢、病毒具有强大的杀灭作用,其杀菌机制是通过吸附于细菌和病毒的外膜,渗透进入细胞内部,有效氧化破坏具有含硫基团的酶,从而抑制其生长。二氧化氯对于包括肠道病毒、疱疹病毒、脑膜炎病毒、脊髓灰质炎病毒以及禽流感病毒等在内的多种病毒,都展现出了良好的灭活效果,使其成为一种性能优异的消毒剂。

在消毒性能方面,一般认为二氧化氯的效果优于氯和氯胺,弱于臭氧。作为饮用水的消毒剂,二氧化氯的投加浓度一般为 1.0～2.0 mg/L;用于污水消毒工艺时,尤其是医院污水消毒,其投加量可能更高,可达 5～10 mg/L。

二氧化氯的制备方法包括化学法和电解法。在化学法中,常用的原料包括亚氯酸钠($NaClO_2$)、氯酸钠($NaClO_3$)和氯酸钾($KClO_3$),其中以亚氯酸钠的氯氧化法最为普遍。在该方法中,亚氯酸钠与作为氧化剂的氯气或次氯酸钠反应,生成二氧化氯。化学法制备的优点在于其操作简便性和原料的可获取性。此外,电解法可通过电解氯化钠溶液产生二氧化氯。电解法具有产量高、纯度高的特点,但其设备和操作成本相对较高。在选择二氧化氯的制备方法时,需根据具体的应用需求和现场条件综合考虑各种因素。

二氧化氯消毒工艺的优点在于：① 相比于氯消毒工艺，二氧化氯不会与水中的有机物质反应生成如三氯甲烷等有害的消毒副产物。② 消毒能力比氯强，所需的投加量较低。③ 二氧化氯的消毒效果在较大的 pH 范围内保持稳定，显示出良好的适应性。④ 在供水系统中，二氧化氯能维持较长时间的有效余量，这对于保证长期水质安全至关重要。然而，在采用二氧化氯作为消毒剂时，需特别关注其潜在的健康影响。残留在水中的二氧化氯及其氧化还原的产物，如亚氯酸盐（$ClO_2^-$），可能对人体健康构成风险。

### （四）新型消毒技术

近年来，在以上论述的氯消毒、紫外消毒、臭氧消毒以及二氧化氯消毒等工艺之外，研究者还在不断开发新型的消毒技术。

光催化消毒技术是利用光催化材料在特定光源（如紫外线、可见光或近红外光）的激发下产生电子或光生空穴，与水或水中的溶解氧反应，进而产生强氧化能力的羟基自由基（·OH）和超氧自由基（$O_2^-$·）以及活性氧类等物质，其原理如图 4-117 所示。这些活性物质能够穿透微生物细胞壁，破坏其正常代谢活动，如破坏细胞内外的电离平衡和导致 DNA 断裂，从而使多种微生物失活。光催化消毒是一种绿色且高效的技术，具有一定的应用潜力，但目前还处于实验室研究阶段。

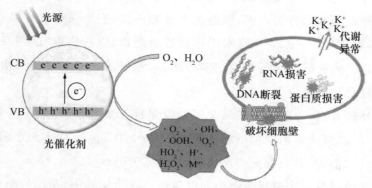

**图 4-117　光催化消毒技术原理示意（引自杜月皎等，2022）**

电化学消毒是在电解过程中产生具有强杀菌活性的物质，如羟基、活性氧和过氧化氢等，以及其他活性物质如 $Cl_2$、$HOCl$、$ClO_3$ 等活性氯。电化学消毒技术的关键在于高效电极材料的研发和制备。掺硼金刚石电极（boron-doped diamond，BDD）是一种较好的电化学消毒电极材料，但其应用成本相对较高。为了降低成本，研究者探索了使用铂、石墨等其他材料作为阳极的可能性。电化学消毒技术具有去除污染物和灭活微生物的能力强、操作简单和易于自动化等优点,但同时也面临着电极材料寿命短、电流效率低、传质受限和运行成本高等挑战。

　　水力空化消毒技术是一种基于物理和化学原理的高效消毒方法,能够在不使用任何化学试剂的情况下杀灭水中的微生物。该技术利用气泡在液体中的快速形成、生长和崩溃过程,产生巨大的内爆力和局部高温高压,释放大量能量。这一过程产生的化学作用(如羟基自由基的生成)和物理机制(如冲击波、压力梯度和剪切力)共同作用于水中的微生物,导致其灭活。目前,文丘里管和孔板装置为研究者重点关注的水力空化消毒装置。水力空化消毒是一种环境友好的方法,但其成本相对较高,且在实际应用中存在一些局限性,如处理水样体积有限等,未来还需要进一步优化完善。

## 主要参考资料

　　[1] Cui Z, Zhou H, Wang G, et al. Enhancement of the visible-light photocatalytic activity of CeO 2 by chemisorbed oxygen in the selective oxidation of benzyl alcohol [J]. New Journal of Chemistry, 2019, 43(19): 7355-7362.

　　[2] Gottschalk C, Libra J A, Saupe A. Ozonation of water and waste water: A practical guide to understanding ozone and its applications [M]. Hoboken: John Wiley & Sons, 2010.

　　[3] Guo W, Guo T, Zhang Y, et al. Progress on simultaneous photocatalytic degradation of pollutants and production of clean energy: A review [J]. Chemosphere, 2023: 139486.

　　[4] Huang X, Wen D, Wang J. Radiation-induced degradation of sulfonamide and quinolone antibiotics: a brief review [J]. Radiation Physics and Chemistry, 2023: 111373.

　　[5] Hu Z, Wu K, Wang Z, et al. Research Progress of Magnetic Flocculation in Water Treatment [J]. Magnetochemistry, 2024, 10(8): 56.

　　[6] Kabra K, Chaudhary R, Sawhney R L. Treatment of hazardous organic and inorganic compounds through aqueous-phase photocatalysis: a review [J]. Industrial & engineering chemistry research, 2004, 43(24): 7683-7696.

　　[7] Kim K H, Ihm S K. Heterogeneous catalytic wet air oxidation of refractory organic pollutants in industrial wastewaters: a review [J]. Journal of Hazardous Mate-

rials，2011，186（1）：16-34.

［8］Lim S，Shi J L，von Gunten U，et al. Ozonation of organic compounds in water and wastewater：A critical review［J］. Water Research，2022，213：118053.

［9］Mantzavinos D，Lauer E，Hellenbrand R，et al. Wet oxidation as a pretreatment method for wastewaters contaminated by bioresistant organics［J］. Water science and technology，1997，36（2-3）：109-116.

［10］Shi J，Li J，Zhao W，et al. Regioselective intramolecular sp2 C—H amination：direct vs. mediated electrooxidation［J］. Organic Chemistry Frontiers，2021，8（7）：1581-1586.

［11］Wang J，Zhang T，Li M，et al. Arsenic removal from water/wastewater using layered double hydroxide derived adsorbents，a critical review［J］. RSC advances，2018，8（40）：22694-22709.

［12］陈海，许森飞，朱焕铮，张春远，张涛，陆洁平，何仕均. 电子束技术处理垃圾渗滤液研究［J］. 工业水处理，2024，44（02）：166-171.

［13］戴友芝，肖利平，唐受印等. 废水处理工程［M］.3 版.北京：化学工业出版社，2017.

［14］董慧峪，李凌菲，刘沛峰，张君枝，强志民. 饮用水消毒工艺对病毒的灭活［J］. 环境工程学报，2020，14（07）：1718-1727.

［15］杜月皎，塔娜，杨晨辉，萨其拉，薛山丹. 新兴饮用水消毒技术研究进展［J］. 给水排水，2022，58（S1）：1083-1089.

［16］高春丽，周涵君，李先振，余雕. 吸附剂在重金属污染废水修复中的研究进展［J］. 工业水处理，2023，43（09）：1-19.

［17］耿慧，许颖，戴晓虎，杨殿海. 离子交换树脂在污泥处理中的应用及展望［J］. 中国环境科学，2022，42（11）：5220-5228

［18］郭宇杰，修光利，李国亭. 工业废水处理工程［M］. 上海：华东理工大学出版社，2016.

［19］何明，尹国强，王品. 微滤膜分离技术的应用进展［J］. 广州化工，2009，37（06）：35-37.

［20］何昱轩，张黎明，郭飞飞，李鹏刚，彭稳，刘航，罗永明. 硅基吸附剂处理含镉废水的研究进展［J］. 化工进展，2018，37（02）：724-736.

［21］环境保护产品技术要求 旋流除砂装置（征求意见稿）编制说明.［2024-05-10］. http://www. mee. gov. cn/gkml/hbb/bgth/201103/W020110301383508987535. pdf

[22] 蒋展鹏，杨宏伟. 环境工程学 [M]. 3 版. 北京:高等教育出版社，2013.

[23] 黎梅，李记太，孙汉文. 超声技术处理水中的有机污染物 [J]. 化学进展，2008，20(7)：1187-1195.

[24] 李林，艾雯妍，文思颖，苏奇倩，徐其静，刘雪. 微生物吸附去除重金属效率与应用研究综述 [J]. 生态毒理学报，2022，17（04）：503-522.

[25] 李涛. 沉砂池的设计及不同池型的选择 [J]. 中国给水排水，2001，17（9）：37-42.

[26] 刘仲明，陈伟兴，封伟，陶彬彬，李兴，赵静. 臭氧高级氧化技术在废水处理中的研究进展 [J]. 染料与染色，2021，58（04）：57-61＋54.

[27] 齐亚兵. 活化过硫酸盐氧化法降解酚类污染物的研究进展 [J]. 化工进展，2022，41(11)：6068-6079.

[28] 屈广周. 难降解有机废水处理高级氧化理论与技术 [M]. 北京：化学工业出版社，2021.

[29] 沈燕，贾舒宇，李紫涵，张徐祥，任洪强. 水环境中致病菌分子生物学检测技术研究进展 [J]. 环境监控与预警，2020，12（05）：1-13.

[30] 孙德智，于秀娟，冯玉杰. 环境工程中的高级氧化技术 [M]. 北京：化学工业出版社，2006.

[31] 唐朝春，朱蓓，许荣明，黄从新，王顺藤. 金属基吸附剂除砷技术研究进展 [J]. 环境科学与技术，2020，43(10)：221-228.

[32] 吴悦，杨炯彬，吴作栩，黎妍倩，温立华. 不同消毒技术在饮用水处理中的研究进展 [J]. 城镇供水，2023，（05）：87-92＋96.

[33] 谢琼华，陈启杰，梁春艳，匡奕山，张亚增，魏冬云. 生物基吸附剂的研究现状与进展 [J]. 中国造纸学报，2022，37(01)：124-132.

[34] 徐浩，乔丹，许志成，郭华，陈诗雨，徐星，高宪，延卫. 电催化氧化技术在有机废水处理中的应用 [J]. 工业水处理，2021，41(03)，1-9.

[35] 颜冬青，王枭，王进，吴迪，张洪安. 煤用水力旋流器发展现状研究 [J]. 选煤技术，2020(02)：26-29.

[36] 张光明，张盼月，张信芳. 水处理高级氧化技术 [M]. 哈尔滨:哈尔滨工业大学出版社，2007.

[37] 赵朦，李梅，白毛毛，王文海，吴怡婷，张百强. 高级氧化技术在印染废水处理中的研究进展 [J]. 应用化工，2023，52（06）：1884-1890.

[38] 周雨珺，吉庆华，胡承志，曲久辉. 电化学氧化水处理技术研究进展

[J]. 土木与环境工程学报(中英版)，2022，44（03）：104-118.

[39] 邹家庆. 工业废水处理技术 ［M］. 北京：化学工业出版社，2003.

## 思考题与习题

4-1　名词解释：混凝、渗透和反渗透、浓差极化、电渗析、膜通量。

4-2　自由沉淀、絮凝沉淀、拥挤沉淀和压缩沉淀四种沉淀方式各自有什么特点？它们之间有什么样的联系和区别？

4-3　请描述混凝过程的基本原理。

4-4　水中颗粒的密度为 $\rho_s = 2.6\ \text{g/cm}^3$，粒径 $d = 0.1\ \text{mm}$，求它在水温 15 ℃情况下的单颗粒沉淀速度。

4-5　非絮凝性悬浮颗粒在静止条件下的沉淀数据列于下表中。试确定理想式沉淀池过流率为 $1.8\ \text{m}^3/\text{m}^2\text{h}$ 时的悬浮颗粒去除率。试验用的沉淀柱取样口离水面 120 cm 和 240 cm。$\rho$ 表示在时间 $t$ 时由各个取样口取出的水样中悬浮物的浓度，$\rho_0$ 代表初始的悬浮物浓度。

| 时间 t/min | 0 | 15 | 30 | 45 | 60 | 90 | 180 |
| --- | --- | --- | --- | --- | --- | --- | --- |
| 120 cm 处的 $\rho/\rho_0$ | 1 | 0.96 | 0.81 | 0.62 | 0.46 | 0.23 | 0.06 |
| 240 cm 处的 $\rho/\rho_0$ | 1 | 0.99 | 0.97 | 0.93 | 0.86 | 0.70 | 0.32 |

4-6　生活污水悬浮物浓度 300 mg/L，静置沉淀实验所得资料如表所示。求沉淀效率为 65% 时的颗粒截留速度。

| 取样口离水面高度/m | 在下列时间(min)测定的悬浮物去除率/(%) | | | | | | |
| --- | --- | --- | --- | --- | --- | --- | --- |
| | 5 | 10 | 20 | 40 | 60 | 90 | 120 |
| 0.6 | 41 | 55 | 60 | 67 | 72 | 73 | 76 |
| 1.2 | 19 | 33 | 45 | 58 | 62 | 70 | 74 |
| 1.8 | 15 | 31 | 38 | 54 | 59 | 63 | 71 |

4-7　已知平流式沉淀池的长度 $L = 25\ \text{m}$，池宽 $B = 5\ \text{m}$，池深 $H = 2\ \text{m}$。今欲改装成斜板沉淀池，斜板水平间距 $x = 10\ \text{cm}$，斜板长度 $l = 1\ \text{m}$，倾角 60°。如不考虑斜板厚度当废水中悬浮颗粒的截留速度 $u_0 = 1\ \text{m/h}$ 时，改装后沉淀池的处理能力与原池相比提高多少倍？

4-8　已知污水设计流量为 $3000\ \text{m}^3/\text{h}$，悬浮固体浓度为 300 mg/L。设沉淀效率为 75%，表面水力负荷 $q_0 = 1.5\ \text{m}^3/(\text{m}^2 \cdot \text{h})$，沉淀时间 $t = 3\ \text{h}$。若采用两座辐流式沉淀池并联处理，请计算每座沉淀池直径、有效水深和一天(24 小时)的产泥量。

4-9　沉淀池表面负荷和颗粒截留速度有何关系？两者含义有何区别？

4-10　简述澄清池的工作原理。

4-11　水的软化有哪些方法？各自具有什么特点？

4-12　离子交换法在废水处理中有哪些应用？

4-13　简述吸附的原理和机制。现有的吸附等温线有哪几种？

4-14　常用的吸附剂有哪些类型？它们各自具有什么样的优点和缺点？

4-15　膜分离技术与常规水处理技术相比有什么特点？主要有哪些类型？

4-16　膜污染的成因是什么？常见的膜污染有哪几种类型？

4-17　高级氧化的基本特点、基本过程和这些过程的特点是什么？

4-18　简单描述超声氧化降解有机物的原理。

4-19　氯消毒的原理是什么？

利用微生物的代谢活动,对污水、废水以及受到污染的自然水体进行治理,使水环境工程对自然环境的保护能力得到了极大提升。生物化学处理方法能经济有效地分解人类生活和生产活动所产生的污染物,使城市化和工业化进程更稳健地快速发展,同时水环境工程的理论与技术也日益丰富和深化。

## 5.1 废水处理微生物学基础

### 5.1.1 废水处理系统中的微生物

地球上的微生物数量惊人、种类丰富,在不同的生态位各司其职,是生态系统中的分解者。效法自然河流与池塘中的微生物净化作用,人工建造的废水生物处理系统是地球上最大规模的微生物工程,人工富集、驯化与培养的环境工程微生物承担了污水和废水中大部分污染物的治理任务。

从微生物生长所需能源的类型看,有的能够直接利用光能,有的能够从化合物的氧化或还原过程中获得能量。从微生物生长所需碳源的类型看,有的只能从二氧化碳、碳酸氢盐、碳酸盐等无机物取得组成细胞的碳,被称为自养型微生物;有的则能从数量丰富的有机物取得碳而进行合成代谢,被称为异养型微生物。如此,根据营养类型,微生物被分为四种类型,即光能自养型(photoautotroph)、光能异养型(photoheterotroph)、化能自养型(chemoautotroph)以及化能异养型(chemoheterotroph),如表 5-1 所示。受人类生活污水和生产废水的性质决定,废水生物处理系统中的微生物以化能异养型为主,有的脱氮工艺单元培养了专门的化能自养型菌,而其他两种类型的微生物数量很少。

微生物通过呼吸作用进行分解代谢。根据底物氧化时脱下的氢和电子受体的不同,微生物的呼吸分为三种类型,以分子氧作为最终电子受体的,称为好氧呼吸

(aerobic respiration)；以无机氧化物（如 $NO_3^-$、$SO_4^{2-}$、$CO_2$ 等）作为最终电子受体的，称为厌氧呼吸（anaerobic respiration）；以未彻底氧化的有机物（如丙酮酸等）作为最终电子受体的，称为发酵（fermentation）。如此，根据呼吸类型，微生物被分为好氧、厌氧和兼性三类，如表 5-2 所示。在废水生物处理的不同技术单元中，好氧微生物主要生存于有分子氧供给的环境中；厌氧微生物主要生存于无氧或缺氧的环境中；而兼性微生物可以在上述两种环境中生存。

表 5-1　微生物的营养类型

| 营养类型 | 能源 | 氢/电子来源 | 碳源 | 典型微生物 |
|---|---|---|---|---|
| 光能自养型 | 光 | 无机物（如 $H_2O$、$H_2S$ 等） | $CO_2$ | 蓝细菌、紫硫细菌、绿硫细菌、藻类 |
| 光能异养型 | 光 | 简单有机物 | $CO_2$ 及简单有机物 | 紫色非硫细菌、绿色非硫细菌 |
| 化能自养型 | 无机物（如 $NH_4^+$、$NO_2^-$、$H_2$ 等） | 无机物（如 $NH_4^+$、$NO_2^-$、$H_2S$、$Fe^{2+}$ 等） | $CO_2$ | 硝化细菌、产甲烷菌、硫细菌、铁细菌、氢细菌 |
| 化能异养型 | 有机物 | 有机物 | 有机物 | 大多数非光合细菌、全部真核微生物 |

表 5-2　微生物的呼吸类型

| 呼吸类型 | 环境 | 生物氧化方式 | 典型微生物 |
|---|---|---|---|
| 好氧呼吸 | 有氧 | 有氧呼吸，有机化合物经彻底氧化，以分子氧作为最终电子受体，产生高能量 | 很多常见的细菌、放线菌、真菌 |
| 厌氧呼吸 | 缺氧、厌氧 | 无氧呼吸或发酵，有机化合物经彻底或者不彻底氧化，以无机氧化物作为最终电子受体，释放较少能量 | 梭状芽孢杆菌、产甲烷杆菌、乳酸菌、硝酸盐还原细菌等 |
| 发酵 | 有氧、厌氧 | 有氧时进行有氧呼吸；厌氧时进行发酵或无氧呼吸　在没有外源最终电子受体的条件下，以未彻底氧化的有机物作为最终电子受体，产生较少能量 | 酵母菌、醋杆菌等 |

　　废水生物处理工程可视作专为微生物开设的"盛宴"，污水为微生物生长和繁殖提供了所需的能量物质和碳、氮、磷及其他元素物质。处理反应器或构筑物内微生物大快朵颐的过程正是污水被不断净化的过程，由细菌、古菌、真菌、藻类、原生动物和小型后生动物等构成的微生物群落，是污水中各类污染物降解、转化和去除的承担者，其生物量、结构和功能既受到废水水质、处理工艺的影响，又决定了生物处理效率和出水水质。

自然界里细菌是最重要的污染物降解者。细菌是单细胞微生物,按形态可分为球菌、杆菌和螺旋菌等,球菌直径 $0.5\sim5.0\ \mu m$;杆菌长 $1.0\sim5.0\ \mu m$,宽 $0.5\sim2.0\ \mu m$;螺旋菌长 $6\sim15\ \mu m$,宽 $0.5\sim5\ \mu m$。大约 $10^{12}$ 个细菌的干重达到 $1\ g$,每克细菌细胞表面积大约 $12\ m^2$。从细菌物质组成比例看,碳、氮约占细胞质量的 $53\%$ 和 $12.4\%$,磷含量为氮质量的 $1/7\sim1/5$。细菌广泛生存于各种环境,大多数喜好温度为 $20\sim37\ ℃$、pH 为 $6\sim8$ 的温和条件。

废水生物处理构筑物中的细菌种类极其丰富(图 5-1),对降解污染物有重要贡献的有变形菌门(Proteobacteria)、拟杆菌门(Bacteroidates)、厚壁菌门(Firmicutes)、硝化螺旋菌门(Nitrospirae)等,丰度最高的变形菌门中有常见的产碱杆菌属(Alcaligenes)、假单胞菌属(Pseudomonas)、亚硝化单胞菌属(Nitrosomonas)等。很多细菌能利用多种有机物为能源和碳源,有些还能以含氮物质为能源和氮源,地球上的天然有机物大多可以被细菌降解;而对于人工合成的有机物,甚至是一些有毒、有害的异生物质(xenobiotics),细菌被适当驯化后也可以将其降解。

**图 5-1    废水好氧生物处理(生物膜法)中以细菌为主的微生物群落**

古菌在细胞形态、大小等方面与细菌相似,但两者的细胞壁、细胞膜组成和结构有很大差异,特别是通过分子生物学的研究,发现两者在遗传及进化特性上分属完全不同的谱系。古菌兴盛于地球上无氧、高温、出现简单碳水化合物的远古时代,至今很多自然环境中还生存着大量喜无氧、嗜热、嗜盐的古菌。在废水生物处理系统中已发现广古菌门(Euryarchaeota)、泉古菌门(Crenarchaeota)等古菌,例如,在厌氧生物处理反应器中,广古菌门的甲烷球菌(Methanococcus)、甲烷杆菌(Methanobacterium)、甲烷八叠球菌(Methanosarcina)等(图 5-2)可将乙酸转化为甲烷。

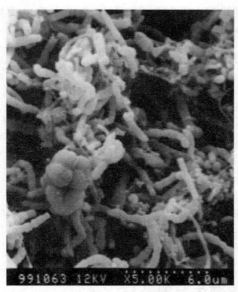

**图 5-2　污泥消化过程中以古菌为主的微生物群落**

真菌也是自然环境中一类重要的分解者,种类繁多。在废水生物处理系统中常见霉菌,它是腐生或寄生的丝状真菌,能够分解污水中碳水化合物、脂肪、蛋白质等污染物。大多数真菌是好氧菌,喜好温度 20～30 ℃、干燥、偏酸的环境,但在温度较低、pH 为 2～9 的更广泛环境中也可生长繁殖。真菌对氮素营养要求较低,约为细菌需氮量的一半。

藻类是单细胞或多细胞的具有光合作用的自养型真核微生物,是天然水体中有机物质的主要初级生产者,有时也出现在废水生物处理系统中。在自然水环境中,藻类释放氧气,对水质净化具有重要作用。然而,在受到氮、磷等营养物质污染的淡水环境,蓝藻门中微囊藻、鱼腥藻、束丝藻等过度生长,会产生藻华,危害水生物,影响供水水质;在出现富营养化的近海环境,海洋硅藻、甲藻等过度生长,会产生赤潮,危害渔业资源,破坏生态平衡。

在废水的好氧生物处理系统中,还经常出现原生动物和后生动物。原生动物是单细胞的异养真核微生物,形体比细菌大很多,通过运动觅食并消化食物,其食物主要是细菌;大多数原生动物喜好在温度为 15～25 ℃、pH6～8 的条件下生存,废水生物处理中常见的原生动物有肉足纲、鞭毛纲、纤毛纲、孢子纲等。后生动物是多细胞的异养真核微生物,也称水中微型动物,能摄食颗粒态有机物、细菌、藻类等;废水生物处理中常见的后生动物有轮虫、线虫等。

当处理系统运行良好时,原、后生动物是细菌的捕食者,可以控制细菌数量,降低污水浊度,一些特征物种(如钟虫、盖虫、轮虫等,图 5-3)的出现可以作为污水净化程度高的指示生物；但当处理系统运行不理想或水质出现异常时（如进水污染负荷过高、供氧量不足而导致 DO 过低），原、后生动物种类随之变化且数量下降，这种变化可起到警示的作用。

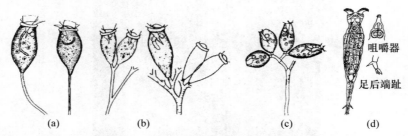

**图 5-3　废水好氧生物处理系统中常见的原生动物和后生动物**

原生动物：(a) 污钟虫和八钟虫；(b) 湖累枝虫（*Epistylis lacustris*）；(c) 微盘盖虫 D 后生动物：(d) 转轮虫

## 5.1.2　废水处理中微生物的特性

在废水生物处理过程中，细菌对污染物降解和最终去除的贡献最大，本节主要以细菌为例，简述其与废水处理相关的微生物学基本性质。其他微生物虽然在细胞结构、性状遗传、营养需求、代谢途径等多个方面不同于细菌，但大多数原核生物具有与细菌相近的微生物学特性。

### （一）微生物的组织结构

微生物虽小但"五脏俱全"，即使是微生物中的原核生物，其细胞中也有各种各样的结构。图 5-4 以革兰氏阳性细菌为例，显示了大部分原核生物的细胞结构，表5-3 概况了原核细胞结构的功能及其在废水处理中的作用。

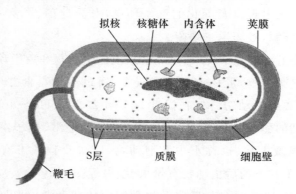

**图 5-4　革兰氏阳性细菌的形态示意**

为简化图示，图中仅画出了 S 层的一小部分表面蛋白，这些蛋白存在时会覆盖整个表面。

表 5-3　原核细胞结构的功能及其在废水处理中的作用

| 结构 | 基本功能 | 废水处理中的作用 |
|---|---|---|
| 质膜 | 选择性透过的屏障；细胞的机械界面；营养物质和废物的运输；许多代谢过程（如呼吸代谢、光合作用）的场所；对环境中存在的趋化因子进行探测 | 废水中污染物进入细胞，胞内代谢产物输出细胞，这些过程均对水质产生影响 |
| 气泡 | 在水环境中漂浮的浮力 | 使细胞浮于水中 |
| 核糖体 | 蛋白质合成 | |
| 内含体 | 碳、磷及其他物质的贮藏 | 聚磷菌以聚磷酸盐颗粒形式贮藏能量时，可过量摄取水中的磷，降低水体磷浓度 |
| 拟核 | 遗传物质（DNA）的定位 | |
| 周质空间 | 包含用于营养物质加工和摄取的水解酶和结合蛋白 | 水解酶可将废水中大分子有机物分解为小分子，再顺利进入细胞 |
| 细胞壁 | 赋予细胞形状，并保护其在低渗溶液中不会裂解 | |
| 荚膜和黏液层 | 抵抗噬菌体和裂解；使细胞吸附于某些表面 | 细胞保护机制，具有荚膜的细胞可抵抗消毒剂 |
| 菌毛和性毛 | 表面黏附作用；细胞间交配 | 辅助细胞在表面的黏附；辅助细胞间的接合作用 |
| 鞭毛 | 运动 | 在水中运动 |
| 芽孢 | 在不良环境条件下存活 | 细胞抵抗恶劣生境（如高温、干燥、紫外辐射、化学消毒剂等）的一种生存方式 |

## （二）微生物的遗传特性

作为生态系统中的分解者，微生物的各种性状与功能也是在漫长的进化史中逐渐形成，并一代代遗传和演化至今的。生物遗传信息的储存、复制和转录通常在细胞核。但与真核生物的一个重要区别是，原核生物没有真正的细胞核，其染色体定位于一个形状不规则的核质区，称为拟核（nucleoid）。拟核由约 60%、30% 和 10% 质量比的脱氧核糖核酸（简称 DNA）、核糖核酸（简称 RNA）和蛋白质组成。一般情况下细菌只含有一条染色体，染色体 DNA 是一条分子量在 $10^9$ 左右的共价、闭合双链分子，其上有遗传效应的 DNA 片段，即为基因（gene）。通常生物的遗传信息由 DNA 通过 RNA 传向蛋白质。

染色体 DNA 携带了细菌绝大多数的遗传信息，如调控细胞基本生命活动的持家基因（house-keeping gene），它们所调控的代谢活动可使环境中的许多有机物、氮磷营养物质等被细菌利用、分解和矿化；又如针对环境中新兴有机污染物的降解基因（degradation gene），它们所表达的酶活性甚至可使一些细菌对有毒有害污染物具有强大的降解与转化能力。在染色体外，很多细菌还有另外一种遗传因子——质粒（plasmid），它所含有的 DNA 和功能基因可使细菌具有抗药性、形成新的代谢和降解能力、产生致病性等特性，有利于细菌在特殊的环境条件下生存。

细菌细胞繁殖主要为无性二分裂方式。当细菌处于指数生长期时，其细胞分裂一次所需要的平均时间称为代时或世代期（generation time 或 doubling time），这也是该菌种数量或其生物量增加 1 倍所需的平均时间。代时短的如大肠杆菌每 20～30 min 繁殖一代，长的如硝化细菌需要 40～60 h 才能繁殖一代。除了无性繁殖方式，细菌还有一种特殊的有性生殖方式，通过接合质粒从供体菌向受体菌发生的接合作用（bacterial conjugation）而进行基因重组，接合甚至可以发生在不同物种的细胞之间，因而扩大了细菌群体间的基因转移。

### （三）微生物的酶

与其他生物一样，微生物通过基因所调控的酶决定着代谢中的生化反应路径，进而决定其生物性状。酶是一种蛋白质催化剂，具有高度专一性，即一种酶只对一类反应产生催化作用。酶的催化作用能降低生化反应的活化能，从而提高生化反应速率，使生物体在环境温度下获得足够生存的能量与物质。

微生物酶的种类很多，均在细胞内合成，但其活动部位不同，因而有胞外酶和胞内酶的区分。按国际生物化学学会的分类法，酶可分为六大类：氧化还原酶、转移酶、水解酶、裂解酶、异构酶和合成酶。它们催化的反应主要有水解、氧化和合成三种。

在废水生物处理过程中，微生物的水解酶和氧化还原酶对污染物的去除发挥着关键作用。当水中污染物和细胞合成需要的基质不能直接进入细胞时，胞外水解酶可将复杂的、不溶性的有机物水解为简单的可溶性物质，使之能够透过细胞壁和细胞膜；被摄入细胞的物质，有机物降解的起始阶段通常需要氧化还原酶的参与，氮素的转化也需要较多氧化还原酶参与其中。在实际工程中，为了加强对某类难降解污染物的转化和去除，可以在生物反应器内培养具有特定基因（即编码特定酶）的功能微生物，或者向生物反应器投加功能菌剂或酶制剂，同时为这些功能菌和酶提供适宜的环境条件。

酶保持高活性需要一定的环境条件。对酶的活性影响最大的因子之一是其作用的底物浓度，其他敏感环境因子有温度、pH、渗透压和某些离子等。每一种酶都有其最适宜的环境条件范围,普通细菌的酶的最适温度为 20～37 ℃,高于 40 ℃ 或低于 15 ℃时酶的活性就大幅度降低;普通细菌的酶的适宜 pH 为 4～9,最适 pH 为 6～8;某些离子的存在可影响大多数细菌的酶的活性,如 $PO_4^{3-}$、$Mg^{2+}$、$Ca^{2+}$ 等能激活一些酶,而重金属离子能使很多酶失活。但是在自然界的一些特殊和极端环境中,嗜冷菌和嗜热菌可分别在低温和高温条件下保持酶活,嗜酸菌可在强酸水体中生存,嗜盐菌可在高盐、高渗透压环境中生存,这些独特的细菌是对特殊废水进行生物处理的宝贵资源。

### (四) 微生物的代谢

与其他生物一样,微生物的新陈代谢(metabolism)是其维持生命活动的一系列有序化学反应。通常被分为两类:分解代谢(catabolism,也称为异化作用),是微生物分解自身细胞的部分组成物质,释放出其中的能量,并且把分解的终产物排出体外的过程;合成代谢(anabolism,也称为同化作用),是微生物把从外界环境中获取的营养物质转变成自身细胞的组成物质,并且储存能量的过程。图 3-2 为异养菌代谢过程示意。

与表 5-2 对照,根据分解代谢过程中电子受体的不同,微生物新陈代谢的基本类型可分为发酵、好氧呼吸和厌氧呼吸三种。微生物分解代谢在营养物多样性和产生有效能量的机理方面是非常独特的,这是其成为地球上的分解者的基础。在分解代谢中,为了更有效地利用酶的催化功能,各种营养物汇集到少数几条公共途径分解,其中三羧酸循环是物质好氧氧化成 $CO_2$ 的最终途径。

与表 5-1 对照,根据合成代谢过程中碳源的不同,微生物新陈代谢又可分为自养型、异养型和兼性营养型三种。生物体最常见的贮能化合物是腺嘌呤核苷三磷酸(ATP):在 ATP 水解酶作用下,ATP 水解失去一个磷酸根,产生腺嘌呤核苷二磷酸(ADP)并释放能量,能量可被微生物用于新细胞合成及维持生命活动;而在 ATP 合成酶作用下,ADP 接受能量,并与一个磷酸根结合转化成 ATP。

微生物就是这样不断地从外界环境中摄取营养物质,满足自身生长和繁殖对物质和能量的需要,并且不断地向外界环境排出其代谢产物,从而完成新陈代谢的过程。需要说明的是:微生物自身细胞物质也可以被分解,并产生能量,这一过程称为内源呼吸。当外界环境条件不佳,特别是营养物质匮乏时,微生物的内源呼吸可能成为能量供给的主要方式。

## 5.1.3　微生物生长动力学过程

　　废水生物处理需要在反应器中培养出数量大、活性高的微生物。本节主要以细菌为例,介绍静态培养过程的细菌群体生长规律、微生物生长动力学过程以及同步的基质降解动力学过程。

### (一) 细菌生长曲线

　　将少量纯菌接种到一个无进出水、盛有一定体积液体培养基的容器中,在适宜的温度、溶解氧、pH 等环境条件下进行一批次培养(batch culture),定时取样测定细菌细胞数量。以细胞数量的对数为纵坐标,以培养时间为横坐标,可以绘制如图 5-6 所示的一条曲线,这条曲线称为细菌生长曲线。

　　细菌生长曲线反映出细菌的生长繁殖过程具有明显不同的四个阶段:

　　第 1 阶段,迟缓期(lag phase),也称调整期。细菌接种至培养基后,对新环境有一个短暂适应时期,调整时间因接种菌自身状况和培养基性质不同而异。迟缓期细菌虽然繁殖极少,但代谢活动开始为其分裂增殖、物质合成和能量储备做准备。

　　第 2 阶段,对数增长期(logarithmic phase),也称指数期。细菌在完全适应环境后,由培养基提供的碳、氮、无机盐及生长因子等营养物质超过其需要量,因而其生长不受营养限制,能够以每间隔一个代时就增加 1 倍数量的速率进行生长和繁殖。在批次培养中,对数增长期历时因细菌代时、培养基条件不同而持续几小时至几天不等。对数增长期细菌的形态、活性、敏感性大多处于良好一致的典型状态。

　　第 3 阶段,减速增长期,也称稳定期(stationary phase)。细菌经过极速增长后,在培养基营养物质被大量消耗、细胞代谢的毒性产物(如有机酸、氧化性自由基等)不断积累、pH 逐渐下降等多种不利因素影响下,细菌繁殖渐趋减速,而细菌死亡渐趋加速,两者趋于平衡,减速增长期细菌生物量达到最高水平且相对平稳。对于废水生物处理,此其间众多污染物去除量也达到最高水平,厌氧发酵产物积累量也达到最高峰,因此将处理工艺稳定在减速增长期对于工程实践具有重要意义。但是在表观平稳的群体内部,细菌个体在形态、活性、耐受性等方面存在较大差异,减速增长期可产生一些重要的次级代谢产物(如外毒素、内毒素、抗生素),细胞内积累贮藏物质(如肝糖粒、脂肪粒、聚磷等),多数芽孢细菌形成芽孢等。

　　第 4 阶段,内源呼吸期,也称衰亡期(decline phase)。随着营养物质被消耗殆尽,细菌繁殖越来越慢,死亡数量加速增多,存活的细菌被迫利用自身细胞物质进行代谢,生物量不断减少。内源呼吸期细菌的形态变形,生长代谢活动趋于停滞。

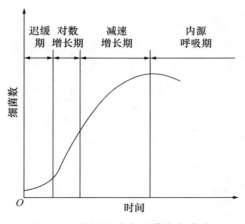

图 5-5　封闭系统中细菌生长曲线

　　上述细菌生长曲线是在营养物质没有补给的封闭系统中得到的。需要说明的是,废水生物处理系统是开放系统,在有连续进水、排水的动态工艺过程中,包括细菌在内的微生物可源源不断地接触到营养物质,通过工艺参数优化可将生物反应器内的生物量稳定在减速增长期,而调节工艺参数也可将微生物保持在对数增长期或内源呼吸期,以满足处理工程对某种功能的需求。

### (二) 微生物生长动力学

　　20 世纪 40 年代初,现代细胞生长动力学奠基人 Monod 在观察纯菌在单一基质中的生长规律后,提出了类似描述酶促反应的米-门(Michaelis-Menten)方程的 Monod 方程:

$$\mu = \frac{\mu_m S}{k_s + S} \tag{5-1}$$

式中,$\mu$—细菌的比增长速率,即单位生物量的增长速率,$d^{-1}$,$\mu = (dX/dt)/X$,其中 $X$ 为菌浓度;$\mu_m$—在饱和浓度中细菌的最大比增长速率,$d^{-1}$;$k_s$—半饱和常数,其值为 $\mu = \mu_{max}/2$ 时的基质浓度,mg/L;$S$—限制细菌生长的基质浓度,mg/L。

　　拓宽 Monod 方程所描述的相互作用的二者:纯菌扩展至混合菌,单一基质扩展至混合基质,通过实验研究,发现 Monod 方程依然可以很好地描述微生物生长过程。因此 Monod 方程被广泛应用于废水生物处理,被用来描述反应器内微生物生长的动力学过程,如图 5-6 所示。

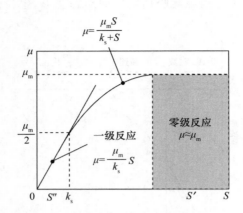

**图 5-6　微生物比增长速率与基质浓度的关系**

当基质浓度 $S \gg k_s$ 时，Monod 方程可简化为

$$\mu = \frac{\mathrm{d}X/\mathrm{d}t}{X} = \mu_\mathrm{m} \tag{5-2}$$

故

$$\mathrm{d}X/\mathrm{d}t = \mu_\mathrm{m} X = k_0 X \tag{5-3}$$

在对数增长期，微生物保持最大比增长速率 $\mu_\mathrm{m}$ 生长，增长速率与基质浓度无关，只受自身生理机能限制，增长过程呈零级反应规律。式(5-3)中，$k_0$ 即 $\mu_\mathrm{m}$，对数增长期的速率常数，$\mathrm{d}^{-1}$；如高负荷活性污泥法，利用快速生长的异养菌(以反应器中混合液悬浮固体 MLSS 为指标)迅速吸收有机物(以废水 BOD 为指标)，$k_0$ 通常为 $2 \sim 7\ \mathrm{d}^{-1}$。

当基质浓度 $S \ll k_s$ 时，Monod 方程可简化为

$$\mu = \frac{\mathrm{d}X/\mathrm{d}t}{X} = \frac{\mu_\mathrm{m} S}{k_s} \tag{5-4}$$

故

$$\mathrm{d}X/\mathrm{d}t = \frac{\mu_\mathrm{m}}{k_s} XS = k_1 XS \tag{5-5}$$

在减速增长期，微生物增长速率与基质浓度、微生物浓度均成正比，增长过程呈一级反应规律。式(5-5)中，$k_1$ 为减速增长期的速率常数，也称为降解常数，$\mathrm{L}/(\mathrm{mg} \cdot \mathrm{d})$；如普通活性污泥法，利用大量异养菌(以 MLSS 为指标)降解有机物(以废水 BOD 为指标)，$k_1$ 通常为 $0.003 \sim 0.02\ \mathrm{L}/(\mathrm{mg} \cdot \mathrm{d})$。

在实际废水处理系统中，微生物群体内存在处于各个生长阶段的菌。式(5-1)描述了处于对数生长期和减速增长期的微生物生长动力学过程，但由于某种营养缺乏、环境压力等诱因，系统中总有部分菌处于内源呼吸期。可认为内源代谢速率与

微生物浓度成正比,因此若将内源代谢对生物量的消耗考虑进来,微生物的净增长速率为

$$\frac{\mathrm{d}X}{\mathrm{d}t} = \frac{k_0 XS}{k_s + S} - k_d X \tag{5-6}$$

式中,$k_d$——内源衰减系数,$d^{-1}$;如普通活性污泥法,$k_d$ 通常为 $0.04 \sim 0.075\ \mathrm{d}^{-1}$,平均为 $0.06\ \mathrm{d}^{-1}$。

### (三)基质降解动力学

在废水处理过程中,工程师们更加关注污染物的去除,基质降解过程与微生物增长过程同步,是此消彼长的动力学过程。以废水好氧生物处理为例,微生物利用有机物基质时,只有一部分基质转化为细胞物质,另一部分则氧化分解为无机和有机的最终产物。对于给定的基质,转化为细胞物质的基质比例可认为是一定的,因此基质降解速率和微生物增长速率之间有以下关系:

$$\frac{\mathrm{d}X}{\mathrm{d}t} = -Y \frac{\mathrm{d}S}{\mathrm{d}t} \tag{5-7}$$

或

$$\frac{\mathrm{d}X}{\mathrm{d}t} = -Y \frac{\mathrm{d}S}{\mathrm{d}t} - k_d X \tag{5-8}$$

式中,$Y$——降解单位质量基质所产生的微生物质量,称为产率系数,mg 微生物/mg 基质。将式(5-7)代入式(5-1),得到基质比降解速率的表达式:

$$\frac{\mathrm{d}S}{\mathrm{d}t} = \frac{\mu_m XS}{Y(k_s + S)} \tag{5-9}$$

# 5.2  好氧悬浮生长处理技术

生活污水和工业废水中含有大量溶解性污染物,如碳水化合物、蛋白质、油脂、尿素等有机物以及含氮、磷和其他元素的无机物,其中很多有机物属于可以 BOD 表征的耗氧有机污染物,在有氧条件下它们可被氧化分解为简单无机物,好氧微生物通过酶的作用可以在常温常压下实现这一过程。若微生物群落在废水处理系统中处于悬浮生长的状态,则称为好氧悬浮生长处理技术,由于悬浮生长的微生物群落被通俗地称为"活性污泥(activated sludge)",这一技术也称为活性污泥法。

### 专栏 5-1    活性污泥法的诞生

1673 年，当荷兰的列文虎克（Van Leeuwenhoek）在自制的显微镜下观察到"微小的生物体"时，人类才第一次知道了微生物的存在。此后 200 多年里，人类不断认识着微生物，一方面对能够引起严重疾病的微生物进行阻遏和消杀，另一方面对能够合成有用物质的微生物进行培养和利用。而对于微生物的"特长"——分解作用，直到 19 世纪末、20 世纪初才开始关注和加以利用。

进入 19 世纪，第一次工业革命的诞生地——英国城市化发展迅速，但也面临日益严重的水污染形势。当时欧洲对生活污水和工业废水仅有简单的截留、混凝、沉淀、过滤等处理技术，无法保护河流等水生态系统，更无法保障城市供水的安全，污染反复导致了水源性瘟疫的大流行。英国于 1898 年成立污水处理皇家委员会，该委员会积极推动污水的排放标准制定和处理技术研究，1908 年提出了沿用至今的五日 BOD 测试方法，1912 年推出了"30∶20＋完全硝化"的出水标准，即污水处理后应达到 SS 30 mg/L、BOD 20 mg/L、氨氮被氧化为硝态氮的排放标准，但当时在英国比较普及的生物滤池技术也无法达到这一标准，这对污水处理技术提出了巨大挑战。

在这样的时代背景下，欧美科学家们积极探索各种提高污水处理效率的新方法。1912 年，英国曼彻斯特大学化学系的福勒（Gilbert Fowler）教授到美国参观马萨诸塞州的 Lawrence 试验站，看到试验站正在对市政污水进行曝气试验，数周后污水可变清；福勒回到英国后，建议曼彻斯特 Davyhulme 污水处理厂的化学工程师阿登和洛克特开展污水曝气试验。

1913 年，阿登和洛克特开始对曼彻斯特的生活污水进行曝气小试试验，经过长达 6 周的曝气，水质方可达到皇家委员会提出的排放标准；在非常关键的下一步，他们将容器里新生的污泥留存，将上清液排出，再加入新的污水，开始重新曝气；如此不断积累污泥，排出上清液，添加新的污水，不断缩短硝化时间，直到在 24 小时内将污水处理达标。小试试验成功后，阿登和洛克特在污水处理厂开展了序批式曝气中试试验，处理构筑物内悬浮生长的微生物群落呈现泥花状，能够吸附和降解污水中绝大部分溶解性和胶体有机物，氧化氨氮为硝态氮，中试试验获得预期的成功。1914 年他们在英国化学工业学会上宣读了论文《无须滤池的污水氧化试验》，文中首次在提出了"活性污泥"（activated sludge）的概念，这一年污水好氧处理的活性污泥法正式诞生。

1916 年，世界第一座活性污泥法污水处理厂在英国曼彻斯特建立；此后，世界各国迅速开展活性污泥法的技术研究,在美国、丹麦、德国、印度、南非、澳大利亚等地陆续建设了污水处理工程;我国第一座城市污水处理厂——上海北区污水处理厂于 1923 年在上海英租界建成,处理能力为 3500 $m^3/d$。至 19 世纪 30 年代后期,活性污泥法已经成为世界上最主要的污水处理方法;直至今日,活性污泥法及其衍生改良工艺因其处理效率高、经济投入低、运行稳定,仍然是市政污水和工业废水处理中应用最广泛的方法。

## 5.2.1 活性污泥法的基本原理

活性污泥,特指在污水处理反应器中通过持续通入空气而培养起来的含有大量微生物的污泥,主要由黄褐色、带有潮湿土腥气味的絮凝体组成,这些絮凝体也称为菌胶团。活性污泥在水紊动时悬浮于水中,在水静止时易于沉淀分离。在显微镜下观察成熟的活性污泥,在污物颗粒、胶体及分泌物中可见大量细菌以及真菌、原生动物和后生动物,它们组成了一个独特的微生物群落(图 5-7),以污水处理系统为其生存环境,以污水中的有机物、氮、磷等为其生长和繁殖的营养。正是通过微生物的新陈代谢活动,污水才得以净化。

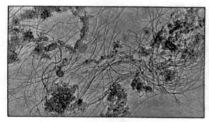
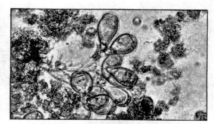

(a) 异常膨胀的污泥　　　　(b) 正常状态的活性污泥

**图 5-7　显微镜下的活性污泥**

### (一)普通活性污泥法的基本流程

活性污泥法被发明之后,与已有的物理和物化处理法衔接,形成经典的污水两级处理工艺,其中第一级为包括格栅、沉砂、沉淀等技术的预处理系统,第二级则为活性污泥法的生物处理系统。污水二级处理工艺具有广泛适用性,能够处理生活污水、农业和养殖废水以及大多数工业废水。

普通活性污泥法的主要构筑物有曝气池和二沉池,其基本流程如图 5-8 所示,这部分是污水二级处理工艺中核心的第二级。在该系统的启动阶段,需要向曝气池中接种活性污泥,工程师既可以从其他正在运行中的污水处理厂获取剩余污泥作为种泥;也可以对本厂污水进行闷曝,培养和富集微生物而获得足够量的种泥。

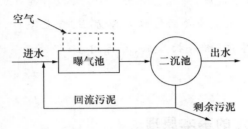

图 5-8 普通活性污泥的基本流程

活性污泥法的曝气池是微生物对污染物进行降解、转化和去除的大反应器,由于水力推动和持续导入空气,全池内由污水和活性污泥构成的悬浮混合液中,微生物与污染物以及溶解氧可充分混合接触。经过一定反应时间后,曝气池的悬浮混合液流入二沉池,活性污泥与水重力分离,澄清的上清液形成出水,可直接排放;沉淀于池底的污泥大部分返回曝气池,继续参与污水处理,其余污泥作为剩余污泥从系统中排出。

上述基本流程中,曝气池的进水是经过第一级的物理和物化方法处理后的污水,其中的悬浮物浓度大幅度降低,使微生物主要作用于溶解态污染物;二沉池的出水可直接排放到自然水体,但若出水不能达到排放标准或回用标准,则需要再增加第三级的深度处理系统,通常选用混凝、沉淀、过滤、高级氧化、吸附等技术进一步去除二级出水中残留的污染物。对于核心的曝气池单元,其工艺参数为活性污泥微生物提供适宜的环境条件,使其保持活性且不断增殖,但是增多的剩余污泥需要定期排出,以维持系统平衡和稳定,剩余污泥将进入污泥处理系统,经过浓缩、脱水等处理后最终填埋或焚烧。

### (二)活性污泥法的净化过程与机理

活性污泥去除水中有机物,主要经历了三个阶段:

(1)初期快速吸附阶段

活性污泥具有较大的比表面积,且细菌细胞向胞外分泌含有多糖、蛋白质和核酸等的聚合物(即 extracellular polymeric substances,EPS),使污水与活性污泥接触后,水中悬浮物、胶体物质、溶解性物质被活性污泥絮凝和吸附,SS 和 BOD 浓度迅速降低。活性污泥初期的吸附能力受到曝气池中污泥浓度和活性的影响。

（2）中期缓慢氧化阶段

在溶解氧充足的条件下，微生物将吸附的有机物等污染物摄入细胞内，一部分氧化分解获得能量，另一部分合成新细胞。无论是分解代谢还是合成代谢，都将污水中的有机物从水相去除，其中分解代谢是将有机物分解为小分子无机物；合成代谢是将有机物转化为细胞物质，合成的细胞易于絮凝沉淀，从而可与水分离。

（3）末期絮凝沉淀阶段

活性污泥中各类微生物细胞及其分泌物、裹挟的颗粒物等絮凝形成絮凝体，通过重力沉淀从水中分离，污水最终得到净化。

活性污泥对污染物的吸附性能、代谢速率及自身增长速率与微生物的生长期（图 5-6）密切相关。在对数增长期，微生物细胞活性强，有机物被氧化分解和转化为新细胞的速率最大，但活性污泥絮体的沉淀性较差；在减速增长期，微生物量增至最大，有机物去除速率与残存有机物浓度大致呈一级反应动力学关系，速率虽有所降低，但污泥易絮凝，沉淀性好；在内源呼吸期，有机物等污染物逐渐耗尽，大量微生物开始消耗自身细胞物质，污泥量减少，其絮凝性和沉淀性均较好，由于微生物处于饥饿状态，当再接触到污水时就表现出很强的吸附性能。

**（三）影响活性污泥增长的环境因素**

活性污泥法是对污水和污物自然净化过程的人工强化。要充分发挥活性污泥微生物的代谢作用，就必须提供有利于微生物生长繁殖的环境条件。影响活性污泥法效果的主要环境因素有：

（1）溶解氧

活性污泥法是好氧生物处理法。氧是好氧微生物生存的必要条件，曝气池主体混合液中 DO 浓度应大于 $2 \, mg/L$。如果供氧不足，微生物代谢过程将受到抑制，继而群落组成发生改变，严重时原优势细菌大量消失，而丝状菌等耐低 DO 环境的真菌滋长［如图 5-8（a）所示］，使污泥不易沉淀，这种现象称为污泥膨胀。

（2）营养物

微生物生长繁殖需要多种营养物。碳元素的需要量一般以 BOD 负荷表示，它直接影响到污泥的增长、有机物降解速率、需氧量和污泥沉淀性能。活性污泥浓度常以混合液悬浮固体（mixed liquid suspended solid，MLSS）表示，则一般活性污泥法的 BOD 污泥负荷约为 $0.3 \, kg \, BOD/(kg \, MLSS \cdot d)$；而高负荷活性污泥法的 BOD 负荷可高达 $2.0 \, kg \, BOD/(kg \, MLSS \cdot d)$。微生物生长繁殖还需要氮、磷、硫、钾、镁、钙、铁以及其他多种微量元素。对于处理生活污水的普通微生物,其对碳、氮、磷需要量的比例大致为 $BOD_5$ : TN : TP = 100 : 5 : 1。

（3）温度

由于微生物酶的活性有最适温度范围,活性污泥法的运行温度应控制在 15～35℃。一般露天建设的污水处理厂在冬季运行的处理效率远低于夏季,有时需要考虑保温和增温措施。

（4）pH

同样受微生物酶的影响,活性泥泥法的混合液 pH 应控制在 6.5～9.0,一般的生活污水、农业及养殖业废水可以满足此条件,但有的工业废水需要调节 pH 至中性范围,方可进入生物处理系统。

（5）其他因素

污水中若含有对微生物有抑制、有毒、有害的物质,应在第一级处理系统或以其他预处理技术降低其浓度,甚至完全去除,再使用活性污泥法。这些抑制或毒害物质包括重金属、氰化物、$H_2S$、卤族元素及其化合物等无机物以及酚、醇、醛、石油烃、染料、洗涤剂、抗生素等有机物。

需要说明的是,对于普通微生物有抑制作用或毒害作用的一些难降解有机物,以驯化、富集和筛选等方法,可获得特异性的高效降解菌。如此,通过对活性污泥驯化和外投高效降解菌,可调节和改造活性污泥的微生物群落,实现难降解有机废水的好氧生物处理。

**（四）活性污泥的评价指标**

活性污泥是由细菌、真菌、放线菌、原生动物及少量后生动物等种群组成的一个污水微生物群落。在性能良好的活性污泥中,优势微生物主要有变形菌门（Proteobacteria）、拟杆菌门（Bacteroidetes）等的细菌以及固着型纤毛纲原生动物（如图 5-3 所示的钟虫、盖虫和枝虫等）。评价活性污泥性能时,除了进行生物相观察,还可检测以下指标:

（1）混合液悬浮固体

混合液悬浮固体（MLSS）是单位体积曝气池中污水与活性污泥混合液的悬浮固体质量,单位为 mg/L,这是衡量曝气池中活性污泥浓度的一个重要指标。MLSS 包括了活的微生物（Ma）、微生物自身氧化的残留物（Me）、吸附于污泥上未被降解的有机物（Mi）及无机物（Mii）四个部分的量。一般城市污水处理厂的曝气池中

MLSS 为 2～6 g/L。

（2）混合液挥发性悬浮固体

混合液挥发性悬浮固体（mixed liquid volatile suspended solid，MLVSS）是单位体积曝气池中泥水混合液的挥发性悬浮固体质量，单位为 mg/L。与 MLSS 相比，MLVSS 不包含无机物（Mii）的量，更接近于活性污泥微生物的浓度。

（3）污泥沉淀比

污泥沉淀比（sludge settling velocity，SV）是曝气池泥水混合液在 100 mL 量筒中静置沉淀 30 min 后，沉淀污泥占混合液的体积分数，单位为％。SV 可及时反映曝气池运行时的污泥量，用来控制剩余污泥的排放，还能反映出污泥膨胀等异常情况。一般城市污水处理厂的正常 SV 值为 20％～30％。

（4）污泥指数

污泥指数（SVI）是曝气池出口处泥水混合液经 30 min 沉淀后，单位质量干污泥所占的容积，单位为 mL/g。计算式如下：

$$SVI = \frac{SV\% \times 10}{MLSS} \tag{5-10}$$

SVI 值能较好地反映活性污泥的松散程度和絮凝沉淀性能。对于城市污水，SVI 一般为 50～150。SVI 过低，说明污泥颗粒细小紧密，无机物多，缺乏活性和吸附能力；SVI 过高，说明污泥难于沉淀分离，甚至发生污染膨胀。

## 5.2.2　活性污泥法的动力学模型与工艺参数

普通活性污泥法是有连续进、出水的开放性处理系统。按照污水在曝气池中的流动状态，可将其分为完全混合式和推流式两种。

### （一）活性污泥法建模的基本假设

当活性污泥处理系统稳定运行时，可假设完全混合式曝气池内物料充分混合，而推流式曝气池内物料在垂直于水流的断面上充分混合，但沿着水流方向不发生混合；同时假设活性污泥在二沉池中没有活性，即不再对污染物进行代谢，泥水混合液在二沉池内进行充分的固液分离。如此，两种处理流程中流量、污染物和微生物的情况见图 5-9 和图 5-10。

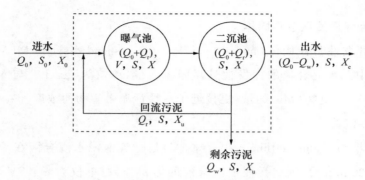

**图 5-9　完全混合式活性污泥法的基本流程**

系统进水的流量为 $Q_0$（$m^3/d$），污染物（BOD）浓度为 $S_0$（$kg/m^3$），微生物（MLSS）浓度为 $X_0$（$kg/m^3$）；

曝气池的有效容积为 $V$（$m^3$），混合液流量为（$Q_0+Q_r$）（$m^3/d$），BOD 浓度为 $S$（$kg/m^3$），MLSS 浓度为 $X$（$kg/m^3$），其中 $S$ 和 $X$ 全池为均一值；

二沉池的流量为（$Q_0+Q_r$）（$m^3/d$），BOD 浓度为 $S$（$kg/m^3$），MLSS 浓度为 $X$（$kg/m^3$）；

回流污泥的流量为 $Q_r$（$m^3/d$），BOD 浓度为 $S$（$kg/m^3$），MLSS 浓度为 $X_u$（$kg/m^3$）；

剩余污泥的流量为 $Q_w$（$m^3/d$），BOD 浓度为 $S$（$kg/m^3$），MLSS 浓度为 $X_u$（$kg/m^3$）；

系统出水的流量为（$Q_0-Q_w$）（$m^3/d$），BOD 浓度为 $S$（$kg/m^3$），MLSS 浓度为 $X_e$（$kg/m^3$）。

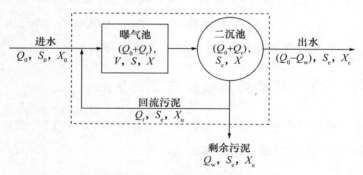

**图 5-10　推流式活性污泥法的基本流程**

系统进水的流量为 $Q_0$（$m^3/d$），污染物（BOD）浓度为 $S_0$（$kg/m^3$），微生物（MLSS）浓度为 $X_0$（$kg/m^3$）；

曝气池的有效容积为 $V$（$m^3$），混合液流量为（$Q_0+Q_r$）（$m^3/d$），BOD 浓度为 $S$（$kg/m^3$），MLSS 浓度为 $X$（$kg/m^3$），其中 $S$ 和 $X$ 沿程有不同值；

二沉池的流量为（$Q_0+Q_r$）（$m^3/d$），BOD 浓度为 $S_e$（$kg/m^3$），MLSS 浓度为 $X$（$kg/m^3$）；

回流污泥的流量为 $Q_r$（$m^3/d$），BOD 浓度为 $S_e$（$kg/m^3$），MLSS 浓度为 $X_u$（$kg/m^3$）；

剩余污泥的流量为 $Q_w$（$m^3/d$），BOD 浓度为 $S_e$（$kg/m^3$），MLSS 浓度为 $X_u$（$kg/m^3$）；

系统出水的流量为（$Q_0-Q_w$）（$m^3/d$），BOD 浓度为 $S_e$（$kg/m^3$），MLSS 浓度为 $X_e$（$kg/m^3$）。

基于上述假设，对于完全混合式活性污泥法，进水和回流污泥在进入曝气池后迅速与池中混合液完全混合,使池中污染物、活性污泥菌胶团、溶解氧等均匀分布,污染物被迅速稀释、吸附和吸收、降解和转化,理论上曝气池中污染物浓度为其最终的二沉池出水浓度。对于推流式活性污泥法,情况则比较复杂,进水和回流污泥进入曝气池后,沿着推流方向与池中混合液逐渐混合,污染物被逐步稀释、吸附和吸收、降解和转化,其浓度和物质组成沿程有变化;与之相应地,活性污泥菌胶团的浓度和微生物物种组成沿程也有变化;而溶解氧受曝气系统设计的影响,一般在曝气池中分布较为均匀。

**（二）完全混合式活性污泥法的动力学模型**

在完全混合式活性污泥法运行稳定时,根据质量守恒原理,分别对污染物(主要为有机物,以 BOD 表示)和微生物(以 MLSS 表示)建立系统内的物质平衡方程:

(1) 进入系统的微生物量＋系统内增长的微生物量＝流出系统的微生物量

其中进入系统的微生物量＝$Q_0 X_0$;系统内增长的微生物量＝$V\dfrac{\mathrm{d}x}{\mathrm{d}t}$,将式(5-6)代入,则该项＝$V\left(\dfrac{k_0 XS}{k_s + S} - k_d X\right)$;流出系统的微生物量＝$(Q_0 - Q_w)X_e + Q_w X_u$。因此:

$$Q_0 X_0 + V\left(\frac{k_0 XS}{k_s + S} - k_d X\right) = (Q_0 - Q_w)X_e + Q_w X_u \tag{5-11}$$

考虑到一级处理可将污水中的悬浮物有效去除,相比于曝气池的 MLSS 浓度,进水的 SS 浓度可忽略不计,即 $X_0 \approx 0$;另外,二沉池可有效分离固液两相,出水的 SS 浓度也忽略不计,即 $X_e \approx 0$。因此整理得到:

$$\frac{k_0 S}{k_s + S} = \frac{Q_w X_u}{VX} + k_d \tag{5-12}$$

(2) 进入系统的有机物量－系统内去除的有机物量＝流出系统的有机物量

其中进入系统的有机物量＝$Q_0 S_0$;系统内去除的有机物量＝$V\dfrac{\mathrm{d}S}{\mathrm{d}t}$,将式(5-9)代入,则该项＝$V\dfrac{k_0 XS}{Y(k_s + S)}$;流出系统的有机物量＝$(Q_0 - Q_w)S + Q_w S$。因此:

$$Q_0 S_0 - V\frac{k_0 XS}{Y(k_s + S)} = (Q_0 - Q_w)S + Q_w S \tag{5-13}$$

整理得到:

$$\frac{k_0 S}{k_s + S} = \frac{YQ_0}{VX}(S_0 - S) \tag{5-14}$$

由式(5-12)和式(5-14)可得

$$\frac{Q_w X_u}{VX} = \frac{YQ_0}{VX}(S_0 - S) - k_d \tag{5-15}$$

式(5-11)至式(5-15)中的 $k_0$、$k_s$、$k_d$、$Y$ 为活性污泥动力学常数,其含义参见 5.1.3 节和表 5-4。

表 5-4　活性污泥动力学常数

| 常数 | 符号 | 单位 | 20 ℃时的数值 | |
| --- | --- | --- | --- | --- |
| | | | 范围 | 典型值 |
| 最大速率常数 | $k_0$ 或 $\mu_m$ | $d^{-1}$ | 2~10 | 5 |
| 半饱和常数 | $k_s$(BOD) | mg/L | 25~100 | 60 |
| | $k_s$(COD) | mg/L | 15~70 | 40 |
| 内源衰减系数 | $k_d$ | $d^{-1}$ | 0.025~0.075 | 0.06 |
| 产率系数 | $Y$(BOD) | mg/mg | 0.4~0.8 | 0.6 |
| | $Y$(COD) | mg/mg | 0.25~0.4 | 0.3 |

式(5-15)中包含了两个重要时间: $\dfrac{V}{Q_0}$ 为水力停留时间(HRT),即污水在曝气池中与活性污泥接触反应的时间,以符号 $\theta$ 表示; $\dfrac{VX}{Q_w X_u}$ 为平均细胞停留时间,即泥龄(SRT),为活性污泥在曝气池中的平均停留时间,以符号 $\theta_c$ 表示。则式(5-15)简化为

$$\frac{1}{\theta_c} = \frac{Y(S_0 - S)}{\theta X} - k_d \tag{5-16}$$

式(5-16)将处理系统中的微生物变化与污染物变化联系在一起,描述了完全混合式活性污泥法的动力学过程,据此可以掌握一定时间内 BOD 去除和 MLSS 增长之间的关系。

### (三)推流式活性污泥法的动力学模型

推流式活性污泥法的曝气池内流态比较复杂,因此建立其动力学模型比较困难。理论上可以认为:在推流式曝气池的每一横向微元内,有机物降解与微生物增长情况仍可以用完全混合式活性污泥法的模型计算,但沿纵向各微元的动力学参数不尽相同,以污水在曝气池内的水力停留时间(0~θ)为区间,对 $\dfrac{dS}{dt}$ 进行积分,可得到处理系统对 BOD 的去除效果。

相同池体积下,推流式曝气池的处理效果要优于完全混合式曝气池(图 5-11),

但其耐冲击负荷能力要弱于完全混合式曝气池。因此,城市污水处理厂一般选择推流式活性污泥法,以较少的投资实现高效处理目标;而一些工业废水处理厂可能选择完全混合式活性污泥法,以应对水量波动或水中有毒有害污染物的冲击。

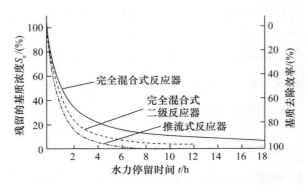

图 5-11　完全混合式与推流式活性污泥法的处理效率比较

**(四) 活性污泥法的重要工艺参数**

活性污泥法运行的稳定性与处理效果,一方面受到进水水质和微生物性质的直接影响,另一方面也与其工艺参数密切相关。在活性污泥法设计、调试与运行中,重要的工艺参数有:

(1) 容积负荷

容积负荷($N_V$)是指曝气池单位容积在单位时间内去除的有机物量,单位为kg/($m^3 \cdot$ d)。计算式为

$$N_V = \frac{Q_0(S_0 - S)}{V} = \frac{S_0 - S}{\theta} \tag{5-17}$$

(2) 污泥负荷

污泥负荷($N_S$)是指曝气池内单位质量的活性污泥在单位时间内去除有机物的量,单位为 kg/(kg·d)。计算式为

$$N_S = \frac{Q_0(S_0 - S)}{VX} = \frac{S_0 - S}{\theta X} \tag{5-18}$$

由式(5-18),式(5-16)可进一步简化为

$$\frac{1}{\theta_c} = YN_S - k_d \tag{5-19}$$

该方程由美国学者 Lawrence 和 MaCarty 于 1970 年建立,简洁实用,被称为活性污泥法的 Lawrence-McCarty 经典模型。

根据长期的科研与工程经验,容积负荷和污泥负荷均有合理的取值范围,过低或过高都不利于系统高效经济地运行。需要说明的是,$N_V$ 和 $N_S$ 常以去除 BOD 的量为基础,也可以去除 COD 的量为基础;有时还仅以进水 BOD 或 COD 的量为基础,这种情况下,污泥负荷也称为食料比($F/M$),即 $F/M = \dfrac{S_0}{\theta X}$,两者关系为:$N_S = \dfrac{(F/M)E}{100}$,其中 $E$ 为系统处理效率,即 $E = \dfrac{S_0 - S}{S_0} \times 100\%$。

（3）水力停留时间

如前所述,水力停留时间($\theta$)的计算式为

$$\theta = \frac{V}{Q_0} \tag{5-20}$$

因此,水力停留时间是进水在曝气池中处理的历时,单位为 h。普通活性污泥法的水力停留时间一般为 4～8 h,水力停留时间过低可能使污水处理程度不够,过高则系统运行不经济。

（4）泥龄

如前所述,泥龄($\theta_c$)的计算式为

$$\theta_c = \frac{VX}{Q_w X_u} \tag{5-21}$$

泥龄是曝气池中活性污泥总量与每天排放的剩余污泥量的比值,单位为 d。它与微生物生长阶段直接相关,是考察活性污泥法运行是否正常良好的一个重要参数。普通活性污泥法的泥龄一般为 3～14 天,泥龄过低可能使曝气池中污泥量不足,过高可能使曝气池中老化污泥占比较大,这些均会降低污水处理效率。

（5）回流比

回流比($R$)是指从二沉池底部返回曝气池的混合液流量与进水流量的比值,单位为%。计算式为

$$R = \frac{Q_r}{Q_0} \times 100\% \tag{5-22}$$

普通活性污泥法的回流比一般为 15%～50%,回流比过低可使曝气池中污泥量不足,影响污水处理效率;回流比过高可使系统运行的能耗升高,增大运行成本。

## 5.2.3　曝气原理与方法

曝气是指将空气通入活性污泥反应池、使氧气溶解到混合液的工程措施,目的是为曝气池中的活性污泥微生物供氧,同时也为活性污泥悬浮、各物质混合、污水

流动提供动力。活性污泥法的正常运行需要保持曝气池混合液中有充足的溶解氧，这是通过曝气设备完成的。

### （一）曝气原理和效能指标

在活性污泥法的曝气池中，一方面由于微生物不断消耗 DO 而进行代谢活动，使细胞周围 DO 下降；另一方面由于空气被导入池中，使空气泡周围 DO 上升。由于 DO 浓度差而产生氧的扩散转移，其速率用如下数学式表达：

$$\frac{\mathrm{d}\rho}{\mathrm{d}t} = K_L a(\rho_s - \rho) \tag{5-23}$$

式中，$\frac{\mathrm{d}\rho}{\mathrm{d}t}$——单位容积曝气池的氧转移速率，单位为 mg/(L·h)；$K_L a$——氧的总转移系数，单位为 $h^{-1}$；$\rho_s$——液体的饱和 DO 浓度，mg/L；$\rho$——时间 $t$ 时液体的实际 DO 浓度，mg/L。

由式(5-23)可知，曝气池内氧转移速率受 $K_L a$ 和 DO 浓度差的影响。通过持续时间为 $t$ 的曝气，使混合液的 DO 从起始的 $\rho_0$ 提升到 $\rho_t$ mg/L，将式(5-23)进行积分：

$$\int_{\rho_0}^{\rho_t} \frac{\mathrm{d}\rho}{\rho_s - \rho} = \int_0^t K_L a \, \mathrm{d}t \tag{5-24}$$

得到

$$\lg \frac{\rho_s - \rho_0}{\rho_s - \rho_t} = \frac{K_L a}{2.303} t \tag{5-25}$$

$K_L a$——$K_L$ 与 $a$ 的乘积，$K_L$ 为氧的总传质系数，单位为 m/h；$a$——气泡比表面积，即单位容积曝气体中全部气泡所具有的表面积，单位为 $m^2/m^3$。实际曝气中 $K_L$ 与 $a$ 难以分别测定，故两者合并，通过试验进行综合测定。具体方法为：在标准试验状态下（即 1 大气压和水温 20 ℃），向清水中投加 $Na_2SO_3$ 和 $CoCl_2$ 完全脱除水中的溶解氧，即 $\rho_0 = 0$ mg/L；向水中充入空气，每隔一定时间测定 DO（即 $\rho_t$）；绘制 $\lg \frac{\rho_s - \rho_0}{\rho_s - \rho_t}$ 与 $t$ 的关系曲线，直线斜率为 $\frac{K_L a}{2.303}$，即可求得标准状态下的氧总转移系数 $K_L a$。在污水处理工程中，$K_L a$ 值还需要根据实际水质、温度等进行修正。

提高氧转移速率可促进微生物对污染物的降解与去除。一般来说，曝气产生的气泡越小，$a$ 值就越高，因而 $K_L a$ 值也越大；增强水流的紊动，使气液界面更新加快，也可增大 $K_L a$ 值。将空气源改为纯氧通入曝气池，形成纯氧曝气活性污泥法，由于气液之间的 DO 浓度差很大,可大幅度提高氧转移速率。此外,增加池深,通过提高气液接触时间也有利于提高充氧的利用率。

衡量曝气系统效能时,不同的曝气方法运用不同的指标。对于鼓风曝气法,常以氧转移效率进行评价,这是鼓风曝气转移到混合液中的氧占供气量的比例,单位为%,鼓风曝气法的氧转移效率一般<20%。若是纯氧曝气,氧转移效率可达到80%~90%。对于机械曝气法,常以动力效率进行评价,这是设备消耗 1 kW·h 电所能转移到混合液中的氧量,单位为 kg/(kW·h);另外单台设备的充氧能力也是重要的性能指标,指曝气设备在单位时间内能转移到混合液中的氧量,单位为 kg/(h·台)。

### (二) 曝气方法

活性污泥法根据曝气池的类型和构造,选择相适宜的曝气方法。常用的曝气方法有鼓风曝气和机械曝气。

(1) 鼓风曝气

鼓风曝气系统由加压设备、管道系统和扩散装置三部分组成。加压设备一般是回转式或离心式鼓风机,由于设备体积大、噪声大,常为其单独建立鼓风机房;管道系统将鼓风机吸入的空气向曝气池输送,最终至曝气池底部的扩散装置;根据扩散装置所产生气泡大小和是否对气泡剪切,分为小气泡、中气泡、大气泡、水力剪切和机械剪切等类型。

在相同供气量下,气泡越小越有利于氧的扩散转移,因此小气泡扩散装置是鼓风曝气系统的常用装置,如图 5-12 所示,加工成型的扩散板、扩散管和扩散罩能产生微小气泡,氧转移效率较高,一般>10%;缺点是压力损失较大,扩散器内部易堵塞。中气泡曝气装置常用穿孔管扩散器,空气通过其上直径为 3~5 mm 小孔释放到水体,穿孔管阻力比扩散管阻力小,不易堵塞;缺点是因气泡较大,氧转移效率降低为 6%~8%。大气泡扩散装置为竖管扩散器,由于氧转移效率更低,已较少应用。水力剪切扩散装置有倒盆式、射流式(图 5-13)、固定螺旋式等多种方式,在气泡扩散的基础上增加水力剪切作用,切割出更细小的气泡,同时强化气液接触,从而有效提高氧转移效率,例如,射流式曝气器的氧转移效率可达到 15%~30%。

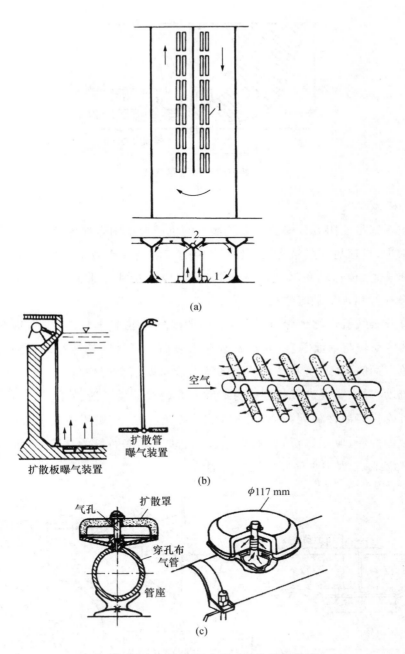

**图 5-12 鼓风曝气系统中的小气泡扩散装置**

（a）扩散装置在推流式曝气池的常见布置方式。1—池底的扩散装置，2—输气管道，分别向两侧支管送气至池底，曝气使池内混合液形成垂直于水流方向的侧流。

（b）池底的扩散板和扩散管装置。扩散板和扩散管一般安装于可提升出水面的摇臂上，以方便清洗和更换。

（c）池底的扩散罩，固定于输气管上。扩散板、扩散管和扩散罩由多孔材料和黏合剂（如酚醛树脂）在高温下烧结而成，空气经由材料内部孔道释放到水体。

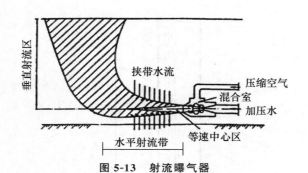

图 5-13  射流曝气器

（2）机械曝气

机械曝气是使用直接安装在曝气池上的机械设备剧烈地搅动水面,将空气吸入或卷入水中,迅速更新气液界面,使空气中的氧溶入混合液中。机械曝气系统由电机和减速装置、传动轴和曝气器三部分组成,按传动轴与水面的空间关系,主要有垂直轴曝气机和水平轴曝气机。

垂直轴曝气机也称为曝气叶轮,常用的曝气叶轮有平板形、倒伞形和泵形(图5-14),其传动轴与水面垂直,叶轮安装在水表面。曝气叶轮运行时,旋转的叶轮下方形成负压而吸入空气;叶轮带动水飞溅形成水跃而夹带空气;池内液体受到推动而旋转流动,进一步促进氧的溶解与扩散。叶轮线速度一般为 4.0～5.0 m/s,线速率过大可能打碎活性污泥,影响处理效果;线速度过小,则影响充氧能力。曝气叶轮运行管理方便,应用广泛,充氧效率较高,动力效率一般为 $3\,\mathrm{kg/(kW \cdot h)}$ 左右。图 5-15 为实际工程中曝气叶轮运行时的情况。

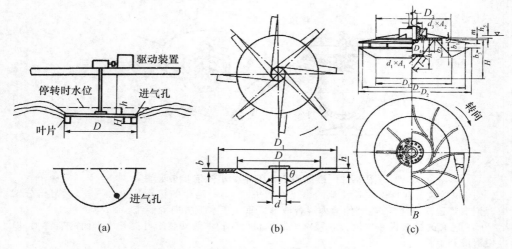

图 5-14  曝气叶轮

（a）平板形叶轮；（b）倒伞形叶轮；（c）泵形叶轮

图 5-15　曝气叶轮的运行

　　水平轴曝气机的传动轴与水面平行,轴上安装圆形盘片(也称为曝气转盘)、辐射状板条(也称为曝气转刷,图 5-16)等。转盘和转刷部分浸没于水中,转动时将水花抛向空中,使液面剧烈波动,促进氧的转移,同时推进混合液沿前进方向加速流动。转刷直径为 $0.35\sim1.0\,\mathrm{m}$,长为 $1.5\sim7.5\,\mathrm{m}$,转速为 $40\sim120\,\mathrm{r/min}$,动力效率为 $1.7\sim2.4\,\mathrm{kg/(k\cdot Wh)}$。图 5-17 为实际工程中曝气转刷运行时的情况。

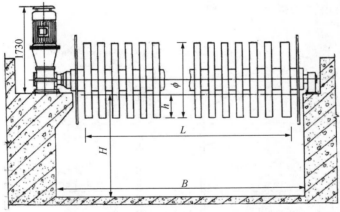

图 5-16　曝气转刷

图 5-17　曝气转刷的运行

## 5.2.4　曝气池的类型与构造

实际工程中曝气池类型很多,根据混合液的流型可分为推流式、完全混合式和循环混合式三种;根据池形可分为长方廊道形、圆形、方形和环状跑道形四种;根据曝气池与二沉池的空间关系可分为分建式和合建式两种。

### (一) 推流式曝气池

推流式曝气池为长方廊道形,二沉池一般独立建于曝气池下游。推流式曝气池常采用鼓风曝气,扩散装置布置如图 5-12(a)所示,池中混合液在水力推动和曝气扰动的共同作用下呈螺旋状前进,污染物沿程不断被微生物降解和转化。曝气池的典型横断面示于图 5-18 中。推流式曝气池的长度一般较大(如城市污水处理厂的曝气池总长可超过 100 m),为合理利用场地,并且方便曝气设备的布设和维修,常将所需要的曝气池总容积分成可独立的两个或更多的单元,每个单元包括几个池子,每个池子再由多条折流的廊道组成。

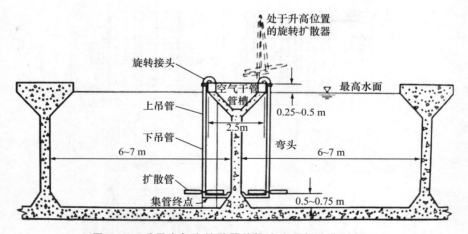

图 5-18　采用小气泡扩散器的推流式曝气池典型断面

**专栏 5-2　推流式曝气池的设计要点**

• 曝气廊道:为防止短流,廊道长宽比≥4～6;池内水深=3～5 m,使氧气有效溶解和扩散;依排水设计规范,正常水位以上留有 0.5～1.0 m 超高。

• 出水设备:可采用溢流堰或出水孔,通过出水孔的流速宜≤0.2 m/s,以免干扰二沉池中的污泥沉淀过程。

　　• 检修放空设计：每个池子应设置至少 1 个泄水管或排水坑。

### （二）完全混合式曝气池

　　完全混合式曝气池多为正方形、多边形或圆形池子，二沉池可独立建于曝气池外部，也可合建于曝气池内部（图 5-19）。完全混合式曝气池常采用垂直轴曝气机进行曝气，当设于池中心的曝气叶轮运行时，可使全池物质完全混合。为配合机械设备和节省占地面积，工程上可以把多个相同大小的方形曝气池排列在一起，组成长方形曝气池群。

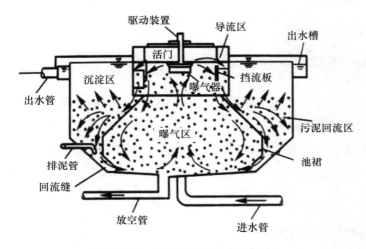

**图 5-19　合建式完全混合曝气池**

　　池内空间由导流区、曝气区、沉淀区和回流区四部分构成。进水从池底中心管进入，从位于四周的溢流槽进入曝气区；在曝气区，污水、回流污泥和原混合液迅速混合，经导流区使污泥凝聚和气水分离，然后流入沉淀区；导流区设有径向整流挡板，可阻止混合液在导流区和沉淀区旋转，影响气水和泥水的分离；在沉淀区，澄清水经出水槽和出水管排出，沉淀污泥沿曝气区底部的回流缝折返回曝气区。

### （三）循环混合式曝气池

　　循环混合式曝气池介于推流式与完全混合式曝气池之间，其平面形状像跑道，断面可为矩形或梯形。从整体上看池内流态是完全混合的，环流的混合液量为进水量的数百倍以上；但在局部看又具有推流的特征。二沉池可独立建于曝气池外部，也有合建于曝气池内部的少量情况。

经典的循环混合式曝气池为氧化沟(oxidation ditch),图 5-20 为典型的氧化沟工艺流程。氧化沟的曝气通常采用机械曝气方法,可在直道上安装水平轴的曝气转刷或转盘(图 5-20),也可在弯道上安装垂直轴的曝气叶轮,通过机械转动为混合液曝气,同时推动水流并使活性污泥保持悬浮状态。

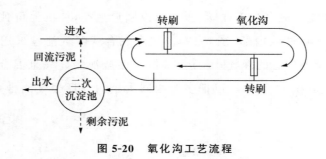

图 5-20　氧化沟工艺流程

## 5.2.5　活性污泥法的技术革新与工艺发展

活性污泥法从诞生之时的序批式土法工艺,到早期的开放性普通活性污泥法,中间经历多种多样的技术革新和工艺完善,至今已发展为污水和废水处理技术中最丰富的一类方法。因其灵活多变的工艺形式、高效稳定的处理效果、相对低廉的经济投入,活性污泥法也成为污水和废水处理工程设计时的首选技术,在世界各地得到广泛应用。

### (一)普通活性污泥法

普通活性污泥法的流程如图 5-8 所示,主体单元包括推流式曝气池和二沉池,配以鼓风曝气系统和污泥回流系统。普通活性污泥法的基本工艺参数如表 5-5 所示,污水净化的吸附和氧化过程在曝气池内沿程完成,对有机物(BOD)和悬浮物(SS)去除率可达到 85%～95%。普通活性污泥法适用于水量和水质均比较稳定的污水和废水处理。

表 5-5　普通活性污泥的基本工艺参数

| 工艺参数 | 数值 |
| --- | --- |
| 进水 $BOD_5$,mg/L | 100～300 |
| 去除率,% | 90～95 |
| 容积负荷,kgBOD/($m^3 \cdot$ d) | 0.6～0.9 |

（续表）

| 工艺条件或参数 | 数值 |
| --- | --- |
| 污泥负荷（$F/M$），kgBOD/（kgMLVSS·d） | 0.2～0.3 |
| 回流比，% | 20～50 |
| 水力停留时间，h | 4～8 |
| 泥龄，d | 3～4 |
| 溶解氧，mg/L | 2 |
| 污泥浓度 MLSS，mg/L | 2000～3000 |
| SVI，mL/g | 50—100 |

随着全球城市化进程和工业化发展，市政污水和工业废水的水量越来越大，水质越来越复杂，且有机负荷高，有的还含有毒有害的污染物。普通活性污泥法日益在以下方面凸显其缺点：

（1）曝气池容积负荷较低，使处理系统占地面积较大；

（2）曝气的氧转移速率偏低，使能耗高，运行成本高；

（3）系统需要回流污泥，进一步增加运行成本；

（4）系统抗冲击负荷能力较差，易发生污泥膨胀等运行故障；

（5）二沉池沉淀效率不稳定，沉淀效率变差时微生物流失严重；

（6）曝气池产生大量剩余污泥，其处理和处置费用可占到污水处理总费用的一半左右；

（7）系统仅对 BOD 和 SS 去除率较高，对 COD 去除率不稳定，对氮、磷等污染物去除率较低。

针对上述问题，活性污泥法不断被改进，形成了多元化的衍生改良工艺。总体上看，改进的大方向是使活性污泥法的工艺设计更加科学，运行管理更加精细，其他相关学科的新材料与新方法也为之注入创新的血液，从而使活性污泥微生物去除水中污染物的全过程更加顺利和彻底。

### （二）多点进水与阶段曝气

在普通活性污泥法的推流式曝气池中，污水在流动过程中逐渐被净化，因而微生物在池前端需氧量高，在池后端需氧量低；但是鼓风曝气系统是全池无差别布设的，容易造成池前端供氧不足而后端供气浪费。这种情况在进水有机物负荷增大时更为突出，推流式曝气池没有完全混合式曝气池的"全稀释优势"，难以应对冲击负荷。针对上述两个问题，对普通活性污泥法的一个技术改进是：将集中于池前端的一点进水，改为分散于池长的多点进水，使有机物负荷分布变得均匀，对氧的需求也较为均匀,这种方法被称作阶段曝气法,如图 5-21 所示。

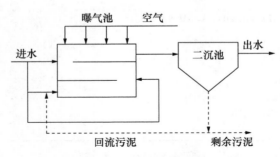

图 5-21　阶段曝气法的工艺流程

　　阶段曝气法在局部缓解进水负荷的冲击性,克服供氧量与需氧量之间的矛盾;在整体上保护活性污泥微生物的活性,增强曝气池的工作能力,因而可降低曝气池总容积。阶段曝气法中污泥浓度沿池长逐步降低,出流污泥浓度低,有利于二沉池的运行。但是,这一改进使简单的进水变得复杂,可能需要增加调节井和自控系统;此外,由于曝气池后端依然有进水,使出水水质可能比普通活性污泥法稍差。阶段曝气法适用于大型曝气池及高浓度废水处理。

### (三) 吸附-生物氧化法

　　如 5.2.1 节所述,活性污泥法经历三个阶段才完成对污水的净化。在 20 世纪中期,在欧洲出现了高负荷活性污泥法,通常采用完全混合式曝气池,其想法是充分利用微生物对数增长期的高活性和强吸附能力,快速处理污水。良好的活性污泥同生活污水混合 10～30 min 可基本完成吸附作用,BOD 去除率可达到 85%～90%。但吸附的有机物被微生物降解和转化还需要较长时间,因此欧洲又出现了两段式活性污泥法,即将普通活性污泥法的曝气池分割为两个池,第一池为体积较小的完全混合式高负荷曝气池,第二池为体积较大的推流式低负荷曝气池,但两池污泥相通,不能达到理想的强吸附叠加强降解的协同效果。

　　在这样的技术背景下,20 世纪 70 年代德国亚琛大学 Botho Böhnke 教授提出了吸附—生物氧化法(adsorption-biooxidation process,简称 A-B 法),由 A 段曝气池、中间沉淀池、B 段曝气池和二沉池组成,如图 5-22 所示。A 段和 B 段严格分开,各自有污泥沉淀池和回流系统,使两个曝气池中的微生物群落组成和功能明显不同。A 段曝气池污泥负荷很高,净化作用以生物吸附为主;B 段曝气池污泥负荷较低,净化作用以生物降解为主。

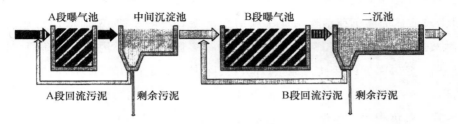

图 5-22　A-B 法的工艺流程

A-B 法与普通活性污泥法相比,具有多方面的革新。A 段的设计原理独特,在曝气池前可不设一沉池(即将原一沉池改为中间沉淀池),使其成为一个开放性的生物动力学系统,而且可以根据污水组成实行有氧或缺氧运行;这样的设计使城市排水管网的污水几乎直接进入 A 段,曝气池中微生物活性高,适应性好,能够耐受冲击负荷,对污染物的去除主要通过絮凝吸附,特别是对难降解污染物也有较好的去除效果。B 段的工艺选择灵活,可以采用普通活性污泥法,而随着活性污泥法的不断变革与进步,也可以选择氧化沟、A/O、A²/O、曝气生物滤池等工艺,以达到更高的排放标准或要求。表 5-6 为 A-B 法的基本工艺参数。

表 5-6　A-B 法的基本工艺参数

| 工艺参数 | A 段 | B 段 |
|---|---|---|
| 污泥负荷($F/M$),kgBOD/(kgMLSS·d) | 2~6 | 0.15~0.6 |
| 泥龄($\theta_c$),d | 0.2~0.5 | 15~20 |
| 污泥浓度 MLSS,g/L | 1.0~3.0 | 4.0~10.0 |
| 回流比,% | <50 | 高回流比 |
| 水力停留时间($\theta$),h | 0.5~0.7 | 2~5 |
| 溶解氧(DO),mg/L | 0.2~0.7 | 1~2 |
| BOD 去除率,% | 50~60 | 40~50 |
| 微生物组成 | 细菌为主 | 原、后生动物比例大 |

自 20 世纪 80 年代 A-B 法逐渐在世界范围得到了广泛应用。一些城市因人口增加和工业发展,使很多早期建设的城市污水处理厂难以应对超过其设计负荷的污水和废水。在城市有限空间的约束下,将污水处理厂原有的普通活性污泥法改造为A-B 法,并不增加新构筑物,但新处理系统的可接纳负荷有了显著提高,因而产生良好的经济效益和环境效益。

### (四) 氧化沟

氧化沟工艺的突出特点在于曝气池为循环混合式的流态,兼具推流式和完全混合式的优势,其基本流程如图 5-21 所示。氧化沟的水力停留时间和污泥停留时间均很长,与前述的高负荷活性污泥法利用微生物对数增长期、普通活性污泥法利用微生物减速增长期均不同,氧化沟曝气池中很多微生物处于内源呼吸阶段。因此,氧化沟属于延时曝气的活性污泥法,BOD 去除率可稳定在 90％以上,同时污泥沉淀性好,出水 SS 去除率高,且剩余污泥量较少;但氧化沟工艺占地面积大,沟内流速不均易导致底部沉积污泥。表 5-7 为氧化沟工艺的基本工艺参数。

表 5-7　氧化沟工艺的基本工艺参数

| 工艺参数 | 数值 |
| --- | --- |
| 进水 $BOD_5$,mg/L | 200～2000 |
| 去除率,％ | ＞90 |
| 容积负荷,kgBOD/($m^3$·d) | 0.1～0.4 |
| 污泥负荷($F/M$),kgBOD/(kgMLVSS·d) | 0.09～0.5 |
| 回流比,％ | 50～200 |
| 水力停留时间,h | 10～40 |
| 泥龄,d | 10～30 |
| 溶解氧,mg/L | 2 |
| 污泥浓度 MLSS,mg/L | 2000～6000 |
| 需氧量,$kgO_2$/kgBOD(去除) | 1.5～2.5 |

氧化沟的技术沿革是活性污泥法发展历史中的重要篇章。1920 年在英国谢菲尔德市 Tynsley 污水处理厂出现氧化沟工艺的雏形,为一个无终端沟渠,使用桨板式曝气机。1954 年荷兰建成了世界上第一座氧化沟污水处理厂,其主体单元为一个环状跑道式的土沟渠,装有转刷曝气机,以白天曝气、晚上沉淀的间歇方式运行,服务人口为 360 人,BOD 去除率高达 97％。氧化沟凭借着高效稳定的去除效果,在世界范围迅速推广,并且在池形、曝气设备、运行方式、自动控制等方面不断革新和升级,成为活性污泥法中形式多样、配套技术丰富、经济效益好的一类工艺,成为大型城市污水处理厂、工业废水处理厂的优选核心工艺。

(1) 多沟型氧化沟

氧化沟的基本池形为环状跑道形,为适应处理规模和场地条件,沟渠可以呈圆形和椭圆形,可以是单沟或多沟。多沟系统可以是尺寸相同、平行互通的一组沟渠,也可以是多条跑道、同心互通的一组沟渠。图 5-23 和图 5-24 是两种代表性池形的氧化沟。

由于氧化沟特殊的水流混合与循环条件,可以通过调节曝气时间、循环水量等参数,在不同沟段形成好氧、缺氧或厌氧区,在保证良好的 BOD 和 SS 去除效果的基础上,还可提高 TN 和 TP 等污染物的去除率。

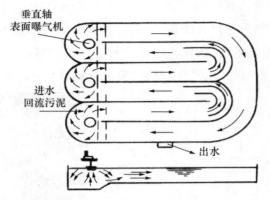

**图 5-23　典型卡鲁塞尔氧化沟构造**

　　1967 年荷兰 DHV 公司设计出了卡鲁塞尔(Carrousel)氧化沟,由 2～3 条沟平行布置,在沟一侧转拐处设置垂直轴表面曝气机,供氧并推动水流前进,沟深 4.0～4.5 m,沟内流速 0.3～0.4 m/s,循环混合液流量为进水量的 30～50 倍。在这一基本构造基础上,后来发展出可以实现脱氮、除磷的卡鲁塞尔 2000 型氧化沟,以及水深达到 7.5～8.0 m 的卡鲁塞尔 3000 型氧化沟。

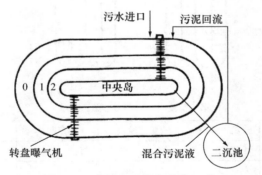

**图 5-24　典型奥贝尔氧化沟工艺**

　　1970 年南非 Huisman 国家水研究所开发了奥贝尔(Orbal)氧化沟,后转让给美国的 Envirex 公司,经改进后形成典型的 3 条同心圆或同心椭圆沟渠的奥贝尔氧化沟。从外到内的三条沟渠容积分别为总容积的 50%～55%、30%～35%、15%～20%,各沟渠之间相通,污水依次从外沟流向内沟,最后经中心岛的可调堰门流出,进入二沉池。采用转盘曝气机,供氧并推动水流前进,各沟内有机物浓度和溶解氧浓度均不同,通过调节和优化各沟的不同参数,可以实现脱氮、除磷。

　　(2) 交替运行式氧化沟

　　氧化沟具有低负荷、长泥龄的技术特点,因此比较耐受冲击负荷,污泥沉淀性好,剩余污泥量少,可以不设二沉池,甚至有时可以不设初沉池。受到这一设计的启发,氧化沟工艺出现了全新的交替运行方式,即在空间和时间上控制氧化沟的曝气,在曝气时段,氧化沟仍然进行污水好氧生物处理;在不曝气时段,氧化沟则替代沉淀池进行悬浮物和活性污泥沉淀。

　　图 5-25 和图 5-26 为典型的双沟和三沟交替式氧化沟,各沟平行相通,虽然主体构筑物占地较大,但不设初沉池和二沉池,且省去了污泥回流系统。交替运行式氧化沟常配备自动控制系统,按设计时序控制各沟的进水、曝气、沉淀、排水等的运行,运行状况精准平稳,出水水质好,对氮、磷污染物也有一定去除。

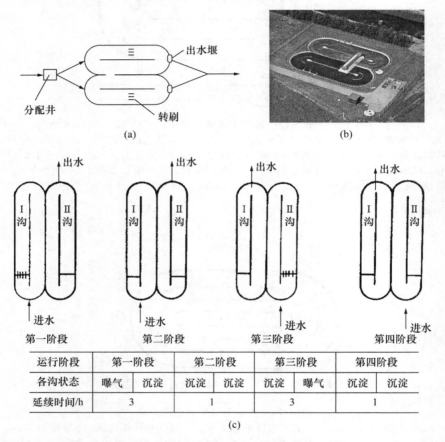

| 运行阶段 | 第一阶段 | | 第二阶段 | | 第三阶段 | | 第四阶段 | |
|---|---|---|---|---|---|---|---|---|
| 各沟状态 | 曝气 | 沉淀 | 沉淀 | 沉淀 | 沉淀 | 曝气 | 沉淀 | 沉淀 |
| 延续时间/h | 3 | | 1 | | 3 | | 1 | |

(c)

**图 5-25　典型双沟(D 型)交替式氧化沟工艺**

　　(a) 工艺流程图;(b) 双沟的平面布置与运行状态,前侧氧化沟为沉淀状态,后侧氧化沟为曝气状态;(c) 一个周期的双沟交替运行阶段,图中白底沟表示曝气阶段;灰底沟表示沉淀阶段。

　　丹麦于 20 世纪 60 年代从荷兰引进氧化沟工艺,Kurger 公司成功开发了交替运行式氧化沟工艺,D 型氧化沟开发较早,主体为两个平行、相通的氧化沟,均安装转刷曝气机,两个沟交替当作曝气池(转刷启动运行)和沉淀池(转刷停止运行)。运行周期为:第一阶段 3 h,Ⅰ沟进水、Ⅱ沟出水、Ⅰ沟为曝气池,Ⅱ沟为沉淀池;第二阶段 1 h,保持第一阶段的进、出水方向,两沟均不曝气,向下一阶段过渡;第三阶段 3 h,进、出水方向切换为Ⅱ沟进水、Ⅰ沟出水,Ⅱ沟为曝气池,Ⅰ沟为沉淀池;第四阶段 1 h,保持第三阶段的进、出水方向,两沟均不曝气,向下一周期过渡。D 型氧化沟的突出缺点是转刷曝气机的利用率低,仅为 37.5%,即一个周期的 8 h 中,每个曝气机仅曝气 3 h,其余时间闲置浪费。

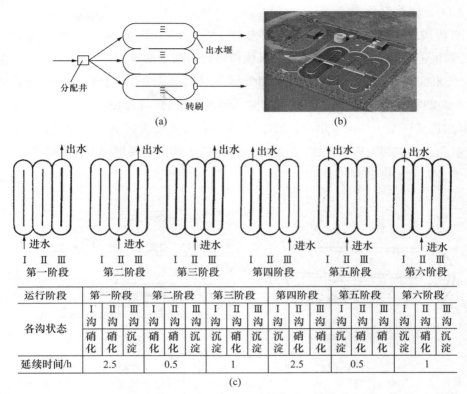

| 运行阶段 | 第一阶段 | | | 第二阶段 | | | 第三阶段 | | | 第四阶段 | | | 第五阶段 | | | 第六阶段 | | |
|---|---|---|---|---|---|---|---|---|---|---|---|---|---|---|---|---|---|---|
| 各沟状态 | I沟 | II沟 | III沟 | I沟 | II沟 | III沟 | I沟 | II沟 | III沟 | I沟 | II沟 | III沟 | I沟 | II沟 | III沟 | I沟 | II沟 | III沟 |
| | 硝化 | 硝化 | 沉淀 | 硝化 | 硝化 | 沉淀 | 沉淀 | 硝化 | 沉淀 | 沉淀 | 硝化 | 硝化 | 沉淀 | 硝化 | 硝化 | 沉淀 | 硝化 | 沉淀 |
| 延续时间/h | 2.5 | | | 0.5 | | | 1 | | | 2.5 | | | 0.5 | | | 1 | | |

(c)

**图 5-26　典型三沟(T 形)交替式氧化沟工艺**

（a）工艺流程图；（b）三沟的平面布置与运行状态，左侧氧化沟为沉淀状态，中间与右侧氧化沟为曝气状态；（c）一个周期的三沟交替运行阶段，图中白底沟表示曝气阶段；灰底沟表示沉淀阶段。

为了提高曝气机的利用率，丹麦克鲁格(Krüger)公司继续开发了 T 形氧化沟，主体为三个平行、相通的氧化沟，均安装转刷曝气机，中间氧化沟一直为曝气池，两侧氧化沟交替当作曝气池(转刷启动运行)和沉淀池(转刷停止运行)。运行周期为：第一阶段 2.5 h，I 沟进水，III 沟出水，I、II 沟为曝气池，III 沟为沉淀池；第二阶段 0.5 h，II 沟进水，III 沟出水，I、II 沟仍为曝气池，III 沟仍为沉淀池；第三阶段 1 h，保持第二阶段的进、出水方向，II 沟为曝气池，I、III 沟为沉淀池，向下一阶段过渡；第四阶段 2.5 h，进、出水方向切换为 III 沟进水、I 沟出水，II、III 沟为曝气池，I 沟为沉淀池；第五阶段 0.5 h，II 沟进水，I 沟出水，II、III 沟仍为曝气池，I 沟仍为沉淀池；第六阶段 1 h，保持第五阶段的进、出水方向，II 沟为曝气池，I、III 沟为沉淀池，向下一周期过渡。T 形氧化沟转刷曝气机的利用率提高到 58.3%。

一般来说，污水好氧生物处理的水力停留时间为 4~8 h，沉淀时间约 2 h，对于延时曝气的氧化沟，水力停留时间大于 10 h。但是在交替运行式氧化沟的一个周期内，不曝气的时间过多，设施利用率有限，因此交替运行式氧化沟通过多种方式提升功能，如充分利用缺氧时段进行反硝化脱氮、在自动控制条件下交替运行更复杂的四沟、五沟型氧化沟。

（3）一体化氧化沟

氧化沟的主体构筑物占地面积较大，虽然可以省去二沉池，但实现泥水分离的沉淀作用不可或缺，反而可能占据了氧化沟运行周期中的较多时间和空间。20 世纪 70 年代末 80 年代初，一种将氧化沟曝气池与沉淀池合建于一体的氧化沟工艺被推出，能够根据实际所需的水力停留时间和污泥沉淀时间，对构筑物划分曝气区和沉淀区，其中沉淀区是一体化氧化沟的关键，根据其位置可分为内置式和外置式两种。一体化氧化沟省去污泥回流系统，节省基建投资，在工程上呈现更加丰富的设计形式，如图 5-27、图 5-28 和图 5-29 所示。

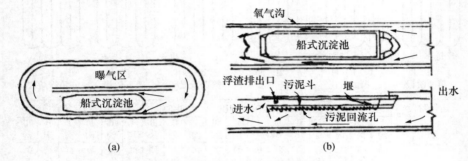

图 5-27　船式一体化氧化沟
（a）主体构筑物平面图；（b）船式沉淀池平面与侧面图

20 世纪 80 年代美国联合工业公司（United Industries, Inc.）开发了船式一体化氧化沟，二沉池为不锈钢构件，像一条悬架于氧化沟中的船，故命名为船式澄净池（boat clarifier）。船头迎向水流，船尾敞开进水，内有浮渣挡板，周边有浮渣溢流槽，船尾两侧为浮渣排出口；船头为清水区，设有清水溢流堰；船底为若干小型敞口的小泥斗，泥斗底部有排泥管。运行时，混合液从船体底部和两侧流过，其中一部分从船尾进入二沉池，清水由船头的溢流堰排出。分离后的污泥从池底泥斗排泥管自动回流至循环混合液。对传统氧化沟加装船式沉淀池，即可改造为这种一体化氧化沟。

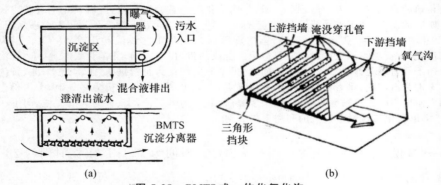

图 5-28　BMTS 式一体化氧化沟
（a）主体构筑物平面图和沉淀区侧面图；（b）BMTS 沉淀分离器的结构

20 世纪 80 年代美国 Burns and McDonnell 咨询公司研发了 BMTS 氧化沟，氧化沟中间隔墙偏心设置，设有二沉池的一侧的沟道宽度大于另一侧，二沉池横跨整个沟道，循环混合液被强制从二沉池底部流过。沉淀分离器实际上是一个竖流式沉淀池，在其底部设置了三角形挡板，使混合液均匀地从挡板间的缝隙进入二沉池，还使二沉池内中下层水流降低紊动；清水通过淹没穿孔管排出，分离的污泥再由挡板间的缝隙返回循环混合液。

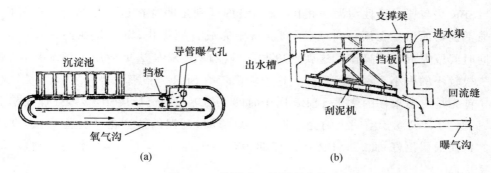

**图 5-29　外置式一体化氧化沟**
（a）主体构筑物平面图；（b）沉淀池内部结构

　　外置式的一体化氧化沟将二沉池置于氧化沟外侧，混合液从曝气池与二沉池共壁的入流缝进入二沉池。氧化沟使用导管式曝气机，进入二沉池的混合液通过挡板以减少短流；出水槽设在二沉池的另一侧，分离的污泥由行车式刮泥机刮至底部，沿底部缝隙返回曝气区。

## （五）序批式活性污泥法（SBR 法）

　　序批式活性污泥法（sequencing batch activated sludge process）的主要构筑物是序批式反应器（sequencing batch reactor，SBR），因此这一处理法简称为 SBR 法，是一种间歇运行的活性污泥法。图 5-30 是 SBR 工艺基本操作过程，即一批次污水处理的顺序有进水（fill）、反应（react）、沉淀（settle）、出水（draw）和闲置（idle）五个步骤，均在设有曝气与搅拌装置的同一反应器中进行，各步骤的具体操作灵活可调，一般 SBR 系统在自动控制条件下运行。

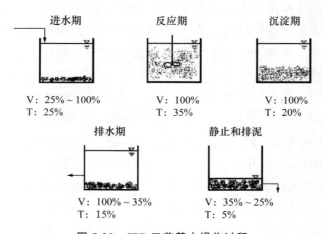

**图 5-30　SBR 工艺基本操作过程**

　　主体构筑物为序批式反应器，依序进行进水、反应（曝气）、沉淀、排水、闲置的操作。对于单池系统，闲置期可专用于排泥；对于多池系统，闲置期还可协同各池周期。SBR 工艺操作灵活，图中数据仅举例说明各操作的污水体积占反应器总容积的比例变化及所需时间占全周期时间的比例。

　　SBR 法与普通活性污泥法相比,最明显的区别是两者在运行上的时—空转换:普通活性污泥法是在同一时间、不同设备中完成各项操作;SBR 是在同一反应器、不同时间段完成各项操作。这就使以时间换空间的 SBR 法更适用于场地紧张、处理规模较小的中小型污水处理厂。这种转换带给 SBR 法很多优势。

　　首先是流态条件的优化。SBR 属于时间上的理想推流反应器,整体处理效率更高;同时 SBR 又属于空间上的完全混合式反应器,污泥的抗冲击负荷能力强,反应期的传质效果更好;此外,SBR 在沉淀期为理想沉淀池,没有进、出水的扰动,沉淀效率更高。

　　其次是微生物生态条件的优化。SBR 按时序的变换操作,使反应器内溶解氧和有机负荷周期性地波动,可有效地控制污泥膨胀;活性污泥中喜好厌氧、缺氧或好氧条件的微生物可以共存,因此不同生化反应均能够在反应器中出现,实现水解、有机物去除、脱氮、除磷等多种功能。

　　最后是工艺运行条件的优化。配备了现代自动控制系统的 SBR 工艺能够实现自动化运行和管理,因此单池 SBR 可尝试多种操作改进,降低反复提升污水的能量损失;多池 SBR 可尝试复杂调控运行,以减少反应器的闲置率,使 SBR 法更好地满足城市和工业的多种废水处理要求。

　　SBR 工艺的沿革也是活性污泥法发展历史中的重要篇章。早在 1914 年英国的阿登和洛基特首次进行活性污泥法试验时,采用的就是间歇式活性污泥法;之后英国和美国兴建了一些间歇式活性污泥法的污水处理厂,但在实际运行中存在排水期能量浪费大、空气扩散器易被沉淀的污泥堵塞、需要人工切换开关和开闭阀门等问题,因此间歇式活性污泥法大多被改造为能连续处理污水的普通活性污泥法。20世纪 50 年代后随着自动控制技术的发展,间歇式活性污泥法逐渐被重新认识。20世纪 70 年代初美国圣母大学的 R. Irvine 教授和合作者们对间歇式活性污泥法进行了系统深入的研究,并将该工艺命名为 SBR 法,此后 SBR 工艺的优势不断被发现和证实,并且衍生出多种多样的变形工艺,在世界范围内被迅速推广应用。

　　污水处理系统中小型化和分散化建设是未来的一个重要趋势,SBR 及其变形工艺成为中小型城市污水处理厂、工业废水处理厂的优选核心工艺。近年来,技术特色鲜明、工程应用较多的 SBR 变形工艺主要有:间歇式循环延时曝气法(intermittent cycle extended aeration system,ICEAS)、循环式活性污泥法(cyclic activated sludge system,CASS)、连续曝气—间歇曝气工艺(demand aeration tank-intermittent aeration tank,DAT-IAT)、一体化活性污泥法(UNITANK)等。

　　(1) 间歇式循环延时曝气法(ICEAS)

　　20 世纪 60 年代研发的 ICEAS 工艺对传统 SBR 的改进有两处:一是在反应器的进水端加设一个预反应区,可增强活性污泥对污染物的吸附能力,缓和进水水量和水质的冲击;二是运行方式改为连续进水、间歇排水、没有闲置期,这样 ICEAS 运行的一个周期分为反应、沉淀和排水(滗水,有时需要排泥)三个阶段。ICEAS 反应器的构造如图 5-31 所示。

　　ICEAS 运行管理更方便,费用更低,传统 SBR 也比较容易改造为 ICEAS,因此自 20 世纪 80 年代起在日本、加拿大、美国、澳大利亚及我国等地推广应用,并在实践中不断优化工艺参数和运行条件,在自动控制系统的支持下,ICEAS 工艺具有良好的脱氮除磷功能,出水有时可以达到三级处理要求。

　　但 ICEAS 工艺也存在设计上的缺陷,其主反应区强调延时曝气,设计污泥负荷一般为 $0.04\sim0.05$ kgBOD/(kgMLSS・d),因此处理单位水量所需容积较大;此外,沉淀期和排水期仍然进水,虽然预反应区与主反应区设有隔墙,但仍在一定程度上干扰了沉淀过程,有时出水水质反而不如传统 SBR 工艺。

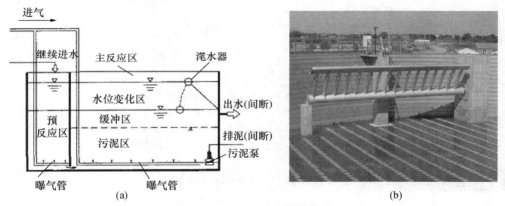

**图 5-31　ICEAS 反应器的构造**
(a) 反应器的构造;(b) 滗水器

　　1968 年澳大利亚新南威尔士大学与美国 ABJ 公司的 Mervyn C. Goronszy 合作开发出 ICEAS 工艺。工艺运行时,污水连续进入处于厌氧或缺氧状态的预反应区,再通过隔墙底部的连通口以平流流态进入主反应区,主反应区容积为总容积的 85%~90%。主反应区周期性运行,一个周期包括曝气、污泥沉淀、上清液滗水(有时需要同时排泥)三个阶段。由于 SBR 间歇排水,反应器中水位不断下降,为了不扰动污泥层且避免浮渣混入出水,SBR 配备了独特的排水设备——滗水器,通过机械或浮力的作用,使滗水器的收水装置跟随水位的变化而变化,保持出水堰口淹没于水下,如此灵活而稳定地完成排水。

（2）循环式活性污泥法(CASS)

　　ICEAS 的工程实践发现:预反应区具有对进水中微生物进行选择的功能,其厌氧或缺氧条件对脱氮除磷也非常有利。于是另一种 SBR 变形工艺——CASS 工艺在 ICEAS 的基础上被开发出来,其反应器分为三个反应区:生物选择区(厌氧或缺氧)、缺氧区和好氧区,容积比一般为 1∶5∶30,生物选择区还可变容积运行。这一设计将 ICEAS 的预反应区拆分为两部分,分别发挥生物选择和为脱氮除磷提供无氧环境的功能。为了更充分地利用污泥吸附能力,同时使活性污泥中的脱氮和除磷微生物反复在无氧和有氧条件之间切换(有关脱氮和除磷的微生物学机理,可参阅本章 5.5 节和 5.6 节),需要将好氧区的活性污泥连续回流至生物选择区。

CASS 的创新设计使污水在反应器的流动呈现出整体推流而不同区域内为完全混合的复杂流态,不仅保证了稳定可靠的处理效果,而且提高了容积利用率;反应器以厌氧—缺氧—好氧—缺氧—厌氧的序批方式运行,对多种生化反应进程控制,使其具有优良的脱氮除磷效果;CASS 建设费用低,工艺运转费用省,管理简单。目前 CASS 在世界范围内被认定为生活污水和工业废水处理的最佳工艺之一,典型的两个平行 CASS 反应器的构造如图 5-32 所示。

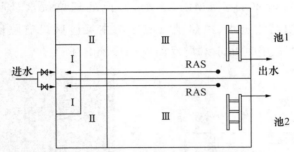

**图 5-32  两个平行 CASS 反应器的构造示意**

Ⅰ为生物选择区;Ⅱ为缺氧区(间歇曝气区);Ⅲ为好氧区(主曝气区),后部安装了滗水器;RAS 为回流活性污泥。CASS 工艺至少设两个平行的反应器,以保证系统能连续处理污水,一般在第一个反应器中进水和曝气时,在另一个反应器中就进行沉淀和滗水。

---

**专栏 5-3    生物选择区(生物选择器,biological selector)**

近年来在活性污泥法的工艺设计中,常在曝气池前设置一个生物选择器,或在池内划定一个生物选择区,其容积约占全部反应器的 10%,水力停留时间仅为 0.5～1.0 h,通常在厌氧或缺氧条件下运行。生物选择器在以下三个方面具有独特的优势:

① 控制污泥膨胀。由于选择器接受未经生物处理的污水和回流污泥,成为一个完全混合式的高负荷反应器,菌胶团细菌对溶解性有机物的吸附能力远高于丝状菌,因此生物选择器能促进菌胶团细菌增长,抑制丝状菌增长。

② 筛选反硝化细菌和聚磷菌。当选择器在缺氧条件下运行时,可促进菌胶团细菌利用硝酸盐进行呼吸;当选择器在厌氧条件下运行时,可促进聚磷菌释放磷。因此生物选择器可将污水和回流污泥中的反硝化细菌和聚磷菌富集起来。

③ 发挥水解作用。选择器在厌氧或缺氧条件下,回流污泥中细菌对进水中的大分子有机物(包括难降解有机物)进行有效的水解,提高工艺整体上对污染物的去除率。

CASS 工艺运行时,好氧区循环周期包括曝气、沉淀、排水(滗水,有时需要排泥)、闲置四个阶段,其中排水阶段中断进水,以防止短流循环而使出水水质变差,

图 5-33 为 CASS 工艺运行中一个周期各阶段的操作示意。对于城市污水,CASS 工艺曝气时间通常为一个循环周期的 50%,沉淀和滗水时间各占循环周期的 25%;每一循环周期的进水量一般为底部水位(最低滗水水位)相应容积的 50%,曝气大多采用小气泡的鼓风曝气方式。

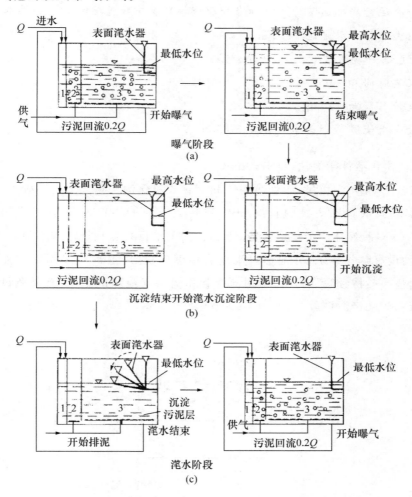

**图 5-33　CASS 工艺运行中一个周期各阶段的操作示意**

$Q$ 为进水水量;$0.2Q$ 为污泥回流量;1. 生物选择区;2. 缺氧区(间歇曝气区);3. 好氧区(主曝气区)

(a)曝气阶段:此阶段边进水边曝气。污水中有机污染物被微生物氧化分解,$NH_3$—N 经微生物硝化作用转化为 $NO_3^-$—N;同时还将主反应器区的污泥回流至生物选择器,回流量约为处理废水量的 20%。

(b)沉淀阶段:此阶段停止曝气,但仍然进水和回流污泥。主曝气区逐渐由好氧状态向缺氧状态转化,微生物利用水中剩余 DO 进行有机物的氧化分解,缺氧条件下开始反硝化反应;同时活性污泥逐渐沉淀于池底,上层水变清。

(c)滗水阶段:此阶段仍然停止曝气,同时停止进水,但保持污泥回流,滗水器开始自上而下逐渐排出上清液。主曝气区逐渐过渡到厌氧状态,继续反硝化,有时需要排出剩余污泥。

**专栏 5-4　CASS 的设计要点**

- 处理城市污水时,CASS 工艺中生物选择区、缺氧区和好氧区的容积比一般为 1：5：30,具体可根据水质和模块试验加以确定。
- 一个运行周期通常为 4 h(标准处理模块),其中曝气 2 h、沉淀和排水各 1 h。
- 最大设计水深可达 5～6 m;
- MLSS 一般为 3500～4000 mg/L;
- 沉淀时间 60 min;
- 设计 SVI 为 140 mL/g;
- 最大上清液滗除速率为 30 mm/min。

(3) 一体化活性污泥法(UNITANK)

在综合了 SBR 法、普通活性污泥法和交替式氧化沟工艺优势的基础上,一种结构简单紧凑、运转灵活可控的新型 SBR 变形工艺——UNITANK 被开发出来。典型 UNITANK 系统是一个矩形大池,内部有三个平行且互相连通的小池,每池可单独进水,均设有曝气系统(方池形可采用表面曝气机,廊道形可采用微气泡鼓风曝气),中间池一般持续曝气,而两端边池交替作为曝气池和沉淀池,其外侧设有固定的出水堰和剩余污泥排放口,如图 5-34 所示。

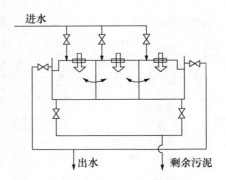

**图 5-34　典型 UNITANK 系统的构造示意**

UNITANK 工艺又称为一体化活性污泥法、交替生物池,是 1987 年比利时 SEGHERS 公司提出一种新颖的活性污泥法。

UNITANK 系统通过阀门自动控制进水按一定时序、依次、连续进入三个小池进行序批式处理,具体运行情况如图 5-35 所示。

UNITANK 工艺在自控系统下,各池因曝气强度和时间不同而形成好氧、缺氧和厌氧状态,对污水中有机物、氮和磷均可有效去除。总体来看,UNITANK 保待了传统 SBR 的自动控制、不需要污泥回流系统等特点；在模仿三沟式氧化沟交替运行的基础上，减少了占地面积，提高了容积和设备的利用率；保持了普通活性污泥法连续进水和出水、恒定水位运行的方式，因而减少了不必要的水头损失。因此，UNITANK 工艺在国内外得到广泛的应用，尤其适用于中小型污水处理厂。

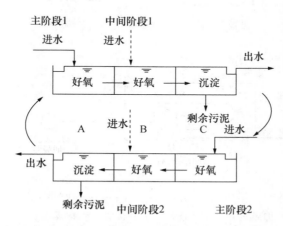

**图 5-35　UNITANK 运行中一个周期各阶段的操作示意**

　　UNITANK 工艺一个周期包括两个运行方向相反的阶段，每个阶段又包括主阶段和向下一阶段过渡的中间阶段。具体运行情况为：

　　第一主阶段（2～3 h）：污水进入 A 池，该池进入曝气状态，上一阶段该池因进行沉淀而积累了较高浓度的活性污泥，进水与活性污泥充分混合，污染物被吸附，部分被降解；混合液流入 B 池，该池持续曝气，污染物被进一步降解；混合液继续流入 C 池，该池处于沉淀状态，进行泥水分离，上清液经溢流堰排放，剩余污泥由池底排出。在这一推流过程中，活性污泥由 A 池进入中间池，再进入 C 池。第一中间阶段（30 min）：污水进入 B 池，C 池仍处于沉淀出水状态，A 池停止曝气，开始进入沉淀状态，为出水做准备。

　　第二主阶段（2～3 h）：污水进入 C 池，该池进入曝气状态，混合液的流动方向与第一阶段相反。在这一反向推流过程中，活性污泥由 C 池进入中间池，再进入 A 池，实现污泥在各池的重新分配。第二中间阶段（30 min）：污水进入 B 池，A 池仍处于沉淀出水状态，C 池停止曝气，开始进入沉淀状态，为出水做准备。

　　需要注意的是：边池在曝气状态时，其出水槽内进满混合液，所以当边池进入沉淀状态后，初期出水不能作为处理出水直接排放，需排入处理系统，待出水澄清后，方可外排。

### （六）膜生物反应器（MBR）

　　膜生物反应器（membrane bioreactor，MBR）是一种将生物处理反应器与膜过滤技术相结合的污水处理工艺，生物反应器常为活性污泥曝气池，膜单元常采用超滤膜组件，简称为 MBR 工艺，其革新之处在于以膜分离技术替代传统二沉池进行泥水分离。根据生物反应器与膜单元的不同结合方式，分为分置式 MBR 和一体式 MBR 两种基本类型（图 5-36）。

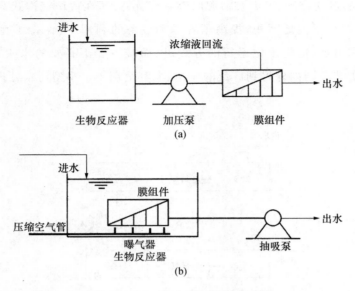

**图 5-36　MBR 的工艺流程**

（a）分置式 MBR,即膜单元与生物反应器分别设置。生物反应器一般为活性污泥曝气池,有时也设计为生物接触氧化等反应池;膜单元由膜组件及其封装容器组成,超滤膜组件多为平板式或管式;膜过滤的运行能耗较高,需要增设加压泵,将混合液注入膜单元并提供过滤压力;膜的滤过液为优质出水,膜面截留污泥被错流混合液冲刷,高浓度混合液回流至生物反应器。

（b）一体式 MBR,即膜单元与生物反应器设置于一体。生物反应器为活性污泥曝气池;膜单元由膜组件及其支撑框架组成,超滤膜组件多为中空纤维式或平板式,直接浸没于污泥混合液中;采用鼓风曝气系统,气体扩散器设于膜组件下方,使空气泡对膜面扰动,促进膜面污泥返回池中;需要增设抽吸泵,从膜组件抽出滤过液。

　　与传统活性污泥法工艺相比,MBR 具有非常明显的优势,体现在以下方面:

　　① MBR 对污染物去除率高。一方面原因是膜分离比沉淀法具有更高的污泥去除率,使出水 SS 很低,另一方面原因是代时较长的微生物(如硝化细菌、难降解有机物的降解菌等)能够在生物反应器中累积起来,有利于氨氮、难降解有机物等污染物的去除;

　　② MBR 运行控制更稳定。在传统活性污泥法中,二沉池的效率与其表面负荷及污泥沉淀性能密切相关,当污泥浓度增加而使沉淀池运行负荷增加时,往往导致沉淀效率下降,污泥流失;而当发生污泥膨胀时,二沉池的效率急剧下降,污泥流失更为严重。但是在 MBR 中,超滤膜可以将活性污泥完全截留,与污泥浓度和沉淀性能无关,在 MBR 运行中,泥龄(SRT)与水力停留时间(HRT)这两个重要的工艺参数可以分别独立控制,使工艺操作具有较大灵活性和适应性。

　　③ MBR 占地面积小。MBR 的生物反应器内微生物浓度高,MLSS 可达到普通

活性污泥法的 3～10 倍,大幅度提高了反应器容积负荷,从而降低了反应器的体积和占地面积。

④ MBR 剩余污泥量少。理论上 MBR 的 SRT 可以无限长,排泥量可接近于无;实际工程中 MBR 排泥量远小于普通活性污泥法,从而降低了剩余污泥的处理成本。

⑤ MBR 结构紧凑,易于定型化设计,更加适合于中小型污水处理。

由于上述优势与差异,MBR 工艺在主要运行参数上,其生物反应器的参数数值范围与传统活性污泥法差别较大;另外还多出一套膜过滤的参数,其中膜通量(即单位膜面积在单位时间内的过滤水量)是衡量 MBR 工艺运行稳定性的重要参数,它与操作压力(即跨膜压差)成正比,而与过滤阻力成反比。表 5-8 列出了两种MBR 的主要运行参数和出水水质。

表 5-8　MBR 主要运行参数和出水水质的数值范围

| | 主要参数或水质 | 一体式 MBR | 分置式 MBR |
|---|---|---|---|
| 生物反应器 | 容积负荷,kgCOD/(m³·d) | 1.2～3.2 | |
| | 污泥浓度,MLSS/(g·L⁻¹) | 5～20 | 10～30 |
| | 污泥浓度,MLVSS/(g·L⁻¹) | 4～16 | 8～30 |
| | 污泥负荷($F/M$),kgCOD/(kgMLVSS·d) | 0.1～0.4 | 0.04～0.2 |
| | 泥龄,d | 5～20 | 10～50 |
| | 水力停留时间,h | 4～6 | |
| | 溶解氧,mg·L⁻¹ | 0.5～1.0 | |
| 膜单元 | 膜通量,L/(m²·h) | 25～45 | 80～200 |
| | 过膜压力,kPa | 4～35 | 100～500 |
| | 曝气强度,$m_N^3$/(m²·h) | 0.2～1.5 | — |
| | 错流流速,m·s⁻¹ | — | 0.1～5 |
| 出水水质 | BOD₅,mg·L⁻¹ | <5 | |
| | COD,mg·L⁻¹ | <30 | |
| | $NH_4^+$—N,mg·L⁻¹ | <1 | |
| | TN,mg·L⁻¹ | <10 | |
| | 浊度,NTU | <1 | |

在 MBR 运行过程中,混合液直接作用于膜表面,不可避免地引起膜污染。MBR 膜污染是一个非常复杂的过程,污染物包括有机颗粒物、无机颗粒物、微生物等;污染方式有颗粒物堵塞膜孔,颗粒物附着于膜孔而使孔径减小,膜面凝胶层沉积,膜面污泥沉积,生物膜形成并不断增厚等。总之,膜材料特性、混合液性质及工艺操作条件均对膜污染进程产生影响。

MBR 的膜过滤单元通常在恒定的膜通量或操作压力下运行,当以恒膜通量方式运行时,随着膜污染的加重,过膜阻力增加,操作压力就需要增加;当以恒操作压力方式运行时,随着膜污染的加重,膜通量势必减小。因此 MBR 的膜污染必须控制在可承受水平之下,否则其经济性就会变差。

膜污染的控制分为减缓和清除两个层次。通过合理选择膜材料和膜组件、适当降低混合液的污泥浓度、适当降低膜通量、提高膜面错流流速或提高曝气强度,可以减缓膜污染的进程。然而,膜污染仍然会发生和发展,当膜污染接近处理系统可承受水平时,需要对膜污染进行清除。通常的做法是间歇性运行膜过滤单元,即在膜过滤运行一定时间后(15~30 min),停止过滤 0.5~1.0 min,在持续强曝气或水力冲刷作用下对膜污染进行一定程度的清除;为了增强膜污染清除效果,有时还以滤后水对膜进行反向过滤(即反冲洗),反冲洗膜通量通常大于正常过滤的膜通量。上述物理方法均可在线操作,能被清除的膜污染称为可逆污染,包括泥饼层污染和部分凝胶层污染;而不能被上述物理方法清除的膜污染称为不可逆污染,主要包括膜孔污染和部分凝胶层污染,不可逆污染需要通过化学方法进行清除。对于处理生活污水的 MBR 系统,化学清洗药剂主要有酸(如柠檬酸和草酸)和氧化剂(如次氯酸钠),具体清洗方法如表 5-9 所示。

表 5-9    膜的化学清洗方法(以处理生活污水的 MBR 为例)

| 清洗类型 | 清洗频率 | 持续时间 | 化学药剂 |
|---|---|---|---|
| 日常化学清洗 | 数次/d | 0.5~1.0 min | 1~5 mg/L 次氯酸钠溶液(以氯计) |
| 维护性化学清洗 | 数次/w | ~1 h | ~100 mg/L 次氯酸钠溶液(以氯计) |
| 离线化学清洗[a] | 2~4 次/y | ~1 d | 0.2%~0.3% 柠檬酸溶液 ＋0.2%~0.5%次氯酸钠溶液 |

注:a. 离线化学清洗时将膜组件吊离 MBR,置于专门的化学药剂槽内,以化学药剂浸泡。

及时清除膜污染可以延长膜组件的使用寿命,但无论是在线还是离线清洗,都可能对膜结构造成损害,对膜过滤产生不利影响。因此,膜污染控制方法的选择和操作程序应进行优化,对于某些工业废水和特殊废水最好先进行试验,再做工程设计,权衡好处理效率与运行成本。

MBR 出现于 20 世纪 60 年代末期,最初是为了获取更优质的处理水,但处理成本过高,难以推广。20 世纪 90 年代日本将膜技术广泛应用于水和污水处理,规范化 MBR 工艺设计,在水资源短缺的地区,MBR 出水经过简单消毒后即可作为再生水用于农业灌溉及城市杂用,因而引起世界范围的关注。近年来随着材料科学与技术的发展,膜性能大幅提高,同时膜价格大幅降低,目前 MBR 在世界各地(尤其是在场地面积有限、对出水水质要求较高的地区)得到越来越广泛的应用,除了处理生活污水,还可治理多种废水和废液,如化工、医药、电子、金属处理和汽车制造等工业废水,以及屠宰场废水、粪便水、医院废水和垃圾渗滤液等特殊废水。

## 5.2.6　活性污泥法的常见故障与对策

在不断进行技术革新、工艺优化以及工程经验积累的过程中,活性污泥法日益成熟和丰富起来,在污水和废水的治理中稳定发挥出功效。但是,活性污泥法中的微生物时刻处于变化中,驱动其变化和演化的原因既有微生物群落之间的互作关系,也有环境因素(如水质、不同季节气温等)和工艺参数(如泥龄、污染负荷等)的影响,在不适条件或突发情况下,活性污泥法的运行会发生故障,常见故障有污泥膨胀、污泥上浮和产生泡沫等,需针对处理系统的具体情况分析原因,采取相应对策。

1. 污泥膨胀

当观察到曝气池中活性污泥结构极为松散[图 5-8(a)],二沉池中污泥沉淀速率缓慢,容易随水溢入出水时,就出现了污泥膨胀问题,这是全球污水处理厂常见且严重的运行故障。目前,我国以 SVI 值作为主要指标,将 SVI>150 mL/g 的活性污泥定义为膨胀污泥。

发生污泥膨胀时,污水处理厂运行故障的表现有:二沉池内的固液分离受到严重阻扰,导致出水水质恶化;回流污泥浓度降低,曝气池内不能维持所需生物量,影响处理效率;此外,还增大了后续污泥处理的负担。

污泥膨胀的根本原因是活性污泥微环境更适合放射菌、真菌等丝状菌的生长繁殖,而不利于细菌增殖。当活性污泥法污泥负荷过低、DO 低、营养物(N、P 及一些微量元素)缺乏时,容易导致污泥絮体中丝状菌大量增殖;另外,持水性极高的黏性物质(多为糖类)过多也易阻止絮体正常沉淀,低温(低于 5 ℃)也不利于污泥沉淀。

一旦出现污泥膨胀的苗头,污水处理厂应尽快分析具体原因并采取措施进行干预。如调整进水的 C/N 比例,控制回流比,从而提高污泥负荷;补充 N、P 及其他必需微量营养物质;保持 DO 不宜过低;保持进水温度不宜过低;在曝气池前增设生物选择池等。作为应急措施,可向回流污泥投加药剂,如投加铁盐、铝盐等混凝剂或有机阳离子絮凝剂,可以直接提高污泥的压密性,恢复沉淀效率;又如投加氯气、过氧化氢、臭氧等氧化剂,可以直接破坏和杀死丝状菌。从预防和长期控制污泥膨胀的角度看,应当为活性污泥营造合适的环境条件,从而抑制丝状真菌而促进菌胶团细菌生长。

2. 污泥上浮

当二沉池中出现大量污泥上浮,并随出水溢失时,就发生了污泥上浮故障。污泥上浮的主要原因是泥水混合液在二沉池中停留时间过长,污泥微生物持续的代谢活动使 DO 下降,其后厌氧微生物的代谢活动产生气体,气体逸出时顶托污泥颗粒上升,在严重情况下二沉池的沉淀效率大幅度下降,出水水质恶化。

出现污泥上浮情况时,需要具体分析污泥厌氧反应类型。一种情况是污泥发生反硝化,即二沉池处于缺氧状态(0.2 mg/L<DO<0.5 mg/L),反硝化细菌将硝酸盐转化,形成 $NO$、$N_2O$ 和 $N_2$ 等气体;另一种情况是污泥腐化,即二沉池进入厌氧状态($DO<0.2$ mg/L),污泥发生厌氧分解,产生 $CH_4$ 及 $CO_2$ 气体。两种情况均可以通过减少二沉池沉淀时间、及时排走剩余污泥而得到缓解。此外,适当增加回流比,可降低出水的硝酸盐含量,从而削弱反硝化过程;加大曝气池供气量,可提高出水 DO 含量,防止污泥进入厌氧状态。

3. 产生泡沫

当曝气池或二沉池内出现大量泡沫时,不仅有碍观瞻,而且严重时也影响出水水质。这一现象说明污水中含有较高浓度的表面活性物质(如洗涤剂等),可在曝气池安装喷洒管网,直接向曝气池喷洒清水或酸、碱等除泡剂。

# 5.3  好氧附着生长处理技术

在活性污泥法诞生之前的 20 世纪 80 年代,英国和美国的工程师就开始探索利用微生物处理市政污水的方法。为了培养和固定微生物,在处理污水的沟、槽或池中放置了固体滤料,污水与滤料接触一段时间后,滤料表面即可形成含有大量微生物的生物膜,生物膜微生物能够利用污水中的有机物以及氮、磷等营养物质进行代谢和繁殖,从而使污水得到净化。与微生物群落呈悬浮生长状态的活性污泥法相对应的,这种微生物群落呈附着生长状态的生物处理技术,称为好氧附着生长处理技术,也称为生物膜法。

## 5.3.1  生物膜法的基本原理

生物膜法具有与活性污泥法相近的工艺流程(图 5-38),在主体生物处理单元,反应器或构筑物内放置了滤料(有时称为填料),在系统启动阶段需要挂膜,即污水中的微生物(有时为投加的接种微生物)附着生长于滤料表面,直至形成有活性且稳定的生物膜。在系统正常运行后,污水首先进入一级预处理的初沉池,去除大部分悬浮固体物质,避免生物膜反应器过早堵塞;之后污水进入核心的生物处理单元,溶解性污染物作为营养物质被生物膜微生物摄取和分解,从而使污水得到净化;随着系统持续运行,生物膜微生物不断繁殖,使膜厚度增加,也因此增加了膜内物质传递的阻力,当生物膜内微生物无法获得充足营养时,越来越多微生物的生长就进入内源呼吸阶段,其附着力减弱而使生物膜容易脱落;最后,二沉池将脱落的生物膜排除,并产出达到排放标准的处理水。

　　但是生物膜法与活性污泥法不同的是:图 5-37 中二沉池排除的生物膜污泥不回流,但部分出水可回流至生物膜反应器,再参与污水处理。回流水一方面稀释进水有机物浓度,另一方面提高反应器的水力负荷,加强对滤料表面生物膜的冲刷作用,有利于更新生物膜,使生物膜整体保持良好活性和适宜厚度。

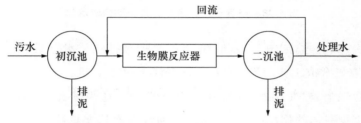

**图 5-37　生物膜法基本工艺流程**

　　性状良好的生物膜内含有大量细菌、真菌以及它们的分泌物质和代谢产物,还常有藻类、线虫类、轮虫类以及寡毛类等微型动物,甚至还会出现昆虫,具有比活性污泥更丰富的物种和更复杂的食物网结构。受传质阻力影响,生物膜具有清晰的物质分层分布现象,为不同微生物提供了多元的微环境条件。以溶解氧(DO)为例,DO 沿着水流与生物膜接触的表层向生物膜与滤料接触的底层扩散,浓度不断衰减(图 5-38),成熟的生物膜通常包括浅层好氧区和深层厌氧区,内部分别富含好氧/兼氧微生物和兼氧/厌氧微生物;同时因为不同类别微生物的各种代谢活动,使污染物、代谢产物和最终产物等在生物膜环境里呈现有规律的分布,并处于动态平衡。

　　滤料是决定生物膜法运行成败、影响生物膜法处理效率的重要材料。滤料表面应适宜微生物附着,好的滤料还具有较大的单位体积滤料的表面积和空隙率;除此之外,滤料应能承受一定压力,抗废水和空气侵蚀,不含影响微生物活动的杂质和溶出物,价格便宜,容易获得与加工。

　　早期生物膜法的滤料以无机矿物为主,包括天然的砾石、卵石等,以及加工的陶

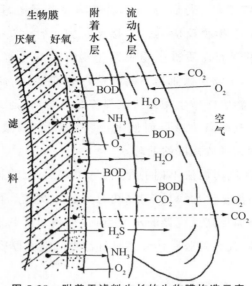

**图 5-38  附着于滤料生长的生物膜构造示意**

粒、沸石、焦炭、炉渣等,如图 5-39(a)和(b),这些滤料对污水还具有过滤的净化作用。20 世纪有机合成工业的发展,为生物膜法提供了有机材质,如有机孔板、波形板、悬浮球、弹性丝、软性纤维等,如图 5-39(c)～(e),这些材质填充在生物反应器中主要承担微生物载体的作用(图 5-40),因此通常不称其为滤料,而称为填料。

**图 5-39  生物膜法常用的滤料或填料**

(a)天然砾石;(b)加工后沸石;(c)波形板;(d)塑料悬浮球(内充弹性丝);(e)纤维绳结合弹性丝

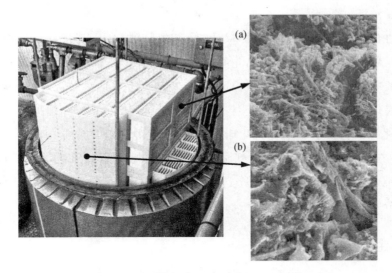

**图 5-40　整装式填料表面的微生物群落**
（a）填料内侧生长的生物膜微生物群落；（b）填料外围堆存的脱落生物膜

## 5.3.2　生物膜法的形式

生物膜法在污水处理的工程实践中也不断革新和发展,形成丰富多样的形式。目前常见的生物膜法形式有:

（1）润湿型

主要工艺技术有生物滤池、生物滤塔、生物转盘等,其特点是生物处理单元的滤料（或转盘）被污水润湿,生物膜可与空气接触,因而不需要人工曝气。图 5-41 为处理楼宇杂排水的生物转盘。

**图 5-41　处理楼宇杂排水的生物转盘**

（2）浸没型

代表性的工艺技术有生物接触氧化、曝气生物滤池等，其特点是生物处理反应器的填料（或滤料）浸没在污水中，生物膜接触不到空气，需要通过曝气为微生物的代谢活动提供氧，污水在填料的空隙间流动。

（3）流化型

代表性的工艺技术有生物流化床，其特点是生物处理反应器中的填料为细小介质（如细砂粒、活性炭粒等），其受到曝气和进水的扰动而悬浮流动于反应器内，与污水剧烈混合和接触。

下面分别对三种形式生物膜法的代表性工艺进行介绍。

## 5.3.3 生物滤池

生物滤池是生物膜法最早的工艺形式，于 1893 年由英国的 Corbett 和 Salford 创建。生活污水通过沉淀等预处理技术去除悬浮物后，即投配至生物滤池，经过生物膜的净化作用和滤料的过滤作用，出水可直接排放。

1. 普通生物滤池

早期创建的普通生物滤池一直沿用至今，多为砖石砌造的方形或矩形构筑物，由池体、砾石滤料、喷嘴布水装置和排水系统组成，如图 5-42 所示。普通生物滤池工艺简单，可不设二沉池，对 $BOD_5$ 去除率可高达 95％以上；运行稳定，较易管理，运行费用低。但其缺点也很突出，滤池进水 BOD 不宜超过 200 mg/L，处理单位污染负荷的滤池面积相对较大；且运行年份久后，滤料易堵塞，气味不佳，影响周围环境卫生。普通生物滤池适用于处理污水量≤1000 $m^3/d$ 的小城镇生活污水和有机工业废水。

2. 高负荷生物滤池

高负荷生物滤池是在提高普通生物滤池的处理负荷，解决其运行易堵塞、卫生条件差等问题的基础上发展而来的，工艺流程如图 5-43 所示。高负荷生物滤池的 BOD 容积负荷为普通生物滤池的 6～8 倍，水力负荷可提高至 10 倍，因此滤池处理能力大幅度提高，老化生物膜能被及时冲刷，从而防止滤料堵塞，且促进生物膜更新。但总体上，高负荷生物滤池的出水水质不及普通生物滤池，当原污水浓度较高时（$BOD_5$＞200 mg/L），可将两个高负荷滤池串联起来，形成两级滤池处理系统。进一步地，为了防止一级滤池负荷过大而二级滤池负荷过低，可将串联的两个滤池交替用作一级池，从而提高滤池的整体处理效率。

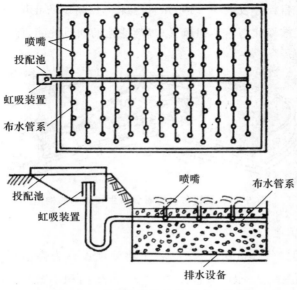

**图 5-42　普通生物滤池的组成与构造**

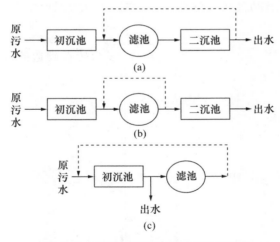

**图 5-43　高负荷生物滤池的工艺流程**

（a）最广泛采用的高负荷生物滤池工艺；（b）部分滤池出水回流，有助于生物膜的更新；（c）省去二沉池，将滤池出水回流至初沉池，脱落的生物膜通过沉淀作用排除，出水为初沉池的部分流出液

　　设计有旋转布水器的高负荷生物滤池（图 5-44）是应用较广泛的工程形式，其结构为可配合旋转布水器的圆形池，污水以一定压力流入池中央的进水竖管，再流入布水横管（一般为 2～4 根）；布水横管的同一侧开有孔口，孔间距为中心处间距较大，向外沿逐渐缩小，当污水从孔口喷出时可产生反作用力，使横管沿喷水的反方向旋

转。滤池铺装的滤料粒径较大(4~10 cm),空隙率较高以防止堵塞;当滤层厚度超过2 m,需考虑以人工鼓风代替自然通风,以提高滤池的通风性能,保证污水处理效率。

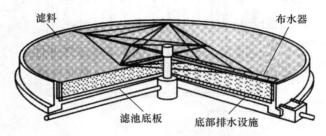

图 5-44　旋转布水的高负荷生物滤池的构造

### 3. 塔式生物滤池

借鉴化学工程的气体洗涤塔原理,将生物滤池设计为高塔形式,即为塔式生物滤池(图 5-45),一般高 8~24 m,直径 1~4 m,占地面积小,因滤池很高而使内部自然通风状态良好。当污水自上而下滴落时,产生强烈紊动,使污水、空气、生物膜三者充分接触,提高了传质速度和滤池的净化能力,且污泥产生量较小。

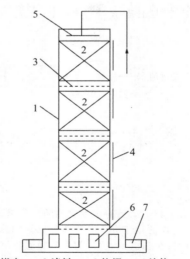

1.塔身;　2.滤料;　3.格栅;　4.检修口;
5.布水器;6.通风孔;7.集水槽

图 5-45　典型塔式生物滤池的构造

塔式生物滤池的处理负荷远比高负荷滤池更高,当采用塑料滤料时,水力负荷可达到 80~200 m³/(m²·d),$BOD_5$ 容积负荷达到 2000~3000 g/(m²·d)。塔式滤池对水量和水质变化的适应性强,生物膜生长迅速,但受到强烈水力和通风扰动,使生物膜脱落和更新快,可保持较高的活性。若进水 $BOD_5 > 500\ mg/L$,可采用多级布水方法来均衡全塔负荷。

图 5-45 是一种典型塔式生物滤池的构造示意。滤池横截面大多为圆形,也有的为方形或矩形;塔身分层建造,有砖结构、钢结构、钢筋混凝土结构、钢框架和塑料板围护结构等,每层设有测温孔、观测孔和检修孔;层之间设格栅,承托在塔身上,分层承担滤料重量,每层高度以不大于 2 m 为宜。布水装置大多采用旋转布水器(圆塔),小型塔式生物滤池可采用固定喷嘴式布水器或多孔管和溅水筛板。塔式生物滤池大多采用轻质滤料,如环氧树脂固化的玻璃布蜂窝滤料和大孔径波纹板滤料等。

塔式生物滤池还具有一定的硝化反硝化能力,适宜处理城市污水和易降解工业废水,对含氰、酚、腈等工业废水也有一定的净化能力。但是塔式生物滤池一次性投资较高,运行管理不太方便,运转费用较高。

## 5.3.4　生物接触氧化法

生物接触氧化法由"浸没式生物滤池法"演变而来,是浸没式生物膜法污水处理技术的代表性工艺。早在 20 世纪 20 年代,德国和美国就开展了生物接触氧化处理污水的试验研究,但效果均不理想,主要原因有污水处理的水力停留时间短,使有机物降解不彻底;填料表面积小,使固定的生物膜量不大,故微生物代谢与转化的污染物总量不大;填料构造不合理,易于堵塞,系统管理不方便。因此,生物接触氧化法在其后很长时期里未能得到推广和应用。直到 20 世纪 70 年代初,日本的小岛贞男从河流的自净作用考虑,采用蜂窝管式接触填料,好氧处理受污染的水源水,才使生物接触氧化法取得了突破性成功。其中关键性的蜂窝管式填料与颗粒滤料相比,具有比表面积大、孔隙率高、质量轻、强度高、脱膜容易等优点,这种新填料使生物接触氧化法从生物滤池法中完全脱离,而成为一类全新的生物膜法。

生物接触氧化法在填料表面生物膜成熟,且系统进入稳定运行后,兼具生物膜法和活性污泥法的特点。其工作原理可理解为:在曝气池中放置填料作为生物膜的填料,经过充氧的废水以一定的流速通过反应器,利用填料表面生物膜和填料空隙中活性污泥的联合作用净化污水。生物接触氧化法的工艺流程如图 5-46 所示,视污水浓度可选择一段式或二段式工艺。工艺流程中主体的生物接触氧化池由池体、填料、布水装置和曝气系统组成,池型有直流式和分流式,如图 5-47 和图 5-48 所示。在实际工程中,在处理水量相同、去除率要求一致的情况下,生物接触氧化法比普通活性污泥法更加经济,其主体接触氧化池占地面积较小,曝气能耗较低。

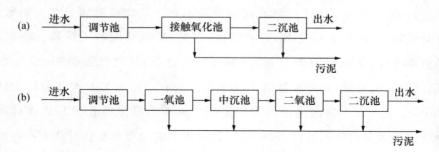

**图 5-46    生物接触氧化法的工艺流程**
(a) 一段式工艺;(b) 二段式工艺:高负荷第一段 $F/M > 2.1$,低负荷第二段 $F/M \approx 0.1$

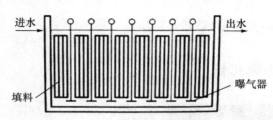

**图 5-47    直流式生物接触氧化法的内部构造**

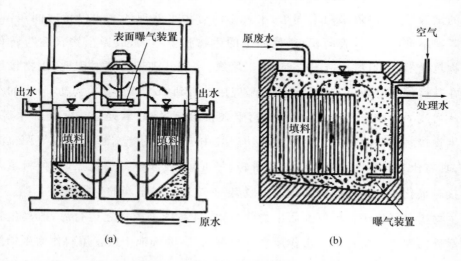

**图 5-48    分流式生物接触氧化法的内部构造**
(a) 中心表面曝气型;(b) 单侧鼓风曝气型

生物接触氧化的设计要点包括:① BOD 负荷为 $1.5 \sim 5 \, kgBOD_5/(m^3 \cdot d)$(填料容积负荷),进水 $BOD_5$ 控制在 $100 \sim 300 \, mg/L$,浓度大时应以处理水回流稀释;

② 污水处理的水力停留时间为 2～5 h;③ 由于氧的利用率较高,接触氧化池内 DO 控制在 2.5～3.5 mg/L,气水比为(15～20)∶1;④ 系统对冲击负荷和水质变化的耐受性较强,无须回流污泥;⑤ 选择大空隙率的填料,大多为有机材质,填料总高度约 3 m,若为硬性填料,应分层均匀装填。

　　生物接触氧化法最先在日本受到重视,20 世纪 80 年代日本政府建设省发表通告,将生物接触氧化法列为小型污水处理的优先推荐处理工艺,并且公布了构造准则,以后又在脱氮、除磷和减少污泥生成量方面提出更高要求。在日本农村地区普及使用的合并净化槽中,就将生物接触氧化法作为好氧处理的核心技术,通过其与厌氧水解、沉淀过滤等技术的组合,高效便捷地净化了农村地区分散生活污水。图 5-49 显示了典型的日本合并净化槽内部构造。目前生物接触氧化法在全球得到推广,已广泛应用于水源水预处理、小型生活污水处理以及某些工业废水的二级或三级处理中。

**图 5-49　日本合并净化槽内部构造**
工艺流程中的好氧单元选择了接触氧化法

## 5.3.5　曝气生物滤池

　　为了进一步提高污水处理负荷和处理效率,20 世纪 70 年代中期在欧洲出现一种浸没法生物膜法新工艺——曝气生物滤池(biological aerated filter, BAF)。BAF 在生物接触氧化工艺的基础上,将曝气池装填的大孔隙填料改为小颗粒载体,引入给水处理中常用的过滤技术,不再设二沉池,通过主体滤池的"过滤—反冲洗"周期性运行方式,保持系统稳定并获得良好出水。图 5-50 为 BAF 工艺流程,图 5-51 为其工程应用。

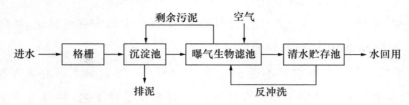

图 5-50  BAF 工艺流程

图 5-51  BAF 工程应用

随着工业技术的发展,20 世纪 90 年代初以后,BAF 在法国、英国、奥地利和澳大利亚等国已发展成为较成熟的工艺,特别是核心的曝气生物滤池单元实现设备化,主要应用于污水二级生物处理和深度处理。与生物滤池和生物接触氧化法相比,BAF 的特点有:① 曝气生物滤池内装载颗粒载体,为生物膜生长提供了巨大的比表面积,使滤池内生物量高且活性强;② 曝气滤池中气水相对运动,接触面积大,生化反应速度快,容积负荷大;③ 对有机物降解能力力强,有的还具有脱氮功能,颗粒载体的过滤作用使出水的悬浮物低;④ 工艺流程简单、结构紧凑,不需要二沉池,占地面积小。但是为了防止滤层堵塞,曝气生物滤池的进水需要强化预处理,有时还设计了气水联合反冲洗,因而增加了运行成本;此外,BAF 工艺产生的污泥量相对较大,污泥稳定性稍差。

以法国公司开发的 Biostyr 工艺为例,其曝气生物滤池(图 5-52)使用密度为 $0.92\,\mathrm{g/cm^3}$ 的聚苯乙烯球(直径约 1 mm)为生物膜载体,滤池上向流运行。表 5-10 为 Biostyr 工艺的基本参数。

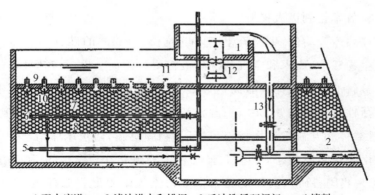

1.配水廊道　　2.滤池进水和排泥　　3.反冲洗循环闸门　　4.填料
5.反冲洗气管　　6.工艺空气管　　7.好氧区　　8.缺氧区　　9.挡板
10.出水滤头　　11.处理后水的储存和排出　　12.回流泵　　13.进水管

图 5-52　Biostyr 工艺中曝气生物滤池的内部构造

　　由于出水高出滤池,其水头足以反冲洗滤池,这就不需要用单独的反冲洗水和反冲洗泵;
栅状曝气管可置于滤床的中部,这样在其下面为非曝气区(缺氧区),上部为曝气区(好氧区),
可实现单池中的硝化—反硝化;并可根据水质与处理要求,调节两区所占的比例;采用聚苯乙
烯圆粒为填料,材质较轻,易于进行反冲洗;颗粒大小与密度可根据需要确定;滤帽与支撑板设
置于滤床上部,维护和修理方便。

表 5-10　Biostyr 工艺中曝气生物滤池的基本参数

|  |  |  |
|---|---|---|
| 物理参数 | 滤料直径,mm | 1~8 |
|  | 滤床高度,m | 2~4 |
|  | 滤池单元面积,m² | 100 |
| 运行参数 | 滤速,m³/(m²·h) | 2~8 |
|  | 曝气速率,m³/(m²·h) | 4~15 |
|  | BOD₅ 去除负荷,kg/(m³·d) | 4~7 |
|  | 硝化量(以氨计),kg/(m³·d) | 0.1~0.15 |
|  | 反硝化量(以硝酸盐计),kg/(m³·d) | 0.8~4.0 |
| 反冲洗参数 | 冲洗水流速,m³/(m²·h) | 20~80 |
|  | 冲洗气速,m³/(m²·h) | 20~80 |
|  | 冲洗间隙 | 12 h~3 d |
|  | 冲洗时间,min | 30~40 |
|  | 冲洗水量,(%) | 5~40 |

## 5.3.6　生物流化床

　　生物流化床是一种流化型的生物膜法污水处理技术,它于 20 世纪 70 年代发展
起来,以生物膜法为基础,吸取了化工操作中的流态化技术,使污水好氧处理反应
器中载体(固体颗粒)与污水(流体)之间充分接触,整个系统呈现流动状态,如此传

质效率和反应效率得到极大提升。

为了实现载体流动化，生物流化床内以粒径＜1 mm 的砂、陶粒、活性炭等颗粒状物质为微生物载体，废水和空气的混合液需要自下而上以一定速度通过床层。流化后彼此不接触的颗粒载体具有高达 2000～3000 m²/m³ 的比表面积，生物固体浓度可达普通活性污泥法的 5～10 倍；载体流态化使污水与生物膜充分接触，强化了传质过程，且载体相互碰撞和摩擦，促进了生物膜更新，防止床体堵塞。

根据流化床内物质相态，工程上有二相生物流化床（图 5-53）和三相生物流化床。图 5-54 为我国科研人员开发的三相生物流化床的工艺流程，在核心单元的内循环三相生物流化床中，污水、生物膜载体以及空气被导引着充分接触和有序循环，使其具有突出优点：① 充氧能力强。氧传质系数随载体加入量增大而增大，当载体浓度为 100 kg/m³ 时 $K_L a$ 值达 91.2 h$^{-1}$，氧利用率为 13%。② 污染物负荷高。进水有机负荷可达 10.4 kgCOD/(m³·d)，是活性污泥法的 4 倍，高负荷生物滤池的 7 倍。③ 生活污水处理效果好。当进水 COD 为 150～1000 mg/L，气水比为 4∶1，水力停留时间为 50 min 时，COD 平均去除率接近 90%，相应的 COD 容积负荷超过 10 kg COD/(m³·d)。④ 反应器占地面积小。由于水力停留时间短，污水处理量相同时，三相生物流化床反应器的容积只有活性污泥法的 1/3。但是，内循环三相生物流化床也有提升泵的风压要求高，为实现流化而需要提供高曝气，三相分离区的固液分离效率不稳定等问题。

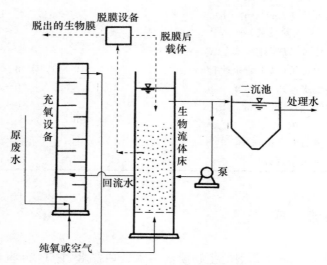

**图 5-53　二相流化床工艺流程**

污水的充氧、溶氧污水与载体的接触分别在两个设备中进行，生物流化床内有固（颗粒载体）、液（废水）两相

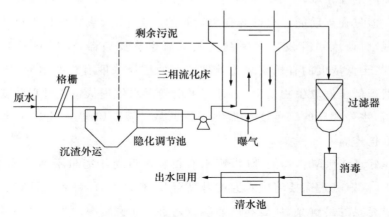

图 5-54　内循环三相流化床工艺流程

## 5.4　厌氧生物处理技术

人类生活与生产活动产生、排放和丢弃的大分子有机污染物,如碳水化合物、蛋白质、油脂等,可在缺氧、无氧的条件下被微生物分解为小分子有机物及简单无机物。与好氧微生物驱动的污染物氧化降解不同,厌氧微生物可以驱动污染物的还原分解,由于反应机制的不同,利用厌氧微生物开展污染物治理的方法形成了另一大类环境工程技术。

厌氧生物处理技术的雏形始于农耕时代人畜粪便及农田废弃物的处理,中国是世界上最早实践堆肥还田的国家,不仅将污秽废物有效处理、保护了生活环境的整洁,而且还为农田补充了肥料、保持地力长久不衰。近代工业革命促使欧洲形成人口集中、商贸活跃的城市后,需要市政工程技术将城市废弃物有效处理,以保护城市的卫生环境。一代又一代厌氧生物处理技术不断被推出,因其经济、节能、高效的优势而被广泛应用于城市粪便处理、污水处理厂污泥处理以及高浓度有机废水治理中。

### 5.4.1　好氧与厌氧生物处理的比较

厌氧生物处理(anaerobic biological treatment)也称为厌氧消化(anaerobic digestion),是在无氧的条件下,利用兼性菌和厌氧菌分解有机污染物的技术方法,其最终产物是以甲烷为主的可燃性气体(称为沼气,biogas),可作为能源回收利用。厌氧处理过程产生的污泥量较少且易于脱水浓缩,可用作肥料。

在水环境工程领域,早期厌氧生物处理仅用于城市粪便和污水处理厂污泥的稳定化处理。但是在当前能源与资源日趋紧张的形势下,厌氧处理技术重新受到世界各国的重视,科研人员开发出一系列高效厌氧生物反应器,应用领域扩展至高浓度、中浓度甚至低浓度的有机废水的处理。在处理高浓度有机废水时,厌氧生物处理的运转费远低于好氧生物处理,而且有可能使污水处理从耗能过程转变为产能过程,为未来污水处理厂的绿色变革提供了新思路。表 5-11 全面比较了厌氧与好氧生物处理的优劣。

在选择好氧或厌氧生物处理时,废水有机物浓度对于能量平衡计算至关重要。一般情况下,厌氧处理需要将废水温度升高至 30 ℃ 以上,而好氧处理则需要对废水曝气以提供充足的溶解氧,耗能和产能参数列于下面例题中。当废水中可生物降解 COD 浓度为 1270 mg/L(即 1.27 kg/m³)时,好氧和厌氧过程所需能量投入相同;当 COD 浓度低于该值时,好氧处理所需的能量更低;而当 COD 浓度高于该值时,厌氧处理可回收更多的能量,另外从厌氧处理出水回收的热能可弥补一定能耗,并且厌氧处理还具有产生较少污泥量的优势。

**【例题 5-1】** 比较好氧和厌氧废水处理过程的能量平衡。废水条件为:水量,100 m³/d;有机污染物浓度,10 kg/m³;水温,20 ℃。计算结果如下:

| | 能量/(kJ·d⁻¹) | |
| --- | --- | --- |
| | 厌氧生物处理 | 好氧生物处理 |
| 曝气[a,b] | — | −1.9×10⁶ |
| 提高废水温度至 30 ℃ | −2.1×10⁶ | — |
| 产甲烷[c,d] | 12.5×10⁶ | — |
| 能量净变化 | −10.4×10⁶ | −1.9×10⁶ |

计算参数:a. 去除单位有机物的需氧量,0.8 kg/kg COD;
　　　　　b. 曝气效率,1.52 kg O₂/(kW·h),3600 kJ=1 kW·h;
　　　　　c. 去除单位有机物的甲烷产量,0.35 m³/kg COD;
　　　　　d. 甲烷能量值,35 846 kJ/m³(在 0 ℃ 和 1 大气压条件下)。

**表 5-11　厌氧生物处理与好氧生物处理的比较**

| | 厌氧生物处理 | 好氧生物处理 |
| --- | --- | --- |
| 反应器容积 | 去除单位有机负荷所需体积较小 | 去除单位有机负荷所需体积较大 |
| 能量需求 | 低能耗过程 | 高能耗过程 |
| 温度要求 | 低温条件下产甲烷速率降低 | 低温不利于硝化反应 |
| 营养盐需求 | 对氮、磷需求较低 | 对氮、磷需求较高 |
| 碱度要求 | 需要投加碱性物质,防止系统酸化 | 无 |

（续表）

| | 厌氧生物处理 | 好氧生物处理 |
|---|---|---|
| 有害物质的影响 | 敏感,有毒有害物质抑制产甲烷菌的活性 | 敏感,有毒有害物质抑制硝化细菌的活性 |
| 系统启动 | 反应器启动时间长,厌氧污泥中产甲烷菌增殖慢 | 反应器启动较快,活性污泥微生物群落构建迅速 |
| 闲置后重启 | 长期停滞后,补充基质即可快速重启 | 长期停运后,活性污泥需要重新培养和驯化 |
| 出水水质 | 出水一般需进一步好氧处理,以达到排放标准 | 出水可达到排放标准 |
| 对氮、磷的去除 | 效率低 | 在优化工艺条件下可高效脱氮、除磷 |
| 生物污泥产量 | 较少 | 较多 |
| 温室气体排放 | 排放气体中主要有甲烷、二氧化碳,回收后可作能源物质 | 主要为二氧化碳、氮气等 |
| 其他气态污染物 | 产生 $H_2S$、$NH_3$ 等,臭味大且具有腐蚀性 | 曝气过程中吹脱挥发性物质,如 VOCs |

## 5.4.2　有机污染物厌氧生物处理的机理

1. 厌氧生物处理的两阶段理论

早期的观察和研究发现,无氧条件下有机物被厌氧微生物分解的全过程可分为两个阶段:酸性发酵阶段和碱性发酵阶段,如图 5-55 所示。

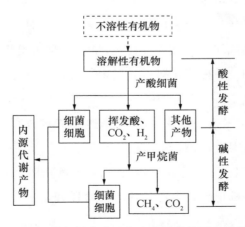

图 5-55　有机污染物厌氧生物处理的两个阶段

酸性发酵阶段又称为产酸阶段。不溶性有机物在细菌胞外酶作用下,水解生成水溶性的有机物,例如:淀粉和纤维素水解为单糖,蛋白质水解为肽和氨基酸,脂肪水解为丙三醇和脂肪酸。之后,水解产物被吸收入细胞,在胞内酶的作用下,转化为丁酸、丙酸、乙酸等挥发性有机酸和硫醇等小分子有机物,以及氨、硫化氢、$CO_2$和 $H_2$ 等无机物和能量。发酵细菌(或称为产酸细菌、水解细菌)属于兼性厌氧菌或专性厌氧菌,具有生长快、对温度和 pH 适应性强的特点。

碱性发酵阶段又称为产甲烷阶段。前一阶段产生的有机酸、醇和氢等被转化为$CH_4$ 和 $CO_2$(即沼气)以及少量硫化氢、氨和氢等气体。此阶段重要的微生物是产甲烷菌(methanogens),属于专性厌氧菌,具有生长缓慢、世代期长、对环境条件(温度、pH、抑制物等)非常敏感的特点。对于生活污水,其产生的剩余污泥在厌氧消化的碱性发酵阶段,所产沼气中 $CH_4$ 占 $50\%\sim75\%$,$CO_2$ 占 $20\%\sim30\%$,吨水处理后的发热量与 BOD 浓度有关。

在有机物厌氧生物处理过程中,pH 发生剧烈的波动。在酸性发酵前期,细菌先分解碳水化合物,产生大量有机酸,溶液 pH 迅速下降至 6 以下;随着碳水化合物的减少,有机酸及含氮有机物开始分解,生成氨、胺、碳酸盐等碱性物质,pH 不再下降,并逐渐上升到 6.7 左右,同时产生硫化氢、吲哚、硫醇等恶臭气体。进入酸性发酵后期,产甲烷菌适应环境后开始分解有机酸,使溶液 pH 进一步上升,产气量增加,有机物厌氧分解进入碱性发酵阶段;当 pH 达 $7\sim7.5$ 时,产气量达到最大值。

2. 厌氧生物处理的三阶段理论

随着微生物学和分子生物技术的发展,有机污染物的厌氧生物分解过程被更深入细致地认知。首先,早期笼统称为产酸细菌的微生物,按不同产酸反应被区分为发酵细菌和产氢产乙酸细菌,后者把乙醇氧化为乙酸和 $H_2$,产氢产乙酸过程在厌氧生物处理中起着承上启下的重要作用;其次,早期被称为奥氏产甲烷菌的一种菌被发现是由两种菌组成的,一种菌先把乙醇氧化为乙酸和 $H_2$(即产氢产乙酸细菌),另一种菌利用 $H_2$ 和 $CO_2$ 产生 $CH_4$(即嗜氢产甲烷古菌);对产甲烷贡献更大的嗜乙酸产甲烷古菌也被鉴别出来。一般认为,在厌氧生物处理过程中约有 $70\%$ 的 $CH_4$ 产自乙酸的分解,其余的则产自 $H_2$、$CO_2$。严格意义上,产甲烷菌只能利用甲酸、乙酸、甲醇、甲胺类以及 $H_2$、$CO_2$ 等简单物质,而不能利用两个碳以上的脂肪酸和甲醇以外的醇类。因此,有机物厌氧生物分解的两阶段理论被修正为三阶段理论:水解发酵阶段、产氢产乙酸阶段和产甲烷阶段,如图 5-56 所示。

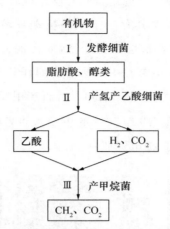

**图 5-56　有机污染物厌氧生物处理的三个阶段**

3．有机污染物的厌氧分解反应

在污泥厌氧消化或污水厌氧处理的实际工程中,反应器内有机污染物虽都经历了酸化和产气过程,但实际发生的生化反应过程非常复杂,微生物群落组成也极其丰富,菌的活性随反应器内环境条件的变化而变化,同时也调控着反应器中的各类反应。以重要的产乙酸产氢反应和产甲烷反应为例,主要的生化反应有:

(1) 产乙酸产氢反应

乙醇:$CH_3CH_2OH + H_2O \longrightarrow CH_3COOH + 2H_2$

丙酸:$CH_3CH_2COOH + 2H_2O \longrightarrow CH_3COOH + 3H_2 + CO_2$

丁酸:$CH_3CH_2CH_2COOH + 2H_2O \longrightarrow 2CH_3COOH + 2H_2$

(2) 产甲烷反应

$CH_3COOH \longrightarrow CH_4 + CO_2$

$4H_2 + CO_2 \longrightarrow CH_4 + 2H_2O$

$4CH_3OH \longrightarrow 3CH_4 + HCO_3^- + H^+ + H_2O$

$CH_3OH + H_2 \longrightarrow CH_4 + H_2O$

4．产甲烷菌的特性

产甲烷反应决定着厌氧处理的能源回收效益,因此厌氧反应器中必须要维持足够数量、高活性的产甲烷菌。

自 1950 年 Hungate 厌氧菌分离培养技术创建后,从各类厌氧环境中陆续分离出纯菌株,产甲烷菌的研究发展迅速。结合分子生物学技术的鉴定和分析手段,产甲烷菌在分类学上被归入古菌域的广古生菌门,其大小和外观上与普通细菌相似,但其细胞成分特殊,特别是细胞壁的结构和化学组成较特殊。

古菌在地球上分布广泛,尤其存在于一些极端环境中(如地热泉水、深海火山口、沉积物等)。产甲烷菌的分布也极为广泛,如污泥、瘤胃、昆虫肠道、湿树木、厌氧反应器等。在厌氧消化反应器中,产甲烷菌的作用是将产氢产乙酸细菌的产物——乙酸和 $H_2/CO_2$ 转化为 $CH_4$ 和 $CO_2$,因而产甲烷菌可分为两大类——乙酸营养型和 $H_2$ 营养型产甲烷菌,约有 70% 的甲烷来自乙酸分解。图 5-57 为污泥消化池中观察到的产甲烷菌的扫描电镜照片。

(a)　　　　　　　(b)　　　　　　　(c)

**图 5-57　产甲烷菌的扫描电镜照片**
(a) 厌氧颗粒污泥内部的产甲烷球菌和丝状菌;(b) 厌氧颗粒污泥内部的产甲烷八叠球菌;(c) 厌氧反应器中的产甲烷菌群

5. 影响产甲烷菌活性的因素

一般认为有机物的厌氧生物降解速率遵循一级动力学过程,好氧生物降解动力学理论也适用于厌氧生物处理。由于厌氧消化经历酸化、产气的不同阶段,反应器中应保持酸形成速度与甲烷形成速度相平衡。但是,产甲烷菌的增殖速率很慢,世代期很长,可达 4～6 天,且对环境因素非常敏感。因此,一般情况下产甲烷反应是厌氧消化的限速步骤;若能为产甲烷菌提供最佳的生存环境条件,就可提高厌氧反应器的整体速率。对产甲烷菌活性有影响的主要因素有:

(1) 氧化还原电位

产甲烷菌是专性极强的厌氧菌,氧气和氧化剂对其有很强的毒害作用。一般要求氧化还原电位在 $-400 \sim -150\ \text{mV}$,甚至高温消化的氧化还原电位应低于 $-500\ \text{mV}$。

(2) pH

在进水 pH、有机物种类和浓度、生化反应类型和速率、相间转移等因素的影响下,厌氧反应器中的 pH 处于不断变化中。产甲烷菌对 pH 的变化非常敏感,最适 pH 范围为 6.8～7.2,在低于 6.5 或高于 8.2 时,产甲烷菌都会受到严重抑制,并可能导致整个厌氧消化过程的恶化。

厌氧反应体系是一个 pH 缓冲体系,主要由碳酸盐体系控制。体系中产酸细菌的作用使脂肪酸含量增加,将消耗 $HCO_3^-$,使 pH 下降;但产甲烷菌的作用可消耗脂肪酸,且还产生 $HCO_3^-$,使系统的 pH 回升。因此,厌氧反应体系应保持 2000～3000 mg/L(以 $CaCO_3$ 计)的碱度,使其具有足够的缓冲能力,以维持反应器中的 pH;若体系碱度过低,一旦反应器内发生酸化,则需要很长时间才能恢复。

（3）温度

产甲烷菌对温度变化十分敏感,按其最适温度范围,产甲烷菌可分为嗜热菌(或称为高温菌)和嗜温菌(或称为中温菌);相应地,厌氧消化分为高温发酵(45～70 ℃)和中温发酵(30～40 ℃)。图 5-58 显示了温度对两类产甲烷菌消化进程的影响,消化时间是产气量达到总气量 90% 时所需要的天数。

高温消化的反应速率为中温消化的 1.5～1.9 倍,消化时间短,产气率较高;特别是当处理含有病原菌和寄生虫卵的废水或污泥时,高温消化可取得较好的卫生效果(杀灭率达 90% 以上),消化后污泥的脱水性能也较好。但高温消化需要将废液温度提升到 45 ℃ 以上,耗热量大,管理复杂。

近年来新型厌氧反应器不断研发和应用,反应器内的生物量通常都很高,使温度对厌氧消化的影响不再非常重要,一般高效厌氧反应器甚至可在较低温条件下(15～25 ℃)进行,以节省能量和运行费用。

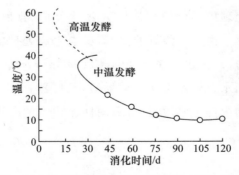

图 5-58　产甲烷菌的厌氧消化时间—温度关系

（4）有机负荷率

厌氧反应器的有机物负载,不仅是影响产甲烷菌活性的重要因子,也是调控厌氧消化速率的重要指标和设计参数。有机负荷率(organic loading rate,OLR)是单位时间、反应器单位体积负载的有机干物质量。如果 OLR 过高,则产酸速度大于产甲烷菌的耗酸速度,脂肪酸累积,使系统 pH 下降,可能破坏碱性缓冲体系,最终导致产气率下降;但如果负荷率过低,虽然厌氧消化完全,产气率提高,但反应器容积大,致使基建投资升高。

对于污泥厌氧消化,OLR 常以投配率表示。投配率为每日投入消化池的新鲜污泥体积与消化池容积的比率。完全混合型消化池处理生活污泥时,投配率与产气量的关系可以式(5-26)表示:

$$q = 32.2p^{0.5} \tag{5-26}$$

式中,$q$—产气量,$m^3/m^3$;$p$—污泥投配率,%,中温消化的污泥投配率为 6%~8%。

一般情况下,有机物的厌氧降解速率大致为一级反应动力学过程,但是酸性发酵阶段的有机物降解速率远大于碱性发酵阶段的消化速率,因此,厌氧生物处理反应器的设计应以碱性发酵阶段的各参数为依据。不含氮等杂原子的有机物厌氧产甲烷的通式为

$$C_n H_a O_b + \left(n - \frac{a}{4} - \frac{b}{4}\right) H_2 O \longrightarrow \left(\frac{n}{2} - \frac{a}{8} + \frac{b}{4}\right) CO_2 + \left(\frac{n}{2} + \frac{a}{8} - \frac{b}{4}\right) CH_4$$

Lawrence 和 McCarty 建议 $CH_4$ 产量 $Q_{CH_4}$ 以式(5-27)计算:

$$Q_{CH_4} = 0.35(QS_r - 1.42VX_v) \times 10^{-3} \tag{5-27}$$

式中,$n$,$a$,$b$—分别为有机物分子式中碳、氢、氧的个数;$Q$—污泥或污水流量,$m^3/d$;$S_r$—去除的有机物浓度,以 COD 计,mg/L;$X_v$—消化池内挥发性污泥浓度,mg/L;$V$—消化池有效容积,$m^3$。

在污水厌氧生物处理中,食料比($F/M$)、污泥负荷、容积负荷和水力负荷等指标也可表示有机负载率。由于无传氧的限制,厌氧生物处理的容积负荷很高,可达 5~10 kgCOD/($m^3 \cdot d$),甚至达到 50~80 kgCOD/($m^3 \cdot d$)。与高容积负荷相对应的,污泥负荷较低,因而水力停留时间可以缩短,反应器容积减小。在实际工程中,应避免过多地从构筑物中排出熟污泥,可采用回流污泥的办法,以保持反应器中产甲烷菌的数量。

(5)营养物质

厌氧微生物的代谢繁殖需要一定有效碳源和氮源,与好氧微生物的营养需求相比,厌氧微生物更喜有机物,而对 N、P 的需求略低。适宜的 C/N 比是影响厌氧发酵效能的重要因子,较高的 C/N 比可能导致厌氧菌因缺乏氮素而失活,产甲烷量下降;而较低的 C/N 比由于碳缺乏而限制了厌氧菌生长,可能导致消化池中氨氮和挥

发性脂肪酸的积累,使产甲烷过程停滞。厌氧反应器中需大致维持 COD∶TN∶TP ＝200∶5∶1,可满足厌氧微生物的基本营养需求。

此外产甲烷菌还需要 K、Na、Ca 等盐类以及 Ni、Co、Mo、Fe 等微量元素。多数产甲烷菌不具有合成某些必要的维生素或氨基酸的功能,所以有时还需要投加酵母浸出膏、生物素、维生素等有机微量物质。

(6) 抑制物质

产甲烷菌对很多化合物敏感,当体系中存在这些化合物或其浓度过高时,产甲烷菌活性将受到抑制,厌氧消化停滞于酸化阶段,而不再产气。这些抑制物质首先有硫化物,即使体系中有硫酸盐和其他硫氧化物,也很容易在厌氧消化过程中被还原成硫化物,可溶性硫化物达到一定浓度时对产甲烷过程产生严重抑制作用;其次有氨氮,其抑制浓度为 50～200 mg/L;再有重金属,如 Cu、Ni、Pb、Cr 等对产甲烷菌均有抑制作用;还有一些有机物(如苯、甲苯、三硝基甲苯、合成洗涤剂等)及氰化物等是有毒有害物质。

若污泥或污水中存在上述抑制物质,需要进行预处理以将有毒害作用的物质去除,再进行厌氧消化,例如,投加 Fe 可以去除污水中的硫化物,或从系统中吹脱 $H_2S$ 可以减轻硫化物的抑制作用。若抑制物质浓度不高,可考虑对厌氧污泥进行驯化,如产甲烷菌经驯化后,其对氨氮的耐受能力会有一定改善。

## 5.4.3　厌氧生物处理的技术发展

我国古人很早就认识到人畜粪便、秸秆等经过堆肥处理后,可以作为肥料施用于农田,堆肥实质上是固态有机物在无氧条件下的微生物分解过程。但是,直到近代欧洲,厌氧生物处理技术才被引入市政工程。从处理粪便到处理各类污水和废水,厌氧生物处理技术经历了三代反应器的发展。

第一代厌氧反应器,主要应用于粪便和污泥的消化,配合城市污水处理厂较好地处理了居民粪便和废弃活性污泥等有机污染物,代表性的反应器有化粪池、双层沉淀池、厌氧消化池等。由于产甲烷菌生长缓慢,世代期长,这就要求厌氧反应器具有足够长的停留时间,才能满足厌氧微生物的繁殖代谢;但第一代厌氧反应器无法将污泥停留时间(SRT)与水力停留时间(HRT)分开,因此反应器体积庞大,处理时间长且效率较低,常产生浓臭气味。尽管如此,第一代厌氧反应器仍在世界范围内使用。

针对第一代厌氧反应器的问题,一系列第二代厌氧反应器被开发出来,广泛应用于高浓度有机废水(如酿酒废水、食品加工废水等)的处理,代表性反应器有厌氧接触池、厌氧滤池、升流式厌氧污泥床(UASB)、厌氧流化床(AFB)等。第二代厌氧反应器的 SRT 和 HRT 分离,反应器内固体存留时间可长达上百天,而污水的处理时间则缩短至几天,甚至几小时。与好氧生物反应器相比,厌氧反应器内生物量很高,容积负荷和处理效率大幅度提高。

受第二代高速厌氧反应器(尤其是 UASB)的技术进步与推广应用的影响,第三代厌氧反应器进一步优化流态,深入挖掘有机废水的能源回收潜力,代表性反应器有颗粒污泥膨胀床反应器(EGSB)、厌氧内循环反应器(IC)、厌氧折流板反应器(ABR)等。第三代厌氧反应器中颗粒污泥占比更高,而悬浮分散污泥较少,更加耐受营养、溶解氧等环境条件的波动,还可在较低温度(15~20 ℃)下运行。

### 5.4.4　粪便与污泥的厌氧消化处理

为使城市污水处理厂专注于污水、废水的处理,第一代厌氧生物反应器分别在污染源头、处理末端承担了人畜粪便和剩余活性污泥的处理。

1. 化粪池

19 世纪 60 年代法国工程师 Mouras 首次采用厌氧法处理污水沉淀后的固体物质,至 1895 年英国建筑师 Cameron 和 Cummins 对该法进行了改进,以"化粪池"(septic tank)命名并申请了专利。化粪池利用沉淀和厌氧发酵原理,去除污水中的粪便等固形物,属于生活污水初级处理的构筑物,如图 5-59 所示。污水在化粪池经过 12~24 h 的沉淀,可去除 50%~60% 的悬浮物。沉淀污泥再经过 3 个月以上的厌氧消化,使其中的有机物分解成稳定的无机物,易腐败的生污泥转化为稳定的熟污泥,改变了污泥结构,降低了污泥含水率。市政环卫部门定期将熟污泥清掏外运,填埋或用作肥料。

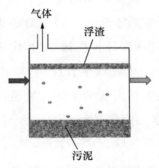

图 5-59　化粪池的基本构造

## 2. 双层沉淀池

德国的工程师 Karl Imhoff 对化粪池进一步改造,发展出双层沉淀池(imhoff tank),又称为腐化池,主要用于处理粪便污物和污水。与化粪池相比,双层沉淀池将进水沉淀、污泥厌氧消化分设在两个空间,如图 5-60 所示,池的上部为沉淀室,下部为污泥消化室。双层沉淀池的维护管理仍很简单,污泥在自然温度下消化,但所需消化时间较长,一般长达 60～210 d,故池子的容积较大。双层沉淀池大多用于小城镇、生活小区的污水处理。

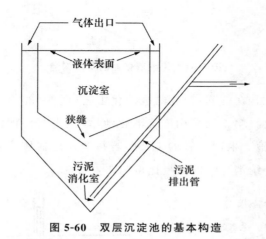

气体出口

液体表面

沉淀室

狭缝

污泥消化室

污泥排出管

**图 5-60　双层沉淀池的基本构造**

## 3. 消化池

消化池(digestion tank)是城市污水处理厂中处理剩余污泥的主体构筑物,通过厌氧发酵过程,不仅分解有机物,而且回收甲烷等能源物质。传统消化池结构较简单(图 5-61),污泥在反应器没有扰动,因而在池内分层:产酸菌集中于浮渣层,产甲烷菌在底部泥层。传统消化池容积较大,消化速率很慢,HRT 30～90 d。

为了提高消化池的转化速率,可对反应系统进行升温和搅拌,以提高反应速率和传质速率,缩短完成消化所需的时间,如此传统消化池被改造为高速消化池。图 5-62 为不同封闭方式的高速消化池。

高速消化池的加热设备分为:① 池内直接加热方式,即在消化池内插入蒸气竖管,直接向消化池内通入蒸气;② 池外预热污泥方式,即用热交换器,在消化池外将新鲜污泥加热后再投配入池。加热措施有效缩短了 HRT,提高了沼气产量,在中温条件下,一般消化时间为 15 d 左右,运行稳定。高速消化池的搅拌设备分为机械搅拌、水力搅拌、污泥气提搅拌等方式,使消化池内传质加快,因而消化进程加快;但是搅拌使高速消化池内的污泥无法浓缩,上清液不能分离出来。因此,一般高速消

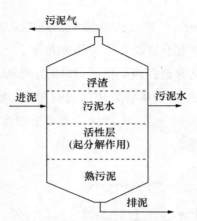

**图 5-61 传统消化池的基本构造**

化池与传统消化池配合在一起,构成两级消化工艺(图 5-63):第一级采用高速消化池,快速进行发酵反应;第二级采用传统消化池,缓慢进行污泥沉淀、浓缩和贮存熟污泥,并分离出上清液。根据二者的 HRT,若每个反应器体积相同,则两级消化工艺中高速消化池和传统消化池的数量比例为 1:(2~5)。

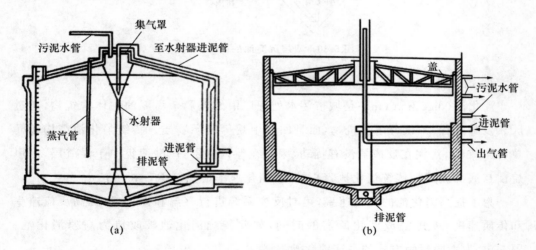

**图 5-62 高速消化池的基本构造**

(a)固定盖式消化池,此消化池结构相对简单,但需另设沼气贮存罐;此外,在进泥和排泥时会造成池内压力波动,不当操作还可能引起池体破裂,空气渗入,破坏厌氧环境。(b)浮盖式消化池,此消化池结构相对复杂,造价较高;但消化池浮盖可随内部压力的变化而升降,运行安全性更高,且可不另设贮气罐。

在设计消化池时,有效容积可以污泥的投配率计算如下:

$$V = \frac{W_i}{p}$$

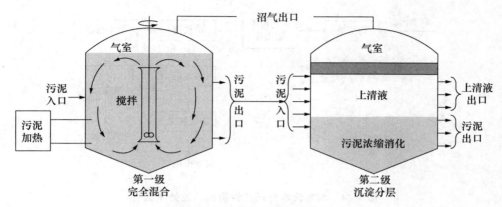

**图 5-63　两级消化池的组成与功能**

式中，$V$—消化池的有效容积，$m^3$；$W_i$—湿污泥每日投入量，$m^3$；$p$—污泥投配率，%，中温消化 $p$ 取 $6\%\sim8\%$，高温消化 $p$ 取 $10\%\sim16\%$。

虽然按投配率计算消化池的有效容积较为简单，但却过于粗糙。厌氧菌实际分解的是污泥中的有机物，因而依据有机物负荷计算消化池的容积更为准确。对于生活污水污泥，若采用中温消化，有机负荷为 $1.6\sim6.5\ kg\ BOD/(m^3\cdot d)$。

在启动新的消化池时，最为重要的是培养和驯化一定数量的产甲烷菌。最简便的办法是从正在运行的消化池中取厌氧污泥接种，接种量最好达到新消化池有效容积的 90%。如无此条件，也可采集河底、池塘的陈腐淤泥，投入消化池至有效容积的 10% 左右，再投加新鲜的待处理污泥至设计容积，缓慢升温至发酵温度，在污泥酸化过程中观察 pH 变化，可适量投加石灰，使体系保持为产甲烷菌的最适环境，直至污泥成熟并稳定产气后投入正常运行。

消化池的运行需要全密封，不得漏入空气，也不得泄漏其产生的气体，消化池周围严禁明火；污泥气管最低处设凝结水罐，以排除水蒸气，保证污泥气管畅通；消化池中的浮渣和沉砂应定期清除；污泥水需要经常排出，以降低消化污泥的含水率，但不可直接排放，应回流到污水处理的调节池，与污水进水混合后再进行处理。

厌氧消化池是城市污水处理厂处理剩余活性污泥的核心技术，典型的剩余污泥处理工艺如图 5-64 所示。完整的城市污水处理厂包含污水处理和剩余污泥处理两套工艺系统，图 5-65 为北京高碑店污水处理厂的平面布局。

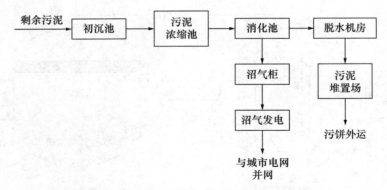

图 5-64    城市污水处理厂的剩余污泥处理工艺

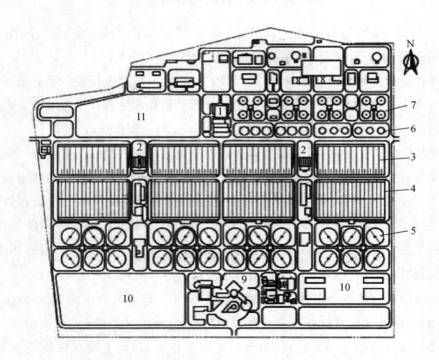

图 5-65    北京高碑店污水处理厂的平面布置示意
    1. 泵房;2. 曝气沉砂池;3. 初沉池;4. 曝气池;5. 二沉池;6. 污泥浓缩池;7. 污泥消化池;8. 脱水机房;9. 厂前区;10. 中水区;11. 中试场

## 5.4.5    有机废水的厌氧生物处理

从技术经济角度看,高浓度有机废水处理最适宜选用"厌氧—好氧联合生物处理工艺",其中厌氧生物处理为好氧生物处理削减大部分有机负荷,并充分回收能源物质;而好氧生物处理对厌氧单元的出水进行精处理,使最终出水可稳定达到排放标准。在好氧生物处理工艺中,根据厌氧单元的出水水质、最终出水要求以及场地条件等,可选择不同的处理技术,如氧化沟、SBR、曝气生物滤池等,此节不再赘述。厌氧生物处理工艺,也分为悬浮生长系统处理法和附着生长系统处理法,主要工艺参数的含义与计算方法与好氧生物处理法相同,本节介绍代表性技术和工艺。

### 1. 厌氧接触法

厌氧接触法的工艺流程与活性污泥法相似(图 5-66)。全封闭厌氧消化池中微生物以悬浮絮体形式存在,对污水中有机物进行吸附、水解和分解,产生的气体经气水分离后进入贮气罐;消化池的出流物中含有较多厌氧生化反应所产生的气体,故需设置真空脱气器,以消除气体对后续沉淀过程的干扰;沉淀的污泥基本上回流至厌氧消化池。消化池内固体浓度达 6～12 g/L,有机负荷为 2～6 kgCOD/($m^3$·d),消化时间为 6～12 h,沉淀时间约 2 h。

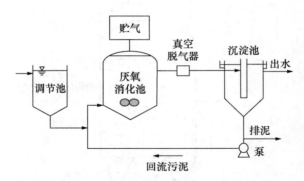

**图 5-66　厌氧接触法的工艺流程**

### 2. 厌氧滤池

除无须供氧外,厌氧滤池与好氧生物接触氧化法相似,构造类似普通生物滤池。池中放置滤料(碎石、卵石、焦炭或各种形状塑料填料),填料表面附着生长厌氧生物膜。污水流过滤层和生物膜表面时,微生物利用其中有机物进行代谢活动,一方面使生物膜增厚,老化膜脱落而排出滤池;另一方面有机物被分解为 $CH_4$ 和 $CO_2$,这些气体从池顶部引出,池顶全密封。

厌氧滤池的优点是填料上生物膜量高,生物量达到 10～20 g/L,泥龄长达 100 d以上;运行稳定,处理效率较高。但缺点是易堵塞,当废水 COD 小于 750 mg/L,温度低于 20 ℃时,处理效果不理想。采用空隙率大的填料或定期冲洗滤层,能在一定程度上缓解堵塞问题。

3. 厌氧膨胀床和厌氧流化床

除无须供氧和维持厌氧条件外,厌氧膨胀床或流化床的工作原理与相应的好氧床相近,反应器多为圆柱状,装载一定量的细颗粒载体(如砂粒、煤粒、活性炭、陶粒、塑料等),其表面附着厌氧生物膜,上向流进水和厌氧消化产气使载体发生膨胀,如图 5-67 所示。膨胀床中载体粒径为 0.3~3.0 mm,运行时膨胀率为 10%~20%;上升水流速度再提高或载体更轻细,膨胀床可向流化床转化,流化床中的载体粒径<1.0 mm,膨胀率一般为 20%~40%。反应器内生物量可达 8~60 g/L。

厌氧膨胀床或流化床传质条件良好,厌氧菌活性高,有机物降解效率高(80%以上)。不仅适用于高浓度有机废水的处理,在厌氧污泥被富集和驯化后,也能应用于低浓度有机废水(COD<900 mg/L)的处理。但是为了保持膨胀或流化的状态,反应器的总体能耗较高。

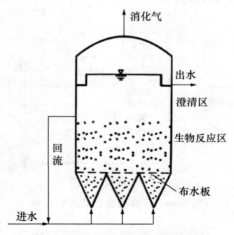

图 5-67　厌氧接触法的工艺流程

4. 升流式厌氧污泥床(UASB)

升流式厌氧污泥床是废水厌氧生物处理中具有里程碑意义的技术。在 20 世纪 70 年代,由荷兰 Wageningen 农业大学的 Gatze Lettinga 教授在上向流厌氧滤池的基础上开发出来,根据反应器内水流和污泥的状态被命名,被简称为 UASB(upflow anaerobic sludge bed)。

UASB 的构造和工作原理如图 5-68 所示。污水自反应器底部进入,先通过下部的反应区,这是一个高浓度污泥床(以颗粒污泥为主,SS 达 60~80 g/L),污水中的有机物在此进行厌氧分解,产生沼气;在上升水流和沼气的搅动下,污水和厌氧微生物充分接触,同时微小气泡在上升过程中夹带着污泥上浮,在颗粒污泥床层上形成污泥悬浮层。反应器的上部是固、液、气三相分离装置,上浮的污泥与分离装置的挡板碰撞后,气体分离上升,储集在分离装置斜板下部,然后采用管道引出反应器;污泥和污水则穿过缝隙上升,在沉淀室进行泥水分离,污泥下沉,沿斜板下滑返回污泥床,污水(处理水)则由溢流槽引出。

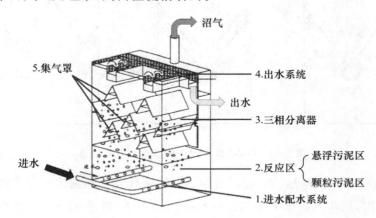

**图 5-68　UASB 构造与工作原理示意**

　　UASB 结构紧凑,无须放置填料,容积利用率高;HRT 缩短,具有很高的容积负荷,有机负荷高达 $5\sim30\,kgCOD/(m^3\cdot d)$,COD 的去除率在 90% 以上。与其他厌氧反应器相比,UASB 具有三个突出特点:反应器内的污泥能形成颗粒污泥;在反应器底部设置了均匀布水系统;在反应器上部设置了气、固、液三相分离器。

　　UASB 中大量厌氧污泥能不断团聚,逐渐形成直径为 $1\sim5\,mm$、湿比重为 $1.04\sim1.08$ 的颗粒;反应器内颗粒污泥浓度可达 $50\,gVSS/L$ 以上,泥龄一般为 $30\,d$ 以上,具有良好的沉淀性能和很高的产甲烷活性。形成颗粒污泥,是 UASB 能高效稳定运行的前提条件。图 5-69 为 UASB 中颗粒污泥形成过程的电镜照片。

(a) (b) (c)

**图 5-69　UASB 中颗粒污泥形成过程的电镜照片**
(a) 颗粒污泥形成初期;(b) 颗粒污泥基本成熟;(c) 颗粒污泥完全成熟

UASB 上部的三相分离器有多种设计（图 5-70），目的是使处理后的水澄清流出、产生的沼气被有效回收、颗粒污泥被阻挡和返回反应器。

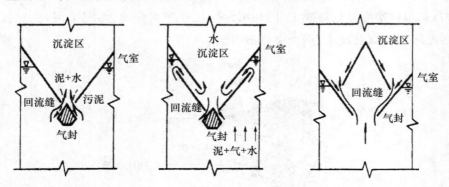

**图 5-70　UASB 反应器中的三相分离器构造**

UASB 在啤酒、豆制品、奶制品、屠宰、养殖、果汁及中药制造等生产废水处理中得到广泛应用，反应器进水浓度为 1000～1200 mg/L，但进水中不宜含高浓度悬浮固体，进水 TSS 应控制在 500 mg/L 以下。

5. 膨胀颗粒污泥床

膨胀颗粒污泥床（expanded granular sludge bed，EGSB）是在 UASB 的基础上发展起来的第三代厌氧生物反应器。图 5-71 显示了 EGSB 的构造。

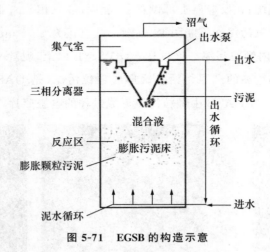

**图 5-71　EGSB 的构造示意**

EGSB 的革新之处有：改进 UASB 进水布水系统，以提高上升流速并产生对沼气的搅动；增大高径比；再循环出水，以提高反应器内流动上升速度。这些革新使 EGSB 内的混合液上升流速（4～10 m/h）远高于 UASB，消除了短流和死区，泥水混合效果更好；水流内循环稀释了进水，提高了反应器应对冲击负荷和条件变化的缓冲能力。在 UASB 内,颗粒污泥床几乎是静止的;而在 EGSB 内,颗粒污泥床发生膨胀,微生物与污染物充分接触,有机负荷分布较均衡。因此,EGSB 有机负荷率更高,可达到 40 kgCOD/(m³·d),适用于多种有机污水处理,还可适应低浓度、低温的情况。

由于 EGSB 的颗粒污泥量大,反应器启动面临的首要问题是种泥的选择。最佳选择是相近废水和处理工艺条件的厌氧反应器中的颗粒污泥,但这通常是非常困难的。此时厌氧消化污泥、牛粪和下水道污泥可考虑选作 EGSB 的种泥,但反应器启动期很长,一般需 60～240 d 才能形成高生物量、高活性的颗粒污泥,而完成全部工艺调试有时甚至需要 1 年时间。

目前越来越多的工业废水(尤其是含有难降解有毒物质的工业废水),倾向于选择厌氧—好氧联合生物处理工艺。由于 EGSB 技术对进水有较好的稀释作用,可降低工业废水中毒性物质对微生物的冲击;同时反应器中流体上升速度大,污染物与污泥间的传质加快,可促进微生物降解进程。因此在联合工艺中选择 EGSB,对难降解的有毒工业废水可取得较好的处理效果。

6. IC 反应器

IC(internal circulation)反应器即内循环厌氧反应器,也是第三代厌氧生物反应器。相当于由上、下两级 UASB 串联而成,应用于更高浓度的有机废水处理。图 5-72 显示了 IC 反应器的构造。

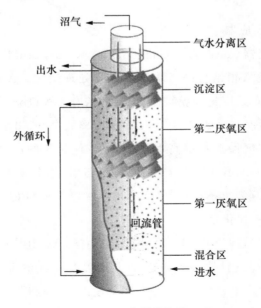

**图 5-72　IC 反应器的构造示意**

IC 反应器按功能划分为五个区:混合区、第一厌氧区、第二厌氧区、沉淀区和气水分离区。与 UASB 相比,IC 反应器的第一厌氧区有很高的有机负荷率,相当于对原水进行"粗处理",第二厌氧区具有较低的有机负荷率,则是对上升的第一厌氧区处理水进行"精处理"。在两级厌氧区,第一厌氧区的混合液上升流和沼气剧烈扰动使该区内污泥呈膨胀和流化状态,污泥保持高活性;第二厌氧区的沼气产生量较少,该区内污泥受到的扰动小,为污泥停留于反应区以及从沉淀区返回提供了有利条件。两级产生的沼气,通过各自的沼气管导入气液分离区。

IC 反应器的内循环设计很独特。两级厌氧区均有一部分泥水混合液被沼气提升至顶部的气液分离区,在这里沼气与泥水混合液分离,上升导出处理系统;泥水混合液则沿着回流管返回到第一厌氧区底部,与反应器底部的污泥和进水充分混合,再上升进入反应区。如此,IC 反应器以自身产生的沼气作为提升动力而实现了混合液的内部循环,不必设泵强制循环。

IC 反应器内由于沼气扰动和混合液回流,使流体上升速度快(可达 10～20 m/h),泥水充分接触,传质效果好,提高了生化反应速率;污泥活性高,也为反应器快速启动提供了有利条件,IC 反应器启动周期一般为 1～2 个月。其容积负荷高于 UASB 反应器 3 倍以上,但占地面积仅为普通厌氧反应器的 1/4～1/3。对于玉米淀粉废水、柠檬酸废水、啤酒废水等高浓度有机废水具有很强的抗冲击负荷能力,对于含毒性物质的废水或低温进水,IC 反应器也有一定的耐受力,运行效率较稳定。

7. 厌氧膜生物反应器

厌氧膜生物反应器(anaerobic membrane bioreactor,AnMBR)是将厌氧生物处理反应器与膜过滤技术相结合的污水厌氧生物处理工艺。AnMBR 常为完全混合厌氧消化池,膜单元常采用超滤膜组件,二者的结合方式以分置式为主。

由于以膜进行污泥与水的分离,不仅固液分离效果好、出水水质好,而且可使生物处理单元的污泥浓度保持在很高水平,尤其是代时长的产甲烷菌能保持较高丰度,因此 AnMBR 比 UASB、EGSB 具有更高的 COD 去除率和甲烷产生量。此外,AnMBR 对原水预处理要求不高,几乎所有可生物降解有机物质都可投入厌氧反应器处理,污泥也无须颗粒化培养。

与好氧 MBR 运行过程中逐渐发生膜污染一样,AnMBR 的膜面污染更需要关注,这一方面通过合理设计膜面水流运动方式以及在线清洗方式,减缓膜污染进程;另一方面,通过固定频次的离线化学清洗方式,对膜组件进行较为彻底的去污处理,化学清洗药剂主要有酸(如柠檬酸)和氧化剂(如次氯酸钠)。

# 5.5 污水生物脱氮技术

自然水体中的氮通常有硝态氮、有机氮、氨氮等存在形态,其浓度受自然条件和人为活动的共同影响。江河、湖泊、海洋及地下水中的总氮和各形态氮的浓度范围可参考我国相应的水环境质量标准。未经处理的城市污水中总氮浓度通常为 $20\sim85\ mg/L$,其中有机氮约占 $40\%$,氨氮约占 $60\%$;而未经处理的工业废水中氮的浓度与组成千差万别,与行业、原料、生产工艺等有关。即使经过处理,城市污水处理厂与工业废水处理厂的排水仍然是水环境重要的氮污染源,容易造成缓流水体的富营养化问题。

在氮元素的生物地球化学循环中,微生物作用极其重要。通过微生物的作用,水中氮素可被合成为细胞物质,可被降解转化为气态物质,从而从水中去除。污水脱氮处理,大多数情况就是利用微生物作用,削减水中总氮含量。

## 5.5.1 微生物对水中氮污染物的转化作用

污水生物处理过程中微生物对氮的转化主要有氨化、硝化和反硝化作用等,近年来厌氧氨氧化过程也被证明对污水脱氮有重要作用。

1. 氨化

氨化(ammonification)是含氮有机物被好氧或厌氧微生物分解产生氨或铵化合物的过程,这是水体氨氮的重要来源之一。例如,生活污水中可溶解的蛋白质和尿素的氨化过程大致为

$$蛋白质 \xrightarrow[\text{水解酶}]{\text{蛋白质}} 氨基酸 \xrightarrow{\text{脱氨基酶}} NH_4^+$$

$$H_2NCONH_2 + 2H_2O \xrightarrow{\text{尿素酶}} 2NH_4^+ + CO_3^{2-}$$

2. 硝化

在有氧条件下,水中氨氮被硝化细菌氧化为亚硝酸盐和硝酸盐的过程,被称为硝化(nitrification)作用,反应式如下

$$2NH_4^+ + 3O_2 \longrightarrow 2NO_2^- + 2H_2O + 4H^+$$

$$2NO_2^- + O_2 \longrightarrow 2NO_3^-$$

上述硝化反应产生的能量用于细胞合成代谢。硝化细菌可以水中无机碳为碳源、以氨氮为氮源进行细胞合成。以 $C_5H_7NO_2$ 代表细菌细胞的基本元素组成,同

化反应为

$$4CO_2 + HCO_3^- + NH_4^+ + H_2O \longrightarrow C_5H_7NO_2 + 5O_2$$

因此,硝化反应的总生化反应方程式为

$$22NH_4^+ + 37O_2 + 4CO_2 + HCO_3^- \longrightarrow C_5H_7NO_2 + 21NO_3^- + 20H_2O + 42H^+$$

可见硝化细菌分别以无机碳和氨氮为细胞合成的碳、氮源,利用硝化反应产生的能量合成细胞物质。硝化反应需要有充足的溶解氧和碱度,反应还产生硝态氮和 $H^+$ 离子,引起体系 pH 降低。

### 3. 反硝化

在缺氧或无氧的条件下,水中的硝态氮被反硝化细菌还原为气态氮化物和氮气的过程,被称为反硝化(denitrification)作用。严格来说,这是细菌对硝态氮的异化反硝化作用,也称为脱氮作用。

硝态氮也是很多微生物可以利用的氮源,在将硝酸盐摄入细胞后,微生物通过同化反硝化作用,可将硝态氮还原为氨氮及不稳定的羟胺,最终合成有机氮。在污水生物处理过程中,有机氮、氨氮和硝态氮均可被同化为微生物细胞的组成部分,按细胞干重计算,微生物细胞中氮的含量约为 12.5%,因此可以认为,微生物同化作用所去除的总氮量为生物固体产量的 12.5%。

包括了异化反硝化和同化反硝化的氮转化过程大致为

$$NO_3^- \begin{cases} \xrightarrow{\text{异化反硝化}} NO_2^- \longrightarrow NO \longrightarrow NO_2 \longrightarrow N_2 \\ \xrightarrow{\text{同化反硝化}} NO_2^- \longrightarrow NH_2OH \longrightarrow \text{有机氮} \end{cases}$$

在污水生物处理过程中,异化反硝化作用是能够去除总氮的关键机制。反硝化细菌在缺氧和厌氧条件下转入无氧呼吸,利用 $NO_2^-$ 和 $NO_3^-$ 为呼吸作用的最终电子受体,通过四个还原反应使 $N^{5+}$ 被还原为 $N^0$:

硝酸盐还原为亚硝酸盐: $2NO_3^- + 4H^+ + 4e^- \longrightarrow 2NO_2^- + 2H_2O$

亚硝酸盐还原为一氧化氮: $2NO_2^- + 4H^+ + 2e^- \longrightarrow 2NO + 2H_2O$

一氧化氮还原为一氧化二氮: $2NO + 2H^+ + 2e^- \longrightarrow N_2O + H_2O$

一氧化二氮还原为氮气: $N_2O + 2H^+ + 2e^- \longrightarrow N_2 + H_2O$

在上述反硝化反应中,有机物可作为电子供体,同时也为细胞合成提供了碳源和能源,有机碳被最终氧化为 $CO_2$。当以甲醇作为电子供体,反硝化反应为

$$6NO_3^- + 2CH_3OH \longrightarrow 6NO_2^- + 2CO_2 + 4H_2O$$

$$6NO_2^- + 3CH_3OH \longrightarrow 3N_2 + 3CO_2 + 3H_2O + 6OH^-$$

总反应为

$$6NO_3^- + 5CH_3OH \longrightarrow 3N_2 + 5CO_2 + 7H_2O + 6OH^-$$

在反硝化反应中产生了 $OH^-$ 离子,使体系 pH 升高。

### 4. 厌氧氨氧化

在厌氧条件下,厌氧氨氧化菌(anaerobic ammonium oxidant,Anammox)可利用水中铵盐和亚硝酸盐,通过如下一步反应产生氮气,这个过程被称为厌氧氨氧化(anaerobic ammonia oxidantion):

$$NH_4^+ + NO_2^- \longrightarrow N_2 + 2H_2O$$

早在 1977 年,奥地利理论化学家 Broda 从化学反应热力学的计算结果就预言了这一简捷的水体脱氮反应的存在。1989 年,Mulder 和 Kuenen 在厌氧流化床中发现除了反硝化外,还存在某种反应使氨氮消失,推测该反应是厌氧氨氧化。1999 年,Strous 从污水处理反应器中发现 Anammox 菌,从而证实了厌氧氨氧化作用的真实存在。由于厌氧氨氧化反应不需要额外碳源,不需要供氧,可直接将水中的氨氮和亚硝态氮直接转化为氮气排出水体,且污泥产率低,因此受到环境工程领域的极大关注,在可预见的未来,厌氧氨氧化将成为污水和废水脱氮工艺中的重要技术。

## 5.5.2　氮转化微生物的基本性质

在污水和废水的生物脱氮处理中,很多含氮污染物的转化由一些特定功能的微生物类群驱动,这些微生物的特性也决定着处理系统的环境条件保障与技术参数设计。

### 1. 硝化细菌

最早发现硝化细菌可追溯到 1891 年,当时人们已经认识到土壤中的 $NO_3^-$ 主要是由微生物氧化 $NH_4^+$ 生成的,俄国微生物学家维诺格拉茨基用无机盐培养基,成功分离获得了硝化细菌的纯培养,证实了硝化作用是由两类化能自养细菌进行的:先是氨氧化细菌(ammonia-oxidizing bacteria,AOB,也称亚硝化细菌)将铵根($NH_4^+$)氧化为亚硝酸根($NO_2^-$);然后是亚硝酸氧化细菌(nitrite-oxidizing bacteria,NOB,也称硝化细菌)将亚硝酸根($NO_2^-$)氧化为硝酸根($NO_3^-$)。这两类细菌统称硝化细菌。

在其后 100 年里,环境中氨氮经由 AOB 和 NOB 的合作而转化为硝态氮的认知成为传统经典理论。两类硝化细菌均为严格好氧、化能自养菌,它们利用无机化合物如 $CO_3^{2-}$、$HCO_3^-$ 和 $CO_2$ 为碳源,从 $NH_4^+$ 或 $NO_2^-$ 的氧化反应中获得能量。污水处理系统中常见的 AOB 有亚硝化单胞菌（*Nitrosomonas*）、亚硝化球菌（*Nitroso-coccus*）、亚硝化螺菌（*Nitrosospira*）等属种,常见的 NOB 有硝酸细菌（*Nitrobacter*）、硝酸球菌属（*Nitrococcus*）、硝酸刺菌（*Nitrospina*）等属种。

在污水好氧生物处理的活性污泥中存在着一定数量的硝化细菌,通过对它们的形态、生理特性、生长动力学等的观察与研究,获得表 5-12 的基本情况。

表 5-12　硝化细菌的特征

| | 亚硝化细菌 | 硝化细菌 |
|---|---|---|
| 细胞形状 | 椭球或棒状 | 椭球或棒状 |
| 细胞尺寸/$\mu$m | 1.0～1.5 | 0.5～1.0 |
| 革兰氏染色 | 阴性 | 阴性 |
| 世代期/h | 836 | 1259 |
| $\mu_{max}$/d$^{-1}$ | 0.96～1.92 | 0.48～1.44 |
| $Y$/(mg/mg) | 0.04～0.13 | 0.02～0.07 |
| $K_s$/(mg/L) | 0.6～3.6 | 0.3～1.7 |

由于氧化氨氮和亚硝酸盐的产能率很低,硝化细菌生长速率低,其生长繁殖受到多种因素的影响,比较敏感。在污水处理工程中,需将重要的硝化作用影响因素调控在适宜范围,具体有:

(1) 温度

硝化反应可以在 4～45 ℃ 的温度范围内进行,但低温（<15 ℃）对硝化过程很不利。温度不但影响硝化细菌的比增长速率,而且影响其活性。AOB 最佳生长温度为 35 ℃,NOB 最佳生长温度为 35～42 ℃。

(2) 溶解氧

硝化反应必须在好氧条件下进行,1 g 铵态氮完成硝化反应需要 4.57 g$O_2$（即 NOD,第二阶段生化需氧量）,DO 浓度还影响到硝化反应速率。受传质阻力的影响,对于活性污泥法中的生物硝化,主流 DO 一般应大于 2 mg/L;对于生物膜法中的生物硝化,必须使主流区 DO 保持大于 3 mg/L。

(3) pH

硝化细菌对 pH 的变化十分敏感,应保持系统 pH 在 7.5～9.0 范围内。废水中还应有足够的碱度以调节和缓冲 pH 的下降,1 g 氨态氮完全硝化,需碱 7.14 g（以 $CaCO_3$ 计）。

(4) C/N 比

硝化细菌为化能自养菌,若污水中有大量有机碳,会引起异养细菌与硝化细菌竞争 DO 和含氮底物,使硝化细菌生长受到抑制。应控制废水中 BOD 浓度,保持 $BOD_5/TKN<3$ 和污泥负荷 $<0.1\ kg\ BOD_5/(kgMLSS \cdot d)$。

(5)有毒物质

一些重金属对硝化细菌产生毒害作用,甚至高浓度的氨氮、亚硝酸也会抑制硝化反应,因此应尽量控制污水中有毒物质的含量。

除了 AOB 和 NOB 两类硝化细菌驱动了生物硝化反应,自 20 世纪 80 年代陆续有学者在土壤、活性污泥中发现一些异养细菌、真菌和放线菌能将铵盐氧化成亚硝酸盐和硝酸盐。这些异养微生物具有耐酸、对不良环境的耐受能力较强等特性,在自然界的硝化过程中发挥一定的作用;但是它们对铵的氧化效率远不如自养细菌高,因此并未在污水处理工程中专门进行驯化和富集。

关于微生物硝化作用,值得一提的是 2004 年和 2005 年发现的氨氧化古菌(ammonia-oxidizing archaea,AOA),传统理论将硝化作用均归究于细菌的作用,而 2004 年在北大西洋马尾藻海的海洋微生物宏基因组测序分析中,首次发现泉古菌拥有和硝化细菌非常类似的功能基因;2005 年成功分离出具有氨氧化能力的中温泉古菌纯培养物,证实古菌的氨氧化作用。这一重大发现丰富了我们对于全球氮循环的认知。在随后十几年中,越来越多的研究在污水处理系统中发现 AOA。与 AOB 相比,AOA 在贫营养环境中对氨氧化贡献更高;在污水这种高氨氮的富营养环境中,AOB 仍然是氨氧化作用的首要驱动者,污水处理系统中硝化单元的设计仍然需考虑硝化细菌的生长代谢需求。

此外,2015 年还发现了全硝化细菌(completely nitrifying bacteriam),可以一菌之力完成 AOB 和 NOB 的两步硝化反应,将水中氨氮完全氧化为硝态氮,这一生化反应过程被称为全氨氧化(complete ammonia oxidation,Comammox)。研究所发现的全硝化细菌为全球广泛分布的一类 NOB——硝化螺旋菌属(*Nitrospira*),如图 5-73 所示,这一科学发现对于微生物进化和微生物生态学研究具有重要意义。目前在污水处理系统中也发现了 Comammox 过程。

2. 反硝化细菌

自然界中广泛存在着可驱动异化反硝化的细菌,大部分反硝化细菌为异养菌,且多为兼性细菌,例如:假单胞菌(*Pseudomonas*)、无色杆菌(*Achromobacter*)、不动杆菌(*Acinetobacter*)、农杆菌(*Agrobacterium*)等属种。在无氧条件下,反硝化细菌则利用硝酸盐和亚硝酸盐中的 $N^{5+}$ 和 $N^{3+}$ 作为能量代谢中的电子受体,进行硝酸盐呼吸,$O^{2-}$ 作为受氢体生成 $H_2O$ 和 $OH^-$ 碱度,有机物作为碳源及电子供体,得到氧化稳定并提供能量;而在有氧条件下,反硝化细菌的硝酸盐还原酶合成受到 DO 抑制,

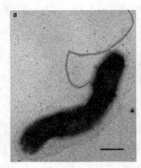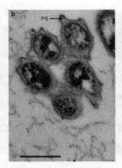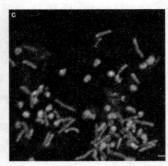

图 5-73　全硝化菌 *Nitrospira* 属，来自采油井排放热水的管壁上的生物膜
（引自 Daims, et al.，2015）

且溶解氧比硝酸盐具有对电子供体的竞争优势，反硝化细菌以分子氧作为最终电子受体，进行有氧呼吸，有机物仍是碳源及电子供体，在氧化降解过程中释放能量。

相较于硝化细菌，反硝化细菌的生长速率较快，但其生长繁殖也受到多种因素的影响。在污水处理工程中，需将反硝化作用的影响因素调控在适宜范围内，具体有以下几种因素。

（1）溶解氧

为了实现污水脱氮，反硝化单元应保持无分子氧的状态，一般地，在活性污泥法的反硝化单元，主流 DO 应保持在 0.5 mg/L 以下；在生物膜法的反硝化单元，主流 DO 应控制在 1.0 mg/L 以下，才能使反硝化反应正常进行。但是反硝化细菌的一些酶系统只能在有氧条件下合成，因此脱氮工艺应为反硝化细菌提供缺氧、好氧交替的生活环境。

（2）温度

反硝化作用最适宜的运行温度是 15～30 ℃，低于 15 ℃时，反硝化速率将明显降低。

（3）pH

虽然反硝化过程中 1 g 硝态氮能产生 3.57 g 碱（以 $CaCO_3$ 计），但这一碱度常无法抵消硝化过程消耗的碱度。反硝化单元宜将 pH 控制在 7.0～7.5。

（4）碳源

理论上将 1 g 硝态氮还原为氮气，需要碳源有机物 2.86 g（以 $BOD_5$ 计）。一般地，废水中 $BOD_5/TN>3$ 时，可认为碳源充足；而 $BOD_5/TN<3$ 时，需另外投加有机碳源，如甲醇、生活污水等。

除了厌氧反硝化细菌，在 20 世纪 80 年代末期还发现了一些好氧反硝化细菌，如假单胞菌（*Pseudomonas*）、产碱杆菌（*Alcaligenes*）、副球菌（*Paracoccus*）和芽孢杆菌（*Bacillus*）等属种，这些细菌同时还是异养硝化菌，可将氨氮在好氧条件下直接转化为气态产物(主要是 $N_2O$),但其反硝化速率较慢。

### 3. 厌氧氨氧化菌

早在 20 世纪 70 年代和 80 年代就有研究人员指出厌氧环境下铵离子与亚硝酸根离子能直接反应生成氮气,并开发了厌氧氨氧化(anaerobic ammonium oxidation, ANAMMOX)脱氮工艺。但是直到 1999 年,Strous 等采用梯度密度离心技术,才从 SBR 反应器中成功富集培养出一株具有上述厌氧氨氧化功能的细菌,被称为厌氧氨氧化菌(即 Anammox)。目前已经发现的 Anammox 菌均属于浮霉状菌目(Planctomycetales)的厌氧氨氧化菌科(Anammoxaceae),包括 *Candidatus brocadia*、*Candidatus kuenenia* 等属种,很多是从污水处理系统中发现,也有来自海洋贫氧区的 *Candidatus scalindua*。

Anammox 菌为自养型细菌,其新陈代谢包括两个过程:一是分解(异化)代谢,以氨为电子供体,亚硝酸为电子受体,二者以 1∶1 的比例反应生成氮气,并把产生的能量以 ATP 形式储存起来,生化反应式如下:

$$NH_4^+ + NO_2^- \longrightarrow N_2 \uparrow + 2H_2O, \quad \Delta G = -358 \, \text{kg/mol}$$

二是合成(同化)代谢,以亚硝酸为电子受体,利用无机碳(如 $CO_2$)和 ATP 合成细胞物质,并产生硝酸盐。

Anammox 菌的发现,刷新了科学界对全球氮循环的认知,同时也为污水脱氮处理提供了全新的技术思路。相较于传统的硝化—反硝化脱氮过程,由 Anammox 菌完成的脱氮过程十分简捷,可使工程管理方便和成本低廉。然而,Anammox 菌对环境条件十分苛刻,在工程启动期,培养富集出足够的菌量是一个巨大的挑战。影响 Anammox 菌代谢繁殖的主要因素有:

(1) 溶解氧

Anammox 菌是严格厌氧菌,氧气浓度过高会抑制其活性,甚至不能存活。进水 DO 应维持在 1 mg/L 以下,如果有波动,宜控制在 2.5 mg/L 以下才不会对 Anammox 菌产生严重抑制作用,并且在 DO 进一步降低后,能恢复其活性。

(2) 温度

研究发现 Anammox 菌在 30～40 ℃ 范围内,其厌氧氨氧化的反应活性较高,在 40 ℃ 时活性达到最大值,但当温度超过 45 ℃ 时,Anammox 菌的活性会明显下降。

(3) pH

Anammox 菌的适宜 pH 范围为 6.4～8.3,pH 中性或偏弱碱性能够防止游离氨和游离亚硝酸对 Anammox 菌的抑制作用。

(4) 基质浓度

厌氧氨氧化的基质为氨和亚硝酸盐,两者的同步去除才能保证 Anammox 菌的高活性代谢。但是如果底物浓度过高，Anammox 菌会出现基质性中毒。为此进水的氨氮浓度宜控制在 1000 mg/L 以下，而高浓度亚硝态氮对 Anammox 菌的毒性更大，需控制在 100 mg/L 以下。

（5）有机物浓度

Anammox 菌为自养菌，细胞产率系数（0.066 mg/mg）较低，且有机物的存在对其生长和繁殖不利。在处理污水和废水的厌氧反应器中，污泥里通常还存在着异养反硝化菌，细胞产率系数（0.3 mg/mg）较高，当进水 COD 超过 200 mg/L，反硝化细菌将在生长过程中占据优势，而 Anammox 菌的活性则被部分或完全抑制。

根据上述功能微生物对氮的转化作用，总结如图 5-74 所示的微生物驱动的水中氮转化途径。微生物的反硝化反应和厌氧氨氧化反应是最重要的污水脱氮途径，也构成污水生物脱氮技术设计和工程运行的理论基础。

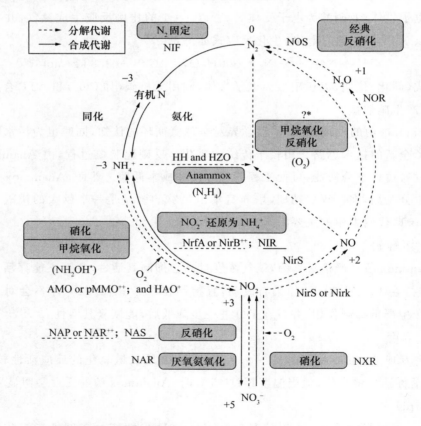

**图 5-74 微生物驱动的水中氮转化途径（引自 Vlaeminck, et al., 2011）**
重要的氮转化反应的关键酶：AMO（ammonia monooxygenase，氨单加氧酶），HAO（hydroxylamine oxidoreductase，羟胺氧化还原酶），NXR（nitrite oxidoreductase，亚硝酸氧化还原酶），NAR（nitrate reductase，硝酸还原酶），NIR（nitrite reductase，亚硝酸还原酶），NOR（nitric oxide reductase，一氧化氮还原酶），NOS（nitrous oxide reductase，一氧化二氮还原酶）。

## 5.5.3　污水生物脱氮工艺

以生物法去除水中氮污染物,首先要考虑到微生物的合成代谢可将水中铵盐、硝酸盐等作为氮源摄入体内。按细胞干重计算,微生物细胞中氮的含量约为 12.5%,因此可以认为,微生物同化作用所去除的氮量为生物固体产量的 12.5%。

另外,污水处理系统中的微生物群落总存在一定数量的硝化细菌、反硝化细菌等氮转化功能菌。在氧及其他物质的传递速率和扩散阻力影响下,反应器内会形成好氧、缺氧和厌氧等不同空间,同时活性污泥菌胶团或生物膜在其表面和内部也会形成不同的溶解氧及营养盐分区,硝化细菌、反硝化细菌等可能分别在不同的微环境中有较高的分布,使普通的污水生物处理系统可以发生一定程度的同时硝化—反硝化脱氮(simultaneous nitrification-denitrification,SND)。

对于富含有机氮和氨氮的生活污水以及部分工业废水,仅靠微生物同化作用及不可控的 SND 去除水中氮素是远远不够的。由于高浓度的氨氮对很多水生生物有毒害作用,早期污水处理工程对氮污染物的控制目标是将污水中的氨氮转化为硝态氮,在 20 世纪六七十年代之前,大多数地表水环境容量较为充沛,富含硝酸盐的处理厂出水即可排入河流、湖泊和近海。然而,随着全球及我国水体富营养化的发展,欧美日等发达国家率先对污水处理厂提出总氮的排放限值,我国及其他发展中国家也陆续对污水处理厂增设总氮指标。在这样的形势下,污水处理厂逐步对原有的传统生物处理工艺进行改进,增加硝化、反硝化、厌氧氨氧化等技术,实现脱除污水中总氮的处理目标。

### 1. 硝化—反硝化脱氮工艺

在污水生物处理过程中,有机碳氧化降解、硝化、反硝化是由不同微生物类群驱动的。以活性污泥法为基本处理方法时,工艺设计可将三类微生物分隔于不同的反应池,如图 5-75(a)所示;可将需要好氧条件的有机碳氧化和硝化合并于一个曝气池,而需要缺氧条件的反硝化另设一池,如图 5-75(b)所示;还可将三个生物过程均合并于一池,如图 5-75(c)所示,但池中曝气系统布置沿程变化,以配合不同区段的主导生化反应。

在实际工程中,上述三种工艺类型各有利弊。三段式生物脱氮工艺可为不同微生物类群提供各自适宜的环境条件,取得有机物和总氮的最佳去除效率;但其工艺流程最为复杂(图 5-76),需为三个类群的微生物提供各自的二沉池及回流系统,为弥补最后阶段的反硝化碳源不足，还需另外投加碳源，因而构筑物多、设备多、运行成本较高，这一工艺适合处理 BOD5/TN＞5 的污水。表 5-13 列出了三段式活性污泥脱氮的主要工艺参数。

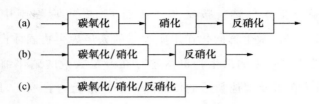

**图 5-75　硝化–反硝化脱氮的基本工艺类型**
（a）由碳氧化（曝气池）、硝化（曝气池）和反硝化组成的三段生化处理单元；（b）碳氧化/硝化（曝气池）和反硝化组成的两段生化处理单元；（c）集碳氧化/硝化/反硝化于一体的生化处理单元，只需在池前部设置曝气。

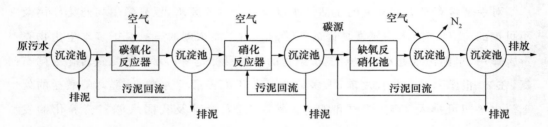

**图 5-76　外加碳源的三段式活性污泥脱氮工艺**

**表 5-13　三段式活性污泥脱氮的主要工艺参数**

| 处理段 | 反应器 | SRT/d | HRT/h | pH | MLVSS/(g·L⁻¹) |
|---|---|---|---|---|---|
| 碳氧化 | 连续流搅拌 | 2～5 | 1.0～3.0 | 6.5～8.0 | — |
| 硝化 | 推流曝气池 | 10～20 | 0.5～3.0 | 7.0～8.0 | 1～2 |
| 反硝化 | 推流厌氧池 | 1～5 | 0.2～2.0 | 6.5～7.0 | 1～2 |

对三段式生物脱氮工艺进行简化和优化，可形成如图 5-77 所示的二段式活性污泥脱氮工艺，即将有机物和氨氮的生物氧化合并于一个曝气池，保留下来的缺氧反硝化池成为第二段生物处理单元。当第一段生物处理体系中出现明显的硝化反应时，说明有机物和氨氮均被有效氧化；由于反硝化池不另外投加碳源物质，微生物只能利用其内源代谢物质为碳源进行反硝化，脱氮效率有限。表 5-14 列出了两段式活性污泥脱氮的主要工艺参数。

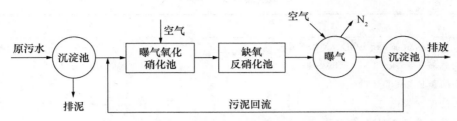

图 5-77　两段式活性污泥脱氮工艺

表 5-14　两段式活性污泥脱氮的主要工艺参数

| 处理段 | 反应器 | SRT/d | HRT/h | pH | MLVSS/$(g \cdot L^{-1})$ |
|---|---|---|---|---|---|
| 碳氧化＋硝化 | 推流曝气池 | 10～20 | 6.0～8.0 | 6.5～8.5 | 1～2 |
| 反硝化 | 推流厌氧池 | 1～5 | 0.5～3.0 | 6.5～7.0 | 1～2 |

### 2. A/O 脱氮工艺

考虑到污水本身含有丰富的可生物利用有机物（即 BOD），对两段式活性污泥脱氮工艺的一个重要革新是：将缺氧反硝化池设置于好氧硝化池之前，以原污水为反硝化过程提供碳源；同时将部分好氧池出水回流至缺氧池，以回流液为反硝化过程提供硝态氮。前置反硝化生物脱氮工艺也称为循环法生物脱氮工艺，根据工艺中缺氧（anoxic）和好氧（oxic）单元的排序，常被简称为 A/O 工艺（图 5-78），该工艺是目前最常见的污水生物脱氮处理法，其基本参数可参考表 5-15。

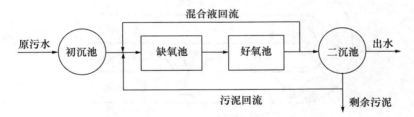

图 5-78　A/O 脱氮工艺流程

A/O 工艺最突出的特点是将缺氧池置于好氧池之前，可充分利用原污水中的有机物作为碳源和电子供体，而不需要外加碳源。A/O 工艺的缺氧和好氧两个单元之间不必设中间沉淀池，工艺流程较为简单；与缺氧池后置的工艺相比，A/O 工艺可便捷地控制处理全过程的溶解氧，适度降低曝气量。除了上述技术优点，A/O 工艺也存在缺点：为了实现良好的脱氮效率，需要增设硝化混合液的回流管路，对污水的脱氮率要求越高，则回流比就越高。

表 5-15    A/O 工艺基本参数

| 工艺参数 | 数值 |
| --- | --- |
| 有机物负荷,kg BOD/(MLSS·d) | 0.15~0.70 |
| 总氮负荷,kg TN/(MLVSS·d) | 0.02~0.1 |
| 碳氮比,$BOD_5/TN$ | >5 |
| 污泥回流比,% | 30~100 |
| 硝化混合液回流比,% | 200~400 |
| 水力停留时间,h | A 池:<2;O 池:>5~6 |
| 泥龄,d | >8 |
| 溶解氧,$mg \cdot L^{-1}$ | A 池:0.2~0.5;O 池:2~4 |
| 污泥浓度 MLSS,$mg \cdot L^{-1}$ | A 池:4000~5000;O 池:3000~4000 |

借鉴 A/O 工艺特点,其他污水生物处理工艺也可进行技术改造,使原工艺增加脱氮效果。例如:推流式活性污泥法,将活性污泥单元前段的曝气量降低(甚至完全关闭),后段保持曝气(可适当调整),在推流池内形成前段缺氧、后段好氧的不同空间,再将部分好氧段出水回流至缺氧段前端,这样普通活性污泥法就升级为具有去除总氮功能的 A/O 工艺。类似的技术升级还可以在氧化沟、SBR、曝气生物滤池等中实现,图 5-79 为改造后具有脱氮功能的氧化沟工艺。

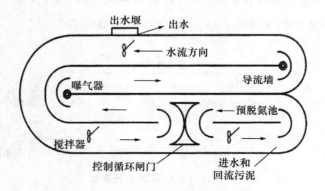

图 5-79    具有脱氮功能的氧化沟工艺

通过控制循环闸门,可将氧化沟进水端的一小部分空间与其他空间"分而不隔",不设曝气器,形成一个缺氧环境的反硝化区。氧化沟其他空间保持水流循环和曝气,仍是好氧反应区,完成有机物的降解与氨氮的硝化过程。沟内水流从出水堰引出,即为出水;继续在沟内循环的水,相当一部分将返回缺氧反硝化区,即为回流的硝化混合液。

以 A/O 工艺为代表的污水生物脱氮工艺,目前广泛应用于生活污水处理和含氮工业废水处理,对污水中有机物的去除率达到 90%~95%,而对总氮的去除率一般在 70%~80%,脱氮效率不但受到工艺参数条件的影响,而且受限于硝化细菌和反硝化细菌的生理生化特性。

目前污水脱氮处理工艺大多以传统的硝化菌和反硝化菌对氮的转化作用为理论基础,因此脱氮工艺存在固有缺陷。以 A/O 脱氮工艺为例,其突出的问题有:① 在 A 池,多数情况下进水中含有丰富的可生物利用碳源,可满足反硝化对碳源和电子供体的需求,但一些特殊废水含有难生物利用和降解的有机污染物,需要额外投加碳源以促进反硝化反应。② 在 O 池,硝化过程需要充足的曝气,动力消耗很大;硝化细菌增殖速度慢,难以维持较高的生物量,因而影响脱氮效果,此问题在冬季更加严重;此外,硝化细菌抗冲击能力弱,甚至高浓度氨氮和亚硝酸盐也会抑制硝化细菌的生长。③ 基于活性污泥法的 A/O 工艺,不仅设有污泥回流系统,还增加了一套硝化混合液回流系统,如此也增加了日常运行的动力消耗。

3. 短程硝化-反硝化脱氮工艺

针对传统污水生物脱氮工艺的固有问题,需要在氮转化理论中挖掘技术提升途径。思考微生物驱动的氮转化途径(图 5-74),最终的硝化反应是将 $NO_2^-$ 氧化为 $NO_3^-$,而其后的反硝化反应首先将 $NO_3^-$ 还原为 $NO_2^-$,不同的微生物类群可分别在氮的氧化、还原反应中获得能量,但是从污水脱氮的工程目标来看,"养"这些微生物却是多余的。如果能绕过多余的这两步生化反应——将氨氮氧化控制在亚硝化阶段、再从亚硝酸直接进行反硝化,新的短程硝化-反硝化脱氮工艺具有明确的经济优势:节约硝化曝气量,节约反硝化碳源,而且降低反应池容积和占地,如图 5-80 所示。

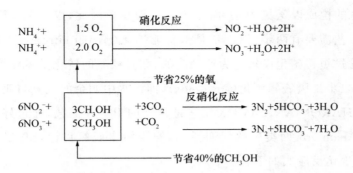

**图 5-80　短程硝化-反硝化脱氮工艺的经济优势分析**

实现短程硝化,是短程硝化-反硝化脱氮工艺的技术关键,具体做法是在硝化反应池中富集亚硝化细菌(AOB)而淘汰硝化细菌(NOB),如此将污水中 $NH_4^+$ 的氧化控制至 $NO_2^-$ 而止。1997 年,荷兰代尔夫特理工大学的研究人员观察到 AOB 和 NOB 两种菌在较高温度下生长速率出现明显的差异(图 5-81),通过控制反应器温度(35 ℃左右)和污泥停留时间(1 d 左右),将生长速度慢的 NOB 淘汰,使 AOB 不断占有优势,从而将氨氮氧化控制在亚硝化阶段。这种实现短程硝化的反应器,被称为 SHARON(single reactor high activity ammonia removal over nitrite)反应器,它可为反硝化提供充足的 $NO_2^-$。

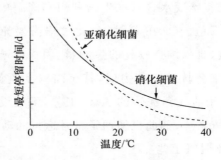

**图 5-81    SHARON 反应器中温度和停留时间对硝化细菌(AOB)**
**和亚硝化细菌(NOB)生长速率的影响**

4. ANAMMOX 脱氮工艺

在 20 世纪末期,荷兰代尔夫特技术大学报道了一项在厌氧条件下将污水中氨氮直接转化为气体 $N_2$ 的新工艺——ANAMMOX,脱氮反应的关键电子受体为 $NO_2^-$ 且不需要外加碳源。在 1999 年发现厌氧氨氧化菌(即 Anammox 菌)后,AN-AMMOX 脱氮工艺的微生物学和生物化学机理得到确证:在厌氧条件下,自养型 Anammox 菌以 $NO_2^-$ 为电子受体,将氨和亚硝酸盐直接转化为 $N_2$。

污水中氮的构成以氨氮为主,而亚硝态氮极少。因此,以 ANAMMOX 为核心的污水脱氮工艺需要有两步:第一步是部分亚硝化(partial nitritation,PN),不仅污水中的氨氮通过短程硝化仅氧化为亚硝态氮,而且氨氮的转化量需要控制在总量的 55%左右;第二步是厌氧氨氧化(anammox),即污水中剩余的氨氮与亚硝态氮反应,生成氮气。SHARON-ANAMMOX 工艺是常见的 PN/A 工艺,通过好氧单元 AOB 和厌氧单元 Anammox 两类菌的代谢活动,实现污水脱氮目标,SHARON-ANAM-MOX 工艺的生化反应式如下:

$$\text{SHARON:} \quad 0.5NH_4^+ + 0.75O_2 \longrightarrow 0.5NO_2^- + H^+ + 0.5H_2O$$

$$\text{ANAMMOX:} \quad 0.5NH_4^+ + 0.5NO_2^- \longrightarrow 0.5N_2 \uparrow + H_2O$$

$$\text{PN/A 总反应:} \quad NH_4^+ + 0.75O_2 \longrightarrow 0.5N_2 \uparrow + H^+ + 1.5H_2O$$

ANAMMOX 工艺是目前最简捷的生物脱氮法,其曝气能耗只有传统硝化—反硝化脱氮工艺的 55%~60%,碱度消耗量减少 45%,几乎无须碳源,脱氮效率高,占地面积少;同时,ANAMMOX 工艺的污泥产量也远低于传统脱氮工艺,极大降低了剩余污泥的处理和处置成本。但是受控于 Anammox 自养菌的生理生化特性,AN-AMMOX 工艺的启动时间很长,运行条件要求严苛,温度宜在 30～40 ℃,pH 在 6.4～8.3,进水中不宜有高浓度的有机物以及其他有毒有害污染物。

ANAMMOX 工艺在污水处理中发展潜力巨大。目前该工艺对市政污泥消化液的处理日趋成熟,德国、日本、澳大利亚、瑞士、英国及我国已将 ANAMMOX 工艺应用于污水处理厂。此外,该工艺在垃圾渗滤液、养殖废水、食品废水等高氨氮废水处理领域推广应用。

5. 其他脱氮工艺

自 20 世纪 90 年代以来,随着科学界对微生物氮转化理论的拓展和深化,工程技术领域对污水脱氮工艺的研发也不断推陈出新。

1998 年比利时根特大学开发了 OLAND(oxygen limited autotrophic nitrification denitrification)工艺,该工艺的关键是限制 DO,使硝化反应只进行到 $NH_4^+$ 氧化为 $NO_2^-$ 阶段,由于缺乏电子受体,由 $NH_4^+$ 氧化产生的 $NO_2^-$ 继续氧化未反应的 $NH_4^+$ 形成 $N_2$。

2001 年荷兰代尔夫特理工大学开发了 CANON(completely autotrophic nitrogen removal over nitrite)工艺,在单个反应器或生物膜内通过控制 DO 水平,建立自养型的好氧硝化菌和厌氧氨氧化菌的共生体系,完成短程硝化和厌氧氨氧化,从而达到污水脱氮的目的。CANON 工艺的生化反应式如下:

短程亚硝化:$NH_4^+ + 1.5O_2 \longrightarrow NO_2^- + 2H^+ + H_2O$

厌氧氨氧化:$NH_3 + 1.32NO_2^- + H^+ \longrightarrow 1.02N_2 \uparrow + 0.26NO_3^- + 2H_2O$

CANON 总反应:$NH_4^+ + 0.85O_2 \longrightarrow 0.435N_2 \uparrow + 0.13NO_3^- + 0.14H^+ + 1.3H_2O$

2019 年我国北京工业大学研发了短程反硝化-厌氧氨氧化(partial denitrification/anammox, PD/A)脱氮工艺,以短程反硝化反应为厌氧氨氧化反应提供 $NO_2^-$ 基质,该工艺适用于低 C/N 生活污水、垃圾渗漏液和二级出水的脱氮处理。

## 5.6　污水生物除磷技术

水环境中的磷以正磷酸盐、聚磷酸盐与有机磷三种形态存在,总磷是判别水体营养水平的重要指标。当前受人类生活与生产排放的影响,世界范围内的湖泊、近海及一些缓流河段出现了不同程度的富营养化现象,磷是主要限制性元素。磷污染主要来源于生活污水与农田排水,部分来自工业废水,因而污水处理厂在去除污水和废水中的磷、控制水体富营养化方面具有重要作用。

以活性污泥法为核心单元的市政污水处理厂,主要通过物理沉淀作用和微生物吸收的同化作用去除水中磷污染物。对于固体形态的磷(约占总磷量的 10%),通过一级沉淀作用即可与水分离;对于溶解态的磷,则可被微生物吸收,成为细胞内部物质,通过二沉池定期排泥而被排出处理体系。但是,对于富含磷的生活污水以及部分工业废水,仅靠上述作用去除水中磷仍不能满足排放标准,需要在工艺流程中增加强化除磷技术。

常见的一级强化除磷方法是向污水中投加混凝剂,溶解性磷与 $Ca^{2+}$、$Al^{3+}$ 等阳离子发生化学反应而产生磷沉淀物,再经沉淀作用而去除。化学沉淀除磷技术可在不增加构筑物的基础上对污水处理工艺进行调整,具有除磷效率高(总磷去除率可达 90% 以上)、处理费用增加不多的优势。此外,在活性污泥中富集聚磷菌,可以强化生物除磷效率。

## 5.6.1  生物除磷原理

生物除磷主要是依靠聚磷菌(phosphorous accumulating bacteria,PAB)的除磷活性:在好氧(DO 较高)或缺氧(DO 较低但 $NO_3^-$ 充足)条件下,PAB 过量摄取磷;而在厌氧条件下(DO 很低且 $NO_3^-$ 等含氧化合物也较低),PAB 释放磷。一般地,PAB 在好氧环境中摄取的磷量比其在厌氧环境中释放的磷量多(图 5-82),通过从污水生物处理系统中排出高磷的剩余污泥,可达到除磷目的。

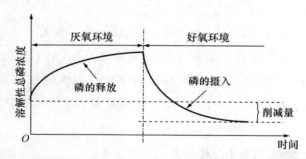

图 5-82  富含聚磷菌的活性污泥培养试验中溶解性磷的浓度变化

为了使 PAB 稳定增殖和高效除磷,生物处理单元应维持如下运行条件:温度 5~30 ℃;pH 6.0~8.0;厌氧段 DO<0.2 mg/L,好氧或缺氧段 DO>1.5~2.5 mg/L;碳磷比(BOD₅/TP)>20,能促进磷释放和摄取的有机物为小分子、易降解的有机物,如乙酸等;污泥停留时间(SRT) 3.5~7 d。

## 5.6.2　废水生物除磷工艺

随着全球及我国水体富营养化的发展,越来越多的污水处理厂也增设了总磷指标。通过对已有生物处理工艺的技术改进,可增强其除磷功能。

1. A/O 除磷工艺

由于大部分污水含有丰富的可生物利用有机物(即 BOD),可将生物处理单元的前端改造为厌氧池,经过聚磷菌的释磷作用后,含高浓度磷酸盐的污水进入其后的好氧池,再经过聚磷菌对磷的过量摄入而将水相中的磷转入污泥中,通过排出富磷剩余污泥(污泥含磷量约 4%)而实现污水高效除磷的目标。同样根据工艺中厌氧(anaerobic)和好氧(oxic)单元的排序,将这种生物除磷工艺简称为 A/O 工艺(图 5-83)。

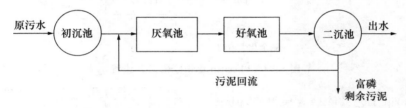

**图 5-83　A/O 生物除磷工艺流程**

与常规活性污泥法相比,A/O 除磷工艺仅多了一个厌氧池,在实际工程中可在原有曝气池前端分隔出一个独立空间,控制其溶解氧条件来实现。A/O 除磷工艺中厌氧池的主要工艺参数有:HRT 1~2 h;MLSS 2.7~3.0 g/L;污泥停留时间(SRT) 2~5 d;污泥回流比 25%~40%。

A/O 除磷工艺是目前最常见的污水生物除磷处理法,对总磷的去除率可达 75%。但是,如果原污水中总氮(主要为氨氮)浓度也较高,那么回流污泥将给厌氧池带入大量硝酸盐,破坏其厌氧条件,影响聚磷菌的释磷作用,进而影响工艺的除磷效果。对于常见的、同时具有高浓度氨氮和磷酸盐的污水,还需要进一步改进生物处理工艺,以实现同步的脱氮除磷。

2. Phostrip 除磷工艺

对于含磷非常高的污水和废水,可将化学除磷法与生物除磷法相结合,更稳定高效地除磷,其代表性工艺为 Phostrip 除磷工艺,工艺流程如图 5-84 所示。在传统的活性污泥工艺基础上,Phostrip 二沉池排出的污泥被分为三股:直接回流污泥将返回曝气池;剩余污泥将被排出系统,实现生物除磷;新增的第 3 股污泥进入一个厌氧池。在厌氧环境下,细胞内的磷被有效释放到水中,厌氧池一部分泥水混合液作为脱磷回流污泥,返回曝气池以补充生物量;其余混合液作为富含磷的废水,进入一个化学反应池,向该废水投加石灰(调节 pH)和混凝剂,形成的磷酸盐沉淀物从沉淀池排出系统,实现化学除磷。

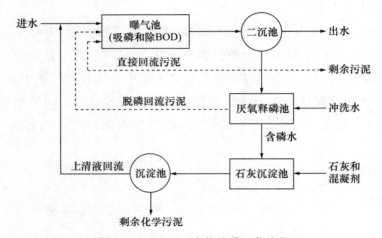

图 5-84   Phostrip 生物除磷工艺流程

Phostrip 工艺的除磷效果很好,但流程相对复杂。对于一般中性或偏弱碱性的生活污水和工业废水,石灰用量为 20～30 mg Ca(OH)$_2$/m$^3$ 废水;混凝剂一般选择铝盐系的无机药剂。

### 5.6.3  废水生物脱氮除磷工艺

生活污水与很多工业废水同时含有较高浓度的氮和磷,需要考虑以一套处理工艺同时脱氮和除磷。

1. A$^2$/O 脱氮除磷工艺

在生物脱氮和生物除磷工艺的基础上,将活性污泥进行驯化培养,使其中既有硝化细菌、反硝化细菌等氮转化微生物,又有聚磷菌,甚至可能有既能积累磷酸盐、又能进行反硝化的反硝化除磷菌(denitrifing phosphorous removing bacteria),可将 A/O 脱氮工艺与厌氧 A/O 除磷工艺相结合,形成如图 5-85 的 A$^2$/O 工艺,即厌氧—缺氧—好氧(anaerobic-anoxic-oxic)生物脱氮除磷工艺。

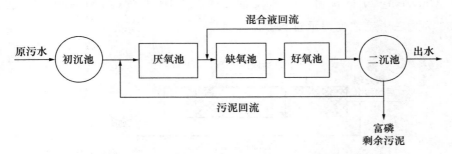

**图 5-85　A$^2$/O 生物脱氮除磷工艺流程**

　　氮转化菌和聚磷菌均需要 20～37 ℃的适宜温度及 pH 中性条件,低温对各类菌的代谢和增殖均不利,在 20 ℃时,聚磷菌的增殖速率约为 2 d$^{-1}$,约为硝化菌的 2 倍,除磷效率高于硝化率;至 15 ℃时,聚磷菌活性降低,而硝化反应基本停止。因此,A$^2$/O 工艺的最佳运行环境为中温和 pH 中性。

　　在 A$^2$/O 工艺的三个不同的生物处理池中,好氧池仍然是容积最大的,厌氧池、缺氧池和好氧池的水力停留时间(HRT)分别为 0.5～1.0 h、0.5～1.0 h 和 3.5～6.0 h。污泥回流比为 50%～100%,从二沉池回流污泥越多,对厌氧池中聚磷菌的释磷过程干扰越大。混合液(也称硝化液)回流比为 100%～300%,该回流比越高,脱氮效率越高,但能耗也随之升高。

　　在 A$^2$/O 系统里,由于反硝化细菌脱氮、聚磷菌除磷过程均需要消耗易降解碳源,两类功能菌就对碳源产生竞争。对于生物脱氮,较长的污泥停留时间有利于长世代期的硝化细菌富集;但对于生物除磷,缩短污泥停留时间有利于通过排泥而排除磷,因此系统的泥龄需要平衡两方面需求。此外,回流污泥中含有较高浓度的硝酸盐,会抑制需要严格厌氧环境的生物释磷。因此,A$^2$/O 工艺在启动时,需要对三个池的 HRT、回流比、排泥量等运行参数以及 C/N 比、C/P 比等水质条件进行试验调试,以达到脱氮、除磷两项功能的平衡,实现出水总氮和总磷浓度同时达标。

　　2. 其他生物脱氮除磷工艺

　　A$^2$/O 工艺以较为简洁的工艺达到生物脱氮、除磷、降解有机物的多种功能,但存在脱氮、除磷难以平衡的问题。一般情况下,上述厌氧—缺氧—好氧的 A$^2$/O 工艺往往脱氮率较高,而除磷率不理想。为此,一些工程根据水质情况进行了工艺调整,设计了缺氧—厌氧—好氧的倒置 A$^2$/O 工艺,在牺牲部分脱氮效率的前提下,提高污水除磷效率。

　　以 A$^2$/O 工艺为基础,根据微生物对氮、磷利用和转化的原理,南非等国家开发了增强除磷的两级脱氮工艺(改进型 Bardenpho 工艺)、UCT 工艺(南非开普敦大学,即 University of Cape Town 开发的工艺)、JHB 工艺(约翰内斯堡工艺)等。图 5-86 为这三个工艺流程示意。

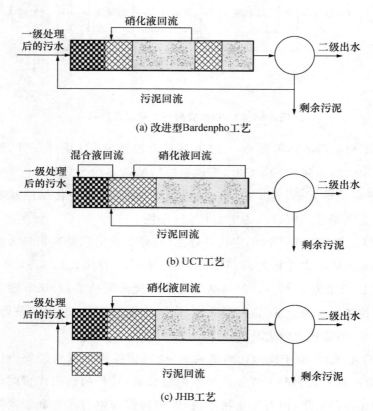

**图 5-86　其他生物脱氮除磷工艺流程示意**

图中黑方格池为厌氧池,斜线池为缺氧池,气泡池为好氧池

UCT 工艺对 $A^2/O$ 工艺的革新之处为:将污泥回流至缺氧池,为了维持厌氧池的生物量,增加缺氧池与厌氧池的一套回流,如此可缓解来自二沉池的回流污泥中较高浓度的硝酸盐对厌氧释磷过程的影响;但是,UCT 缺氧池的局部内循环仍然对厌氧池有干扰。JHB 工艺对 $A^2/O$ 工艺的革新之处为:在污泥回流的通路上增设一个缺氧池,对回流液进行反硝化脱氮处理。

由于生物脱氮和生物除磷需要特定的功能菌,在泥水连续流通的污水生物处理工艺系统中,虽然各类功能菌所需的环境条件(包括溶解氧、HRT 等)可以在不同空间给予满足,但是整体微生物群落的碳源竞争、泥龄差异等问题仍然影响系统处理效率。

## 主要参考资料

［1］Ardern E，Lockett W T Experiments on the oxidation of sewage without the aid of filters，Part Ⅱ［J］. Journal of the Society of Chemical Industry，1914，33，523-539.

［2］Holger Daims，Elena V. Lebedeva，et al. Complete nitrification by *Nitrospira* bacteria. *Nature*，2015，528(7583)：504-509.

［3］Jetten M S M，Strous M，et al. The anaerobic oxidation of ammonium［J］. *FEMS Microbiology Reviews*，22(5)，421-437.

［4］Lansing M. Prescott，John P. Harley，Donald A. Klein. 微生物学［M］. 5 版，沈萍，彭珍荣，等译. 北京：高等教育出版社，2003.

［5］Lingwei Wu，Daliang Ning，Bing Zhang，et al. Global diversity and biogeography of bacterial communities in wastewater treatment plants［J］. *Nature Microbiology*，2019，4，1183-1195.

［6］Maartje A. H. J. van Kessel，Sebastian Lücker. Complete nitrification by a single microorganism［J］. *Nature*，2015，528(7583)：555-559.

［7］Strous，et al. *Applied & Environmental Microbiology*，1999，65(7) 3248-3250.

［8］Third K A，Sliekers A O，et al. The CANON system (completely autotrophic nitrogen-removal over nitrite) under ammonium limitation：Interaction and competition between three groups of bacteria［J］. *Systematic and Applied Microbiology*，2001，24 (4)，588-596.

［9］Verstraete，W and Philips，S. Nitrification-denitrification processes and technologies in new contexts. 1st International Nitrogen Conference 1998［J］. *Environmental Pollution*，1998，102：717-726

［10］Vlaeminck，Siegfried E，et al. *Environ. Microbiol.*，2011，13 (2)：283-295.

［11］陈吕军，钱易. 一体化氧化沟污水处理技术［J］. 石油化工环境保护，1994，1：1-5.

［12］顾夏声. 废水生物处理数学模式［M］. 北京：清华大学出版社，1993.

［13］蒋展鹏，杨宏伟. 环境工程学［M］. 3 版. 北京：高等教育出版社，2013.

［14］金浩，李柏林，欧杰，等. 污水处理活性污泥微生物群落多样性研究［J］.

微生物学杂志，2012，32(4)：1-5.

[15] 刘志培，刘双江. 硝化作用微生物的分子生物学研究进展[J]. 应用与环境生物学院，2004，10(4)：521-525.

[16] 罗琳，颜智勇. 环境工程学[M].北京:冶金工业出版社，2014.

[17] 潘成功. 氧化沟系统在丹麦的发展和应用[J]. 给水排水，1992，5：18-21.

[18] 彭永臻，郭建华. 活性污泥膨胀机理、成因及控制[M]. 北京：科学出版社，2012.

[19] 宋莹莹. 膨胀颗粒污泥床(EGSB)内导流流场分析及优化[D]. 哈尔滨:哈尔滨工程大学，2012.

[20] 王宝贞，王琳. 水污染治理新技术:新工艺、新概念、新理论[M]. 北京：科学出版社，2004.

[21] 王昭玉.厌氧氨氧菌生长的主要影响因素[J]. 四川化工,2018,21(6):1-3.

[22] 许保玖，龙腾锐. 当代给水与废水处理原理[M].2 版. 北京:高等教育出版社，2000.

[23] 杨庆，彭永臻. 序批式活性污泥法原理与应用[M]. 北京:科学出版社，2010.

[24] 张玉魁,施汉昌. 两种生物流化床中试反应器处理生物污水. 市政技术，2006,24(6)：409-412.

[25] 郑兴灿. AB工艺的运行原理与特性[J]. 中国给水排水，1989，5(6)：40-43.

[26] 周凤霞，陈剑虹. 淡水微型生物与底栖动物图谱[M]. 2 版. 北京:化学工业出版社,2011.

[27] 朱玉贤，李毅. 现代分子生物学[M]. 北京:高等教育出版社，1997.

## 思考题与习题

5-1　名词解释:污泥沉淀比、污泥指数、污泥膨胀、污泥负荷。

5-2　请简单描述异养细菌代谢过程。

5-3　水中微生物主要分为哪几类？分别简单讨论它们在废水处理中所起的作用。

5-4　试比较推流式曝气池和完全混合曝气池的优缺点。

5-5　活性污泥法的基本概念和基本流程是什么?

5-6　解释污泥泥龄的概念,说明它在污水处理系统设计和运行管理中的作用。

5-7　简要描述序批式活性污泥法的运行过程。

5-8　常见的生物膜法形式有哪些,各有什么特点?

5-9　从气体传递的双膜理论,分析氧传递的主要影响因素。

5-10　简述生物除磷的原理。

5-11　简述好氧和厌氧生物处理有机污水的原理和使用条件。

5-12　请描述厌氧生物处理的两阶段理论。

5-13　微生物进行氮转化的过程有哪些? 请简要写出每种反应的过程和原理。

5-14　生物脱氮、除磷的环境条件要求和主要影响因素是什么? 说明主要生物脱氮、除磷工艺的特点。

5-15　某工业废水的流量为 $800\ m^3/d$,$BOD_5$ 为 $450\ mg/L$,经过初次沉淀后采用高负荷生物滤池处理,要求出水的 $BOD_5<30\ mg/L$,试计算高负荷生物滤池的尺寸和回流比。

5-16　从活性污泥曝气池中取混合液 $500\ mL$,盛于 $500\ mL$ 量筒中,半小时后沉淀污泥量为 $140\ mL$,试计算活性污泥的沉淀比。曝气池中的污泥浓度为 $2800\ mg/L$,求污泥指数。你认为曝气池运行是否正常?

5-17　污水设计流量为 $10\ 000\ m^3/d$,进曝气池 $BOD_5$ 浓度为 $190\ mg/L$,要求去除率为 $95\%$。有关设计参数为 $Y=0.4$,$K_d=0.1\ d^{-1}$,$X=2000\ mg/L$,二沉池排出污泥浓度 $X_u=9000\ mg/L$。求曝气池的有效容积、每天排除污泥量和回流比。

# 第 6 章

# 流域水环境保护与修复工程

　　水环境工程体系,是现代人类社会与水生态系统之间物质交流的一个重要"中转站"。人类逐水而居,城市临水而兴,工厂择水而建。受全球人口分布和工业发展的影响,从 20 世纪中期开始兴建的市政污水处理厂和工业废水处理厂等"中转站"主要集中于城区与工业区。随着科学技术的进步和工程的升级改造,城市水污染治理力度不断加强,点源污染(包括生活污水和工业废水)逐步得到有效控制。从城市放眼更广大的流域(以分水线而划定的一个水系集水区),在城区和工业区以外是农业区、牧区、林区、丘陵、山地等地,人口相对较少。在 20 世纪中期以前,这些地区的非点源污染(如地表径流、农田排水、农牧业污水等)对水体影响不大,也无须建设污水收集和处理的工程设施,流域水环境质量整体较好,水生态系统健康平衡。

　　然而,随着现代城市化进程的加快,越来越多的农田、林区、丘陵等地被改造为城镇或工业用地,越来越多的流域、河口出现特大城市、城市集群及工业园区,全流域范围内的城市扩张使得用水量与排水量也大幅增长。在此形势下,越来越多的污水处理厂在同步建设和运营,但是通过比较《城镇污水处理厂污染物排放标准》和《地表水环境质量标准》可以发现,各项污染物指标离要求仍差距较大,即相对于地表水环境,达标排放的废水仍然是污染源(点源),需要依靠生态环境的自净能力而最终消纳污染。

　　自 20 世纪 70 年代以来,在一些人口稠密与经济发达的流域,人为污染负荷超过水环境容量,即生态系统的自净过程无法将超量污染物完全转化和降解,流域水系中日积月累的残留物使水环境质量下降,甚至使水生态系统失衡,以城市为核心的水环境污染与生态退化问题呈现向广大流域扩展的态势。从污染源分析,在由点源与非点源共同构成的总污染负荷中,非点源污染的占比已经不容轻视,甚至超过点源污染负荷。与点源相比,非点源污染范围广、随机性高、潜伏期长,这使得非点源污染问题异常复杂,处理和控制难度更大。

随着公众环境意识的提高以及生态文明理念的普及,发达国家自 20 世纪中后期、我国自 21 世纪以来,逐步将水环境工程体系从城市拓展到流域。当前将流域作为物理、生态和社会经济的基本单元,各国开展了一系列水环境保护与修复工程的实践,其核心工作是将各种污染防治措施因时因地、优化集成地实施,充分挖掘人工处理和自然修复措施的综合效能,使污水可再生利用、低影响排放、与自然水系和谐相融,最终目的是系统、有效、经济地解决全流域的水环境污染和水生态退化问题,实现社会经济与生态环境的可持续发展。

# 6.1　点源污染的最终处置工程

## 6.1.1　废水最终处置途径与基本原则

《第二次全国污染源普查公报》显示,到 2017 年年末,我国污水年处理总量达到 $6.52 \times 10^{10}$ m³,其中城镇污水处理厂 8969 个,处理污水 $5.96 \times 10^{10}$ m³;工业污水集中处理厂 1520 个,处理污水 $4.08 \times 10^9$ m³。大量污水经过物理、化学和生物等方法的处理,以及尽可能重复利用或循环回用之后,最终要排放到天然水体中。最终处置的途径通常是将废水直接或通过管道、沟、渠等排污通道就近排放到江、河、湖(水库)、海等地表水体中,其中排放到江河和海洋是主要途径。根据排污口责任主体所属行业及排放特征,将入河入海排污口分为工业排污口、城镇污水处理厂排污口、农业排口、其他排口等四种类型。其中,工业排污口包括工矿企业排污口和雨洪排口、工业及其他各类园区污水处理厂排污口和雨洪排口等;农业排口包括规模化畜禽养殖排污口、规模化水产养殖排污口等;其他排口包括大中型灌区排口、规模以下水产养殖排污口、农村污水处理设施排污口、农村生活污水散排口等。此外,使用土地处理系统中的快速渗滤等技术,将废水作为地下水的补给源,也是最终处置途径之一。

废水最终处置的基本原则是:根据受纳水体的生态功能、纳污能力(水环境容量)与相应的水质标准(参见本书第 3 章),来确定废水排放的条件和形式,并慎重选择适当的排放口位置,进行必要的环境影响评价。废水向受纳水体中排放必须保证不降低该水体总体功能与水质标准,特别是废水中的有毒有害污染物与重金属离子都必须严格处理,达到相应的排放标准。

排放口的位置和形式应征得当地住建、卫生、水利、航运、环境、渔业等部门的同意,一般遵循以下原则:尽可能远离取水构筑物、游泳区、居民区、家畜饮用水区、渔业区等环境保护目标,不影响航运和水利建设;对排放口处附近要采取河底、岸边加固措施,防止对其撞击、冲刷和倒灌,保证排放口的安全正常运行;考虑周围水环境容量及水流条件,使废水尽快扩散,降低对纳污水体水质的负面影响;对于向海洋排放废水的排放口,还需要考虑风浪、海流等影响。

此外,国家环境保护主管部门应以法令和条例的形式对集中式废水排放行为进行监督管理,包括建立污染物排放标准、实施排污许可证和污染物排放总量控制制度、提出排放口设置要求、组织污染物排放和水环境质量监测等。废水排放的主体单位应当严格执行国家有关规定和监测规范,对所排放的水污染物自行监测,达到相应标准后才可排放。

## 6.1.2    废水排江处置

根据本书第 2 章的介绍,废水排入自然水体后,主要依赖水体的自净作用对废水中的污染物进行稀释降解,从而降低废水排放对水生态环境的影响。废水向江河排放处置属于不完全混合型排放,在江河的自净能力中,稀释作用占主导地位,生物降解作用相对较小,甚至在自净分析中可以忽略不计。为了尽快将废水与受纳水体充分混合,需要合理设置排放口。根据排放口的位置和高程,可以分为岸边集中排放口、水下集中排放口或分散排放口(图 6-1),其中,水下分散排放口的环境效果最好。传统的岸边排放口构造简单,但容易形成岸边污染带,并且容易产生气味和泡沫。水下排放口由水下废水输送管和排放头组成,排放头可分为集中排放头(单口管)和分散排放头(多孔扩散器)两种类型。废水输送管和排放头需固定在水体底部或铺设在水底管沟中,并采取沉排或堆石固定。在废水排放前,通常会设立简单的沉淀池和加压泵站,经处理并加压后将废水送入废水输送管,然后通过排放头排入水体。

采用水下扩散器排放废水时,一般假定污染物在与河流垂直的方向上为均匀混合,而在顺流方向上为扩散性非均匀混合。这种处置系统可以采用二维扩散模型的数学分析方法,模拟纳污江河的一段水流过程,并得出排放口下游任一断面上污染物浓度分布规律、横向扩散宽度,以及恢复到原有水质的流程时间,从而可评价废水排放对下游水体功能的影响。在进行水环境影响评价时,必须充分掌握江河水环境质量、水环境容量和水动力条件等资料,在有条件的情况下,应通过示踪剂(如罗丹明颜料)进行现场扩散试验,以获得可靠的扩散参数。

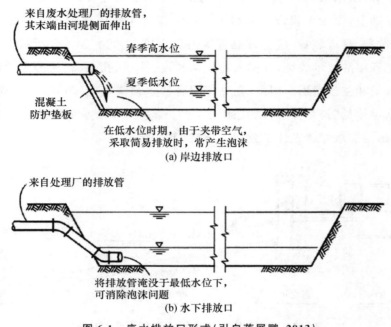

图 6-1　废水排放口形式（引自蒋展鹏,2013）

## 6.1.3　废水排海处置

由陆地向海域排放废水的排放口形式,包括废水直排口、排污河、废水海洋处置工程排放口等。其中,废水直排口,即废水从陆地直接通过岸边排放的形式排放入海,主要包括工业企事业单位直排口、各类市政或生活污水口以及养殖废水直排口;排污河,即废水通过河道排放入海,主要指人工修建或自然形成,现阶段以排放污水为主(枯水期污水量占径流量 50% 以上)且年均流量 $\leqslant 1 \times 10^8$ m³ 的小型河流(沟、渠、溪);废水海洋处置工程排放口,是指废水排放经过了海洋处置工程论证,利用放流管和水下扩散器向海域排放废水的排放口。

废水海洋处置工程是当前工业化国家沿海城市常用的废水最终处置的途径。与废水排江工程相比,废水排海工程的设计有不同的技术要求,这主要是由于江河和海洋水体的密度、水动力条件、水质目标等都不一样,废水排海要坚持“以海定陆”的原则,根据排污海域的水动力状况和海水自净能力确定废水排海混合区,混合区范围的水质要求应根据《海水水质标准》(GB 3097—1997)来确定,不能形成油膜、难闻的气味和可见的混浊云斑。

规划废水排海工程前,应充分收集和调查有关资料,包括纳污海域可能的用途、海洋水文学、海水水质、城市总体规划、废水水量和水质等资料,在综合考虑各种影响因素的基础上,保证工程设计的合理可靠。排海工程一般由出水泵站、高位井、放流管、扩散器、警戒装置、应急排放管等内容组成,工艺如图 6-2 所示。其中扩散器是实际工程中的技术关键,其伸入海域的长度、管径、孔数、孔径等参数都影响着稀释扩散效果和基建费用。因此,在确保混合区水质满足国家标准的前提下,应充分考虑废水排放量、初始稀释度、废水最大浮升高度、海水密度以及水动力状况等因素,合理确定扩散器的设计参数,尽量降低工程费用。

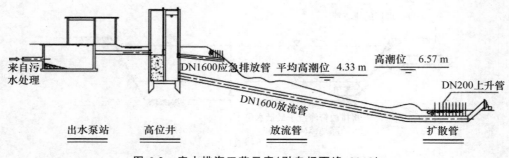

图 6-2    废水排海工艺示意(引自杨丙峰,2018)

# 6.2    非点源污染的控制工程

## 6.2.1    非点源污染的控制原则

非点源污染涉及范围广、控制难度大,目前已成为影响农业生产、水资源、水生生物栖息地和流域水文特征的重要污染源。根据非点源污染的形成特点和发生过程,在流域范围内对其进行控制和治理一般遵循以下三个原则:第一,通过合理规划、工程措施、技术措施、政策法规、管理和监控、宣传和教育等多种手段,削减非点源污染物产生量和排放量,将污染源控制在最低限度;第二,弱化污染物的扩散和输送强度,尽可能做到污染物原地处理与处置,将污染控制在最小范围里;第三,对已经产生的污染和造成的生态破坏,合理选择工艺路线和工程技术,开展污染治理和生态修复工作。因此,从"源头减污—过程控制—水体修复"三个层次,合理选择并组合相关工程技术,分级削减污染负荷,从而使非点源污染得到有效控制。

## 6.2.2　非点源污染控制的环境工程技术

第 4 章和第 5 章介绍的水环境工程的技术方法,有的也能应用于流域非点源污染控制中,还常与其他工程技术(如农业工程、水利工程、水土保持工程、生态工程等)联合实施。通过借鉴其他工程技术,水环境工程体系还有了新的发展,技术形式丰富、组合灵活,被越来越广泛地应用于流域范围内的点源、非点源的污水处理以及受污染水体的生态修复。

流域非点源污染控制的工程技术,可分为源头控制、输移途径控制和汇入水体修复三个层次。① 源头控制技术,是在污染发生地调整作业方式或及时清除污染物,消除可能的水污染事件,如保护性耕作、坡地水土保持、街道地表污染物清除等;对分散污染进行原位处理,如农村污水和污物处理、农田排水处理、旅游景点的污水处理等,也是在源头削减了污染物浓度和总量。② 输移途径控制技术,是在污染扩散、输送、转化的路径上进行污染物的拦截和降解,有效控制污染范围和降低污染强度,如地表过滤带、生态沟渠、河岸缓冲带、人工湿地、氧化塘等。③ 汇入水体修复,是对受到污染的河流、湖泊等水体开展生态修复,目标是恢复水环境质量和保持水生态系统平衡,如污染河流的水中曝气、河滨带和湖滨带的水生植物种植和养护等,有些工程是对原有自然生态(如湿地系统)的恢复和重建工作。

在进行流域非点源污染防治时,应结合当地的气候条件(如雨季、旱季等)、地形条件(如池塘、湿地、土壤层等)及植被类型(包括乔、灌、草),选择多个适宜的技术,集成组合而实施。建成的环境工程系统在实际运行中,还需要根据非点源污染的动态变化而灵活调整、关闭和启动。下面介绍三种非点源污染控制的水环境工程技术,它们因环境效益显著而被广泛应用于国内外流域环境综合治理中。

### (一)稳定塘技术

1. 稳定塘概述

稳定塘,又称为氧化塘或生物塘,是一种利用天然池塘或经过一定人工修整的池塘,通过不同的工作原理和净化机理(如厌氧、好氧、兼性生物处理、水生植物净化、水生态系统净化、封闭式储留、调储控制排放等),对流经的污水或地表径流进行净化,以保证其出水水质能满足一定水质保护目标的处理技术。稳定塘利用微生物对污染物进行降解或转化,与天然水体的自净过程很相似,可用于非点源污染治理,也可用于点源污染治理。为了达到较好的处理效果,在实践过程中可以将多种不同功能的塘处理单元组合起来,形成多级塘处理系统。

20 世纪初,欧洲和美国开始修建稳定塘系统,但由于占地面积较大,该技术的发展几乎处于停滞状态。20 世纪四五十年代以来,受全球能源危机的影响,运行稳定且能耗较低的稳定塘技术又得到了较高的国际关注,在美国、德国、法国等地均建有数千座稳定塘。我国从 20 世纪 50 年代开始对稳定塘技术开展研究,20 世纪80 年代,通过国家级科技攻关项目,在稳定塘的生物强化处理机理、设施运行规律和设计运行参数等方面取得了重要成果,使稳定塘技术不断优化和完善。目前该项技术广泛应用于城镇、农村生活污水、工业废水及污染水体的治理中。

2. 稳定塘运行原理

稳定塘以太阳能(日光辐射提供能量)为初始能源,构建细菌、真菌、藻类、微型动物、水生植物及其他水生生物共生的人工生态系统,通过塘水的稀释作用、沉淀和絮凝作用、生物的代谢作用等过程,将流经稳定塘的水体中的有机物、氮、磷等进行去除,从而实现水质的净化。其运行原理如图 6-3 所示,细菌和真菌在厌氧、好氧和兼性环境中能够分解污染物质,产生二氧化碳、氨氮、硝酸盐、磷酸盐和碳酸盐等无机产物;藻类可以通过光合作用将这些无机物作为营养物质吸收,同时产生许多氧气,使好氧菌继续氧化降解有机污染物。此外,还可以利用种植水生植物,养鱼、鸭、鹅等人工培育在塘中形成多条食物链,构成纵横交错的食物网生态系统,各种无机产物可以作为碳源、氮源和磷源进一步参与到食物网的新陈代谢过程中,并从低营养级到高营养级逐级转化,最后转变成水生作物、鱼、虾、蚌、鹅、鸭等水产品,从而获得可观的经济效益。

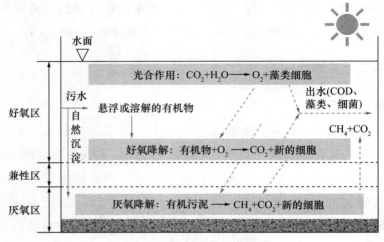

图 6-3    稳定塘系统运行原理

### 3. 稳定塘类型及特点

按照稳定塘的工作原理（包括微生物类型、供氧方式、功能等），可将稳定塘分为厌氧塘、兼性塘、好氧塘、曝气塘、水生植物塘、生态塘（如养鱼塘、养鸭塘或养鹅塘）、完全容纳塘（封闭式储存塘）和控制排放塘等类型。这些不同形式的塘在污水处理中具有不同的作用和效能，并有其各自的适用范围和局限性。下面选取几种典型的稳定塘形式，简介其基本原理和特点。

### （1）厌氧塘

厌氧塘水中溶解氧很少，基本上处于厌氧状态，其工作原理与其他厌氧生物处理过程一样，依靠厌氧菌的代谢功能，通过水解、产酸以及甲烷氧化等厌氧反应使有机底物得到降解（图 6-4）。因此，厌氧塘耐冲击负荷较强，一般适用于处理高温、高有机物浓度的污水，通常置于塘系统首端，作为预处理设施，在其后再设兼性塘、好氧塘甚至深度处理塘，这样可以充分利用厌氧反应高效低耗的特点去除机负荷，改善原污水的可生化降解性，保障后续塘的有效运行。此外由于池深较大、占地省，可以大大减少后续兼氧塘和好氧塘的容积。但是厌氧塘的净化速度较慢，污水在塘内停留时间长，臭味大，工作条件难以保证。

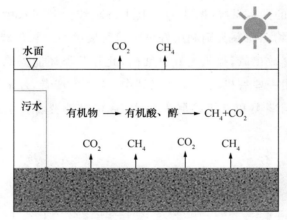

**图 6-4　厌氧塘工作原理**

### （2）兼性塘

兼性塘的上层是好氧区，藻类光合作用和大气复氧作用比较旺盛，使溶解氧较为充足，好氧微生物发挥功能；中层溶解氧逐渐降低，呈缺氧（兼性）状态，由兼性微生物起净化作用；塘底层为沉淀污泥，处于厌氧状态，微生物进行厌氧分解代谢（图 6-5）。由于厌氧、兼性和好氧反应功能在兼性塘同时存在，不仅可去除一般的有机污染物，还可以有效地去除磷、氮等营养物质和某些难降解的有机污染物，所以它既能与其他类型的塘串联构成组合塘系统,也能自成系统来处理净化水体,是目前世界上应用最为广泛的一类稳定塘。但是兼性塘也存在池容大、占地多、出水水质有波动等问题。

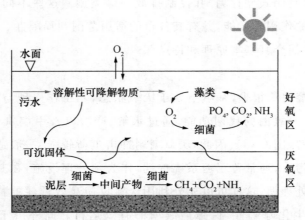

**图 6-5    兼性塘工作原理**

（3）好氧塘

好氧塘深度较浅,阳光能够直接透入塘底,整个塘均呈好氧状态,塘内存在着藻—菌—原生动物的共生系统(图 6-6)。其中好氧细菌利用水中的氧,将有机污染物氧化分解为无机物。而藻类则利用好氧细菌所提供的二氧化碳、无机营养物以及水,通过光合作用释放出氧,提供给好氧细菌,此外藻类还能去除污水中的氮、磷等营养物质,并能吸附一些有机质。在好氧塘中,藻是生产者,好氧细菌是分解者,一些浮游动物以细菌、藻类和有机碎屑为食物,是初级消费者。生产者、分解者和消

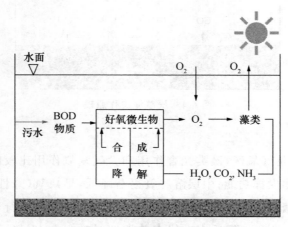

**图 6-6    好氧塘工作原理**

费者组成的水生态系统,推动物质与能量的循环和传递,从而使进塘的污水得到净化。好氧塘的优点是塘内物质分布均匀、污水停留时间短、净化功能强、溶解 BOD 去除率高。但是,由于有机负荷低,造成占地面积大,且处理水中藻类含量高,排放前需采用自然沉淀、混凝沉淀等方法予以去除。

（4）曝气塘

曝气塘不以自然净化过程为主,而是在塘面上安装曝气设备,采用人工补给方式供氧,包括好氧曝气塘和兼性曝气塘,其对有机物和营养物的处理效率要比普通兼性塘或好氧塘高得多。如图 6-7 所示,曝气塘一般分为完全混合曝气塘和部分混合曝气塘两种类型,其中完全混合曝气塘是指曝气装置的强度应能使塘内的全部固体呈悬浮状态,并使塘水有足够的溶解氧供微生物分解有机污染物;部分混合曝气塘是指不要求保持全部固体呈悬浮状态,部分固体沉淀并进行厌氧消化,其塘内曝气机布置较完全混合曝气塘稀疏。曝气塘体积小、占地省、水力停留时间短,适用于土地面积有限、不足以靠风力自然复氧的塘系统。但是由于采用了人工曝气,运行维护费用较高,容易起泡沫,出水中含固体物质高。

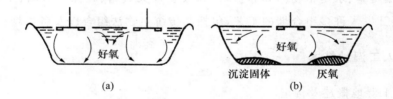

**图 6-7　曝气塘工作原理**
(a) 完全混合曝气塘；(b) 部分混合曝气塘

不同类型的稳定塘处理系统具有不同的工艺条件和参数,如表 6-1 所示。在设计并建造稳定塘的过程中,对于不同成分、不同性质的污染源,以及在具有不同气候条件的地区,应在调查研究的基础上,选择一种最适宜的塘处理形式或由几种塘处理形式组成的最适宜的塘处理系统。

**表 6-1　不同类型稳定塘的设计要求**

| 类型 | 厌氧塘 | 兼性塘 | 好氧塘 | 曝气塘 |
|---|---|---|---|---|
| 对氧的要求 | 缺氧\厌氧状态 | 大气复氧,光合作用弱 | 大气复氧,藻的光合作用供氧 | 需要曝气 |
| 水深/m | 2.5～5 | 1.5～2 | 0.3～0.5 | 3～5 |
| 停留时间/d | 30～50 | 7～30 | 2～6 | 3～8 |

（续表）

| 类型 | 厌氧塘 | 兼性塘 | 好氧塘 | 曝气塘 |
|---|---|---|---|---|
| BOD₅负荷/<br>[g/(m²·d)] | 35～55 | 2～6 | 10～20 | 30～60 |
| BOD去除率/(%) | 50～70 | 70～85 | 80～95 | 50～90 |
| 后处理 | 一般进入好氧塘 | 沉淀或过滤去除藻类 | 沉淀或过滤去除藻类 | — |
| 景观 | 差,产生臭气 | 较好,可以养鱼和培植水生植物 | 好,可以养鱼和培植水生植物 | 好,可以养鱼 |

近年来,人们逐渐意识到稳定塘技术在解决面源污染问题中体现出的诸多优势:① 能充分利用地形,结构简单,建设费用低;② 处理能耗低、维护和运行成本低、污泥产量少;③ 可实现污水资源化和回收再利用,实现水资源的循环利用;④ 能承受污水水量大范围的波动,其适应能力和抗冲击能力强;⑤ 美化环境,形成生态景观。但是传统稳定塘也存在着水力停留时间较长、效率低下、占地面积过大、散发臭味、容易造成二次污染等缺点,人们不断对稳定塘技术进行改良,出现了诸如高效藻类塘、水生植物塘和养殖塘、高效复合厌氧塘、超深厌氧塘、生物滤塘等新型塘,还开发了许多组合塘的工艺,包括与传统生物法组合以及各类塘型组合等。

### (二)人工湿地技术

#### 1. 人工湿地概述及构造

人工湿地是人工建造的、可控制的和工程化的湿地系统,其对水体的净化包括物理、化学和生物的三重协同作用,既有植物的直接吸收,也有基质的过滤、沉淀和微生物的降解代谢。人工湿地技术是 20 世纪七八十年代发展起来的一种生态处理技术,由于能有效处理多种废水,具有出水水质好,氮、磷去除效率高,运行维护管理方便,投资及运行费用低等特点,近年来获得迅速的发展和推广应用。统计显示,在 21 世纪初欧洲至少有 6000 多座运行的人工湿地,美国、新西兰、澳大利亚等国家也建造了大量人工湿地系统。我国从 20 世纪 80 年代开始引入人工湿地并开展相关研究工作,截至 2009 年,至少已有 200 多个运行的大规模人工湿地系统。

作为一个复杂的生态净化系统,人工湿地主要由底部防渗层、基质、水生植物、微生物和水体等部分构成。其中水生植物是人工湿地的最主要组成部分,基质是人工湿地的重要载体,微生物活动是有机物降解的主要机制。

(1)水生植物

人工湿地中的植物主要在三个方面发挥重要作用:① 植物能通过吸收、吸附和富集作用去除污水中的氮、磷及重金属等污染物;② 植物能将光合作用产生的氧气通过气道输送至根系,在植物根区形成氧化态的微环境,为不同微生物的生长提供各自适宜的小生境;③ 植物根系对介质具有穿透作用,可以加强和维持介质的水力传导能力。因此,水生植物的存在可以显著提高湿地的处理效率。常见的湿地水生植物通常具备耐污能力强、根系发达、茎叶茂密、抗病虫害能力强且经济价值较高等特性,同时一般选用本土水生植物,这样能够较好地适应当地的气候、土壤条件。主要植物类型有挺水植物(芦苇、香蒲、水葱等)、浮叶植物(睡莲、芡实、荇菜等)、漂浮植物(凤眼莲、水鳖、浮萍等)和沉水植物(金鱼藻、苦草、菹草等)等四大类。

（2）基质

人工湿地基质又称为填料,不仅为植物和微生物的生长提供稳定的载体和营养物质,还可以通过一系列吸收、吸附、过滤、离子交换、络合反应等物理的和化学的途径来达到去除污染物的目的。在选择填料的过程中,一般遵循以下条件:① 填料基质必须具备较强的机械强度,以抵抗污水的不断冲刷;② 表面积和空隙要足够大,能够有效吸附相关杂质;③ 具备良好的化学稳定性,避免与污水中的物质发生反应,出现二次化学污染;④ 具备较好的渗透性,避免在应用过程中出现堵塞的问题;⑤ 能够为植物和微生物提供良好的生长环境。同时为了尽可能降低材料成本,基质一般由土壤、细沙、粗砂、砾石、煤渣和碎瓦片等组成。

（3）微生物

人工湿地中的微生物是降解有机污染物的主要生力军,主要包括细菌、真菌和放线菌等。微生物数量、种类、分布受诸多因素的影响,不同区域的微生物承担着不同的净化职责。由于水生植物的氧气输送,植物根区会富集好氧微生物,将大部分有机物质分解为二氧化碳和水,通过硝化作用加强湿地对重金属的吸附和富集作用。在人工湿地的还原态区域,有机物会被厌氧微生物分解发酵。

2. 人工湿地类型及特点

按照不同的分类方式,人工湿地可分为不同种类。比如,可以按湿地植物种类划分(挺水植物人工湿地系统、浮生植物人工湿地系统、沉水植物人工湿地系统),也可以按湿地的功能定位和用途划分(水质净化类人工湿地、生态修复类人工湿地、景观类人工湿地)。而在水污染控制领域,通常采用的分类方式是根据水在湿地中流动的方式不同分为三种类型:表面流人工湿地、水平潜流人工湿地和垂直潜流人工湿地。不同类型的人工湿地处理系统具有不同的技术特征和适应性(表 6-2)。

表 6-2    不同类型人工湿地系统的比较

| 指标 | 人工湿地类型 | | |
|---|---|---|---|
| | 表面流人工湿地 | 水平潜流人工湿地 | 垂直潜流人工湿地 |
| 水体流动 | 表面漫流 | 基质内水平流动 | 基质内垂直流动 |
| 水力负荷 | 较低 | 较高 | 较高 |
| 去除效果 | 一般 | 去除效果好 | 去除效果好 |
| 运行管理 | 简单、方便 | 管理复杂 | 操控不便 |
| 适应性 | 河流、湖泊 | 工业、生活废水 | 富营养、景观水体 |

（1）表面流人工湿地

表面流人工湿地的水文条件、构造与自然湿地相类似，水面位于湿地基质层以上，水位通常较浅（一般为 0.1～0.6 m），水面暴露于大气，也称为自由水面人工湿地。地表径流或污水经布水渠缓慢流过湿地表面，部分水体蒸发或渗入湿地，通过湿地植物、基质及微生物间物理、化学、生物的综合作用得到净化，然后出水经溢流堰流出（图 6-8）。由于系统内氧气供应充足，对悬浮物、有机物的去除效果较好；但对氮、磷的去除率相对较低。表面流人工湿地具有投资及运行费用低，建造、运行和维护简单等优点，同时也存在水力负荷低、占地面积大、夏季蚊蝇滋生、易受气候条件影响等缺点。

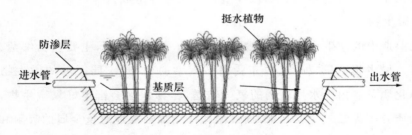

图 6-8    表面流人工湿地

（2）水平潜流人工湿地

水平潜流人工湿地的进水方式是由上而下进入湿地系统内，沿基质层下部形成潜流并呈水平渗滤推进，在湿地内部进行反应，出水从系统末端集水管流出（图 6-9）。可以通过多层潜流方式、在出水端填料层不同高度处设置出水管等方式节约建设面积，并控制、调节系统内水位。与表面流人工湿地相比，水平潜流人工湿地可以充分利用植物根系以及富集在基质表面的生物膜，所以对有机物、悬浮物、重金属等污染物去除效果较好，还具有水力负荷高、保温性良好、运行效果受气候条件影响小、卫生条件较好等优点，但其存在投资较高、管理相对复杂且对氮、磷去除效果欠佳等缺点。

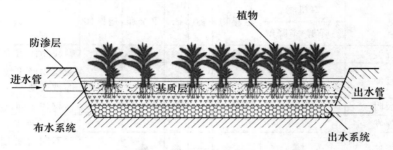

图 6-9　水平潜流人工湿地

（3）垂直潜流人工湿地

垂直潜流人工湿地是在水平潜流人工湿地基础上改进的一种工艺,兼具水平潜流湿地和土地渗滤处理系统的特征。地表径流或污水垂直下行渗流入基质底部,通过渗滤过程中发生的物理、化学和生物反应得到净化,最后经底部集水系统流出（图 6-10）。单向垂直流型人工湿地一般采用间歇进水运行方式,复合垂直流型人工湿地一般采用连续进水运行方式。氧气通过大气扩散与植物根茎运输进入湿地系统,使该系统硝化能力强,氮去除效果较好。垂直潜流人工湿地具有水力负荷较大、占地面积相对较小的优点,存在施工要求高、操控复杂、有机物去除能力欠佳、易发生堵塞及蚊蝇滋生等问题。

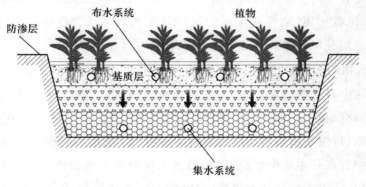

图 6-10　垂直潜流人工湿地

3. 人工湿地净化机理

人工湿地系统的水质净化机理主要是通过基质、植物、微生物等物理、化学及生物作用协同完成污染物质的去除（表 6-3）。

392　水环境工程学

表 6-3　人工湿地中污染去除机理

| 机理 | | 有机物 | | 悬浮物 | 氮 | 磷 | 重金属 | 病原体 | 说明 |
|---|---|---|---|---|---|---|---|---|---|
| | | 易降解 | 难降解 | | | | | | |
| 物理 | 沉淀 | ○ | ○ | ● | ○ | ○ | ○ | ○ | 颗粒物的重力沉淀 |
| | 过滤 | ○ | | ◎ | | | | | 颗粒物经土壤、植物的根部被过滤 |
| | 吸附 | ○ | | ◎ | | | | | 颗粒物之间的引力 |
| | 挥发 | | | | ◎ | | | | NH$_3$的挥发 |
| 化学 | 沉淀 | ○ | | | | ● | ● | | 与不同溶解度的化合物结合或生成不溶物 |
| | 吸附 | ○ | ◎ | | | ● | ● | | 在基质和植物表面吸附 |
| | 分解 | ○ | ● | | | | | ● | 不稳定化合物在光照或氧化还原条件下分解 |
| 生物 | 微生物代谢 | ● | ● | | ● | | | | 通过悬浮物、底栖的和植物附着的微生物去除胶体颗粒和溶解性有机物,硝化和反硝化作用 |
| | 植物代谢 | ○ | ◎ | | ◎ | ◎ | ◎ | ◎ | 植物的吸收和代谢 |
| | 自然死亡 | | | | | | | ● | 在不适应环境的条件下自然死亡 |

注:●主要作用,◎次要作用,○一般作用。

(1)悬浮物的去除

污水和地表径流中悬浮物的去除主要是物理过程,包括沉淀、植物根系和基质填料的过滤、阻截作用,通常在湿地的进口处几米内完成。低速、较长的停留时间及较大的接触面积可以提高悬浮物的去除率。

(2)有机物的去除

人工湿地中有机物的来源丰富,主要以挥发态、溶解态和固态存在。不溶性有机物可通过沉淀、植物拦截、土壤过滤很快被去除,截留下来的不溶性有机物被微生物加以利用;可溶性有机物则可通过基质和植物的吸收以及微生物的代谢过程被去除。湿地中存在种类繁多、数量巨大的微生物群落和多种沼生植物群落,通过它们的共同作用,能够降解复杂有机化合物,甚至一些难降解的有机化合物也能被降解掉。

(3)氮的去除

湿地中的氮主要以有机氮和氨氮的形式存在。湿地中对氮的去除途径主要包括以下三种:① 氨氮可被湿地植物和微生物同化吸收,转变为有机物的一部分,并通过定期收割植物部分去除;② 在较高的 pH 条件下,氨氮可向大气中挥发;③ 有机氮经氨化作用矿化为氨氮,经硝化和反硝化作用转化为氮气。湿地中存在大量的好氧区、缺氧区和厌氧区,以及不同微生物种群的生物氧化还原作用,为氮的去除提供了良好的条件,这是一般除氮工艺所无法达到的。

（4）磷的去除

人工湿地通过植物吸收、微生物去除和物理化学作用完成磷的去除。无机磷在植物吸收和同化作用下可转化为植物的有机成分,通过植物的收割而去除。物理化学作用主要是通过化学沉淀反应去除可溶性的无机磷酸盐。然而,这些转变只是改变了磷的存在形式,并没有真正地去除磷,导致其在湿地系统内逐渐积累,直到饱和状态。这会导致湿地对磷的去除在运行时间长短上出现很大差别。

（5）金属离子的去除

金属离子主要通过植物吸收和生物富集、土壤胶体颗粒的吸附以及硫化物沉淀来去除。湿地植物具有在高金属离子浓度中生存并富集金属的能力。湿地土壤具有强大的金属离子吸附和螯合能力,部分金属离子会进入土壤。此外,蛋白质厌氧分解和硫酸盐还原产生的 $S^{2-}$ 也能与金属离子形成硫化物沉淀,实现去除。在高浓度下,植物吸收仅能去除不到 1%,主要依靠土壤吸附和硫化物沉淀。然而,类似于磷,金属离子并未真正从系统中除去,而是逐渐积累,过量的重金属离子会抑制微生物代谢过程,削弱湿地的功能。

## （三）土地处理技术

### 1. 土地处理系统概述

土地处理系统是人工设计和建设的污水处理系统,主要以土地处理技术为基础。它利用土壤、微生物、植物组成的陆地生态系统,通过自我调控机制和综合净化功能,实现污水资源化和无害化。这种技术经济有效地净化污水,同时充分利用污水中的营养物质和水资源,促进农作物、牧草和林木的生产,推动水产和畜产的发展,是一种环境生态工程。污水土地处理系统通常由预处理、污水调节与储存、配水与布水、土壤-植物系统、净化水的收集利用以及监测系统等部分组成。

### 2. 土地处理系统类型及特点

根据系统中水流运动的速率和轨迹的不同,土地处理系统可分为慢速渗滤、快速渗滤、地表漫流和地下渗滤等四种类型。不同类型的土地处理系统设计要求如表 6-4 所示。

表 6-4　不同类型土地处理系统设计要求

| 类型 | 慢速渗滤 | 快速渗滤 | 地表漫流 | 地下渗滤 |
|---|---|---|---|---|
| 布水方式 | 人工降雨或地表灌溉 | 地表入渗 | 人工降雨或地表灌溉 | 地下管道 |
| 年水力负荷/m | 0.6~6.0 | 6.0~170 | 3~20 | 2~27 |
| 占地/(ha²/10 000 m³) | 60~600 | 2~60 | 15~120 | 13~149 |
| 预处理要求 | 一次沉淀 | 一次沉淀 | 格栅与沉砂 | 一次沉淀 |
| 污水去向 | 蒸发及渗漏 | 渗漏 | 表面径流,蒸发及渗漏 | 渗漏及少量蒸发 |
| 对植物要求 | 必不可少 | 无规定要求 | 必不可少 | 无规定要求 |
| 出水水质/(mg·L⁻¹) | BOD<2<br>TSS<1<br>TN<3<br>TP<0.1 | BOD<5<br>TSS<2<br>TN<10<br>TP<1 | BOD<10<br>TSS<10<br>TN<10<br>TP<6 | — |

（1）慢速渗滤

慢速渗滤系统通过将污水投放到种植作物的土壤表面,在流经地表土壤-植物系统时得到充分净化(图 6-11)。植物吸收污水中的水分和营养成分,通过土壤-微生物-植物系统对污水进行净化,部分污水蒸发和渗滤,流出处理场地的水量一般为零。慢速渗滤系统适用于渗水性良好的土壤、砂质土壤及蒸发量小、气候湿润的地区,对于村镇生活污水和季节性排放的有机工业污水的处理比较合适。该系统的污水投配负荷较低,投配方式可采用畦灌、沟灌及可升降的或可移动的喷灌系统,渗滤速度慢,故污水净化效果好,出水水质优良。

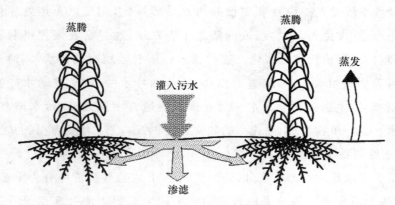

图 6-11　慢速渗滤处理系统

（2）快速渗滤

快速渗滤系统通过有控制地将污水投配到具有良好渗滤性的土壤表面,污水在向下渗滤过程中通过生物氧化、沉淀、过滤、氧化还原和硝化、反硝化等过程得到净化(图 6-12)。该系统类似于间歇运行的"生物砂滤池",通常采用淹水、干化交替运行,依靠土壤微生物分解被土壤截留的溶解性和悬浮有机物,使污水得以净化。快速渗滤系统对 $BOD_5$、COD、氨氮及磷的去除率较高,水力负荷和有机负荷较其他类型的土地处理系统高,且投资少、管理方便、土地面积需求量小,可常年运行。然而,它对水文水质条件的要求更为严格,且对总氮的去除率不高,处理出水中的硝态氮可能导致地下水污染,因此污水应进行适当预处理。

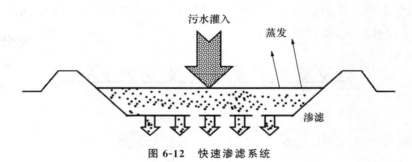

图 6-12 快速渗滤系统

(3) 地表漫流

地表漫流系统通过有控制地将污水投配在生长着茂密植物、具有和缓坡度且土壤渗透性较低的土地表面上,污水呈薄层缓慢而均匀地在土表上流经一段距离后得到净化(图 6-13)。该系统适用于渗透性低的黏土或亚黏土,用于处理分散居住地区的生活污水和季节性排放的有机工业污水。地表漫流系统对污水预处理程度要求低,出水以地表径流收集为主,对地下水的影响最小,出水水质可达二级或高于二级处理的出水水质,投资省、管理简单,地表可种植经济作物,处理出水也可回用。然而,该系统受气候、作物需水量、地表坡度的影响大,气温降至冰点和雨季期间,其应用受到限制,通常还需考虑出水在排入水体以前的消毒问题。

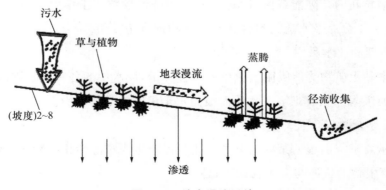

图 6-13 地表漫流系统

（4）地下渗滤

地下渗滤系统通过有控制地将污水投配到距地表一定深度的土层中,使污水在土壤的毛细管浸润和渗滤作用下,向周围运动并达到净化污水要求(图 6-14)。该系统适用于无法接入城市排水管网的小水量污水处理,如分散的居民点住宅、度假村、疗养院等,但污水进入处理系统前须经化粪池或酸化池预处理。地下渗滤系统处理污水的负荷较低,停留时间长,净化效果好且稳定;可与绿化和生态环境的建设相结合,运行管理简单;氮磷去除能力强,处理出水水质好,可回用。然而,该系统受场地和土壤条件的影响较大,负荷控制不当会导致土壤堵塞;进、出水设施埋设地下,工程量较大,投资相对较高。

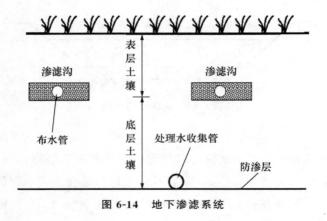

图 6-14    地下渗滤系统

3. 土地处理系统净化机理

土壤处理系统对废水的净化,是一个受多种复杂因素作用的综合过程。其机理可归结为以下几个方面:

（1）物理过滤

土壤颗粒间的孔隙能截留、滤除废水中的悬浮颗粒。土壤颗粒的大小、颗粒间孔隙形状、大小分布及水流通道性状都影响物理过滤效率。

（2）物理和化学吸附

土壤中黏土矿物等能吸附土壤中的中性分子,废水中的各种离子则因离子交换作用被置换吸附并生成难溶态物质而被固定于矿物的晶格之中。

（3）化学反应与沉淀

重金属离子与土壤的某些组分进行化学反应生成难溶性化合物而沉淀。

（4）微生物的代谢与有机物的生物降解

土壤中种类繁多的大量微生物,能与被截留、吸附的污染物一起形成生物膜,对有机物有很强的降解转化能力。

## 6.2.3　非点源污染控制的其他工程技术

除了上述技术手段,还有许多生态技术包括植被缓冲带技术、水土保持技术、前置库工程技术、生态沟渠技术等可以应用到非点源污染控制。

比如,通过建立有一定宽度、具有植被缓冲带和水陆交错带,在植物生长作用下,吸收、沉淀、过滤地表径流中携带的营养物质、沉积物、有机质等,达到改善水质的目的。"工程措施、生物措施和蓄水保土相结合"的水土保持技术可稳定表土或以植被覆盖来减少对表土的冲击,可降低坡面坡度,减弱径流的侵蚀力和地表漫流的数量。前置库工程是指在受保护的湖泊和水体上游支流,利用天然或人工库(塘)拦截入湖径流,通过强化的物理、化学和生物过程,使径流中的污染得到净化的工程措施。它是截留入湖污染负荷、控制湖泊富营养化的重要手段,一般适用于支流少、入水口较少的湖泊和水库。

非点源污染控制是一个系统工程,需要加强生态控制技术措施的研究,这样才能保持自然资源和生态系统自身的平衡,最大限度地利用生态系统功能控制非点源污染。

### 专栏 6-1　海绵城市建设

随着全球城镇化进程加快,许多城市面临着暴雨内涝、水资源短缺和水体污染等环境问题。为了解决这些问题,2013 年 12 月召开的中央城镇工作会议提出建设以自然积存、渗透、净化的"海绵城市",此后海绵城市建设成为城市规划和发展的热门话题。

海绵城市的核心理念是"雨水资源化利用",通过充分发挥建筑、道路和绿地、水系等生态系统对雨水的吸纳、蓄渗和缓释作用,有效控制雨水径流,改善城市内部的水资源循环,使城市像海绵一样"呼吸"起来。同时,海绵城市建设还可以改善城市的生态环境,增加城市的绿地面积,提高城市的生态承载力。

建设海绵城市的内涵和特征主要体现在以下六个方面(图 6-15):① 通过透水景观铺装、透水道路铺装和屋顶绿化等技术将雨水留下来然后"渗"下去,从而从源头减少城市地表径流,净化初雨污染;② 通过建设雨水花园、植草沟、雨水塘、雨水湿地等方式延缓短时间内形成的雨水径流量;③ 通过保护、恢复和改造城市建成区内河湖水域、湿地并加以利用,因地制宜地建设雨水收集调蓄设施,降低径流峰值流量,为雨水利用创造条件;④ 系统布局水污染处理设施,包括建设污水处理设施及管网、综合整治河道、建设沿岸生态缓坡等,减少面源污染、改善城市水环境;⑤ 合理利用净化后的雨水,包括绿化浇灌、道路冲洗、冷却用水和景观用水等,提升城市环境品质;⑥ 利用城市竖向与工程设施相结合,排水防涝设施与天然水系河道相结合,地下雨水管渠与地面排水相结合的方式来实现一般排放和超标雨水排放,避免内涝等灾害。

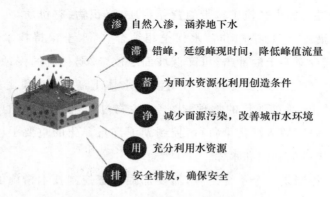

渗　自然入渗,涵养地下水

滞　错峰,延缓峰现时间,降低峰值流量

蓄　为雨水资源化利用创造条件

净　减少面源污染,改善城市水环境

用　充分利用水资源

排　安全排放,确保安全

**图 6-15　海绵城市的主要内容**

近年来,全国多地积极推进海绵城市建设并取得了一定的成效。在江西萍乡,超八成建成区达到海绵城市标准,逐步实现了“小雨不积水、大雨不内涝、水体不黑臭、热岛有缓解”的整体目标;在河北秦皇岛,系统化全域推进海绵城市建设,与市政基础设施补短板、改善人居环境、提升城市服务质量有机结合,截至 2023 年已建设海绵项目 73 个,努力打造质优景美城市生态空间。随着海绵城市的推广普及,越来越多的地方因地制宜,将生态优先、绿色发展的理念融入城市建设全过程中,许多看得见的变化就在家门口发生了,越来越多的百姓享受到了海绵城市建设带来的环境变化。

## 6.3　流域水污染综合治理体系

### 6.3.1　水污染综合治理体系的基本组成

国内外的实践证明,任何单一的治理措施都不能完全解决水污染问题。因此,为了更有效、经济地防治水体污染,就需要改变互不联系的、分散的单项治理,实行流域水污染综合治理,即以一个水系的全流域或部分流域(即区域)为总的防治对象,综合采用管理、法制、经济与工程技术等措施,有效防治水污染,恢复良好的水环境质量,维持水资源正常使用价值的模式。

　　一般情况下,一个完整的流域水污染综合治理应该包括以下内容:对水体的水质和水量情况进行全面调查和评价,进而制定水环境保护规划;根据水域的不同功能区划分,计算水环境的承载能力,并据此确定水体的最大允许污染负荷;随后,对陆域的各类污染源进行调查和统计,确定其排放的污水和废水量,以及排放的污染物种类和数量;基于这些数据,对各污染源的允许排污量进行分配和管理调控;提出合理可行的水污染削减方案,包括污水处理厂的规模、数量、处理方法和布局,以及工业废水的治理方法和非点源污染控制工程等具体措施。

　　一个科学、高效的水污染综合治理技术体系应该包括软件支持系统和硬件支持系统,其中软件方面是指政策、经济、管理、信息等方面的法规和标准体系,硬件方面是指点源、非点源等污染控制工程以及地表、地下水体的污染监测体系(图 6-16)。由于各地区的地理环境、经济技术条件、污染源和环境污染状况、管理水平等存在着一定差异,因此应结合地方实际情况,采取适宜的保护政策、管理措施和治理技术。单从工程技术来看,也应该采取不同的工程技术来构成功能互补的治理工程体系,通过各类工程的相互配合和补充,共同达到水污染治理的预期效果。

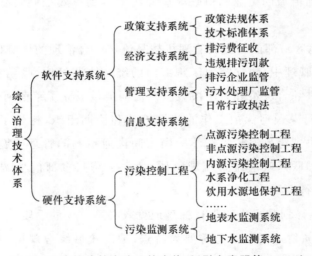

图 6-16　水污染综合治理技术体系(引自窦明等,2014)

## 6.3.2　国外流域综合治理经验

　　19 世纪末至 20 世纪初,欧美发达国家就开始重视流域水环境治理,在这一阶段，主要以水资源调配、水土保持、防洪、航运、发电和旅游等为目标；20世纪50年代以后，随着流域经济快速发展和人口剧增，人类对流域水资源的过度开发导致水质下降、生态恶化等严重问题，水污染控制与水环境保护成为流域治理的重要内容；20世纪90年代以来，以流域协调发展为目标的综合治理理念得到越来越多的管理者和科学家重视，强调以流域为单元对自然资源、生态环境及经济社会发展进行系统综合治理。

国外在流域水环境治理方面积累了大量成功经验，比如北美五大湖、欧洲莱茵河、英国泰晤士河、日本琵琶湖、韩国清溪川等流域，都经历了水体污染、水生态退化的阶段，但经过治理得以较好恢复。虽然不同的河湖流域在地理环境、人口分布、流域经济发展及其存在的生态问题上可能有所不同，但其治理的技术措施及管理政策对我国流域水环境治理具有重要的借鉴作用和现实意义。

1. 健全法律法规是流域综合治理的基础

立法的重要性在于保障流域管理机构依法治理和管理，确立流域管理的目标、原则、体制和运行机制，避免在处理实际问题时发生纠纷或争议。同时有利于实施严格的污染源排放管控制度，比如美国在1972年颁布《清洁水法》后，通过实施国家污染物排放消除制度（NPDES）许可证项目，建立了基于最佳可行技术的排放标准，使密西西比河流域的工业和市政等点源污染得到有效控制，促进了流域水质的改善。

2. 建立跨地区跨部门的协调管理机构是流域综合治理的体制保证

在流域治理管理中，建立跨地区跨部门的统一协调机构，吸纳利益相关方共同参与，有利于促进综合决策和公平决策。莱茵河流域成立了莱茵河保护国际委员会（ICPR），专门进行莱茵河保护工作的跨国管理和协调组织，构建了多层次、多元化的合作机制，解决了跨界河流流经不同国家间沟通不畅的管理问题。同样，在密西西比河流域，美国联邦政府统筹流域整体，建立了跨州多部门协调机制，保证了治理工作的全面进行。

3. 制订规划计划是促进治理目标落地见效必不可少的手段

根据流域内资源、环境、生态等要素特点，编制流域综合规划，并配套制订分阶段行动计划，设定分阶段目标，加强适应性管理，几乎是流域管理机构最重要和最核心的工作。比如欧洲"莱茵河行动计划"、日本"母亲湖21世纪规划"等都对相应流域水质改善和生态恢复发挥了决定性作用。

4. 系统治理是整体推进流域保护利用的基本思路

水量、水质、水生态等多要素协同管理的系统治理是当前流域治理的核心理念。

莱茵河的流域管理十分注重综合性,从关注水污染、防洪、航运,到重视生态环境保护和恢复、加强湿地保护、兼顾生物多样性保护等,实现要素全覆盖。

5. 坚实的信息和科技基础是实施流域综合治理的重要支撑

完善的流域监测网络和现代信息技术应用对进行流域自然、社会、经济的综合决策与管理至关重要,只有科学地认识流域问题才能做出科学的规划与决策。《欧盟水框架指令》从监测规划的设计、监测的水体类型、监测参数、质量控制、监测的频率等制定了详细的监测要求,给出了明确指导。

6. 拓展资金渠道,持续加大治理投入力度

流域治理需要长期、持续的资金投入,一般通过政府投资、成立基金会、鼓励社会投资等多种渠道,拓展资金筹措方式。比如田纳西河的治理投入主要来自美国联邦政府的无偿拨款和市场化融资。泰晤士河主管部门具有较大的经济自主权,可通过供水和排污收费、市场融资,以及发展旅游业、娱乐业等方式获得资金收入,用于泰晤士河治理。

7. 兼顾各方利益,吸引企业、公众参与

所有利益相关方的积极参与,实现信息互通,保证公众的监督权利,是流域综合管理能否顺利实施的关键。澳大利亚墨累-达令河流域机构下设办公室,涵盖政府部门、研究机构、私营企业和社区组织的人员,通过通信、咨询和教育活动等,支持社区参与流域决策。日本还把每年的 7 月 1 日定为"琵琶湖日",鼓励居民在节日期间开展各种活动,持续强化公众爱水、护水意识。

---

**专栏 6-2　美加经验:五大湖治理**

美加(美国和加拿大)五大湖包括苏必利尔湖、密歇根湖、休伦湖、伊利湖和安大略湖。它拥有 $23\,000\ km^3$ 的水量,占地 $244\,000\ km^2$,是世界上最大的地表淡水体系。20 世纪 60—80 年代,美国和加拿大工业迅猛发展,汽车日益普及,化肥和杀虫剂广泛使用,五大湖受到了严重污染。湖水所含有害化学物质逐年增多,主要来自工业废水、化肥和有害农药。工业废气、汽车尾气、家用壁炉烟气污染了当地空气,同样极大地影响了五大湖湖水的质量。

水环境恶化造成的不良后果日益显现。20 世纪 60 年代初期,五大湖水体由于严重富营养化,每年夏天都会引发蓝藻水华现象,水面污浊不堪。水污染问题对生态系统和居民生活的影响也非常突出。许多野生动物的生存环境受到威胁,繁殖能力下降,濒临灭绝;水草过度生长,需要采集船收取水草;一些有害生物如斑马贝,

入侵后迅速繁殖，到处附着，把取水口堵住，造成供水危害。

由于五大湖的水域涉及美国和加拿大两国，早在20世纪初，两国就开始合作，从合理使用水资源到共同治理湖区污染。1909年，美加两国签订《边境水域条约》，并成立了国际联合委员会，目的是研究政府委托的关于边境水环境问题，并向政府提出建议。1970年，国际联合委员会提出了五大湖水污染报告，并建议对工业及各级污水处理系统规定统一排放标准，由此促成了有关五大湖水质问题的谈判。1972年，美加两国签订《五大湖水质协议》，规定两国必须共同努力治理五大湖的水污染问题，在健全法律、学术研究和环境监测等方面开展工作。1978年，对水质协议进行修订，引入了生态系统方法，并号召两国实质性禁止向五大湖排放难降解有毒物质。1987年，对水质协议进行了第三次修订，首次提出实行污染排放总量控制的管理措施。

美加两国各自在国内也完善了法律法规，实施了各项综合治理举措。1971年，加拿大联邦政府与安大略省达成协议（Canada-Ontario Agreement，COA），主要任务是控制各级污水的磷排放，协议目标是加拿大政府与安大略省共同分担恢复保护、维护五大湖流域的责任。以后又于1976年、1982年、1986年、1991年制定了协议，在1993年3月将工作重点转移至有毒化学污染和对城市、农业土地的地表径流的控制上来。在COA指导下，加拿大环境部实施了五大湖2000年整治资金项目，主要致力于污水处理和城市排水的控制、农村非点源污染的控制、有毒沉积物去除及恢复鱼类和野生生物栖息地等。此外，加拿大还有《不列颠北美法案》《联邦水体法》《环境保护法》等法规来保护五大湖。在美国也有许多法规、条例保护着五大湖生态系统，例如：《清洁水法案》《资源保护和恢复法案》《有毒物质控制法案》《综合环境响应恢复法案》《国家环境政策法案》《生态系统管理方法》。基于人们对控制湖区生态健康的相互关联的诸多因素越来越深刻的理解，生态系统管理方法提供了一个决策框架，迫使管理者和计划者合作来制定研究和行动的整体战略，恢复和保护未来五大湖生态的整体性，并逐步走向完全的生态系统方法。

经过十几年的努力，五大湖目前出现了令人欣慰的现象，从1972年以来，纸浆工业、石油工业、钢铁工业的传统污染物下降了75%～90%；从1980年以来，安大略省杀虫剂的使用量下降了30%；从20世纪70年代以来，随着一些重要污染物相关标准和规定的引入，银鸥的数量逐渐恢复，在鲱鱼、银鸥蛋中的多氯联苯、二噁英下降了90%；秃头鹰又回到了伊利湖北岸。

五大湖生态系统经历了先污染后治理，由最初的单一治理到目前的综合治理，形成了综合管理模式，为美加两国，乃至世界环境保护及研究提供了新的范例。但是美国和加拿大的学家仍然警告说,五大湖区的环保目标还没有全面达到,邻近的州和省还须继续努力,以防止五大湖过去水污染、鱼中毒的现象死灰复燃。

**日本经验:琵琶湖治理**

琵琶湖是日本最大的淡水湖,湖面 674 km²,琵琶湖流域由于植被丰满、涵养水源丰富,平均水深达 41 m,贮水容量高达 $273 \times 10^8$ m³。琵琶湖的出水为淀川(Yodo),淀川流域包括:滋贺(Shiga)、京都(Kyoto)、大阪(Osaka)、兵库(Hyogo)、奈良(Nara)、三重(Mie)的两府四县,湖面面积约占滋贺县面积的 1/6。20 世纪六七十年代,受滋贺县经济高速增长和人口骤增等因素影响,琵琶湖的水体污染负荷加重,水质逐渐恶化,水生态环境遭到严重破坏,琵琶湖从 1977 年开始发生北湖淡水赤潮,从 1983 年开始发生南湖水华,以后每年都发生赤潮和水华,由于淡水赤潮、水华等水质污染,使供水产生霉臭味,特别是南湖更为显著。

自 20 世纪 70 年代以来,琵琶湖的污染治理经历了一段很长的艰难历程。1972—1997 年,日本政府实施《琵琶湖综合开发规划》,以国家计划的形式保护琵琶湖自然环境与水质、开发流域水资源及防洪,从 1997 年起,制定了《琵琶湖综合保全整备规划》即《母亲湖 21 世纪规划》,主要目标是水质保护、水源涵养和自然景观保护(图 6-17)。所采取的治理措施主要有:① 消除内源污染。采取疏浚底泥的方法,清除回收湖底沉积物并进行资源化利用,湖内曝气,促进水的循环,加强水体自净作用。② 点源污染控制。流域下水道的污水处理多采用生物反应槽,兼性和好氧的二级处理。③ 面源污染控制。主要包括农、林、山区等防止水土流失,城市街道路面改造,农田灌溉水处理和回用,降雨径流污染控制,削减入湖河流负荷等。④ 生态修复对策。通过湖滨带乔木植物恢复、湖滨带挺水植物复种、湖内放养鱼苗等措施对琵琶湖进行一系列的修复和重建,使湖区生态环境进入自然良性循环。

经过长期的综合整治,琵琶湖富营养化已得到有效控制,20 世纪 80—90 年代频发的淡水赤潮和蓝藻水华已大幅减少,琵琶湖水质得到显著改善。这给我们提供了很多成功经验,一方面日本政府和滋贺县政府为解决湖泊污染问题,建立和完善了相应的法律体系,颁布专门的琵琶湖富营养化防治法规和琵琶湖水质标准;另一方面,制定了面向未来的综合治理规划,构建了完善的污染源控制系统,建立自动监测系统和琵琶湖专门研究机构。同时大规模的环境教育和公众参与也是琵琶湖治理与保护工作中十分重要的内容。

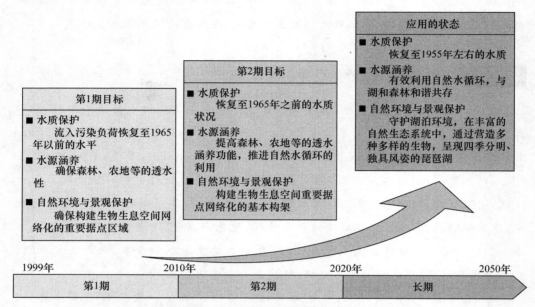

图 6-17　《琵琶湖综合保护规划》阶段规划目标(引自余辉,2016)

## 6.3.3　我国流域综合治理实践

　　我国是人均水资源最匮乏的国家之一,近几十年来,随着人口和经济的快速增长,陆续出现水体富营养化、水体黑臭、微量有机物污染、病原体污染等一系列水污染问题,从而加剧水资源短缺问题,制约经济社会的可持续发展。1972 年,北京市官厅水库环境污染事件,为我国水环境保护敲响了警钟,其综合治理行动也成为最早的流域水污染防治标志性事件。此后,我国水污染防治工作正式起步,主要经历了三个发展阶段。

　　1. 以点源控制为主的水污染防治阶段(1995 年以前)

　　改革开放初期我国相继出台与水环境保护相关的法律法规、标准和政策制度等文件,如《水污染防治法》《水污染防治法实施细则》《关于防治水污染技术政策的规定》等,逐渐构建起水环境管理体系。但是这一阶段重点在于工业污染源的调查和治理,未能充分认识城镇生活污染源以及流域、区域水环境管理的重要性,而且由于国家环境监管能力较弱,工业企业达标排放的情况并不乐观。

　　2. 大规模重点流域治污阶段("九五"至"十二五"时期)

　　进入 20 世纪 90 年代,大规模经济建设对水环境的压力不断加大,1994 年的淮河水污染事件推动我国进入在流域层面开展治污行动的历史阶段。1995 年,国务院颁发了我国第一部流域污染综合防治行政法规《淮河流域水污染防治暂行条例》,1996 年修正的《水污染防治法》首次明确重点流域水污染防治规划制度,"九五"期间确定淮河、海河、辽河(简称"三河")、太湖、巢湖、滇池(简称"三湖")为国家的重点流域,开始大规模的流域水污染防治工作,共设计开工 190 个项目,总投资 330 多亿元。"十五"期间中央和地方各级政府继续投入资金用于"三河三湖"流域城镇环保基础设施、生态建设及综合整治等项目建设。"十一五"期间开始实施水体污染控制与治理科技重大水专项("水专项"),这是中华人民共和国成立以来投资最大的水污染治理科技项目,同时"十一五"时期重点明确了各级人民政府及环境保护部门的责任和任务。"十二五"期间以控制污染物排放总量、改善环境质量、防范风险作为流域水污染防治工作的主线,实现了从以污染治理为主向污染治理与预防结合的过渡,以及从削减污染物向质量改善的过渡。

3. 系统治污阶段("水十条"实施后)

党的十八大后,随着《水污染防治行动计划》(简称"水十条")实施,我国水污染防治工作实现了历史性转折,其最大亮点是以质量改善为核心,统筹控制排污、促进转型、节约资源等任务,强调水质、水量、水生态一体化综合管理,协同推进水污染防治、水生态保护和水资源管理,实施系统治理。"十三五"时期印发的《重点流域水污染防治规划(2016—2020 年)》成为落实和推进"水十条"的"施工图",第一次覆盖全国十大流域,进一步细化了流域分区管理体系。"十四五"时期,将重点流域规划名称由"水污染防治"调整为"水生态环境保护",意味着我国水生态环境保护由以污染防治为主,向水资源、水环境、水生态"三水统筹"、协同治理转变,这也是与"水十条"对 2030 年和 21 世纪中叶提出的目标衔接一致的。

从发展历程来看,我国流域水环境保护工作已从单纯减污治污向"社会-经济-资源-环境"的全面统筹和系统治理转变。经过 40 多年的不断努力,特别是"水十条"及相关污染防治攻坚战行动计划的发布实施对水环境治理工作的强力推动,我国水环境质量显著改善。2022 年,全国地表水 I ～ Ⅲ 类水质国控断面比例为 87.9%,比 2012 年提高了 26.3 个百分点;劣 Ⅴ 类水质断面比例为 0.7%,比 2012 年降低了 10.2 个百分点。但是从水生态环境保护的整体性来看,不平衡不协调的问题仍然突出,流域水环境治理进入攻坚期,此外,经济社会发展对水资源诉求不断增加,水安全风险还在不断累积,公众对良好水生态环境产品的需求日益提高,这都使得流域水环境治理和保护工作需要持续推进。

当前和未来一段时间内,必须坚持生态文明思想作为基本遵循,按照山水林田湖草沙是一个生命共同体的理念,加强综合治理、系统治理、源头治理,发挥生态修复和经济结构调整的协同作用;必须坚持以科技创新为根本保障,紧紧抓住第四次工业革命的浪潮,通过技术创新引领流域水污染治理;必须坚持以人参与的绿色生产和绿色生活作为重要抓手,不断加强社会宣传和自然教育,提高社会公众的生态环境保护意识。

**专栏 6-4    中国实践:滇池的水污染治理**

滇池位于云贵高原中部,昆明市西南部,属于长江流域金沙江水系,湖水面积 309.5 km²,蓄水量 15.6×10⁸ m³,是中国第六大淡水湖,被誉为"高原明珠",是昆明市的"母亲湖"。20 世纪 60 年代,随着滇池流域经济社会的发展,工业废水和生活污水直排入湖,造成湖水受到污染,但污染程度还未超出水体自净能力,到 20 世纪 70 年代滇池水质维持在Ⅲ类地表水标准。20 世纪 80 年代,城市化进程与人口增长加速,点源污染负荷呈持续上升趋势,水资源过度和不合理开发,生态用水被挤占并严重短缺,20 世纪 90 年代开始,滇池水质恶化为劣Ⅴ类,湖泊生态系统遭到严重破坏、湖泊生态功能失调,导致蓝藻水华大面积发生,成为我国污染最严重的湖泊之一。

我国针对滇池的治理工作经历了不同的阶段(图 6-18)。1988 年,昆明市颁布《滇池保护条例》,启动实施了滇池治理工作;从"九五"以来,滇池连续被纳入国家重点流域治理规划,加大对滇池的治理力度和资金投入,全面开展治理工程项目,提升流域污水处理能力;2007 年,开始实施"水专项"滇池项目,提出了"六大工程"

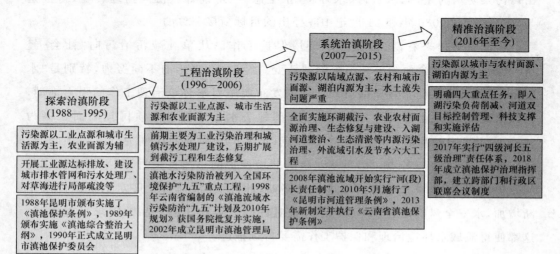

**图 6-18    滇池治理阶段划分(引自杨枫,2022)**

的治理思路(环湖截污、农业农村面源治理、生态修复与建设、入湖河道整治、生态清淤等内源污染治理、外流域引水及节水),形成系统综合治理模式。"十三五"以来,滇池流域保护治理工作进入科学精细治理阶段,形成了"量水发展、以水定域"的基本原则和"科学治滇、系统治滇、集约治滇、依法治滇"的新思路,统筹各大系统工程、坚持生态优先、精细管理和科研支撑。

　　经过长期系统治理,滇池水质近年来持续好转。2016 年,滇池水质首次从劣 V 类提升至 V 类;2018—2020 年,滇池草海水质均达到 IV 类;2020 年,滇池湖体综合营养状态为中度富营养,外海北部水域发生中度以上蓝藻水华天数减少 81%,水质达到 IV 类。但是滇池目前仍存在水资源匮乏、流域面源污染负荷重、水生态受损等问题,需要围绕水环境质量改善的核心目标,继续从污染减排和生态扩容两手发力,统筹水资源利用、水生态保护和水环境治理,加快环境基础设施建设,强化流域水体置换,恢复和维护湖泊生态系统功能。

　　目前我国的湖泊富营养化状况是有史以来、世界范围内最为严重和复杂的。长期的滇池流域水污染控制技术研究与工程实践中,在借鉴发达国家治理经验的基础上,我们逐渐形成了六位一体的流域治理滇池模式,即"一套班子、两个考核、三个技术、四法治滇、双五标准、六个转变",在治理思路、治理区域、治理方式和治理内容等方面实现跨越式发展,面向综合治理、系统治理和精细治理。滇池的生态恢复和保护仍是一个长期的过程,需要坚持久久为功,维护好滇池这颗"高原明珠"。

## 主要参考资料

　　[1] 包健. 常州市江边污水处理厂尾水排江环境影响研究[D]. 南京:河海大学,2007.

　　[2] 陈洁敏,赵九洲,柳根水,等. 北美五大湖流域综合管理的经验与启示[J]. 湿地科学,2010,8(02):189-192.

　　[3] 陈静. 日本琵琶湖环境保护与治理经验[J]. 环境科学导刊,2008(01):37-39.

　　[4] 陈磊,刘永,贾海峰. 流域水环境学[M]. 北京:北京师范大学出版社,2021.

　　[5] 陈卫,范兴荣,郑天柱,等. 城市达标污水的处置技术[J]. 水资源保护,2005(04):22-25,66.

　　[6] 窦明,左其亭. 水环境学[M],北京:中国水利水电出版社,2014.

　　[7] 侯鹏,赵佳俊,任晓琦. 国内外河湖流域生态环境治理经验及其启示[J]. 中

国发展,2022,22(05):79-84.

[8] 蒋展鹏,杨宏伟.环境工程学[M].3版.北京:高等教育出版社,2013.

[9] 李爱琴,吕泓沅.我国流域水环境保护问题研究[J].齐齐哈尔大学学报(哲学社会科学版),2020(06):74-78.

[10] 李一平,程宇,唐春燕.流域水环境综合治理[M].北京:中国水利水电出版社,2022.

[11] 李媛媛,刘金淼,黄新皓,等.北美五大湖恢复行动计划经验及对中国湖泊生态环境保护的建议[J].世界环境,2018(02):33-36.

[12] 刘瑞华,曹暄林.滇池20年污染治理实践与探索[J].环境科学导刊,2017,36(06):31-37.DOI:10.13623/j.cnki.hkdk.2017.06.007.

[13] 马乐宽,谢阳村,文宇立,等.重点流域水生态环境保护"十四五"规划编制思路与重点[J].中国环境管理,2020,12(04):40-44.

[14] 宁慧平,王宗周.流域水环境综合治理技术路线探讨[J].工程技术研究,2021,6(12):255-256.

[15] 彭静,张建立,史源.国际河湖管理经验概述[J].中国水利,2023(12):11-14.

[16] 彭士涛,王心海.达标污水离岸排海末端处置技术研究综述[J].生态学报,2014,34(01):231-237.

[17] 孙硕.我国流域水环境保护现状及对策分析[J].资源节约与环保,2023(02):24-27.

[18] 谭水成,里鹏,陈莉.达标污水出路探讨[J].水利科技与经济,2008(11):921-923,935.

[19] 王晓梁.海绵城市建设对城市面源污染治理和排水的改善作用[J].中国资源综合利用,2020,38(10):177-179.

[20] 魏震,安海燕,邢思淇,等.河湖治理的国际比较研究[J].中国发展,2022,22(06):67-79.

[21] 徐畅,刘颖,刘元元.滇池流域保护治理研究与展望[J].四川环境,2021,40(06):246-251.DOI:10.14034/j.cnki.schj.2021.06.040.

[22] 徐敏,张涛,王东,等.中国水污染防治40年回顾与展望[J].中国环境管理,2019,11(03):65-71.

[23] 杨丙峰.污水排海工程浅析[J].铁路节能环保与安全卫生,2018,8(01):15-19.

［24］杨枫,许秋瑾,宋永会,等.滇池流域水生态环境演变趋势、治理历程及成效[J].环境工程技术学报,2022,12(03):633-643.

［25］余辉.日本琵琶湖的治理历程、效果与经验[J].环境科学研究,2013,26(09):956-965.

［26］余辉.日本琵琶湖流域生态系统的修复与重建[J].环境科学研究,2016,29(01):36-43.

## 思考题与习题

6-1　名词解释:非点源污染、人工湿地、稳定塘。

6-2　废水排放的基本原则是什么?

6-3　根据自己所学的知识,结合非点源污染控制的原则,谈谈城市非点源污染控制的方法有哪些?

6-4　请结合教材内容和所学知识简要阐述海绵城市建设的理念。

6-5　用于进行非点源污染控制人工湿地系统有哪些类型?各自有怎样的优缺点?

6-6　根据你的理解谈谈国外流域综合治理经验对我国流域水环境治理有何启示作用?

6-7　人工湿地系统设计的主要工艺参数是什么?应考虑哪些问题?

6-8　在稳定塘的设计计算时一般采用什么方法?应注意哪些问题?

6-9　试述好氧塘、兼性塘和厌氧塘净化污水的基本原理及优缺点。

6-10　稳定塘有哪几种主要类型,各适用于什么场合?

6-11　好氧塘中溶解氧和 pH 为什么会发生变化?